DIE GESCHICHTE DER JAGD

Werner Rösener

DIE GESCHICHTE DER JAGD

BeBra Verlag

EINLEITUNG

In seinem anregenden Essay „Meditationen über die Jagd" von 1944 setzte sich der spanische Philosoph Jose Ortega y Gasset mit dem Phänomen der Jagd auseinander.[1] Nachdem er eindringlich auf die große Bedeutung hingewiesen hatte, die die Jagd jahrtausendelang in der Frühgeschichte der Menschheit spielte, kam er in seiner Studie auch auf den hohen Stellenwert zu sprechen, den die Jagd noch in der neueren Geschichte besaß. Der besondere Reiz, den die Jagd auch auf den modernen Menschen ausübte, beruhte nach seiner Meinung auf der Tatsache, dass die Jagd den Menschen in eine archaische Situation des Kampfes mit der Tierwelt zurückversetzte und ihm dabei ein urtümliches Glücksgefühl vermittelte. Er stellte in diesem Zusammenhang die These auf, dass „die Jagd in dem Glücksrepertorium des Menschen stets den höchsten Rang eingenommen" habe.[2] Aus der Geschichte aller Kulturen könne man ersehen, dass diejenige Tätigkeit, die der normale Mensch am meisten geschätzt habe, die Jagd sei. Das Jagen sei nicht nur eine Lieblingsbeschäftigung der Könige und des Adels, sondern auch der übrigen sozialen Klassen gewesen, soweit sie als Jäger auftreten konnten. Man könne die glückhaften Beschäftigungen des normalen Menschen in den vier Kategorien Jagd, Tanz, Reiten und Unterhaltung zusammenfassen.[3] Die menschliche Geschichte von der Frühzeit bis zur Moderne zeige jedenfalls, dass die Jagd stets eine große Bedeutung gehabt habe und die Jagdleidenschaft sehr verbreitet gewesen sei.

Eine ganz andere Auffassung über die Jagd und speziell über die Jäger vertrat der Amerikaner Joy Williams, der 1990 den barbarischen, blutrüns-

Das Thema der Jagd wurde in vielen Büchern verhandelt – wie hier in Gaston Phébus „Le livre de la chasse".

tigen Charakter der Jäger herausstellte. Jäger seien irregeleitete Menschen: Sie „vergehen sich an der Natur und sollten bestraft werden".[4] Weiter heißt es bei ihm über die Jäger: „Sie sind überaus gerüstet, unersättlich, bösartig und aufgeblasen. Sie verkrüppeln und verstümmeln und plündern. Und die meisten sind unfähig... Jäger drehen durch. Sie verlieren die Nerven und wollen ballern! Sie wollen ihre Sturmgewehre benutzen und schaumiges Blut auf dem Farnkraut sehen."[5] Williams, der die Jäger pauschal als verrückte Killer einstuft, plädiert daher dafür, dass der Jagdsport gesetzlich verboten werden solle.

Zu den Kritikern der Jagd aus historischer Sicht gehört Hans Wilhelm Eckardt, der sich 1976 besonders mit den Jagdprivilegien des südwestdeutschen Adels vom 16. bis zur Mitte des 19. Jahrhunderts befasste.[6] Er wandte sich entschieden gegen die These Ortega y Gassets von der Jagd als einem Urtrieb des Menschen: Die Jagd könne nicht als ein angeborenes Bedürfnis des Menschen angesehen werden, da keine abstrakten Beziehungen zwischen den Menschen und der Jagd, sondern immer nur „zwischen bestimmten Formen des Jagdrechts und bestimmten Arten zu jagen" festzustellen seien; in jeder Epoche müsse somit nach der spezifischen Funktion und Bedeutung der Jagd und des Jagdrechts gefragt werden.[7] Im Hinblick auf den südwestdeutschen Raum ging Eckardt der Frage nach, warum gerade das Jagdrecht und die mit ihm verbundenen Privilegien für den Adel ein so großes Gewicht gehabt hatten. Das wirtschaftliche Motiv schied nach seiner Meinung als Ursache aus, da in vielen Fällen der Ertrag der Jagd nur einen geringen Teil ihrer Kosten gedeckt habe. Im Laufe der Zeit sei die Jagd zu einem wichtigen Attribut des adeligen Standes und zu einem Symbol seiner herrschaftlichen Stellung geworden, sodass der Adel bis zum 19. Jahrhundert zäh am adeligen Jagdprivileg festgehalten habe. Die Jagdleidenschaft des Adels müsse vor allem damit erklärt werden, dass die Jagd für ihn in vierfacher Hinsicht einen hohen Wert dargestellt habe:[8] 1. als Statussymbol und Selbstbestätigung, 2. als Zuflucht vor der modernen Welt, 3. als Mittel gegen existentielle Langeweile und 4. als Ersatzhandlung und Ersatzbefriedigung. Hier stellt sich die Frage, inwieweit diese Thesen Eckardts zur Rolle der Jagd in

Der spanische Philosoph Ortega y Gasset vertrat die These, dass die Jagdlust ein Urtrieb des Menschen sei.

der Kultur der Frühen Neuzeit akzeptabel und überzeugend sind. Welche Bedeutung hatte die Jagd, die in der heutigen Gesellschaft ganz an den Rand gerückt ist, im Selbstverständnis der alteuropäischen Gesellschaft? Sind Könige und adelige Herren im Mittelalter und in der Frühen Neuzeit nur auf die Jagd gegangen, um ihre „existentielle Langeweile" zu überwinden?

Kontrovers wurden die Jagd und der Sinn jagdlicher Betätigung schon in früheren Jahrhunderten diskutiert und beurteilt. Der Habsburgerkönig Albrecht I. (1298–1308), der ein begeisterter Jäger war, pflegte zu sagen, die Jagd gebühre den Männern, der Tanz den Frauen; auf die „Wollust" der Frauen könne er wohl verzichten, nicht aber auf die

In seinem Werk „Policraticus“ kritisierte der englische Theologe Johannes von Salisbury die Jagd.

Jagd.[9] Diese Wertschätzung der Jagd als höchstes männliches und fürstliches Vergnügen ist bei vielen Adeligen und Fürsten anzutreffen. Gaston Phébus, Graf von Foix und aktiver Jäger, der um 1389 ein hervorragendes Jagdbuch vollendete, nannte im Prolog zu seinem Buch drei Dinge, die er in seinem Leben besonders genossen habe: Das Waffenhandwerk, die Liebe zu Frauen und die Jagd. Die größte Rolle habe bei ihm freilich die Jagd gespielt, worin er sich als wahrer Meister fühle.[10] Der österreichische Adelige Wolf Helmhard von Hohberg, der sich 1682 innerhalb seines Werkes „Georgica curiosa“ kenntnisreich mit der Jagd im Rahmen der adeligen Lebensform beschäftigte, betonte die Vorzüge der Jagd für die seelische und körperliche Gesundheit des Menschen. Die Jagd diene der Versittlichung des Jägers, da sie eine „Feindin des Müßiggangs und aller daraus entspringenden Laster“ sei.[11]

Ein scharfer Kritiker der Jagd war Johannes von Salisbury (1115–1180), der sich in seinem Werk „Policraticus“ ausführlich mit der Jagd und ihren Auswirkungen auf die hochmittelalterliche Gesellschaft auseinandersetzte.[12] Der geschichtskundige Theologe erinnerte daran, dass die Geschichte der Kirche keinen Heiligen kenne, der als Jäger gewirkt habe. Die Jagd dürfe kein Mittel fürstlicher Selbstdarstellung sein, sondern sei allein eine Möglichkeit der Nahrungsbeschaffung, die von Bauern betrieben werden solle. Wenn geistliche und weltliche Herren als Träger öffentlicher Gewalt sich der Jagd widmeten, würden sie ihre „persönliche Lust“ (privata voluptas) dem „gemeinen Nutzen“ (publica utilitas) voranstellen. Alle Argumente sprachen nach Ansicht dieses Klerikers, der sich über die Auswüchse der Jagd am Hof König Heinrichs II. von England zutiefst ärgerte, eindeutig gegen die von Fürsten und Edelleuten ausgeübte Jagd; diese sei als „Verstoß gegen die natürliche Ordnung des Gemeinwesens“ anzusehen. Jakob Wimpfeling (1450–1528), Heidelberger Theologieprofessor und populärer Prediger an der Wende vom Mittelalter zur Neuzeit, charakterisierte die Jagd sogar als barbarisches Handwerk: Sie zerstöre die Sitten, gefährde die Bildung, löse Rechtsstreitigkeiten aus und verursache der bäuerlichen Bevölkerung materiellen Schaden und psychischen Schmerz.[13]

In der Geschichte der Menschheit spielte die Jagd zweifellos seit der frühesten Zeit eine herausragende Rolle. Gab doch die erfolgreiche Jagd dem Menschen das, was er zum Überleben brauchte: Fleisch zur Nahrung, Knochen und Häute zur Herstellung von Kleidung und Handwerkszeug, Felle zum Schutz gegen die Unbilden der Witterung. Zugleich stand die Jagd an der Wiege der menschlichen Kultur: Sozial- und Rechtsordnung, technischer Fortschritt und Handel wurden ebenso wie Sprache, bildende Kunst, Musik und Religion stark von der Jagd geprägt.[14] Auch nach dem Übergang des Menschen zu Ackerbau, Viehzucht und Sesshaftigkeit verlor die Jagd nicht wesentlich an ihrer kulturellen Bedeutung. In allen Hochkulturen spielte sie weiterhin eine wichtige Rolle, nicht nur zur ergänzenden Fleischbeschaffung und als Schutz gegen wilde Tiere, sondern auch im gesellschaftlichen Leben der Herrschaftseliten. Das Messen der Kräfte mit den wilden Tieren, die Erfindung neuer Jagdmethoden und die körperliche Anstrengung bei der Jagd übten eine große Anziehungskraft auf die daran beteiligten Menschen aus. So bildete die Jagd einen wichtigen Bestandteil des adeligen Lebens und der höfischen Kultur, die sich seit dem Hochmittelalter in Europa entfaltete und bis zur Französischen Revolution die Gesellschaft prägte.

Worin liegt die Faszination der Jagd? Gibt es Grundelemente der Jagd, die über die Epochen hinweg gleichgeblieben sind und die die Jagdausübung zu einer beglückenden Beschäftigung machen? Ortega y Gasset hat in seinen Meditationen über die Jagd zweifellos einige Aspekte der jagdlichen Betätigung angesprochen, die noch immer bedenkenswert sind.[15] Bei der Jagd darf die Überlegenheit des Jägers über das Tier nicht absolut sein; das begehrte Tier muss eine Chance haben, dem Jäger entfliehen zu können. Der Reiz der Jagd besteht gerade darin, dass die jagdliche Anstrengung nicht selbstverständlich zu einem unmittelbaren Erfolg führen muss. Ferner hat sich der Mensch in dem Maße, in dem die Waffen immer „wirksamer wurden, einige Beschränkungen bei der Jagd auferlegt: Schonzeiten, Schonmaßnahmen und Zutrittsverbote zu den Lebensräumen der bejagten Tiere wurden festgelegt, um einen genügenden Wildbestand zu garantieren. Durch Jagdvorschriften und durch das Verbot bestimmter Jagdmethoden wurde dem Wild ein zusätzlicher Spielraum gelassen.[16]

Das Konzept der Jagd geht davon aus, dass eine gewisse Seltenheit des Wildes gegeben ist. Denn Jagen ist nicht einfach ein wildes Herumschießen, um Tiere wahllos zu töten.[17] Das Jagen beinhaltet eine Reihe von Vorgängen und Anstrengungen, um die Schwierigkeiten der Jagd meistern zu können. Schon zu Beginn der Jagdgeschichte erblickte man vor allem in der Entdeckung des Tieres eine Grundtechnik: das Aufspüren der Wildtiere, bevor man sie verfolgen konnte. Den echten Jäger interessiert vor allem das Jagen; dazu gehören Anstrengung und Geschicklichkeit, um das Tier zu erlegen – mit allem, was das mit sich bringt. Das Durchstreifen der Wälder und Berge, die Spurensuche, das einfache Leben in der freien Natur. Die Faszination der Jagd bestand offenbar lange darin, dass sie einer höchst archaischen Situation künstlich Dauer verlieh. Denn der ganze Reiz des Jagens beruhte darauf, dass der Mensch sich der künstlichen Rückkehr zur Natur erfreute und sich durch die Jagd von den Zwängen der Gesellschaft und des Alltagslebens befreite.

Seit einigen Jahrzehnten lässt sich jedoch weltweit eine zunehmend kritische Haltung der nichtjagenden Bevölkerung gegenüber der Jagd im Allgemeinen und speziell gegenüber den Jägern feststellen. Was ist der Grund dafür? Offensichtlich haben sich die Jäger bei ihrer Jagdausübung nicht entscheidend gewandelt; vielmehr hat sich die Gesellschaft in ihren Einschätzungen und Wertvorstellungen grundlegend verändert, ohne dass die Jäger dies entsprechend wahrgenommen und rezipiert haben. Wir befinden uns in einer Zeit des allgemei-

Auch das Aufspüren der Wildtiere ist wichtiger Bestandteil der Jagd. Buchmalerei aus Gaston Phébus Jagdbuch

nen Wandels der Werte und Normen, von dem die Jagd nicht ausgenommen ist. Traditionen und alte Gewohnheiten der Jagdausübung werden radikal in Frage gestellt und kritisch überprüft.[18] Die Einstellung zum Tod und zur Anwendung von Waffengewalt hat sich stark gewandelt. In einer Zeit der Friedenssehnsucht und der anwachsenden Tötungskriminalität ist die Waffe als Aggressionsinstrument zunehmend negativ belegt. Jagd hat aber mit Töten und mit Waffen zu tun.

Zugleich hat sich das Verhältnis zur Natur verändert: Natur wird von vielen Stadtbewohnern romantisch als etwas Gutes an sich gewertet, das dem Eingriff des Menschen entzogen werden soll. Dabei wird übersehen, dass die sogenannte Naturlandschaft heute eine vom Menschen geschaffene Kulturlandschaft ist, für die alle gleichermaßen die Verantwortung tragen. Das sensible System der natürlichen Umwelt bedarf unserer vollen Aufmerksamkeit, um Artenreichtum zu erhalten oder neu zu begründen. In diesem Zusammenhang hat sich auch die Haltung der Menschen zum Tier grundlegend verändert, was nicht ohne Einfluss auf die Einstellung der Bevölkerung zur Jagd bleiben konnte.[19] Zwischen Naturschutz und traditionellen Verhaltensformen der Jägerschaft entwickelten sich Gegensätze, die manchmal nur schwer zu überwinden sind. Die heutige Jagd befindet sich daher im Spannungsfeld von Ökologie, Forstinteressen und Wildhege, zwischen denen ein Ausgleich geschaffen werden muss.

Trotz der hohen Bedeutung der Jagd in der Geschichte Alteuropas ist die Erforschung der Jagd erstaunlicherweise noch weitgehend ein Desiderat. Die Jagd wird in den allgemeinhistorischen Werken zwar gelegentlich mit einigen Sätzen gestreift, aber nur dann, wenn Könige zufällig auf der Jagd zu Tode kommen oder spektakuläre Jagdexzesse der Barockzeit die Aufmerksamkeit erregen. Dazu urteilt zu Recht Joachim Radkau: „Historische Literatur von Format gibt es bislang über die Jagd erstaunlich wenig, obwohl die Jägerei über viele Jahrhunderte das Lustzentrum der Aristokratie war. Nicht einmal die Forstgeschichtsschreibung hat den Einfluss der Jagd auf Wald und Wild sehr gründlich studiert. Das Thema ‚Jagd' ist bis heute von viel Leidenschaft umgeben. Das hemmt eine nüchterne Analyse."[20] In der Vernachlässigung der Jagd und ihrer Stellung in der Gesellschaft durch die sozial- und kulturhistorische Forschung liegt es auch begründet, dass sie bisher vor allem die Aufmerksamkeit von speziellen Jagdhistorikern erregte, deren Interesse in erster Linie auf weidmännische Fragen beschränkt blieb. Die älteren jagdhistorischen Werke besitzen allerdings insofern einen über ihren begrenzten Gegenstand hinausreichenden Wert, als sie zahlreiche technische, rechtliche und brauchtümliche Einzelheiten sorgfältig beschrieben haben, die sonst nicht bekannt wären. Eine Fülle aus den Quellen entnommener Daten wurden dort mit Akribie angehäuft, aber in kulturgeschichtlicher Hinsicht kaum ausgewertet.

Viele Arbeiten zur Jagdgeschichte sind außerdem oft mit forstgeschichtlichen Untersuchungen verbunden, sodass zahlreiche Handbücher das Gebiet der Forst- und Jagdgeschichte in einem Band gleichzeitig abdecken.[21] Denn die Organisation des Jagdwesens war im Mittelalter und in der Neuzeit in der Regel eng mit der Forstverwaltung verbunden, und viele jagdrechtliche Fragen berührten forstrechtliche Gegebenheiten. Die geringe Beachtung der Jagd in der Allgemeingeschichte zeugt zugleich von verengten Ansätzen der Spezialforschung, da sich zahlreiche Jagdstudien ausschließlich mit rechtlichen Fragen befasst haben. Das Recht zur Jagdausübung und die rechtlichen Momente der Jagd sind durchaus wichtig, doch dürfen daneben die sozialen, wirtschaftlichen und kulturellen Aspekte der Jagd keineswegs vernachlässigt werden. In den meisten agrar-, wirtschafts- und kulturgeschichtlichen Werken mit übergreifender Fragestellung wird der Jagd der ihr zustehende Raum nicht gewährt. Selbst in speziellen Untersuchungen, etwa über die Bauernbefreiung des 19. Jahrhunderts in bestimmten Gebieten, fehlen oft Hinweise und Angaben zur Bedeutung der herrschaftlichen Jagd, obwohl die Jagdfrage damals ein zentraler Punkt der heftigen Auseinandersetzungen zwischen Adel und bäuerlicher Bevölkerung war und der Widerstand der jagdberechtigten Adeligen gegen jede Änderung der alten Verhältnisse in den Debatten der Frankfurter Paulskirche von 1848 äußerst stark war.[22]

Von den älteren Überblicksdarstellungen zur Geschichte der Jagd sind vor allem die Werke von K. Roth, A. Schwappach und F. Röhrig zu nennen; deren Wert für die neuen Fragestellungen der Jagdgeschichtsforschung wird freilich dadurch gemindert, dass sie sich weitgehend auf jagdhistorische Aspekte im engeren Sinne beschränkt haben.[23] Zur Jagd der Vorgeschichte und des Frühmittelalters sind noch immer die beiden Bände des bedeutendsten deutschen Jagdhistorikers der neueren Zeit, Kurt Lindner (1906–1987), heranzuziehen, da sie in enger Anlehnung an archäologische, historische und jagdtechnische Quellen eine Zusammenfassung der älteren Jagdepochen bis zum Beginn des Hochmittelalters geben.[24] Die Frage der jagdrechtlichen Verhältnisse zur Zeit der Völkerwanderung und des Frühmittelalters wird von Lindner ausführlich diskutiert und in ihrer kontroversen Beurteilung aufgezeigt. Während die eine Seite die Freiheit der Jagd nur für die Völkerwanderungszeit annimmt und eine wachsende Verschränkung von Grundbesitz und Jagdrecht in den nachfolgenden Epochen des Mittelalters feststellt, verneint die andere Seite eine enge Bindung des Jagdrechts an das Grundeigentum und nimmt auch für die Zeit nach der Sesshaftwerdung der germanischen Stämme das Recht auf den freien Tierfang an. Diese Theorie wurde zuerst von dem Rechtshistoriker Richard Schröder und dann vor allem von Lindner vertreten.[25] An dem ursprünglichen Vorhandensein eines freien Jagdrechts wird man sicherlich festhalten können, was angesichts der Bedeutung der Jagd in der Vorgeschichte und während des Frühmittelalters plausibel ist. Denn die Jagd besaß teilweise noch eine wichtige Funktion bei der elementaren Existenzsicherung: Versorgung mit Wildfleisch, Schutz gegen Raubtiere und Erwerb von Tierhäuten.

Der Aufbau königlicher Bannforste und die Ausweitung des Forstbannes auf benachbarte Grundbesitzungen schränkten die Jagdmöglichkeiten der bäuerlichen Bevölkerung zunehmend ein, während gleichzeitig durch die Einengung des Krei-

In der Frankfurter Paulskirche wurde während der Nationalversammlung 1848 über das Jagdrecht diskutiert.

ses der Jagdberechtigten eine Tendenz zur Exklusivität der Jagd eintrat.[26] Hier stellen sich Fragen nach den Gründen für die Errichtung von Bannforsten: Dienten die Forste vorwiegend jagdlichen Zwecken, oder lag der Sinn der Einforstungen im Streben nach wirtschaftlicher Nutzung der Wälder für Bauholz, Viehweide und Rodungen? Neben diesem forsthistorischen Aspekt ist zu fragen, weshalb die Könige und der sich formierende Adel ihre herrschaftliche Stellung im Bereich der Jagd sukzessive ausbauten. Für die Könige des Mittelalters galt die Jagd neben der Kriegstätigkeit als eine ihrer vornehmsten Tätigkeiten; fanden keine Feldzüge statt, begab sich der König mit seinen adeligen Gefolgsleuten auf die Jagd, was sowohl der Erholung als auch der kriegerischen Übung diente. Wollte der König sein Charisma demonstrativ unter Beweis stellen, so musste er einerseits als der tapferste Krieger und andererseits als der geschickteste Jäger auftreten.[27] Hervorragende jagdliche Fähigkeiten waren denn auch neben kriegerischen Tugenden wesentliche Elemente des herrscherlichen Idealtypus, wie er in vielen Fürstendarstellungen zum Ausdruck kommt. Die Nähe von Krieg und Jagd brachte Ernst Kantorowicz, der Biograph Kaiser Friedrichs II., auf die kurze Formel: „Die Jagd war... Ersatz des Krieges in Friedenszeiten."[28]

Bei den Forschungen zur Jagd des Hochmittelalters stellt sich vor allem das Problem der Einbettung der Jagd in den Kontext der ritterlich-höfischen Kultur, die sich vom 11. Jahrhundert an von ihrem Ursprungsland Frankreich auf die Nachbarländer im abendländischen Raum ausbreitete.[29] Welchen Einfluss übten das Rittertum und die höfische Kultur der Stauferzeit auf die Jagd aus? Welche Rolle spielte die Jagd im Rahmen der ritterlich-höfischen Gesellschaft des Hochmittelalters? Vom 11. bis zum 13. Jahrhundert wurden viele Wälder mit dem Wildbann belegt, freilich nicht zu Gunsten des Königs, sondern zum Vorteil der Dynasten und Fürsten, die den Wildbann zum Ausbau ihrer Territorien und zur Festigung ihres Jagdrechts nutzten. Für die Landesherrschaft entwickelte sich der Wildbann teilweise zu einem wichtigen Element der Territorialgewalt, sodass einige Landesherren wie die Grafen von Württemberg ihr Territorium weitgehend auf

Kaiser Friedrich II. schrieb in seinem Buch „De arte venandi cum avibus" ausführlich über die Beizjagd. Illustration aus dem Buch

Gemälde einer Prunkjagd in Caffagiolo zu Ehren des Kardinals Corsi aus dem 17. Jahrhundert

Wildbannrechten aufbauen konnten.[30] Detaillierte Untersuchungen zu den Jagdverhältnissen des Spätmittelalters liegen aber erst aus wenigen Territorien vor, sodass sich hier noch viele Forschungsaufgaben stellen. Fragt man nach der Bedeutung der Jagd in der Frühen Neuzeit, so ist man auf die Jagd des landsässigen Adels und die spektakulären Jagdveranstaltungen der großen Fürsten verwiesen. An den europäischen Fürstenhöfen des 17. und 18. Jahrhunderts gehörten die mit prunkvollem Aufwand betriebenen Jagden zum Kernbestand barocker Hofkultur, und noch im ausgehenden 19. Jahrhundert waren an den Kaiserhöfen in Berlin und Wien regelmäßig durchgeführte Hof- und Staatsjagden wichtige Höhepunkte im gesellschaftlichen Leben der Herrschaftselite.[31]

Interessante Forschungsfragen stellen sich nach dem Untergang des Kaiserreiches zur Jagdentwicklung in der Weimarer Republik und zur Stellung der Jagd im Dritten Reich.[32] Inwieweit war das Jahr 1933 ein Einschnitt in der deutschen Jagdgeschichte? Von dem Jagdhistoriker Fritz Röhrig wurde 1934 die Machtübernahme durch die Nationalsozialisten enthusiastisch begrüßt und als Beginn einer neuen Jagdära gefeiert, als er sein Schlusswort in seinem Buch über die Geschichte des Weidwerks folgendermaßen formulierte: „Nach Abschluss dieses Buches hat sich das Antlitz Deutschlands gründlich geändert. An die Stelle von Verhetzung und Klassenkampf trat das Streben des geeinten Volkes, alles zu erhalten, was deutsch ist, den reinblütigen deutschen Menschen, die unverschandelte deutsche Landschaft, die einheimische Tierwelt. Die Revolution von 1918 hatte dem Wildstande Wunden geschlagen, von dem er sich bis heute nicht erholt hat. Die Wisente in Pleß wurden fast ausgerottet, der Elch war stark gefährdet, Rot-, Dam-, Rehwild wurde erbarmungslos zusammengeschossen ... Als dann endlich, vom brausenden Jubel des ganzen Volkes empfangen, Adolf Hitler und seine Getreuen einzogen, als der rote Spuk wie vom Sturm verweht verschwand, als endlich wieder richtig regiert wurde in deutschen Landen, da wussten die Jäger: Nun wird es gut werden mit uns, nun wird unser Wild geschützt vor Vernichtung und Degeneration. Doch so ungeheuer groß und umfangreich schienen die außen- und innenpolitischen Aufgaben für die Retter Deutschlands, dass eine gründliche Lösung der jagdlichen Fragen erst nach Ablauf von Jahren zu erwarten war. Aber da war einer, der auch die Sorgen der deutschen Jäger kannte und der entschlossen war, sofort zu helfen. Es war der Preußische Ministerpräsident Hermann Göring, der kühne Bergsteiger, der verwegene Flieger, der weidgerechte Jäger."[33]

Protagonist der neuen Jagdpolitik des Dritten Reiches war also Hermann Göring, der sich bald als Reichsjägermeister feiern ließ und 1934 ein neues Reichsjagdgesetz verkündete.[34] Schon am 9. Mai 1933 bot der Reichsjagdbund unter seinem Geschäftsführer Ulrich Scherping dem preußischen Ministerpräsidenten die Schirmherrschaft über die deutsche Jagd an. Göring erklärte daraufhin: „Ich tue dies im festen Willen, der deutschen Jagd wieder die Geltung zu verschaffen, die ihr gebührt. Ich will, dass ein neues Jagdgesetz für Preußen geschaffen wird, das später, nachdem man Erfahrung gesammelt hat, für das Deutsche Reich gelten soll."[35] Als Ministerpräsident erließ Göring am 18. Januar 1934 mit Hilfe Scherpings ein neues Jagdgesetz, das dann am 3. Juli 1934 für das ganze Reich als Reichsjagdgesetz in Kraft trat. Inwieweit dieses Gesetz nationalsozialistisches Gedankengut enthielt, ist umstritten und bedarf noch der gründlichen Analyse.

Auf die Initiative Görings ging auch die Gründung des „Instituts für Jagdkunde und Wildbiologie" an der Universität Göttingen zurück, die 1936 vorgenommen wurde.[36] Dieses war damals weltweit das erste Institut seiner Art und ist in Deutschland bis heute der einzige Lehrstuhl für diese Disziplin. Freilich haben sich die Inhalte von Forschung und Lehre im Umfeld dieses Lehrstuhls inzwischen stark verändert. Die Wildbiologie ist eine naturwissenschaftliche Disziplin, die sich mit denjenigen Wildtieren befasst, an denen ein jagdliches Interesse des Menschen besteht.[37] Ihr gegenüber steht die Jagdkunde, deren Objekt im weitesten Sinn der jagende Mensch und die Lehre von der Bejagung der Wildtiere ist. Die Jagdkunde besitzt eine naturkundliche, eine wirtschaftliche und eine kulturwissenschaftliche Komponente und ist demnach stark interdisziplinär ausgerichtet. Von beiden Disziplinen ist die Jagdkunde zweifellos die ältere, da sie sich seit langem mit den Anfängen der Jagd und den verschiedenen Jagdarten beschäftigt. Der Wildbiologie, die aus der Jagdkunde herausgewachsen ist, kommt heute deswegen eine wichtige Bedeutung zu, weil sie neue Erkenntnisse vermitteln soll, die zur Erhaltung der Artenvielfalt unter den Wildtieren in Europa und in der ganzen Welt notwendig sind. Naturschutz und Wildtierschutz setzen jedoch naturwissenschaftliche Kenntnisse voraus, die erst gründlich erarbeitet werden müssen. Die Wildbiologie ist deshalb nicht nur erkenntnisorientiert, sondern auch handlungsbezogen: Sie ist bestrebt um naturschutzrelevante Forschung und bemüht sich, ihre Ergebnisse für die akademische Lehre aufzubereiten. Die Methoden des Fachs reichen von der biologischen Verhaltensforschung an Wildtieren bis zur Rekonstruktion ihres Raum-Zeit-Systems mit Hilfe der Satelliten-Telemetrie.[38]

Die Beschäftigung mit der Jagd und mit den damit in Beziehung stehenden Themen Naturschutz und Wildbiologie hat in den vergangenen drei Jahrzehnten deutlich zugenommen. Seit einiger Zeit stoßen Jagdthemen auf ein wachsendes Interesse, was in einer ökologisch sensibilisierten Öffentlichkeit offenbar mit der prekären Stellung der Jagd im Spannungsfeld von Waldgefährdung, Artenschutz und Umweltpolitik zusammenhängt. Durch den „Offenen Brief an den Jäger Walter Scheel", den der Journalist Horst Stern 1975 an den damaligen Bundespräsidenten schrieb,[39] wurde eine heftige Diskussion über die Ziele der Jagd im Konfliktfeld von Waldschutz und Wildhege ausgelöst. Die Trophäenjagd früherer Zeiten wurde zunehmend abgelehnt und als neue Aufgabe vom Jäger gefordert, Wildbestände und Tragfähigkeit ihrer Lebensräume im Gleichgewicht zu halten.

Auch im amerikanischen Wissenschaftsraum setzte inzwischen eine neue Phase der Jagdforschung ein, die sich vor allem mit der Rolle der Jagd in der Frühzeit des Menschen und mit dem Mensch-Tier-Verhältnis befasste. Um das problematische Verhältnis heutiger Menschen zum Phänomen der Jagd zu verdeutlichen, führte der Anthropologe Matt Cartmill in einer Studie zum Verhältnis des Menschen zu Tier und Jagd[40] Folgendes an: „Die Motive von Jägern sind dumpf und unbewusst, und wer kein Jäger ist, tut sich schwer, sie zu verstehen. Für die meisten von uns hört sich die Vorstellung, einmal im Jahr rituell in den Wald zu gehen, um mit dem Gewehr Hirsche zu erschießen, ungefähr so verlockend an, wie einmal im Jahr in den Kuhstall zu gehen, um mit dem Vorschlaghammer Kühe totzuschlagen."[41] Die heutige Form der Jagd, die mit modernen Präzisionswaffen operiert, hat auch im jagdbegeisterten Amerika offensichtlich jene Faszinationskraft verloren, die in früheren Epochen von der direkten Konfrontation zwischen Mensch und Wildtier ausgegangen ist.

Ausdruck der Neubewertung der Jagd im deutschen Forschungsbereich waren einige wissenschaftliche Kolloquien, die vor einiger Zeit zu verschiedenen Themen und Epochen der Jagdgeschichte stattfanden.

Im Herbst 1994 veranstaltete der Konstanzer Arbeitskreis für mittelalterliche Geschichte eine Tagung zum Thema „Spiel, Sport und Kurzweil in der Gesellschaft des Mittelalters", wo auch über die Jagd und ihre Bedeutung für die Geschichte des Mittelalters referiert wurde.[42] Im gleichen Jahr fand unter dem Titel „Jagd und höfische Kultur im Mittelalter" in Göttingen eine internationale Tagung statt, die sich intensiv mit den verschiedenen Aspekten der Jagd im Mittelalter und vor allem mit dem Spannungsfeld von Jagd und höfischer Kultur auseinander setzte.

Die Referenten der Tagung bemühten sich, das komplexe Thema der Jagd auf interdisziplinärer Grundlage zu erschließen und neben der Geschich-

Der preußische Ministerpräsident Hermann Göring wurde 1934 zum „Reichsjägermeister" ernannt.

Die Jagd im Mittelalter wird in den letzten Jahrzehnten auch interdisziplinär erforscht.
Buchmalerei aus der Liederhandschrift „Codex Manesse" aus dem 14. Jahrhundert

te auch die Nachbardisziplinen Germanistik, Archäologie, Kunstgeschichte und Anthropologie zu Wort kommen zu lassen.[43] Mit dieser Behandlung der Jagd aus unterschiedlicher Perspektive sollte einerseits eine bessere Kenntnis der Jagdausübung während des Mittelalters vermittelt werden, andererseits auch das Ziel verfolgt werden, die Rolle der Jagd im Kontext der adelig-ritterlichen Lebensform und der Entwicklung der höfischen Kultur genauer zu bewerten.

Mit den Jagdverhältnissen des 18. Jahrhunderts befasste sich im Sommer 1988 ein Kolloquium in Pommersfelden, zu dem zahlreiche Kenner der Jagdgeschichte, Kunst- und Kulturhistoriker, Literaturwissenschaftler und Bibliothekare eingeladen worden waren.[44] Neben den Gelehrten unterschiedlicher Disziplinen leisteten auch belesene Laien, ferner aktive Jäger, Förster und Besitzer von Jagdrevieren ihren Beitrag zur Kulturgeschichte der Jagd im Zeitalter der Aufklärung und des fürstlichen Repräsentationsstils. Die düsteren Kehrseiten der herrschaftlichen Jagd, die bäuerlichen Jagdlasten, kamen ebenso zur Sprache wie die Jagdkritik des aufsteigenden Bürgertums. Im Rahmen ihrer Rundgespräche zur Ökologie veranstaltete die Kommission für Ökologie der Bayerischen Akademie der Wissenschaften im April 2002 ein aufschlussreiches Symposium über die kulturellen und historischen Aspekte der Jagd und ihre aktuellen ökologischen und sozialen Funktionen. Die vielfältigen Probleme der Jagdausübung in Vergangenheit und Gegenwart wurden ausführlich behandelt, wobei kontroverse Auffassungen von Jagdhistorikern, Forstwissenschaftlern und Vertretern der Ökologie hervortraten. Die Jagd, die den Menschen seit der Frühzeit begleitete, erfüllte zweifellos wichtige ökologische Funktionen, da die Jäger bei der Regulation von Wildtierpopulationen und beim Artenschutz führend beteiligt waren.[45]

Die französische Geschichtsforschung befasste sich mit der Jagdthematik bereits seit längerer Zeit und erforschte vor allem die kulturgeschichtliche Komponente der Jagd in ihren vielfältigen Bezügen. In Frankreich fand schon 1979 in Nizza ein internationales Kolloquium zum Thema „La chasse au Moyen Age“ statt, bei dem das Phänomen der Jagd vor allem im interdisziplinären Austausch von Geschichte, Sprachforschung, Archäologie und Kunstwissenschaft untersucht wurde.[46] Eine 1988 im französischen Commarque durchgeführte Tagung widmete sich dann dem Themenkomplex „Le Château, la chasse et la fôret“ und erforschte die Jagdproblematik im Bezugsfeld von Burg, Jagd und Forst im mittelalterlichen und neuzeitlichen Frankreich.[47] Philippe Salvadori legte 1996 unter dem Titel „La chasse sous l'Ancien Régime“ eine aufschlussreiche Studie zur französischen Jagdkultur im Ancien Regime vom 16. Jahrhundert bis zum radikalen Umbruch im Gefolge der Französischen Revolution vor.[48] Ein 1998 in Lausanne veranstaltetes Symposium zum Thema „La chasse au Moyen Age. Société, traités, symboles“ befasste sich speziell mit den historischen, kunstgeschichtlichen, sprachwissenschaftlichen und literarischen Aspekten der mittelalterlichen Jagd unter kulturgeschichtlichen Prämissen. Auf neue Studien zur Jagd in anderen Ländern kann hier nur pauschal verwiesen werden: Sie zeigen insgesamt die Aktualität und den anregenden Charakter dieses Themas in der neueren Forschung.[49]

Die Jagdthematik ist zweifellos besonders dafür geeignet, allgemeine, über das engere Fachgebiet hinausgehende Fragen und Probleme aufzuwerfen. Neben den genannten ökologischen Aspekten gehören dazu auch vor allem die Forschungsthemen der Sozial- und Kulturanthropologie. Denn in anthropologischer Hinsicht gehört die Jagd zu den grundlegenden Tätigkeitsbereichen, die die menschliche Kulturentwicklung seit dem Beginn der Menschheit in vielfältiger Form beeinflusst haben.[50] Ihre Geschichte weist auf die Anfänge der ersten Kulturen zurück und verdeutlicht, dass Jäger und Sammler jahrtausendelang Wirtschaft und Gesellschaft stark geprägt haben. Die Anthropologie untersucht, welche Auswirkungen die Jagd nicht nur auf die Tierwelt, sondern auch auf die jagenden Menschen hatte. Der Wandel von der frühen Jägerei zum vornehmen Weidwerk, von der Erwerbsjagd zum Sport einer privilegierten Oberschicht, brachte auch grundlegende Veränderungen im Wesen der Jagd mit sich. Die Jagd wurde nach Thorstein Veblen in dieser Hinsicht zur bevorzugten Freizeitbeschäftigung einer adeligen Oberschicht, mit der sie ihre

Die französische Jagdkultur – wie hier zur Zeit Napoleons III. in Compiégne – wurde vielfach erforscht. Gemälde aus dem 19. Jahrhundert

soziale Distanz zur übrigen Bevölkerung demonstrativ zum Ausdruck brachte.[51] Die Jagd habe sich dadurch zu einer Sportart entwickelt, bei der man eine Unmenge an Waffen und Zubehör verwandte, um die Bedeutsamkeit der Jagdtätigkeit hervorzuheben. Wenn Jäger zum Angriff auf ein Wildtier übergingen, bedienten sie sich nach Veblen einer Förmlichkeit, die mit komplizierten Bewegungen und Ritualen verbunden war.

Die anthropologische Sicht der Jagd tritt auch beim Philosophen Ortega y Gasset in Erscheinung, wenn dieser auf den animalischen Hang des Jägers und sein raubtierartiges Verhalten hinweist. Jagd ist für ihn die „primitive, ursprüngliche Art, Mensch zu sein", bei der alle Instinkte mitwirken, die im Menschen als Jäger seit der frühesten Altsteinzeit noch lebendig sind; aber außerdem gebrauche der Mensch bei der Jagd seine ganze Vernunft und Intelligenz, um den Erfolg seines Jagens zu gewährleisten.[52]

Die Jagdgeschichte kann aufgrund ihrer vielfältigen Aspekte einen bedeutenden Beitrag zu einer neuen Kulturgeschichte bzw. Historischen Kulturwissenschaft leisten, die seit einiger Zeit in den Mittelpunkt der historischen Forschung getreten ist und die Geschichtswissenschaft entscheidend prägt.[53] Die Erweiterung der Jagdgeschichte um kulturgeschichtliche Forschungsstrategien entspricht den neuen Akzenten und Perspektiven, die sowohl in der deutschen als auch in der internationalen Geschichtswissenschaft zu beobachten sind. Die Sozialgeschichte, die sich seit den siebziger Jahren durchsetzte und bedeutende Erfolge erzielte, wird seit einiger Zeit durch kulturgeschichtliche Fragestellungen erweitert, die durch Mikrohistorie, Erfahrungs- und Mentalitätsgeschichte sowie durch die Erforschung von unterschiedlichen Lebenswelten bestimmt sind. Die Erweiterung der Sozialgeschichte zur Kulturgeschichte ist durchaus sinnvoll, da der Begriff der Kultur mehr als der der

Gesellschaft den gesamten Bereich des Verhaltens der Menschen umfasst und sowohl konkrete soziale Strukturen als auch individuelle Handlungen einschließt.[54] Für dieses neue Forschungskonzept ist die Jagdgeschichte in besonderem Maße geeignet, denn die herrschaftliche Jagd des Mittelalters und der Frühen Neuzeit kann nur im Kontext der höfischen Kultur mit ihren verschiedenartigen Bezügen richtig verstanden werden. Die Jagd lässt vielfältige Aspekte und Funktionen erkennen: Neben wirtschaftlichen, rechtlichen und soziologischen treten auch biologische und ökologische hervor; mit zeitlich wechselndem Gewicht beeinflussen sie die Einstellung der Menschen zur Jagd. Diese interessanten Elemente der Jagd, die in Recht, Wirtschaft, Literatur, Kunst, Sprachen und in anderen Bereichen ihren Niederschlag gefunden haben, können am besten in der interdisziplinären Vernetzung analysiert werden. Neben der historischen Forschung sind dafür Nachbardisziplinen wie Rechtswissenschaft, Kunstgeschichte, Literaturwissenschaft, Archäologie und Kulturanthropologie besonders geeignet.[55]

Die folgenden Untersuchungen zur Geschichte der Jagd können das umfangreiche Gebiet der Jagd in ihrer historischen Entwicklung nur schwerpunktmäßig erfassen. Sie ordnen sich ein in dem Versuch, neue Perspektiven aufzuzeigen und anhand des Jagdthemas Kernfragen der kulturellen und sozialen Entwicklung Europas anzusprechen. Der Schwerpunkt der Studien liegt dabei auf den Jagdverhältnissen des Mittelalters und der Frühen Neuzeit, als die adelig-höfische Jagdkultur zu einem Höhepunkt ihrer Entwicklung gelangte. Die folgenden Kapitel erheben dabei keineswegs den Anspruch, das Thema der Jagd und ihrer vielfältigen Ausprägung in der Kultur vergangener Epochen erschöpfend zu behandeln. Die Kulturgeschichte der Jagd steht im Vordergrund des Interesses, nicht aber die Technik der Jagd, die Jagdwaffen oder Spezialfragen zur Jagdausübung.

Herrschaftliche Jagden, wie diese des russischen Zaren Paul I. (1754–1801) und seiner Frau Maria Fjodorowna bei Stuttgart, geben Einblicke in die Kulturgeschichte. Gemälde aus dem 20. Jahrhundert

DIE JAGD IN FRÜH-GESCHICHTE UND ANTIKE

Auf Lucas Cranachs Gemälde „Diana und Aktaeon“ aus dem 16. Jahrhundert wird eine Jagdszene der griechischen Mythologie dargestellt.

Der Urmensch jagte insbesondere Großwild,
wie Bären oder sogar Waldelefanten.

DIE JAGD IN DER FRÜHGESCHICHTE

Die Geschichte der Jagd ist zweifellos ein wesentlicher Teil der Kulturgeschichte der Menschheit, und auch darüber hinaus wurde die Entfaltung der menschlichen Fähigkeiten während der langen Zeit der Evolution des Menschen entscheidend durch die Jagd geprägt. Wenn man den Zeitraum von etwa 700 000 bis 6000 v. Chr. überblickt, als allmählich der Übergang von den Kulturen der Jäger und Sammler zur Sesshaftigkeit mit Ackerbau und Viehzucht erfolgte, so erlebte die Menschheit 99 Prozent ihrer bisherigen Geschichte als eine Zeit, die stark von der Jagd und ihren Erfordernissen bestimmt war. Einfache Werkzeuge, Jagdwaffen und der Gebrauch des Feuers stehen jahrhunderttausendelang im Mittelpunkt der Ur- und Frühgeschichte der Menschheit, die sich im Lebenskampf mit der Natur behaupten muss und allmählich den Weg zum modernen Menschen (Homo sapiens) findet[1]. Die Geschichte der Menschheit setzt als Kulturgeschichte demnach da ein, wo der Gebrauch des Feuers, die Herstellung von Werkzeugen und die Ausbildung der Sprache als Mittel der Kommunikation die Tätigkeit des menschlichen Geistes erweist. Dieser Prozess begann vor etwa 700 000 Jahren und erstreckte sich in den verschiedenen Phasen der Menschwerdung, die von der Paläoanthropologie erforscht werden, über eine lange Distanz. Schriftliche Zeugnisse aus dieser Zeit gibt es nicht; sie reichen nur etwa 5000 Jahre zurück, als in Mesopotamien die ersten Schrifttypen auftauchen. Daher ist man für diesen langen Zeitraum der Frühgeschichte und der ältesten Jagdformen allein auf Bodenfunde angewiesen: Reste von Behausungen und Gefäßen, Funde von Geräten aus Stein und Knochen sowie Wandmalereien und Schnitzereien, die in den letzten hundert Jahren in vielen Höhlen entdeckt wurden.

Die Deutung solcher archäologischen Funde bereitet noch immer große Schwierigkeiten, und sie ist nur möglich durch interdisziplinäre Forschung und durch den Vergleich mit den Kulturen sogenannter primitiver Völker, von denen die Ethnologen und Anthropologen berichten. Schwierig ist vor allem die zeitliche Einordnung der Funde und Beobachtungen; sie gründet sich auf unseren Kenntnissen vom Verlauf des Eiszeitalters (Diluvium), in dessen Ablagerungen die Funde eingebettet sind. Die Paläoanthropologie, die Wissenschaft von den fossilen Menschen, untersucht die Faktoren und Prozesse der Menschwerdung, die Verbreitung des Vormenschen (Australopithecus) und die verschlungenen Wege zum modernen Menschen in ihrem räumlichen und historischen Kontext.[2] Da sich aus den Ergebnissen der beteiligten Wissenschaften aber oft nur Indizien für die Evolution des

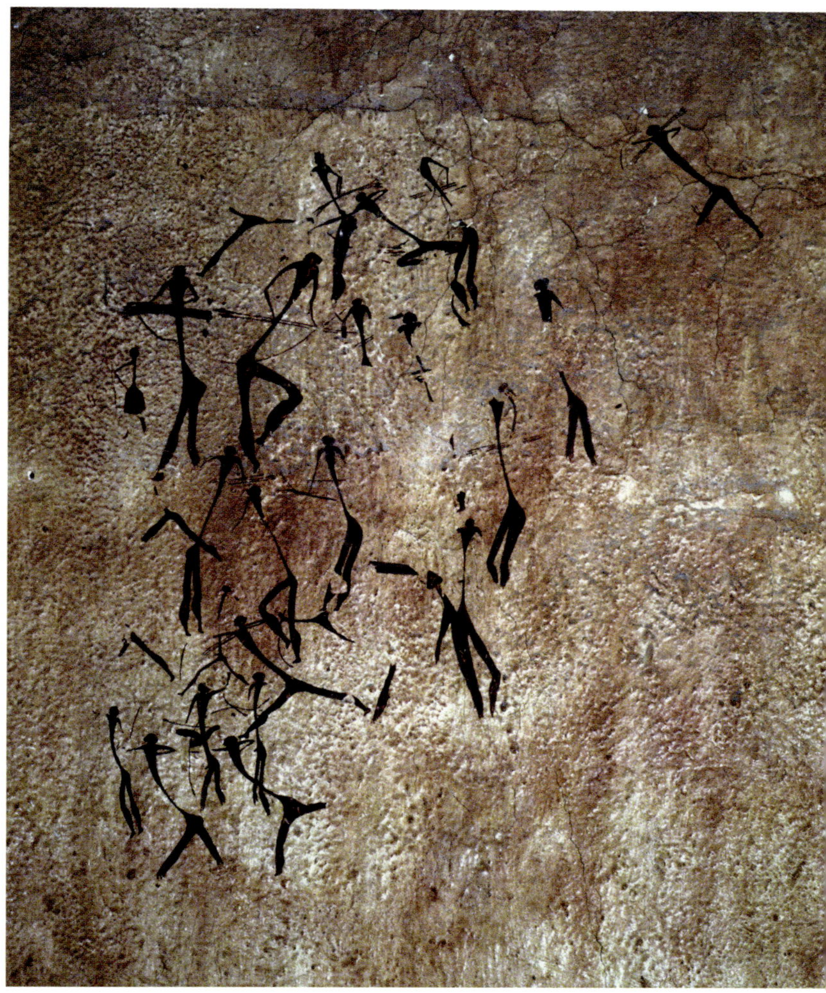

In der spanischen Höhle Cova dels Cavalls sind an den Wänden frühneolithische Jagdszenen zu sehen.

Menschen ergeben, können nur Hypothesen aufgestellt werden, die eine bestimmte Plausibilität für die Stammesgeschichte des Menschen und die älteren Kulturformen beanspruchen.

Rund 500 000 Jahre dauerte die Ältere Altsteinzeit (Paläolithikum), die ihren Namen zu Recht nach dem Werkstoff erhielt, aus dem der Mensch damals hauptsächlich seine Geräte herstellte. Ihr folgte dann die Jüngere Altsteinzeit, die sich von etwa 100 000 bis 10 000 v. Chr. erstreckte. Drei große Eiszeiten mit den entsprechenden Warmzeiten erlebten während dieser Periode Europa und die nördliche Halbkugel.[3] Sie veränderten die Lebensbedingungen für die Menschen in starkem Maße und beeinflussten intensiv die kulturelle Entwicklung der Menschheit, wozu auch die Jagdverhältnisse gehörten. Das Klima schwankte zwischen Kältegraden, wie sie heute an der sibirischen Eismeerküste herrschen, und subtropischen Temperaturen. Daher wandelte sich das Aussehen der Tier- und Pflanzenwelt von Epoche zu Epoche außerordentlich, während sich gleichzeitig die Existenzbedingungen des Menschen stark veränderten. Der älteste europäische Frühmensch ist offenbar der Heidelberger Mensch, der etwa von 700 000 bis 400 000 lebte. Aus diesem Menschentypen entwickelte sich in Europa der sogenannte Neandertaler, während zeitlich parallel in Afrika bereits der moderne Mensch entstand. Neandertaler und moderner Mensch trafen schließlich vor knapp 90 000 Jahren im Nahen Osten zusammen und existierten dort längere Zeit nebeneinander. Der aus Afrika stammende moderne Mensch setzte sich dann weltweit durch, während der Neandertaler vor etwa 30 000 Jahren ausstarb.[4]

Lange Zeit lebten die ältesten Menschen, deren Hauptvertreter hier kurz skizziert wurden, als Wildbeuter in ihrer natürlichen Umwelt. Die Jagd auf Wildtiere sowie das Sammeln von essbaren Pflanzen und Kleintieren bildeten die Grundlage ihrer Nahrung.[5] Sie lebten von dem, was die Natur bot – in Zeiten des Überflusses ebenso wie in Zeiten des Mangels; was man erjagt oder gesammelt hatte, wurde im Wesentlichen sofort verbraucht. Die Erschöpfung der Nahrungsressourcen vor Ort

Viele prähistorische Wildtiere, wie das Wollhaarmammut, starben aufgrund der Jagd durch den Menschen aus.

zwang die Menschen zum ständigen Wechsel der Wohnstätten und erlaubte ihnen keine Anhäufung von Gütern, die eine bessere Lebensweise garantiert hätten. Auch mit der allmählich zunehmenden Verfeinerung der Jagdwaffen blieben die damaligen Menschen den Wechselfällen der Natur ausgeliefert. Die Lebensbedingungen einer auf Jagd- und Sammeltätigkeit ausgerichteten Gesellschaft schufen wenig Freiräume für die Entwicklung neuer Fähigkeiten und Fertigkeiten, sodass der technische Fortschritt nur langsam voranschritt. Trotz aller Primitivität waren diese Menschen doch mutige und geschickte Jäger, die durch Überlegenheit des Verstandes ihren Mangel an Kraft und Schnelligkeit ausglichen. Welche Bedeutung hatte in dieser Frühzeit nun die Jagd für die Entwicklung der Menschheit? Im Kontext dieser grundlegenden Frage ist die sogenannte Jagdhypothese aufgekommen und von einigen Anthropologen und Jagdhistorikern stark betont worden. Was besagt diese Jagdhypothese und inwieweit ist sie relevant?

Die Jagdhypothese und der Ursprung des Menschen

Bis in die Zeit um 1970 beherrschte die These vom „Mörderaffen" die Vorstellungen vieler Anthropologen und Biologen vom Anfang des Menschengeschlechts. Diese These ging auf den Anthropologen Raymond Dart zurück, der 1924 im südafrikanischen Taung zufällig auf die Skelettreste eines menschenähnlichen Affenbabys stieß, das dem Stamm des Australopithecus africanus angehörte.[6] Diese sogenannten Südaffen lebten in der Zeit von vier bis eine Million Jahren vor unserer Zeit und zählten zu den frühen Vorfahren des Menschen. Als in der Zeit um 1950 Fossilienfunde auftauchten, die vorwiegend mit denen großer Säugetiere vermischt waren, gelangte Dart zu der Überzeugung, dass nur die Vormenschen selbst diese großen Beutetiere getötet und verzehrt haben konnten. Die Tierknochen, die in der Nähe des Affenbabys gefunden worden waren, interpretierte er 1957 in dem Sinne, dass der Südaffenmensch „im Begriff stand, die Herrschaft über alle Tiere des Feldes ... und alles Gewürm, das auf Erden kriecht, anzutreten."[7] Ursprünglich hatte Dart diese Südaffen als verzweifelte Fruchtfresser betrachtet, die gezwungen gewesen seien, sich auf Fleisch umzustellen, um in einer feindlichen Umwelt überleben zu können. In den fünfziger Jahren war er dann zu der Ansicht gelangt, dass die Affenmenschen auf der Suche nach Fleisch aus den äquatorialen Urwäldern in die Steppen Südafrikas gezogen waren. „Dass die Vorfahren von Australopithecus ihre Brüder auf den Bäumen Zentralafrikas verließen", so schrieb er, „lag an ihrem Abenteuergeist und der verlockenderen Fleischkost, die auf den weiten Savannen der südlichen Ebenen wartete."[8] Der Geschmack von Blut und Fleisch sei es gewesen, nicht das strapaziöse Leben in Transvaal, was uns zu Menschen gemacht habe.

Wie konnten diese Vormenschen aber Wildtiere erlegen? Da sie nachweislich selbst noch keine Werkzeuge herstellten, aber zum Jagen zwangsläufig benötigten, kam Dart zu der Überzeugung, dass sie knöcherne Teile ihrer Beute als Mord- und Schlachtwerkzeuge benutzt hätten. Unterkiefer von Hyänen seien als Schlachtermesser benutzt worden, Kinnladen von Warzenschweinen als Streitäxte, Hörner von Antilopen als Dolche und Schenkelknochen von Zebras als Keulen. Dieses Bild der Mörderaffen, das Dart von den menschlichen Vorfahren entwarf, fand vor allem bei den Anthropologen großen Anklang.[9] Die Jagd wurde für sie zum Motor der menschlichen Entwicklung, und über Jahrzehnte erhielt die Jagdhypothese Anerkennung in einem Teil der wissenschaftlichen Forschung. Darts Lehre wurde durch die Vermengung von Begriffen wie Raubtier, Fleisch fressend und jagend begründet, wobei es zu einer Missachtung elementarer biologischer Regeln kam. Raubtiere sind nämlich in der Zoologie klar definiert: Sie sind ausschließlich Fleischfresser und haben ein genetisch bestimmtes Verhalten, bei dem das Lernen eine untergeordnete Rolle spielt.[10] Sie haben Klauen an den Zehen und scharfe Reißzähne, also typische Raubtiergebisse, welche zum Kauen härterer Nahrung ungeeignet sind. Dass die Südaffen ein Gebiss trugen, das vorrangig für pflanzliche Kost geeignet war, wurde demnach ignoriert.

Wieso hatten sich die von Dart untersuchten Affenmenschen überhaupt der Jagd zugewandt? Einige Anthropologen brachten die Sexualität der

Die frühen Menschen waren Allesfresser, die sich sowohl von erlegtem Fleisch als auch von Pflanzen ernährten. Illustration aus „L'Homme Primitif" von 1870

Vormenschen damit in Zusammenhang.[11] Die Jagd, so argumentierten sie, sei als zufälliger Nebeneffekt von Kämpfen zwischen unseren affenartigen Vorvätern und deren sexuellem Verfügungsrecht über die Weibchen entstanden. Die größten und aggressivsten Männchen hätten in diesen Kämpfen gesiegt und so ihre Gene an die nächste Generation weitergegeben. Nach vielen Generationen seien auf diese Weise alle Männchen größer und aggressiver geworden. Mit ihrer Stärke und Brutalität hatten diese Männchen neuen Typs sich auch die Eignung zur Großwildjagd erworben, und zwar als eine vom aggressiven Verhalten abgeleitete sekundäre Erscheinung. Ferner zwang das Jagen die Männchen auch, stärker miteinander zu kooperieren und bei der Jagd in Gruppen aufzutreten. Koordiniertes Vorgehen in der Gruppe war daher wie der Werkzeuggebrauch und die Differenzierung der Geschlechterrollen ein weiteres typisch menschliches Merkmal, das im Kontext der Jagd entstanden war.

William Etkin entwickelte 1954 auf diesen Grundannahmen ein Modell der protomenschlichen Familie, „in der sich das Männchen zum Jäger spezialisierte, das Weibchen zur Haushälterin".[12] Die Haushaltung eines Menschenaffen hätte nach Etkins Ansicht einen ähnlichen Unterschied zwischen den Rollen der beiden Geschlechter notwendig gemacht. Weil junge Anthropoiden sich an ihre Mütter klammern und lange brauchen, bis sie erwachsen werden, trug damals eine Mutter fast ständig ihr Kind mit sich herum. „Wird das eine entwöhnt, kommt schon das nächste zur Welt. Das Weibchen ist daher für die Jagd schlecht zu gebrauchen. Zur Entstehung einer auf der Jagd basierenden Wirtschaftsweise kann es bei einem Anthropoiden nur dann kommen, wenn das Männchen bei der Ernährung und Pflege der Jungen mitwirkt."[13] Die soziale Organisation des Familienverbandes verändere auch den Auslesedruck auf die Entwicklung der Nachkommenschaft. War der Vater weitgehend für die Versorgung der Familie zuständig, so brauchte die Mutter nicht mehr selbstständig auf Nahrungssuche zu gehen und dabei die Kinder mit sich herumzutragen. Stattdessen konnte sie fest bei ihrer Heimstätte bleiben und ihre Zeit und Aufmerksamkeit ganz dem Nachwuchs widmen. Auf

Viele der Annahmen über das Jagdverhalten der Frühmenschen gelten heute als überholt.

diese Weise wurde die Jagdhypothese mit einem angeblichen Patriarchat der Frühzeit verbunden und weiter verankert. Die Überlegungen von Etkin und anderen Anthropologen liefen schließlich darauf hinaus, dass es hauptsächlich die Jagd gewesen sei, die Menschenaffen in Menschen verwandelt habe, und der Druck auf den Menschen, ein immer besserer Jäger zu werden, habe den gesamten Gang der menschlichen Evolution bis zur Erfindung des Ackerbaus bestimmt.[14]

Wie reagierte die wissenschaftliche Öffentlichkeit auf diese Jagdhypothese? Welche Argumente wurden gegen diese These vorgebracht? Darts Sammlung von knöchernen Werkzeugen aus den Höhlen von Transvaal entpuppte sich in den 70er Jahren als von Leoparden und Hyänen zerkaute Knochenstücke. Gleichzeitig erwies eine Vielzahl neuer Fossilienfunde in zuvor unentdeckten Höhlen, dass die Knochen der frühen Menschenaffen in der Regel mit etwa gleich großen Beutetieren vermischt lagen, was paläontologisch als sicheres Zeichen dafür gedeutet werden konnte, dass solche Fossilienschichten von großen Raubtieren angelegt wurden.[15] Der Australopithecus war demnach ein Allesfresser und wurde selbst Beute großer Raubtiere; er war nicht Jäger, sondern vielmehr der Gejagte, ein Opfer der Raubtiere.

Zwei weitere Tatsachen trugen ebenfalls dazu bei, die Jagdhypothese zu erschüttern. Erstens stellte sich heraus, dass der Geschmack an Tierfleisch nicht etwas ist, was die Menschen grundsätzlich von den Menschenaffen unterscheidet. Auch Schimpansen reißen manchmal andere Tiere und stehlen anderen Räubern die Beute, ja töten sogar bei gewissen Gelegenheiten ihre Artgenossen.[16] Wenn Schimpansen Raubtiere sind, dann war das räuberische Verhalten unserer affenähnlichen Vorfahren offenbar gar keine abweichende Neuerung. Somit kann räuberisches Verhalten allein nicht erklären, weshalb unsere Vorfahren sich zu den Menschenaffen von Transvaal entwickelten und die Schimpansen nicht. Zweitens macht selbst bei heutigen Jägervölkern in der Kalahari pflanzliche Kost zwei Drittel der Nahrung aus.[17] Damit ist Darts Meinung hinfällig, unsere Vorfahren hätten, als sie den tropischen Wald verließen, zu Fleischfressern werden oder verhungern müssen. Alle diese neuen Tatsachen und Erkenntnisse trugen zur Abkehr der Anthropologie von der Jagdhypothese bei.

Ein weiterer Beweis gegen die Jagdhypothese sind die Zähne, die als sicheres evolutionsbiologisches Merkmal für die Einteilung der Lebewesen in Jäger und Nichtjäger herangezogen werden können. Ihre Gestalt deckt sich derart gut mit ihrer Funktion, dass an ihrer biologischen Bedeutung kein Zweifel bestehen kann.[18] Wäre Jagen eine evolutionsbiologische Entwicklungsphase der Hominiden, hätten sich wenigstens im Laufe der Zeit Veränderungen im menschlichen Gebiss gezeigt, wie sie für Raubtiere typisch sind. Es trat jedoch das Gegenteil ein, und das Gebiss wurde im Verlauf der Evolution schwächer und gleichmäßiger, d. h. immer pflanzentauglicher. Tatsächlich waren die frühen Menschen Allesfresser, die sowohl Pflanzenkost als auch Fleischstücke verzehren konnten. Die ersten Menschenarten waren dies in ihrem Kauapparat und in sonstigen Merkmalen offensichtlich noch ebenso deutlich wie ihre nichtmenschlichen Vorfahren. Sie unterschieden sich allerdings durch größere Flexibilität im Verhalten aufgrund eines leistungsfähigeren Gehirns. Daher war es das wichtigste Merkmal des Menschen, dass er sich vielfältige Entwicklungsmöglichkeiten seines Körperbaus in Kombination mit einer exzeptionellen kulturellen Anpassungsfähigkeit für alle Lebensräume offenhielt.[19] Diese intellektabhängige Lernfähigkeit für vielfältige Situationen und Lebensräume bildete die Grundlage des Jagens. Jagd war in diesem Sinne eine kulturelle Adaption in dem jeweiligen Umfang, in dem der Lebensraum sie ermöglichte und notwendig machte. Sie ist damit nicht angeboren, sondern eine Kulturleistung als Ergebnis der intellektabhängigen Anpassungsfähigkeit des Menschen.

Der Stellenwert der Jagd in der Frühgeschichte

Welche Bedeutung hatte nun die Jagd tatsächlich in der lang dauernden Frühgeschichte des Menschen? Als sicher kann gelten, dass das Leben des archaischen Homo sapiens, der vor etwa 500 000 Jahren von Afrika aus nach Europa gelangte, wesentlich von der Jagd geprägt war: Sowohl die Jagd auf Wildtiere als auch das Sammeln von essbaren Pflanzen bildeten die Basis seiner Ernährung.[20] Die freigelegten Tierreste an den Fundstellen der älteren Altsteinzeit belegen, dass der Urmensch vorrangig Großwildjäger war. So nehmen Waldelefanten, Wald- und Steppennashörner, Wildrinder, Wildpferde und Bären 60 Prozent seiner Jagdbeute ein. Mittelgroßes Wild (Hirsch, Reh, Wildschwein) hat einen Anteil von 17 Prozent, während Arten des Niederwildes, vor allem Biber sowie kleinere Raubtiere, etwa 23 Prozent der Beute ausmachen.[21] Neben der Jagd diente auch der Fischfang dem Nahrungserwerb, wie einige Überreste aus Fundstellen klar belegen.

Die Jäger lauerten den größeren Tieren mit Vorliebe an Tränken oder in Hohlwegen auf; sie kannten offensichtlich hervorragend die Wege, die die Tiere bei ihren jahreszeitlichen Wanderungen zu benutzen pflegten. Sie schreckten auch nicht davor zurück, den Bären in ihre Höhlen nachzusteigen, da anscheinend das Fleisch dieser Bären besonders schmackhaft war. Der Heidelberger Mensch wagte sich offenbar nur an junge Waldelefanten heran, wie die Skelettreste dieser Tiere beweisen, die zusammen mit dem Unterkiefer des Heidelbergers in einer Sandgrube gefunden wurden.[22] Der Neandertaler aber war ein mutiger Jäger, der den großen Waldelefanten aus der Nähe angriff und mit dem Speer erlegte. Da der frühe Mensch noch keine feste Wohnung hatte, wanderte er entlang der Flüsse von Ort zu Ort, fand hier das passende Gestein für seine Geräte und jagte das zur Tränke kommende Wild. Der Neandertaler[23] suchte zum Schutz gegen die Kälte der letzten Eiszeit die Eingänge von Höhlen auf, die er durch davor gestellte Steine gegen den Wind abschirmte. Wie noch heute viele Naturvölker wanderten die frühen Menschen anscheinend nicht planlos umher, sondern kehrten in regelmäßigem Wechsel oft zu ihren alten Lagerstätten und Jagdplätzen zurück. Die Menschen dieser Epoche konnten die vielen Gefahren, die ihnen von einer übermächtigen Natur drohten, nur bewältigen, wenn sie sich zu Horden zusammenschlossen. Sie umfassten wahrscheinlich wenig mehr als zwei bis drei Dutzend Menschen, denn die Unsicherheit des Nahrungserwerbs und die Gefahren der Jagd verhinderten ein stärkeres Anwachsen der Bevölkerung. Eine gewisse Arbeitsteilung zwischen Mann und Frau entwickelte sich offenbar innerhalb dieser Jägerhorden, sodass der Mann vor allem der Jagd nachging, während die Frau mit den Kindern die pflanzliche Nahrung, dazu Eier und kleine Tiere sammelte. Insgesamt kann für das ältere Paläolithikum bereits eine entwickelte Jagd mit entsprechenden Waffen angenommen werden. So verfügten die Urmenschen mit der hölzernen Stoßlanze schon über eine einfache, aber wirksame Jagdwaffe.[24]

Prähistorische Jäger lauerten den Tieren gemeinsam auf und trieben sie in die Enge.

Jagdwaffen, wie diese Pfeilspitze aus Feuerstein, verbesserten sich mit der Weiterentwicklung des Menschen.

Eine neue Epoche der Menschheitsgeschichte setzte ein, als in der letzten Eiszeit der Altmensch (Jetztmensch) zuerst im eisfreien Frankreich, dann aber auch im übrigen Europa erschien.[25] Der Altmensch unterschied sich in seinem Körperbau vom Menschen der Gegenwart nur wenig, umso mehr aber von seinem Vorgänger, dem Neandertaler, mit dem er nicht direkt verwandt war. Er besaß nicht nur eine größere Fertigkeit in der Bearbeitung des Steins, sondern benutzte, ausgestattet mit höheren geistigen Fähigkeiten, neue Jagdwaffen und verbesserte Jagdmethoden. Faustkeile und grobe Abschläge verschwanden nun, die kunstvoll geschlagene lange Feuersteinklinge trat an ihre Stelle. Ferner erschienen jetzt Wurfspeer mit Speerschleuder, Harpune sowie Pfeil und Bogen als neue Jagdgeräte. Pfeil und Bogen waren bis in das Mittelalter hinein die wichtigste Fernwaffe, die gegenüber Lanze und Speer die Vorteile größerer Reichweite und Durchschlagskraft besaß. Es ist zu vermuten, dass die neuen Waffen und die veränderten Jagdmethoden den Erfolg der Jagd bedeutend erhöhten und vor allem sicherer machten. Die Tierreste jungpaläolithischer Fundstellen zeigen eine Vielzahl von Arten der eiszeitlichen Tierwelt und dokumentieren verschiedene Bereiche jagdlicher Tätigkeit, so die Großwildjagd auf Mammut, Wollhaarnashorn, Wildpferd und Rentier, die Jagd auf Pelztiere wie Wolf, Fuchs und Bär, die Vogeljagd sowie den Fischfang. Im Vergleich mit den vorangegangenen Perioden ist in der jüngeren Altsteinzeit vor allem eine Spezialisierung der Großwildjagd auf wenige Tierarten zu beobachten.[26]

Wie der Neandertaler jagte auch der Altmensch zu jener Zeit Großtiere, und zwar vor allem Mammute, Wildpferde und Rentiere. Da der Boden oft hart gefroren war und Fallgruben nach alter Gewohnheit kaum ausgehoben werden konnten, wurde die Jagd schwieriger.[27] Der Altmensch aber meisterte diese Schwierigkeiten, indem er vor allem die verbesserte Speertechnik anwandte und Pfeil und Bogen benutzte. Mit solchen Waffen konnte man zur Bewegungsjagd übergehen, zumal Wildpferde und Rentiere schneller waren als das nun langsam aussterbende Mammut. An den Lagerstätten mancher Mammutjäger wurden die Knochen von Tausenden von Tieren aufgedeckt, wodurch bewiesen wird, dass der Altmensch nicht nur ein erfolgreicher Jäger war, sondern auch immer wieder in besonders ertragreiche Jagdgebiete zurückfand. Dabei wurden große Treibjagden organisiert, worauf die meterhohen Ablagerungen von zehntausenden von Wildpferdgerippen unterhalb eines Steilhanges hinweisen, die in der Nähe von Lyon gefunden wurden.[28] Es gab offenbar eine jahreszeitlich differenzierte Ausnutzung der verfügbaren tierischen Nahrungsquellen. Für das obere Rhein-Donau-Gebiet hat man einen Jahreszyklus der Ressourcennutzung ermittelt, der als Hauptaktivität vom Herbst bis zum

Frühjahr die Jagd auf Wildpferde an bestimmten Punkten ihrer Wanderwege umfasste.[29] So war der Altmensch zu einem hervorragenden Jäger geworden, der durch seine geistigen Fähigkeiten, seine in Generationen erworbenen Erfahrungen und den sicheren Instinkt des Naturmenschen seine Umwelt immer besser beherrschte und seine Jagd effektiv ausgestaltete. Aus den Knochen und Geweihen fertigte er Jagdwaffen und Geräte für vielerlei Zwecke, und aus den Tierfellen nähte er mit feinen Knochennadeln seine Kleidung.

Die Jagdtätigkeit der damaligen Menschen hatte aber nicht nur Auswirkungen auf Technik und Wirtschaft, sondern beeinflusste auch die Sozialordnung und die gesellschaftlichen Verhältnisse. Die Jagdmethoden jener Epoche setzten in der Regel einen Jagdbetrieb in Gruppen voraus; Einzeljagden waren gewiss nicht auszuschließen, aber sie bildeten Ausnahmeerscheinungen. Die Versorgung der Horden und größeren Gruppen beruhte auf gemeinschaftlichem Handeln bei der Jagd, die nur in größeren Jagdgemeinschaften wirksam wurde.[30] Gemeinschaftsjagden können aber nur unter der Voraussetzung einer eindeutig bestimmten Hierarchie erfolgreich gewesen sein, bei der die Pflichten innerhalb der Gruppe klar verteilt waren. Ohne Unterstellung unter ein Kommando und ohne eindeutige Aufgabenverteilung wäre der Erfolg in Frage gestellt gewesen, und ohne diesen Erfolgszwang hätte es kaum Überlebenschancen gegeben. Die Jagdunternehmungen in der jüngeren Altsteinzeit waren daher von ordnungsstiftenden Sozialfaktoren begleitet, wenn etwa mehrere oder viele Jäger bei der Jagd zusammenwirkten; das machte planvolles gemeinschaftliches Handeln erforderlich und ließ neue Ordnungsstrukturen entstehen. Dies betraf vor allem Treibjagden, bei denen Tierherden über Felsklippen zum Absturz gebracht wurden, und saisonal bedingte Gemeinschaftsjagden, die den Wanderzügen großer Wildtierherden folgten. In solchen Fällen wurden Horden und Gruppen zu größeren Jagdgemeinschaften unter einheitlicher Leitung mit übergreifenden Ordnungsgeboten zusammengefasst. Vermutlich haben sich derartige Jagdgemeinschaften durch die mit der Jagd verbundenen Kulthandlungen und magischen Formen strukturell gefestigt.

Die Höhlenmalerei als Ausdruck der Jagdkultur

Die Dominanz der Jagd und die enge Beziehung zwischen Mensch und Tier wirkten sich im Jungpaläolithikum nicht nur auf Wirtschaft und Sozialordnung aus, sondern fanden ihren Niederschlag auch in der geistigen und religiösen Kultur. Nirgends tritt dies deutlicher zutage als in den großartigen Wandbildern der südfranzösischen und nordspanischen Höhlen, die im 19. und 20. Jahrhundert in größerer Zahl entdeckt wurden.

Im Jahre 1868 verschwand auf einer Jagd nahe dem Ort Torrelavega in Nordspanien der Hund eines Jägers in einem Dachsbau und kam nicht mehr heraus. Beim Nachgraben entdeckte der Jäger die Höhle, an deren Decke die Darstellungen von Jagdtieren hervortraten: die berühmten Bisons von Altamira. Zunächst glaubte man nicht, dass es sich um Gemälde prähistorischer Menschen handelte, nannte den Entdecker einen Schwindler und bezeichnete das ganze als Fälschung. Erst nach der Entdeckung weiterer Höhlenmalereien in Frankreich, so auch bei Les Eyzies, dem Fundort des Cro-Magnon-Menschen, wurden 23 Jahre nach der Entdeckung die Höhlenmalereien von Altamira als Werk des Cro-Magnon-Menschen anerkannt.[31]

Neben Altamira ist Lascaux als eine der berühmtesten der eiszeitlichen Bilderhöhlen anzusehen, nachdem die Höhle von Lascaux 1940 entdeckt worden war. Tief im Innern dieser Höhlen, meist an schwer zugänglichen Stellen, wurden die wichtigsten Jagdtiere der Eiszeit, bisweilen auch Menschen in großartiger Farbigkeit, an die Wände gemalt, geritzt oder modelliert. Wer schuf in Lascaux, in Altamira und in den anderen, weit über hundert Höhlen diese Bilder? Diese Frage kann heute eindeutig in dem Sinne beantwortet werden, dass es der Cro-Magnon-Mensch war; die Bilder sind sämtlich ungefähr zwischen 10 000 und 35 000 Jahre alt. Innerhalb dieses Zeitraums können dabei verschiedene Perioden festgestellt werden. Es beginnt mit einfachen Konturenzeichnungen, setzt sich mit malerischen Gestaltungen und Schattierungen der Körper fort und endet mit einem künstlerischen Konturenstil. Es fällt auf, dass die Bilderhöhlen sich im Wesentlichen auf den südwestfranzösischen und nordostspanischen Raum beschränken, wenn man von einigen Ausnahmen absieht.[32]

Weshalb wurden diese einzigartigen Bilder gemalt? Diese Frage kann nach grundlegenden Forschungen immer noch nicht eindeutig beantwortet werden, und es bleibt zu bezweifeln, ob hier jemals eine vollständig befriedigende Lösung gefunden wird. Besonders in älterer, aber auch noch in neuerer Zeit wurden die Bildwerke als Mittel der Jagdmagie und des Jagdzaubers, teilweise sogar als gemalte Jagderzählungen angesehen.[33] Bei einigen Bildern trifft diese Theorie anscheinend zu, da man Darstellungen von Büffeln und Pferden findet, in denen Speere und Lanzen stecken und die mit Wunden übersät sind. Derartige Bildwerke erinnern manchmal an die Gebräuche historischer Jägervölker, Tiere zu zeichnen oder auf andere Art darzustellen und das Abbild dann, gewissermaßen stellvertretend zu bejagen, um das wirkliche Wild in Wald und Steppe zu bannen. Möglich wäre auch eine Interpretation der Bilder in der Weise, dass der Eiszeitjäger mit Hilfe der Darstellung zum einen sein Gefühl der körperlichen Unterlegenheit kompensieren, zum anderen die Seele des getöteten Tieres erhalten wollte, um einer Rache des Tiergeistes zu entgehen.Auch wenn sich der Sinn dieser von Menschen des Jungpaläolithikums geschaffenen Bildwerke nicht vollständig erschließt und verschiedene Deutungsversuche möglich sind, vermitteln diese bildlichen Darstellungen, deren Thema die Großtierwelt der ausgehenden Eiszeit ist, hervorragende Einblicke in eine geistige Welt, deren Denken von der Jagd beherrscht wurde.[34] Jagdlicher Erfolg sollte gesichert, die Rache von getöteten Tieren abgewendet und die Versöhnung mit der Tierwelt in magischen Formen erreicht werden.[35] Auch in anderen Artefakten jener Zeit ist oft ein Bezug zur Jagd erkennbar. Von den früh nachweisbaren Knochenpfeifen, die offenbar bei der Jagd verwendet wurden, führte der Weg zu den Flöten aus Vogelknochen und damit zu den Anfängen der Musik. Mit Bärenzähnen behangene Hals- und Armringe gehören zu den ersten Schmuckstücken, und sicher dienten viele aus Pelzwerk hergestellte Kleidungsstücke gleichen Zwecken. Die damalige Gruppenjagd muss auch sprachbildend gewirkt haben, denn ohne verbale Kommunikation der Teilnehmer sind Gruppenjagden kaum vorstellbar.

Spuren einer religiösen Gedankenwelt der eiszeitlichen Jäger werden sichtbar in den zahlreichen Jagdopfern, die bei Ausgrabungen gefunden wurden: Rentiere wurden hier z. B. als Dank an die Gottheit für Jagderfolge dargebracht. Der Glaube an die Existenz höherer Wesen, die man durch Tieropfer gnädig stimmen wollte, scheint in solchen Gebräuchen seinen Ausdruck gefunden zu haben.[36] Die Hoffnung auf ein Fortleben nach dem Tode veranlasste die damaligen Menschen auch zur sorgfältigen Bestattung ihrer Toten, denen Nahrung, Geräte und Schmuck beigegeben wurden. In Gebieten, wo es viel Standwild gab, benutzte man gern Höhlen als Wohnstätten, so besonders im südfranzösischen Raum, wo verschiedene Kulturschichten in den archäologisch erforschten Höhlen uns reiches Anschauungsmaterial vom Leben der Menschen erschlossen haben. Die Mammutjäger in den flachen Lössebenen Europas konnten dagegen nur selten Höhlen benutzen; sie errichteten an ihren immer wieder aufgesuchten Lagerplätzen große Hütten aus Grassoden und Fellen. Zahlreiche Feuerstellen in den Wohngruben weisen darauf hin, dass hier mehrere Großfamilien, also wohl Clans und Kleinstämme, zusammengewohnt haben.

Die Jagd und die enge Mensch-Tier-Beziehung spiegelten sich auch allgemein im Weltverständnis der frühgeschichtlichen Menschen, für die als Jäger Wildtiere und Jagd im Mittelpunkt des Denkens und Empfindens standen. Die intensive Beschäftigung und Auseinandersetzung mit dem Wildtier brachte eine ins Transzendente gesteigerte Mensch-Tier-Symbiose hervor, wie sie im sogenannten Animalismus von Jägerkulturen häufig von Ethnologen beobachtet wurde.[37] In der geistigen Welt dieser Jäger wird dem Wildtier eine personale Struktur zugeschrieben, die es als beseeltes Lebewesen erscheinen lässt, das mit mächtigen Schutzgeistern verbündet ist oder in seiner äußeren Erscheinung ein Geistwesen verkörpert. Der Jäger der prähistorischen Zeit, für den eine enge emotionale Verbindung zu Natur und Tierwelt kennzeichnend war, musste seine Fähigkeiten und Kräfte durch Rituale wie Tierbeschwörung oder Jagdzauber stärken, um seine Überlegenheit über das Tier, wie sie bei erfolgreicher Jagd sichtbar wurde, zu sichern. Das erlegte Tier musste daher von ihm mit genügend Respekt

Die Höhlenmalerei einer Jagdszene in der Höhle Lascaux gehört seit 1979 zum UNESCO-Weltkulturerbe.

behandelt und um Verzeihung gebeten werden. Abwehrzauber bewahrte ihn vor der Rache der Schutzgeister getöteter Tiere, und durch Opferzeremonien und Beschwörungsrituale konnte er die Geisterwelt der Tiere eventuell besänftigen.

Jägerkulturen der Gegenwart als Vergleich

Wichtige Erkenntnisse zur Struktur steinzeitlicher Jägerkulturen in Europa erhält man durch Vergleiche mit Jägervölkern, die noch heute in einigen abgelegenen Gebieten der Erde existieren und von Anthropologen und Ethnologen wissenschaftlich erforscht wurden. Auf urtümliche Jäger und Sammler, sog. Wildbeuter, stößt man in einigen Ländern Afrikas, Amerikas und Asiens; als Musterbeispiele sind hier die Pygmäen[38] des Kongo-Urwaldes und die Inuit[39] am nördlichen Eismeer zu nennen, die als einfache Wildbeuter leben. Differenzierte Jäger- und Sammlerkulturen, die sich am besten mit den Jägerkulturen des Jungpaläolithikums vergleichen lassen, finden sich mit mannigfachen lokalen Varianten in vielen Ländern. Als Hauptverbreitungszone des differenzierten Jäger- und Sammlertums haben in ethnologischer Hinsicht vor allem weite Gebiete Nordasiens und Nordamerikas zu gelten.[40] Die in der sibirischen Taiga wohnenden Stämme sind schon seit Jahrtausenden durch vielfältige Einflüsse des Jägertums geprägt worden, während sich entfaltetes Jägertum in Nordamerika vor allem bei den Algonkin im südöstlichen Kanada und bei den Plains-Ureinwohnern im Zentrum des Subkontinents findet. Zur Herausbildung differenzierter Jäger- und Sammlerkulturen kam es aufgrund günstiger ökologischer Bedingungen und durch Anpassung an schwierige Umwelten, wenn zur Behauptung des Daseins äußerste Anstrengungen erforderlich waren.

Zu Beginn des Zeitalters der Entdeckungen, also vor der europäischen Expansion im 16. Jahrhundert, lebten in weiten Teilen der Welt noch reine Jägervölker, während in anderen Gebieten der Erde Mischkulturen bestanden, in denen die Jagd noch eine herausragende Rolle spielte.[41] Der nordamerikanische Kontinent war mit Ausnahme einiger Gebiete zur Zeit seiner Erschließung größtenteils von Jägervölkern bewohnt.[42] Einige indigene Völkerschaften, wie z. B. das Volk der Sioux, die später zu Prototypen der Bisonjägerkulturen wurden, betrieben allerdings vor der Einführung des Pferdes durch die spanischen Eroberer Brandrodung und andere Formen des Bodenbaus. Nur wenige Stämme in Nordamerika waren auch schon ohne Pferd ausschließlich Jäger und Fischer ohne Bodenkultur. In Südamerika, wo sich im westlichen Bereich bereits Hochkulturen entwickelt hatten, existierten zur Zeit der Entdeckung ebenfalls verschiedene Jägervölker. Das Hochland des Mato Grosso und die Südspitze des südamerikanischen Kontinents bildeten dabei die Hauptverbreitungszonen von Jäger- und Sammlerkulturen. Einzelne Jägerstämme hielten sich inmitten von Bauernkulturen am Oberlauf des Amazonas und am Orinoko bis auf den heutigen Tag und waren das Objekt zahlreicher ethnologischer Studien. Auch in Afrika, Asien und Australien lebten noch lange viele Jägervölker inmitten entwickelter Bauernkulturen, oder es bestanden Mischkulturen aus Jägern, Viehzüchtern und Bauern.

Aus diesem Überblick ergibt sich, dass Tausende von Jahren nach dem Ende der Altsteinzeit (ca. 10 000 v. Chr.) noch immer zahlreiche Gebiete der Erde von Jägervölkern bewohnt waren, deren Le-

Die Jagdmethoden der Inuit wurden häufig betrachtet, um prähistorische Jägervölker besser zu verstehen.

bensweise sich von der unserer steinzeitlichen Vorfahren in Europa nur unwesentlich unterschied. In vielen entlegenen Gebieten der Erde lebten damals Steinzeitjäger, die oft nicht einmal manche Fertigkeiten entwickelt hatten, die den Menschen der ausklingenden Eiszeit längst geläufig waren – und dies zu einer Zeit, in der in Europa Technik, Kunst und Kultur bereits in hoher Blüte standen. In früheren Darstellungen zur Geschichte der Jagd wurde häufig versucht, aus den Jagdmethoden der gegenwärtigen Jägervölker Rückschlüsse auf die Jagd in der Vorzeit zu ziehen. Die Jagd der sogenannten primitiven Völker wurde also als Grundlage für die Darstellung prähistorischer Jagdmethoden herangezogen, soweit dies möglich war. Vor allem die Ureinwohner Australiens und die Inuit, aber auch die Pygmäen und verschiedene indigene Stämme Amerikas mussten zu solchen Vergleichen herhalten. Diese Methode war verständlich, zeigte aber auch ihre Grenzen; die Kenntnisse vom Leben der Vorzeit und den wechselnden Bedingungen des menschlichen Daseins waren höchst unvollkommen und mangelhaft. Obwohl die archäologische und anthropologische Forschung inzwischen große Fortschritte erzielt hat, ist das Leben der steinzeitlichen Jäger auch heute nicht ausreichend erforscht. Der ethnologische Blick auf die Jagdverhältnisse der Naturvölker kann daher immer noch ergänzende Einsichten vermitteln, um die Jagd der Vorzeit sachgerecht beurteilen zu können. Durch einen Vergleich der steinzeitlichen Jagdformen mit den Jagdmethoden der gegenwärtigen Jägervölker lassen sich außerdem Weiterentwicklungen und Veränderungen im Jagdwesen besser erkennen, die durch Anpassung der unterschiedlichen Umwelteinflüsse und Wandlungen in den Lebensbedingungen eingetreten sind.

Hauptmerkmale differenzierter Jäger- und Sammlerkulturen erkennt man in der wirtschaftlichen Bevorzugung einiger hochwertiger Tier- und Pflanzenarten, die mit spezialisierten Methoden und Techniken erbeutet werden.[43] Sichtbar ist auch eine gewisse Vorratswirtschaft sowie eine Planmäßigkeit auf längere Sicht, wodurch eine Grundversorgung gewährleistet und manchmal auch Muße für Tätigkeiten gegeben ist, die nicht allein dem Nahrungserwerb dienen. Dies begünstigt ein reicheres Sachinventar und überhaupt eine größere Kulturintensität, die sich in kultischen und sozialen Belangen sowie im Brauchtum äußern kann. Vielfach herrscht eine betont emotionale Einstellung zur Tierwelt vor, woraus verschiedene Vorstellungen und rituelle Praktiken resultieren. Jagdbetrieb und Umweltgegebenheiten bedingen bei den Jägervölkern weitgehend Siedlungsart, Mobilität und Form der Gruppenbildung. So können sich recht einfache soziale Verhältnisse einstellen, wenn allein die umherziehende Einzelfamilie die wichtigste Sozial- und Wirtschaftseinheit darstellt und größere Familienverbände nur gelegentlich anzutreffen sind, wie bei den kanadischen Inuit und den kalifornischen Ureinwohnern. Steppenjäger der nordamerikanischen Plains gliedern sich häufig in mobile Territorialverbände von fluktuierender Zusammensetzung, deren Integration weitgehend vom persönlichen Ansehen des Häuptlings abhängt.[44]

Bei einem Großteil der entfalteten Jäger- und Sammlerkulturen nimmt in Religion und Ritual das Tier eine dominierende Stellung ein, sodass man zu Recht von Animalismus sprechen kann.[45] Warum ist das so? Durch die Intensivierung und Spezialisierung der Jagd und ihre hohe Bewertung, durch den ständigen Umgang mit der jeweiligen Tierwelt, von der man sich existentiell abhängig weiß, fühlen sich diese Menschen, vielfach weit mehr als im einfachen Wildbeutertum, mit den Tieren aufs engste verbunden. Daraus erwuchsen verschiedene Vorstellungen und Ritualpraktiken, die häufig in Wechselwirkung zueinander stehen. Der Animalismus bestimmt in erster Linie jene Religionspläne, die mit dem jägerischen Alltag und mit der Fleischbeschaffung verknüpft sind. Nicht allen Tieren wird dabei dieselbe Bedeutung zugemessen; im Vordergrund stehen vor allem diejenigen Tiere, die sich durch besondere Stärke oder andere auffallende Eigenschaften auszeichnen, wie z. B. Bär und Wolf. Die Reverenz, die dem Jagdwild entgegengebracht wird, zeigt sich auch darin, dass man das Tier um Verzeihung bittet oder die Schuld am Töten anderen zuschiebt. Diese Ambivalenz zwischen der Notwendigkeit, dem Tier das Leben zu nehmen, und der Scheu, dies vollführen zu müssen, ist ein typischer Zug der Mentalität vieler Stämme des differenzierten Jägertums sowohl in der Gegenwart als auch in prähistorischer Zeit.[46]

Die neolithische Revolution und der Wandel der Jagd

Das höhere Jägertum des Jungpaläolithikums hatte sich vom einfachen Jägertum der Wildbeuter nicht nur durch neue Jagdwaffen und Jagdmethoden unterschieden, sondern auch durch seine höheren geistigen Leistungen zugleich einen neuen Abschnitt der Menschheitsgeschichte heraufgeführt. In ähnlicher Weise brachte nun das Bauerntum der Jungsteinzeit seit etwa 5000 v. Chr. gegenüber den älteren Kulturen einen gewaltigen technischen Fortschritt durch die Verwendung des von Großtieren gezogenen Pfluges; dieser führte zur Sesshaftigkeit und zur Differenzierung der Stämme und Völker.[47] Es entfaltete sich ein solcher Reichtum an geistigen Leistungen, dass die Kulturen von Land zu Land individuelle Züge annahmen und an innerem Gehalt wuchsen. In diesem Differenzierungsprozess wurden erst die Grundlagen dafür geschaffen, dass sich Hochkulturen entwickelten. Das Bauerntum lässt sich aufgrund von Bodenfunden seit dem 6. Jahrtausend in dem weiten Raum vom Schwarzen Meer bis Ägypten und von Syrien bis nach Indien nachweisen, doch gehen seine Anfänge in manchen Landschaften noch weiter zurück. Gesichert ist, dass das Rind zuerst in den vorderorientalischen Gebieten, im Bereich des sogenannten „fruchtbaren Halbmonds", vor den Pflug gespannt wurde und sich hier Ackerbaukulturen auf Getreidebasis entfalteten.[48]

Am Ende der Eiszeit um 10 000 v. Chr. vollzogen sich große Veränderungen in Klima und Vegetation.[49] Die eiszeitlichen Tundrengebiete und die Steppen der ehemals eisnahen Zonen verwandelten sich im aufkommenden Warmzeitalter in bewaldete Landschaften. Mehrere Arten der alten Großsäugerfauna starben aus, so vor allem das Mammut, das Wollnashorn und der Riesenhirsch. An diesem Aussterbeprozess hatte die Jagdtätigkeit des Menschen als Ursache offenbar einen gewissen Anteil, soweit man dies heute beurteilen kann.[50] Andere Tierarten, wie Rentier, Moschusochse, Eisfuchs und Schneehase, zogen sich mit den Tundren nach Norden zurück. Mit dem aufkommenden Wald hielt eine neue Fauna ihren Einzug, darunter solche Arten wie Rothirsch, Wildschwein, Ur, Elch und Reh. Diese Tiere waren in der Regel Einzelgänger oder lebten in kleinen Gruppen; man begegnete ihnen nur selten, und es war schwierig, sie in einem Wald zu jagen. Für den steinzeitlichen Jäger hatte dies zur Folge, dass er seine Jagd- und Ernährungsgewohnheiten umstellen musste. Die Jäger, die in Mitteleuropa weiterhin der Jagd nachgingen, verwendeten nun andere Waffen, die aus mehreren kleinen Flintstücken bestanden. Diese kleinen bearbeiteten Feuersteine sind für den Archäologen das Kennzeichen, an denen er Lager-

Inuit-Jagdszene, eingraviert in einen Walross-Stoßzahn

plätze des Mesolithikums, der Mittleren Steinzeit, erkennt. Der Beginn des Mesolithikums datiert in die gleiche Zeit wie der Beginn des Postglazials, der Nacheiszeit.[51] Ein kultureller Wandel, der sich für den Archäologen am Wandel der Steingeräte zeigt, wurde durch einen ökologischen Wandel hervorgerufen, der sicherlich auch mit einer kulturellen Krise und Veränderung des Menschen verbunden war. Diese Krise revolutionierte viele Lebensgewohnheiten des anpassungsfähigen Menschen und schuf auch grundlegende Veränderungen im Jagdwesen.

Der Begriff der „neolithischen Revolution", der die Aufgabe des nomadisierenden Jägertums zugunsten von Ackerbau und Viehzucht auf sesshafter Wirtschaftsgrundlage bezeichnet, wird in der Forschung teils akzeptiert, teils angegriffen. Er ist dann irreführend, wenn man unter dem Begriff dieser Revolution einen plötzlichen Wechsel bestimmter, bis dahin vorherrschender Verhältnisse versteht. Interpretiert man diesen Begriff aber in dem Sinne, dass mit dem Wechsel eine langfristige Umschichtungsphase verbunden ist, so ist gegen die Verwendung dieser Bezeichnung wenig einzuwenden. Die „neolithische Revolution" war nämlich ein Vorgang, der sich über einen Zeitraum von bis zu 7000 Jahren hinzog und der in den verschiedenen Regionen der Erde und bei den einzelnen Völkern höchst unterschiedlich verlief.[52] Der oben erfolgte Blick auf einige Naturvölker hat gezeigt, dass noch heute einige Völker im Stadium der Steinzeit leben und den Wechsel vom Jägertum zum sesshaften Bauerntum nicht vollzogen haben. Im nördlichen Mesopotamien war jedoch schon 7000 oder 6000 v. Chr. dieser Wandel mit der Entstehung der ersten Hochkultur abgeschlossen.

In welthistorischer Hinsicht bedeutete der Übergang vom Wildbeutertum zur Erzeugung von Nahrungsmitteln durch Pflanzenanbau und Tierhaltung zweifellos eine große Umwälzung in der Basis der menschlichen Gesellschaft. Wesentliche Bestandteile jenes Wandels waren die Kultivierung wildwachsender Pflanzen und die Überführung von Wildtieren in den Hausstand, also die Domestikation von Pflanzen und Tieren. Der Übergang zum Ackerbau, der sich zunächst in Vorderasien vollzog, war von einer allgemeinen Sesshaftwerdung des Menschen begleitet: Es entstanden feste Siedlungen und Dörfer. Tierhaltung und Pflanzenbau bildeten fortan die wichtigste Grundlage für die menschliche Ernährung, während die Bedeutung der Jagd mehr und mehr zurückging. Aus biologischer Sicht ist die Domestikation von Tieren und Pflanzen ein vom Menschen durchgeführtes Experiment von gewaltigem Ausmaß. Die besondere Dimension dieses Experiments ergibt sich schon aus der großen Zahl der daran beteiligten Individuen, seiner langen Zeitdauer und teilweise auch der Größe der Tiere. Die ältesten Haustiere, wie vor allem Hund, Schaf, Ziege, Rind und Schwein, leben heute bereits über einen Zeitraum von mehreren tausend Tiergenerationen in engster Nachbarschaft mit den Menschen.[53] Zunächst waren die Menschen um eine Vergrößerung ihrer Haustierbestände bemüht, später jedoch gewannen tierzüchterische Maßnahmen an Bedeutung. Dabei sind die Haustiere in vielfältiger Form verändert worden, sodass das heutige Rassenspektrum der Haustiere in vielen Fällen die Abstammung von Wildtierarten nicht mehr erkennen lässt.

An der Wende vom 7. zum 6. Jahrtausend v. Chr. breitete sich die agrarische Wirtschaftsweise offenbar nach Europa aus, wobei zuerst die Balkanhalbinsel und das Mittelmeergebiet von diesem Prozess erfasst wurden. Etwa seit der Mitte des 6. Jahrtausends setzten sich Tierhaltung und Pflanzenanbau auch in Zentraleuropa durch.[54] Im nördlichen Mitteleuropa fand die neue Form der Nahrungsbeschaffung erst zu Beginn des 4. Jahrtausends größere Verbreitung. Hier siedelten in enger Nachbarschaft zu bäuerlichen Gemeinschaften weiterhin Jäger- und Sammlergruppen. Je weiter die agrarische Wirtschaftsweise nach Norden drang, desto ungünstiger wurden die klimatischen Bedingungen für Tierhaltung und Pflanzenbau. Ältere Wirtschaftsformen wie Großwildjagd und Fischerei behielten hier daher noch lange ein großes Gewicht. Im Allgemeinen ist jedoch in den meisten Gebieten eine schwindende Bedeutung der Jagd als Grundlage des Wirtschaftslebens und des Nahrungserwerbs festzustellen.[55] Die Ackerbauern übten die Jagd überwiegend zum Schutz ihrer Felder und Tierherden aus und kamen so zu einer anderen Einstellung zum freilebenden Wildtier und zur Jagd als früher. Gleichzeitig entwickelte sich die Jagd in manchen Gebieten zu einem Privileg, das von den Königen und Herrschenden ausgeübt wurde.

Der Zentaur Chiron bringt dem Halbgott Achilles das Jagen bei. Gemälde aus dem 18. Jahrhundert

DAS JAGDWESEN IN DEN FRÜHEN HOCHKULTUREN UND IN DER ANTIKE

Die Bücher des Alten Testaments, die auf die abendländische Geschichte einen großen Einfluss ausübten, gehen an einigen Stellen speziell auf die Jagd ein. Hier ist vor allem die Gestalt des Nimrod, eines Nachkommen Noahs, zu erwähnen, der als herausragender herrschaftlicher Jäger auftritt und in späterer Zeit noch oft als Urbild eines Jägers genannt wird, wenn auch meistens im negativen Sinne.[1] In der Bibel heißt es über ihn: „Chus aber zeugte den Nimrod. Der fing an, ein gewaltiger Herr zu sein auf Erden. Und war ein gewaltiger Jäger vor dem Herrn. Daher spricht man: Das ist ein gewaltiger Jäger vor dem Herrn wie Nimrod."[2] Das Kerngebiet seiner Herrschaft lag nach Angaben der Bibel in Assur, wo er die große Stadt Ninive erbauen ließ und eine strenge Herrschaft ausübte. Auch an anderen Stellen der Bibel ist das Bild des Jägers wenig positiv. Die bekannte Erzählung von Jakob und Esau, den beiden Söhnen des Isaak, lässt beispielsweise erkennen, dass die Jäger und die noch verbliebenen Jägerstämme weniger Ansehen genossen als Ackerbauern und Viehzüchter: „Die Knaben wuchsen heran. Esau war ein Mann geworden, der sich auf die Jagd verstand, ein Mann des freien Feldes. Jakob dagegen war ein untadeliger Mann und blieb bei den Zelten. Isaak hatte Esau lieber, denn er aß gern Wildbret."[3] Rigoros macht diese Bibelstelle einen klaren Unterschied zwischen dem jagdausübenden Esau und dem ackerbautreibenden Jakob, der als untadelige Person gelobt wird.

Jagdtaten schildert die Bibel vor allem als Notwehrreaktionen zur Verteidigung von Leben und Besitz. Im Buch der Richter tötet Simson einen Löwen, um sich und seine Eltern vor dessen Angriffen zu schützen.[4] Auch der junge David verstand es, sich gegen die Angriffe von Löwen und Bären zu wehren, um seine Schafherden zu verteidigen.[5] Diese Textstellen der Bibel verdeutlichen, dass die Jagd im alten Israel gewöhnlich keinen hohen Stellenwert hatte. Das Wildbret wurde geschätzt und gern verzehrt, aber die Hauptnahrungsbasis der Menschen waren die Früchte des Ackerbaus. Männer wie Esau, die sich hauptsächlich um die Jagd kümmerten und von ihr lebten, galten als ungesittet und ungebildet. Geschildert werden in diesen ersten Büchern des Alten Testaments die Lebensverhältnisse im Vorderen Orient während der Eisen- und Bronzezeit, nachdem durch die neolithische Revolution der Lebensstil und die Nahrungsgrundlage sich entscheidend verändert hatten.

Die Bibel gibt aber auch einige interessante Hinweise dafür, dass die Jagd in der Entstehungsregion von Ackerbau und Viehzucht lange Zeit nach der jungsteinzeitlichen Umwälzung immer noch einen wichtigen Beitrag zum Lebensunterhalt leistete. Im Buch Levitikus werden die von Gott über-

In der Erzählung von Jakob und Esau wird deutlich, dass die Jagd in der Bibel wenig Ansehen hatte.

mittelten Gesetze verkündet und bestimmte Arten von Fleisch erlaubt oder verboten.[6] Erlaubt sind demnach von den Wildtieren Hirsch, Reh, Steinbock, Gemse, Auerochse und Antilope, verboten dagegen Kamel, Hase und Dachs. Als unreine Vögel galten über zwanzig Arten, darunter Adler, Habicht und Geier, Sperber, Nachteule und Käuzchen, Taucher, Rabe, Strauss und Kuckuck, Rohrdommel, Storch und Schwan, Reiher, Häher und Wiedehopf. Dieser bunte Wildbretkatalog lässt einen beachtlichen Artenreichtum erkennen und nennt viele Tiere und Vögel, die heute in Palästina nicht mehr vorkommen. Der damalige Wildreichtum wurde offensichtlich auch genutzt, wie sich aus dem ersten Buch der Könige ergibt. Hier wird der tägliche Bedarf am Hofe König Salomos aufgeführt: Außer dreißig Rindern und hundert Schafen werden auch Hirsche, Gazellen und Rehe genannt.[7]

Neben den Zeugnissen zur Jagd im alten Palästina interessieren uns die Jagdverhältnisse in den benachbarten Hochkulturen und vor allem in Mesopotamien und Ägypten, wo seit dem 3. Jahrtausend v. Chr. eine schriftliche und bildliche Überlieferung vorliegt. Hier im Gebiet des „fruchtbaren Halbmonds" war der Übergang zu Ackerbau und Viehzucht relativ früh erfolgt.[8] Der Anbau von Getreide in den dafür geeigneten Landschaften führte zu dauernder Sesshaftigkeit; feste Häuser aus Lehm, Stein und Holz ersetzten jetzt die leichten Fellhütten der Jäger und bildeten den Grundstock von Dörfern und Städten. Welche Rolle spielte in diesen Hochkulturen Mesopotamiens und Ägyptens die Jagd? Welche Jagdformen dieser Länder hatten einen Einfluss auf die Jagdverhältnisse im späteren Europa? In diesem Kapitel über das antike Jagdwesen geht es also nicht um eine breite Darstellung der damaligen Jagdverhältnisse, sondern vor allem um die Erfassung von Jagdformen, die auf das abendländische Europa eingewirkt haben.

Jagd als Privileg und Vorrecht des Herrschers

Im alten Ägypten betrieben die Pharaonen, die Herrscher des Landes, die Jagd mit großer Leidenschaft;[9] im Alten und Mittleren Reich war die Jagd auf bestimmte Wildtiere und Vögel sogar ein königliches Vorrecht. Diese Jagdformen waren dabei in erster Linie für das Vergnügen des Herrschers bestimmt, der damit der Göttin Sechmet, der Herrin der Jagd, diente. Auch Höflinge und hohe Beamte des Pharaonenhofes beteiligten sich an diesen herrscherlichen Jagden. Die Könige des Alten Reiches im 3. Jahrtausend v. Chr. verfeinerten zielbewusst den Brauch, die Jagd zur Selbstdarstellung ihrer Macht und der ihnen zur Verfügung stehenden Gewalt zu nutzen. Insbesondere dienten die Jagden auf gefährliches, wehrhaftes Wild wie Löwen und Leoparden, aber auch Wildbüffel und Flusspferde, der Demonstration königlicher Macht. Ägypten war zu jener Zeit verhältnismäßig wildreich, wie Darstellungen auf Steinreliefs zeigen: Wildrinder, Steinböcke und Antilopen sind darauf zu erkennen, ferner Löwen und Leoparden. Alle Tiere, auch die Löwen, wurden in der Regel mit Pfeil und Bogen erlegt; Wildrinder fing man offenbar auch mit der Wurfschlinge. Meist sind auf den Bildern und Reliefs der Pharao zusammen mit den Höflingen und Berufsjägern so dargestellt, wie sie die Jagd in ihren unterschiedlichen Formen ausübten.

Auf ihren ausgedehnten Feldzügen nach Vorderasien lernten die ägyptischen Herrscher offenbar auch die Jagdmethoden der assyrischen Könige näher kennen, die sich auf die Großwildjagd konzentrierten. Thutmosis III. soll auf einem Kriegszug, den er 1464 v. Chr. gegen Syrien unternahm, 120 Elefanten, zwölf Wildtiere und sieben Löwen erlegt haben.[10] Zahlreiche Darstellungen berichten zu jener Zeit auch von Löwenjagden, die offenbar allmählich zu einem ausschließlichen Privileg der Pharaonen geworden waren. Eine aufschlussreiche Abbildung einer Löwenjagd befindet sich auf der Grabkammertruhe des Königs Tutanchamun (ca. 1347–1338 v. Chr.): Von den acht dargestellten Löwen sind schon sieben von dem jungen Pharao tödlich getroffen worden, sodass der triumphale Jagderfolg des Herrschers fast vollkommen ist.[11] Die Jagd der Pharaonen erfolgte besonders mit Hilfe von schnellen Streitwagen; diese Jagdmethode wurde von den ägyptischen Herrschern offensichtlich bevorzugt. Über Amenophis III. berichtet ein Gedenkskarabäus, dass dieser König innerhalb von zehn Jahren die stattliche Zahl von 102 Löwen auf der Jagd erlegte;

Auf dem Relief vom Totentempel des Ramses III. aus dem 2. Jahrtausend v. Chr. sind seine Jagdtaten abgebildet.

in einem weiteren Bericht heißt es, dass er an vier Tagen aus einer Herde von 170 Wildtieren insgesamt 96 niederstreckte. Ramses III., der in der 20. Dynastie von 1184–1153 v. Chr. regierte, ließ seine Jagdtaten an der Außenwand eines Tempels eindrucksvoll dokumentieren.[12]

Ebenso wie in Ägypten hatte die Jagd des Herrschers auch in den Reichen des alten Mesopotamien eine große Bedeutung; hier entwickelte sich die Jagd ebenfalls zu einem Privileg des Königs und seiner Getreuen.[13] Die Könige des fruchtbaren Zweistromlandes ließen, wie die Pharaonen des Ägypterreiches, insbesondere ihre spektakulären Jagderfolge auf gefährliches und wehrhaftes Wild abbilden und propagieren. Der inhaltliche Zusammenhang zwischen Jagderfolg und Kriegsgeschichte ist hier nicht zu übersehen: Ein großer Jäger musste auch ein erfolgreicher Feldherr sein; wer sich nicht scheute, dem Löwen ins Auge zu blicken, der brauchte sich auch vor vielen Feinden nicht zu fürchten. Bei den umfangreichen Ausgrabungen in Kalach am Tigris, der alten assyrischen Hauptstadt, fand man am Palast des Großkönigs Assurnasirpal II. (883–859 v. Chr.) hervorragende Reliefs königlicher Löwenjagden.[14]

Diese Jagddarstellungen verdeutlichen nicht nur die damals üblichen Jagdmethoden, sondern versinnbildlichen auch die Idee des Schutzes vor Raubwild und Feinden durch den allmächtigen Herrscher. Bei den Ackerbau treibenden Völkern Mesopotamiens verbindet sich demnach mit der Jagd der Gedanke des Schutzes der Haustierherden vor wilden Tieren und prägte das Weltbild dieser altorientalischen Hochkultur.[15] In den assyrischen Reliefdarstellungen illustrieren zahlreiche Jagdszenen den erbitterten Kampf der Hirten gegen die angreifenden Löwen als Symbol des Schutzes der Herde vor dem Raubwild. In den frühen Bildern wird der Hirte im Allgemeinen als Jäger ohne königliche Insignien dargestellt, aber im Zuge der Verstärkung der königlichen Gewalt wird das Wort „Hirte" allmählich im gleichen Sinne wie „Herrscher" oder

Der assyrische Herrscher Assurnasirpal II. ließ sich mehrfach als Löwenjäger darstellen, hier auf einem Relief aus dem 1. Jahrtausend v. Chr. seines Palastes in Nimrud.

„König" verwandt. Diese Hirte-König-Symbolik bringt die bedingungslose Unterordnung der Herde, der Menschen und Tiere unter den Hirten, den Herrscher und den König zum Ausdruck. Unter diesem Gesichtspunkt muss man auch die vielen Überlieferungen und Darstellungen der Königsjagden auf Löwen, Wildstiere und Wildesel sehen, die uns in der babylonischen und assyrischen Kultur begegnen. Aus diesem Grund waren Jagd, Abwehrkampf und Krieg in der Vorstellungswelt der altorientalischen Völker häufig eng miteinander verbunden.

In den Schriftzeugnissen der assyrischen Könige finden sich zahlreiche Berichte über erfolgreiche Jagdzüge der mächtigen Herrscher, wobei sich die Könige auf die Gunst der Götter bei der Erreichung ihrer Jagderfolge berufen. König Tiglatpileser I. (1112–1024 v. Chr.) gibt beispielsweise zu Protokoll: „Auf Befehl Ninurtas, meines Gönners, habe ich 120 Löwen tapferen Herzens in meinem heldenhaften Kampf zu Fuß getötet und 800 Löwen von meinem Wagen aus erlegt. Allerlei Wild des Feldes und beschwingtes Gevögel des Himmels machte ich zu meiner Jagdbeute."[16] Dazu ist erläuternd darauf hinzuweisen, dass der leichte Streitwagen der Assyrer damals eine neue Form der Großwildjagd ermöglichte, bei der die Fluchtdistanz der Tiere durch den schnell fahrenden Wagen überwunden wurde.

Auf dem berühmten Wandrelief, das sich aus dem Königspalast von Kalach erhalten hat, jagt König Assurnasirpal II. mehrere Löwen mit dem Streitwagen.[17] Er steht als Bogenschütze neben dem Wagenlenker auf seinem Jagdwagen, der von drei Hengsten gezogen wird; in der Umgebung erkennt man mehrere am Boden liegende Löwen, die der

König heldenhaft besiegt hat. Auf einem anderen Wandfries sind Löwendarstellungen noch aussagekräftiger; alle Tiere sind realistisch abgebildet, sodass man die einzelnen Phasen der Löwenjagd detailliert verfolgen kann.[18] Die Hundeführer mit ihren schweren Molosserdoggen trieben die Wildtiere zusammen, der König aber kämpfte mit Pfeil und Bogen oder mit Jagdspieß und Schwert gegen die mächtigen Bestien. Kaltblütig wird hier das Raubtier Löwe, der Feind der Viehherden, vom König besiegt und getötet. Die von den Pfeilen getroffenen Tiere wälzen sich am Boden, nachdem der Herrscher sie todesmutig erlegt hat. Nach der Rückkehr von der erfolgreichen Löwenjagd dankt der König im Palast der Göttin Ischtare für ihre Unterstützung.

Die Darstellung des Herrschers als Löwenjäger zur Demonstration von Furchtlosigkeit und Macht betrieb Assurnasirpal II. in besonderem Maße. Er festigte die Stellung Assyriens als Großmacht des Vorderen Orients,[19] verpflanzte unterworfene Völker rücksichtslos in die Umgebung seiner neuen Hauptstadt Kalach, wo sie als Zwangsarbeiter einen gewaltigen Palast errichten mussten, an dessen Wänden sich die geschilderten Bilder befanden. Diese monumentalen Löwenjagddarstellungen dienten zweifellos allein der Verherrlichung der Siegergestalt des Königs, der als Herrscher über ein gefürchtetes Großreich auch in Großwildjagden seine absolute Macht und Herrschaft über alle Tiere, Menschen und Länder bestätigt sehen wollte. Mit dem Speer, aber auch mit dem Schwert traten dann die nachfolgenden Herrscher Assyriens den Löwen auf Darstellungen entgegen. Von 722 bis 704 v. Chr. regierte Sargon II., der sich eine mächtige Königsburg als monumentales Bauwerk errichten ließ. Zahlreiche Reliefs zeigen ihn als gottähnliches Wesen, als siegreichen Feldherrn und natürlich auch als erfolgreichen Jäger.[20] Mehrere Abbildungen aus seinem Palast zeigen allerdings nicht allein den König auf der Jagd, sondern auch die Tätigkeit der Jagdhelfer und die unterschiedlichen Jagdmethoden jener Epoche. Die imposanten Bauwerke und Kulturleistungen des assyrischen Reiches, das im 6. Jahrhundert v. Chr. einen Niedergang erlebte, strahlten während ihrer Blütezeit auf die Nachbarländer aus und beeinflussten auch die griechische Welt im östlichen Mittelmeer.

Die Jagd im Rahmen der griechischen Geschichte und Mythologie

In Griechenland, dessen Kultur im 5. Jahrhundert v. Chr. einen Höhepunkt erlebte, war die Jagd seit frühester Zeit beliebt und genoss ein hohes Ansehen.[21] Dies erkennt man sowohl aus den berühmten Dichtwerken des Homer, der Ilias und der Odyssee, als auch aus einigen speziellen Jagdbüchern. Kronzeuge für das griechische Jagdwesen ist der bedeutende Schriftsteller Xenophon (ca. 428–355 v. Chr.), der neben seinen historischen und philosophischen Büchern auch ein interessantes Werk über die Jagd („Kynegetikos“) verfasste.[22] Zu Beginn dieses Werkes geht Xenophon auf den Ursprung der Jagd ein, die er als Geschenk der Götter Apollon und Artemis an die Menschen einschätzt. Im Kontext der griechischen Mythologie war die Jagd also zunächst ein Privileg der Götter und wurde erst später zu einem leidenschaftlichen Vergnügen der Menschen. Xenophon lässt erkennen, dass er auf seinen Kriegszügen im Osten die Jagd als Privileg der Herrscher und Mächtigen kennengelernt hat. Er selbst betrachtete die Jagd zwar vor allem als Mittel der körperlichen Ertüchtigung, räumte ihr aber zugleich einen hohen gesellschaftlichen Rang ein: Keine sonstige Tätigkeit könne unter bestimmten Bedingungen ein höheres Ansehen verleihen als die Jagdausübung. Die Jagd wurde im klassischen Griechenland also nicht nur gern betrieben und galt als Mittel zum körperlichen Training, sondern wurde als einstiges Privileg der Götter geradezu verehrt.[23]

Jagdhistorisch liegt die Bedeutung von Xenophons Schrift über die Jagd keineswegs allein in der Darstellung der gesellschaftlichen Position der Jagd im alten Griechenland. Xenophon behandelt auch die gängigsten Jagdmethoden jener Zeit, da er seine Schrift wohl in erster Linie als Anleitung für künftige Jäger verstanden wissen wollte. Ein umfangreicher Teil des Buches ist der Netzjagd und den Jagdhunden gewidmet; die Netzjagd wurde offenbar in der Regel als Treibjagd durchgeführt, wobei die Jäger das Wild aufspürten und zielgerichtet in die Netze trieben. Der Netzwächter, der dafür zu sorgen hatte, dass das Netz bei der Annäherung des Wildes funktionsbereit war, sollte ein zuverlässiger und aufmerksamer Helfer sein, da er die Netze sorgfältig überwachen musste.[24] Das Ausmaß der Netze, die von den griechischen Jägern benutzt wurden, muss erheblich gewesen sein. Bei diesen Netztreibjagden spielten auch die Hunde eine wichtige Rolle, die auch sonst unentbehrliche Jagdhelfer der griechischen Jäger waren. Zwei Hunderassen erschienen Xenophon als besonders jagdtauglich; die Aufzählung zahlreicher negativer Eigenschaften anderer Hunderassen lässt vermuten, dass diese im damaligen Griechenland auffallend zahlreich waren.[25] Wichtig war jedenfalls die enge Verbindung von Jagd und Hund bei den Griechen, was allein schon durch den Begriff der Jagd, der Kynegesion, zum Ausdruck kommt: Dieser charakterisiert Jagd als „Hundeführung".

Artemis (Diana in der römischen Mythologie) ist die Göttin der Jagd. Römische Skulptur aus dem 2. Jahrhundert

Die bedeutende Stellung der Jagd in der griechischen Kultur und Gesellschaft zeigt sich auch in ihrer Zuordnung zu einer eigenen Gottheit: der Artemis, der Herrin der Tierwelt, die zu den zwölf griechischen Hauptgottheiten zählte.[26] Noch deutlicher wird die Position der Jagd, wenn man bedenkt, dass die wichtigsten anderen Bereiche, die in der Mythologie durch weibliche Gottheiten repräsentiert wurden, folgendermaßen geordnet waren: Aphrodite vertrat die Liebe und die Fortpflanzung, Demeter das Wachstum in der Natur, Athena die Weisheit und das Handwerk sowie Hera Ehe und Familie. Diese hohe Wertschätzung der Jagd bei den Griechen spiegelt sich auch in zahlreichen schriftlichen und bildlichen Darstellungen von menschlichen und göttlichen Jägern. Trotz der weiblichen Gottheit der Jagd war die praktische Jagd seit der griechischen Frühzeit eine Angelegenheit der Männer. Die Funktion der Jagd war ursprünglich einerseits die ergänzende Nahrungsbeschaffung und andererseits der Schutz der Haustierherden und des bebauten Landes. Darüber hinaus diente die Jagd schon in mykenischer Zeit als sportliches Vergnügen des Adels, das nach orientalischem Vorbild manchmal auch von Wagen aus durchgeführt wurde.

Von Schonzeiten zum Schutz junger Wildtiere ist aus Griechenland nichts bekannt, doch spiegeln sich in der mythischen Überlieferung von Jagdfreveln offensichtlich gewisse Schutzvorschriften für Wildtiere. So sollte Agamemnon der Jagdgöttin Artemis seine Tochter Iphigenie als Sühne für einen Jagdfrevel opfern, da er auf der Jagd eine Hirschkuh getötet hatte, die der Artemis heilig war.[27] Iphigenie stand bereits am Altar und sollte getötet werden, als die Göttin an Stelle der Königstochter eine Hirschkuh sandte und Iphigenie entführte. Auch die dramatische Tötung des Jägers Aktaion durch seine eigenen, von Artemis verwirrten Jagdhunde, die seit klassischer Zeit mit dem unsittlichen Begehren Aktaions gegenüber der keuschen Artemis begründet wurde, geht ursprünglich offenbar auf einen Jagdfrevel zurück; dessen Bedeutung trat jedoch in klassischer Zeit hinter das Liebesmotiv zurück. Das Bild des von seinen Jagdhunden zerrissenen Aktaion, nachdem dieser Artemis und ihre weibliche Begleitung unerlaubt beim Bad beobachtet hatte, wurde ein beliebtes Motiv in der europäischen Malerei.

Die Königstochter Iphigenie wird wegen eines Jagdfrevels geopfert. Gemälde aus dem 17. Jahrhundert

Artemis war allgemein eine Göttin der Natur und zugleich eine gewaltige Jägerin. Wie ihr Bruder Apollon führte sie den Bogen mit geschickter Hand und verschoss goldene Pfeile, vor denen Meer und Erde weithin erzitterten.[28] Begleitet von auserlesenen Hunden und dem Gefolge lieblicher Nymphen, durchstreifte sie Wälder und Berge, stellte den Wildtieren nach oder spielte und tanzte zusammen mit ihren jungfräulichen Begleiterinnen auf anmutige Weise. Sie war eine schöne Frau, schlank und von hohem Wuchs, eine Beschützerin der Tiere, aber auch der kleinen Kinder und der gebärenden Frauen. Sie konnte aber auch grausam und unerbittlich sein, sodass sie Orion, der sich mit ihr in den Künsten der Jagd messen wollte, ohne Mitleid mit einem Pfeil tötete und ebenso Aktaion mit dem Tod bestrafte, als er ihre Keuschheit missachtete. Denn Artemis war Jagdgöttin und zugleich die Schutzgottheit für Rein-

Meleagros stand bei seinen Heldentaten, wie der Erlegung des kalydonischen Ebers, unter dem Schutz der Jagdgöttin. Vasenmalerei aus dem 6. Jahrhundert v. Chr.

heit und Keuschheit, zu der die Jungfrauen vor der Hochzeit beteten. Die Heiligtümer der Artemis befanden sich oft in der freien Natur, wo ihr bestimmte Flüsse, Quellen und Seen geweiht waren.

Da die Jagd ein hohes gesellschaftliches Ansehen in der griechischen Gesellschaft und besonders beim Adel genoss, gehörte die Jagdausbildung zum Erziehungsprogramm der männlichen Jugend.[29] Im mythischen Vorbild lehrt der weise Kentaur Chiron, der in seiner Jugend von Artemis das Jagen erlernt hat, dem jungen Helden Achilles neben geistigen Bildungsinhalten und den sportlichen Wettkampfdisziplinen auch die Kunst des Jagens. Als hohes adliges und durchaus gefährliches Vergnügen wird die Jagd in der Odyssee Homers an mehreren Stellen erwähnt. In einer längeren Verspassage werden z. B. detailliert die Suche nach dem Eber im waldigen Gebirgstal und das gefahrvolle Erlegen des mächtigen Tieres geschildert, das Odysseus mit seinen gewaltigen Hauern eine tiefe Wunde beibringt.[30] In den Heldentaten des Meleagros gegen den kalydonischen Eber, der die Felder verwüstet, wird das Loblied auf den tapferen Jäger angestimmt.[31] Der Jäger stand bei seinen nicht ungefährlichen Jagdabenteuern unter dem Schutz der Artemis, der Herrin der Tiere, der er auch einen Teil der Jagdbeute gelobte; dieser wurde dann an einem der vielen einfachen Altäre oder in kleinen Heiligtümern, die sich im Wald befanden, geopfert.

Auffällig ist insgesamt die Häufung jagdlicher Motive in der griechischen Mythologie, wodurch die europäische Literatur, Kunst und Musik bis in die Neuzeit hinein stark inspiriert wurde. Schon Apollon, einer der Söhne des Göttervaters Zeus, wird als niemals fehlender Bogenschütze geschildert.[32] Die musikalischen Künste des Orpheus, der mit seinem Gesang und seiner Leier die Natur und die Tiere beherrschen konnte,[33] erinnern an die musikbegleitete Jagd bei einigen Völkern. Aufschlussreich ist hierbei, dass ethnologische Forschungsergebnisse es als möglich erscheinen lassen, dass die Saiteninstrumente in ihrer verschiedenartigen Gestalt teilweise aus Bögen entstanden sind[34] und Jagdhörner schon früh bei Jagdzügen in Erscheinung traten. Die Jagd als Basis für die frühe Entwicklung der Musik und der Musikinstrumente ist ein interessanter Aspekt der Jagdgeschichte, der noch weiter erforscht werden muss. Leiblicher Vater des Orpheus war zudem Oiagros – ein Name, der in freier Übersetzung die Bedeutung von „Einsamer Jäger" hat. Dennoch tritt Orpheus in der Mythologie nicht so sehr durch Jagdtaten hervor, wie sein Vater Apollon, der mit dem Wolf und dem Raben mythisch verbunden war: Als siegreicher Drachenjäger bewährte sich Apollon im Kampf mit dem Drachen von Delphi. Drachen und furchterregende tiergestaltige Fabelwesen, die in der antiken Mythologie oft vorkommen, erinnern an die vielfältigen Gefahren, die mit der Jagd und dem Kampf gegen gefährliche Raubtiere verbunden waren. Die Beflügelung verlieh dem Löwen in der Sagenwelt noch zusätzliche Kräfte, während die Feuer speiende löwenköpfige Chimäre mit Ziegenkopf im Rücken und schlangenköpfigem Schwanz die unheilvollen Kräfte dreier Tiere verkörperte.[35] Die Tötung von Drachen und gefährlichen Fabelwesen war in der Dichtung oft die Voraussetzung für die Herstellung menschlicher Ordnung und Kultur.

Der größte Jäger und Held der griechischen Mythologie war ebenfalls ein Sohn des Zeus, nämlich Herakles.[36] Schon als Knabe erwürgte er zwei Schlangen, mit jeder Hand eine; Hera, die eifersüchtige Gattin des Zeus, hatte sie gesandt, um den unehelichen Sohn ihres Göttergatten zu vernichten. Diese Tat verschaffte ihm bereits seinen Namen: „der durch Hera Berühmte". Von der Musik hielt er wenig und erschlug in einem Wutanfall seinen Lehrer mit der Lyra. Die Erlegung eines Löwen, der die Herden des Königs von Thespien bedrängte, brachte ihm weiteren Ruhm und die fünfzig Töchter des Königs ein. Eine Ehe aber ging er mit Megara ein, tötete jedoch in einem Zustand der Verwirrung, den die missgünstige Hera über ihn gebracht hatte, seine eigenen Kinder. Das Orakel von Delphi gab ihm daraufhin die Anweisung, im Dienst des Eurystheus die berühmten zwölf Arbeiten zu vollbringen, um danach endgültig die Unsterblichkeit eines Gottes zu erlangen.

Acht der zwölf Taten des Herakles können in einem weitgefassten Sinne als Jagdtaten angesehen werden.[37] Herakles erwürgte den Löwen von Nemea und trug fortan dessen Fell als schützenden Mantel; ferner tötete er die neunköpfige Hydra von Lerna, ein furchterregendes Fabeltier. Die windschnelle kerynitische Hirschkuh wurde von ihm ebenso mutig eingefangen wie der wilde Eber von Erymanthos. Nach der Reinigung der dreitausend Rinderboxen des Augias an einem einzigen Tage fing er den gefürchteten Minotaurus auf Kreta ein und zähmte auch die menschenfressenden Rosse des Diomedes. Nachdem er die Amazonenkönigin Hippolyte besiegt und ihr den Gürtel weggenommen hatte, erbeutete er im Kampf die Rinder des dreileibigen Riesen Geryones, erlangte die goldenen Äpfel der Hesperiden und entführte schließlich den Höllenhund Zerberus aus dem Hades, der abgeschiedenen Unterwelt. Seine Hauptwaffe war überall die Keule, was deren Gewicht als Jagdwaffe in der Antike demonstriert; daneben hatten Bogen und Pfeile sowie Jagdspieße selbstverständlich eine große Bedeutung.

Artemis, die unbestrittene Göttin der Jagd und Herrin der Wildtiere, wurde von der römischen Mythologie direkt übernommen und lediglich in Diana umgetauft.[38] Die Sagenwelt der Römer ist jedoch an jagdlichen Motiven wesentlich ärmer als die der Griechen – eine Tatsache, die sicherlich mit der unterschiedlichen Bedeutung der Jagd in den beiden großen Kulturkreisen der Antike zusammenhängt. Ähnliche Jagdgestalten wie in der antiken Mythologie finden sich auch bei anderen Völkern. Der Himmelsjäger Orion, der nach griechischer Tradition mit seinen beiden Hunden dem Stier und dem plejadischen Taubenschwarm hinterherjagt, findet sich auch in der Überlieferung der vorderasiatischen Völker. Wotan oder Odin, der Anführer der Wilden Jagd in der germanischen Sagenwelt, ist wie Apollon mit Wolf und Rabe verbunden.[39]

Die Jagd als Motiv und Sinnbild findet sich weltweit in der Mythologie der Völker: bei den Reitervölkern Osteuropas und Asiens, bei den Indigenen Amerikas und den Ureinwohnern Afrikas. Auch die christliche Überlieferung ist von alten Jagdmotiven beeinflusst wie z. B. bei der Vorstellung von Paradies und Himmel. Das Paradies ist in der wörtlichen

Übersetzung des griechischen Wortes „paradeisos", das ursprünglich dem Altpersischen entstammt, nichts anderes als ein idyllischer Tiergarten, ein Jagdpark, wie ihn die Großkönige der frühen persischen Reiche besonders pflegten.[40] Das Paradies der Bibel als Jagdpark hat zudem eine Affinität zu den „Ewigen Jagdgründen" aus der Glaubenswelt einiger nordamerikanischer indigener Stämme.[41] Dieses Beispiel verdeutlicht die vielfältige Verflechtung der Mythologien unterschiedlicher Kulturen und Epochen und zeigt zugleich, welche Rolle die Jagd in der mythischen und religiösen Überlieferung vieler Völker spielte.

Jagd in der Epoche des Hellenismus

Im 4. Jahrhundert v. Chr. begann mit der Herrschaft der Makedonierkönige Philipp II. und Alexander des Großen die hellenistische Zeit Griechenlands und die griechische Expansion bis an die Grenzen der damaligen Welt.[42] In Makedonien war die Jagd seit langem eine wichtige Beschäftigung der adeligen Oberschicht und insbesondere der Könige gewesen. Bei dem Reiter mit zwei Speeren auf den makedonischen Münzen ist es zwar nicht völlig sicher, ob dieser Reiter zur Jagd oder zum Krieg auszieht, doch besteht offensichtlich eine Beziehung dieses Vorderseitenbildes zur Rückseite der Münze, die einen geduckten Löwen darstellt.[43] Tatsächlich hat es damals in Makedonien und im nördlichen Teil von Griechenland noch Löwen gegeben, wie man von Herodot zuverlässig erfährt, wenn er von dem Zug des persischen Großkönigs Xerxes nach Makedonien berichtet: „Während dieses Marsches wurden die Kamele, die den Vorrat trugen, von Löwen angefallen, die des Nachts von den Gebirgen herunterstiegen, aber kein anderes Saumtier und keinen Menschen antasteten, sondern ausschließlich die Kamele zerrissen ... Übrigens gibt es in jenen Gegenden Löwen und auch viele wilde Ochsen, von denen die riesigen Hörner ins Land der Hellenen verkauft wurden."[44] Die Jagd auf Raubtiere galt ebenso wie die Sauhatz als besonders manneswürdig und als herausgehobene Ruhmestat.[45] Die Hirten in den Bergen wehrten sich vor allem beim Schutz ihrer Herden gegen Wölfe, Luchse und Bären. Hierbei kam es dann oft weniger auf die von Xenophon beschriebenen Grundsätze weidmännischen Jagens an. Fallgruben sind bekannt, in denen in der Mitte eine Insel stehen gelassen wurde; eine dort angebundene Ziege lockte durch ihr Angstgeschrei die Raubtiere herbei, die dann in die Grube stürzten, bevor sie das Locktier erreichen konnten. Die griechischen Hirten und Bauern übten die Jagd auch zum Zweck der Ergänzung ihres oft kargen Speiseplans aus und wandten hier ebenfalls Methoden der Lockjagd an: Als Locktier wurde ein gefangenes Jungtier angebunden, dessen Klagegeschrei andere Wildtiere anlockte.

Durch die ausgedehnten Kriegszüge Alexanders des Großen und durch Handelsbeziehungen wurde Griechenland von Elementen ägyptischer, assyrischer und besonders persischer Kultur beeinflusst.[46] Auch für die Jagdausübung blieben die in den eroberten Ländern und Kontinenten gemachten Erfahrungen und Beobachtungen nicht ohne Auswirkung. Die von dort zurückkehrenden Soldaten

Viele der überlieferten griechischen Artefakte, wie dieses Detail eines Trinkbechers, zeigen Jagdmotive.

Alexander der Große war begeisterter Jäger, was auch auf dem Alexandersarkophag gezeigt wird.

sowie die Händler und Mitreisenden aus dem Tross konnten von Wildparks und Prunkjagden, von abgerichteten Leoparden und Löwen und vor allem von der Jagd zu Pferd berichten. Denn Sau- und Hirschjagden mit Pferd und Hund waren in Persien schon lange üblich, in Griechenland aber weniger.[47] Die bisher relativ schlichte Jagd auf heimische Tiere, deren Aufwand sich allenfalls in einer unterschiedlichen Anzahl von Helfern, wertvollen Hunden oder auch teuren Netzen äußerte, gewann in hellenistischer Zeit durch Alexander den Großen (356–323 v. Chr.) eine neue Dimension. Auf seinem großen Feldzug in den Orient erlebten er und seine adelige Begleitung die dort beliebte Löwenjagd und die Jagd in großen Tierparks, über die uns antike Schriftsteller und Bilddenkmäler eindringlich informieren. Auch Alexander der Große ist häufig auf die Jagd gegangen, und zwar nicht nur in Makedonien, sondern auch auf dem Perserfeldzug, wo ihm Wildgehege des besiegten Großkönigs reichliche Gelegenheit zum Jagen gaben.[48] Seine Begeisterung für die herrschaftlichen Jagdformen fand auch unter seinen Begleitern und Nachfolgern viele Nachahmer, sodass diese orientalischen Jagdsitten Teil der griechisch-hellenistischen Kultur wurden. Die Tatsache, dass die makedonischen Fürsten vor allem die im Orient beliebte herrscherliche Löwenjagd übernahmen, hängt offenbar mit den traditionellen Bewährungsproben der makedonischen Jungadeligen bei der Tötung gefährlicher Großtiere zusammen.[49]

Der Schriftsteller Plinius erwähnt eine bemerkenswerte Jagddarstellung Alexanders, die in Delphi geweiht und aufgestellt wurde.[50] Näheres berichtet Plutarch, der als delphischer Priester dieses herausragende Denkmal gekannt haben muss. Er erzählt von einer Jagd, bei der Alexander, unterstützt durch seinen Begleiter Krateros, einen mächtigen Löwen zur Strecke gebracht hat.[51] Diese Jagdszene mit dem makedonischen König und dem angreifenden Löwen wurde von Lysipp in einem Bildwerk festgehalten. Die dargestellte Jagd muss nach der Schlacht von Issos (333 v. Chr.) entweder vor dem Zug nach Ägypten oder nach der Rückkehr von dort auf dem Weg nach Assyrien stattgefunden haben, und zwar anscheinend im Tierpark von Sidon. Alexander tritt in dem Relief als Herakles auf und kämpft entsprechend zu Fuß; er befindet sich in Verteidigungsstellung und wehrt sich heroisch gegen den Löwen, in Anlehnung an mythische Vorbilder. Ähnliche Motive von kämpfenden Königen auf der Jagd begegnen uns auch anderswo in der hellenistischen Herrscherdarstellung.

Die Jagd auf wilde Tiere und besonders auf Löwen in orientalischer Tradition wurde allmählich zu einem Kennzeichen des hellenistischen Herrschers, das seine überlegene physische Stärke und seine heroische Haltung propagieren sollte. Zugleich begann bereits unter Alexander dem Großen durch die bildliche Angleichung an Herakles mit dem Löwenkopf die Gleichsetzung des Herrschers mit dem göttlichen Heros und seine Heroisierung nach dem Tod.[52] Dadurch wurde die Jagd in den hellenischen Reichen noch mehr zu einem wichtigen Teil der königlichen Lebensführung und öffentlichen Repräsentation. Im Kontext dieser herrscherlichen Symbolik der Jagd wuchs das Ausmaß jagdlichen Aufwands und die Prunkentfaltung in außerordentlichem Maße. Dies zeigte sich z. B. bei einem prunkvollen Festzug des Königs Ptolemäus Philadelphos (285–246 v. Chr.), in dem zahlreiche Jäger mit vergoldeten Jagdspießen 2400 indische und hyrkanische Hunde mit sich führten und verschiedenartige Wildtiere dem Publikum präsentierten.[53] Die Vielzahl der bei diesem Umzug zur Schau gestellten exotischen Tiere, darunter 24 Gespanne von Elefanten, 8 von Straußen, 6 von Kamelen, viele von Antilopen sowie24 gewaltige Löwen, 14 Leoparden, 16 Panther, 4 Luchse, 1 weiße Bärin und noch weitere Exemplare, veranschaulicht einen wichtigen Aspekt der Jagd in hellenistischer Zeit: Das Einfangen exotischer Tiere für herrschaftliche Tierparks und seit dem 2. Jahrhundert v. Chr. auch für inszenierte Jagden vor einem großen Publikum, wie dies später in Rom zu einem beliebten Spektakel werden sollte.

Die Jagd im Römerreich: freier Tierfang und pervertierte Formen

Welchen Stellenwert besaß die Jagd bei den Römern? War die Jagd hier ebenfalls ein Privileg der Herrscher, die gern in der Pose von heroischen Jägern auftraten? Bei den Römern, die seit dem 2. Jahrhundert v. Chr. allmählich zur beherrschenden Macht im Mittelmeerraum aufstiegen, spielte die Jagd lange Zeit eine wesentlich geringere Rolle als in Griechenland und in den hellenistischen Reichen.[54] Als Schutzjagd war sie allerdings eine Notwendigkeit, da die Herden und Felder der römischen Bauern vor den damals noch recht zahlreichen Wölfen und Wildtieren geschützt werden mussten. So empfiehlt der Dichter Vergil (70–19 v. Chr.) in seiner Georgica, dem Lehrgedicht über die Landwirtschaft, in der Zeit des Winters, wenn die Bauern genügend Muße haben, Fußangeln für die Kraniche und Netze für die Hirsche auszulegen und auf Hasenjagd zu gehen.[55] Größeres Interesse erregte natürlich die nicht ungefährliche Jagd auf den wilden Eber, die mit Netzen, Jagdspeeren und großen Hunden durchgeführt wurde. Geringeres Ansehen genoss die Jagd auf Rotwild, die im allgemeinen als Treibjagd organisiert wurde, bei der die Tiere in befriedete Areale gehetzt wurden.[56] Vögel fing man mit Netzen und Leimruten, gelegentlich auch mit Lockvögeln. Über den jagdlichen Einsatz von Pferden ist vor der Kaiserzeit wenig bekannt, doch weist die Aufzählung von jagdtauglichen Pferderassen auf entsprechende Jagdformen hin.

Als sportliches Vergnügen und damit als Mittel zur körperlichen Ertüchtigung war die Jagd vor allem bei den römischen Adelsgeschlechtern beliebt. Man ging auf die Jagd, aber nicht mit derselben Leidenschaft, mit der die Griechen aus unterschiedlichen Gründen die Jagd betrieben. In seinem Hauptwerk, der „Aeneis“, schildert Vergil im vierten Buch ausführlich die herrschaftliche Jagd: Aeneas unternimmt einen Jagdausflug mit der Königin Dido.[57] In seinem Werk „Phaedra“ hat einige Jahrzehnte später der berühmte Philosoph und Schriftsteller Seneca den Mythos des griechischen Helden Hippolyth, der ein Jünger der Jagdgöttin Artemis war, aufgegriffen und im Rahmen dieser Geschichte ein ausgezeichnetes Bild von einigen Jagdsitten im Römischen Reich skizziert.[58] Detailliert schildert er die Vorbereitung und Durchführung einer Treibjagd und nennt auch Jagdhelfer, Hilfsmittel und Hunde. Das Werk gibt nicht nur Aufschluss über einige Jagdmethoden der Römer, sondern preist vor allem Diana, die um ihren jagdlichen Beistand gebeten wird. Als Jagdhilfsmittel nennt Seneca die von den

Griechen hinlänglich bekannten Netze und verschiedene Fangstricke, die vorrangig bei Treibjagden eingesetzt wurden. Nichts sagt er über die Verwendung von Pferden auf der Jagd, aber zu seiner Zeit wurden sicherlich bereits seit längerem Hetzjagden zu Pferde abgehalten.

Aber nicht alle Römer waren im gleichen Maße von der Jagd als sportlichem Vergnügen der römischen Aristokratie begeistert. Der römische Politiker und Schriftsteller Sallust (84–34 v. Chr.), der die konservative Richtung des römischen Senats vertrat und der Übernahme griechischer Sitten reserviert gegenüberstand, geißelte die Jagd als sklavische Beschäftigung,[59] während der Gelehrte Varro, der alle sportlichen Betätigungen als überflüssig ablehnte, ethisch argumentierte, indem er den Jägern das Recht absprach, Tiere zu jagen und zu töten, die ihnen kein Leid zugefügt hätten.[60] Hundert Jahre später äußerte sich der Literat Plinius der Jüngere wesentlich positiver über die Jagd. In einem Brief an Tacitus schrieb er, dass er auf die Jagd neben den Netzen immer auch sein Schreibzeug mitnehme, um am Abend nach einem Jagdausflug Gelegenheit zum Schreiben zu haben; er forderte den Adressaten auf, ebenfalls auf die Jagd zu gehen, denn körperliche Betätigung und die Stille des Waldes seien anregend für das Denken.[61] Im Unterschied zu den Kulturen des Nahen Ostens und Ägyptens, wo eine Privilegierung und Einschränkung der Jagd stattgefunden hatte, war die weitgehende Freiheit der Jagd kennzeichnend für Rom. Im unmittelbaren Einflussbereich des römischen Rechts durfte jedermann ohne Einschränkung auf die Jagd gehen, sofern er die entsprechende Ausrüstung hatte. Viele Repräsentanten des Römischen Reiches jagten überhaupt nicht, und wenn sie jagten, führte dies nicht zu umfassenden Einschränkungen des allgemeinen Jagdrechts, das nur wenige Verbote und Restriktionen kannte.

Die Jagdausflüge von Aeneas und Dido wurden vom römischen Dichter Vergil beschrieben. Gemälde aus dem 17. Jahrhundert

Die Bedeutung der Jagd im Römerreich zeigt sich an den überlieferten römischen Jagdmosaiken. Mosaik aus dem 3. Jahrhundert

Allerdings ist hier die Entartung der Jagd in den Tier- und Gladiatorenkämpfen Roms deutlich anzusprechen. Die römischen Volksmassen begeisterten sich vor allem für die Kampfjagden in den römischen Arenen, die mehr als Perversion der Jagd, denn als neue Formen der Jagdausübung anzusehen sind.[62] Der Gladiator im Circus Maximus war kein Jäger, sondern ein Gejagter, der von ausgehungerten, zur Wut angestachelten Raubtieren verfolgt wurde. Der Kampf mit einem Tier in der Arena hatte demnach keine Beziehung zur wirklichen Jagd, da allein das Moment des Tötens vor einer Massenkulisse hervortrat. Es bestand nicht nur keinerlei Ähnlichkeit mit den tradierten Formen der Jagdausübung, mit dem Aufspüren und Verfolgen des Wildes, sondern die weidgerechten Verhaltensmuster wurden in der Kampfbahn sogar pervertiert und die ursprüngliche Mensch-Tier-Beziehung außer Kraft gesetzt. Der Bezug zur Jagd war bei diesen römischen Tierhetzen allerdings durch die Person des Herrschers gegeben, der in den alten Reichen Assyriens noch selbst mit dem Löwen gekämpft hatte, um dadurch seine Macht und Stärke zu demonstrieren. Die Kaiser Roms, die oft durch das luxuriöse Leben in der Hauptstadt verweichlicht waren, gingen freilich nicht mehr selbst in die Arena, um ihre Stärke zu zeigen. Sie ließen ihre Macht spüren, indem sie Kämpfer und Sklaven in die Kampfbahn schickten und damit kundtaten, dass sie nicht nur wie einst die assyrischen Herrscher Macht über die Tiere besaßen, sondern auch die Menschen total beherrschen konnten.

Die blutigen Jagden (venationes) in den großen Bahnen des Circus, später des Amphitheaters oder anderer Arenen in den großen Städten, übten eine gewaltige Anziehungskraft auf die Massen aus. Die erste große Schaujagd ist 186 v. Chr. für Marcus Fulvius Nobilior überliefert, als er als Prokonsul aus Griechenland zurückkehrte und im Rahmen prächtiger Festspiele Löwen und Leoparden jagen ließ.[63] Die Popularität des berühmten Caesar (100–44 v. Chr.) soll durch die Schaujagden während seiner Zeit als römischer Ädil enorm gewachsen sein. Bei seinem Triumphzug führte Caesar 46 v. Chr. viele Elefanten, 400 Löwen und thessalische Stiere für anschließende Schaujagden mit sich.[64] Noch großartiger gestaltete sein Gegenspieler Pompeius im Jahr 55 v. Chr. eine Schaujagd im römischen Circus Maximus. Das blutige Spektakel mit 500 Löwen und 18 Elefanten, die gegen Gladiatoren kämpften, führte freilich aufgrund des Schreiens der blutüberströmten, schwer verletzten Tiere nicht zu Begeisterungsstürmen, sondern weckte das Mitgefühl der Zuschauer.[65]

Die Geschichte der Gladiatoren verdeutlicht, dass diese Art der Volksbelustigung, die Vorliebe der römischen Massen für die Schaukämpfe, mit dem Erstarken des Römischen Reiches kontinuierlich zunahm: Höhepunkte der Gladiatorenkämpfe waren die beiden Jahrhunderte vor und nach Christi Geburt. Erst gegen Ende der spätantiken Epoche, unter den Kaisern Konstantin im Osten und Honorius im Westen, kam es zu einem Verbot der Gladiatorenkämpfe.[66] Dieses Verbot wurde vor allem von der Kirche unterstützt, die die Zirkusspiele und Gladiatorenkämpfe heftig kritisierte. Der Kirchenvater Augustinus (354–430) lehnte z.B, die Welt des Zirkus entschieden ab, weil er dort Dämonen und ihr sündhaftes Treiben am Werke sah: Die bösen Geister erfreuten sich nach seiner Meinung am meisten an diesen Ergötzungen und machten die Zuschauer zu Besessenen der Schaulust.[67] Eine jagdliche Bedeutung hatten diese Tier- und Menschenkämpfe freilich dadurch, dass große Mengen an fremdländischen Tieren zu ihrer Durchführung gebraucht wurden und Jäger in die entferntesten Randgebiete des Römischen Reiches ausschwärmten, um mit Fallen und Wurfschlingen Löwen, Leoparden und weitere exotische Tiere zu erbeuten und auf abenteuerlichen Wegen in die Metropolen des Reiches bringen zu lassen. So bleibt zu resümieren, dass die römischen Gladiatorenkämpfe mit wilden Tieren sowie die Arenenkämpfe von Tieren untereinander in den Amphitheatern in ihrer Zielsetzung und in der Art ihrer Ausführung nichts mit der eigentlichen Jagd gemeinsam hatten. Dennoch sind sie durchaus mit jagdlichen Ideen verbunden, nämlich mit dem ursprünglichen Verlangen nach Darstellung jägerischer Fähigkeiten.

Neben diesen pervertierten Formen der Tierhetzen in der Arena setzte sich die Jagd im freien Feld als eine von der römischen Oberschicht geschätzte Betätigung erst in der Kaiserzeit stärker durch.[68] Die Jagdausübung zählte daher in der spätantiken Epoche zu den sportlichen Tätigkeiten des Kaisers und des römischen Adels. Von den Kaisern ist besonders Hadrian (118–138 n. Chr.) zu erwäh-

Blutige Kämpfe zwischen Gladiatoren und wilden Tieren im Circus dienten der Schaulust des Volkes. Relief aus dem 1. Jahrhundert

nen, dessen Jagdbegeisterung und hohe Wertschätzung der Jagd in der Gründung einer Stadt namens „Hadriansjagd" in Kleinasien publikumswirksam zum Ausdruck gekommen ist.[69] Der herrscherliche Kampf gegen Eber, Bären oder Löwen, die Hadrian mit eigener Hand getötet haben soll, wurde von ihm in offenkundiger Übernahme griechischer Vorstellungen zur Demonstration kaiserlicher Tapferkeit und Tugend (virtus) verwandt. Mit dem am römischen Konstantinsbogen wieder verwendeten Jagddenkmal hat sich in Rom ein herausragendes Beispiel kaiserlicher Selbstdarstellung für die Nachwelt erhalten. Acht Rundreliefs am Konstantinsbogen sind mit der Persönlichkeit Kaiser Hadrians und seinem Lebensweg eng verbunden und zeigen verschiedene Stufen in der Verwirklichung des kaiserlichen Ideals.[70]

In diesen Reliefbildern erkennt der Betrachter Hadrian als den vorbildlichen Soldaten, als selbstbewussten Imperator und als passionierten Jäger, der als Hauptfigur mit nur wenigen Gefährten während der Jagd auf gefährliche Wildtiere klar hervortritt.[71] Dass die Jagden dem Kaiser mehr als nur Vergnügen und Ablenkung bedeuteten, beweist die Zuordnung der Jagdszenen zu vier gleichrangigen Opferszenen. In der Verbindung von Jagd und Opfer erfahren die hadrianischen Ideen eine Steigerung, wobei vom symbolischen Gehalt der dargestellten Szenen mehr greifbar ist als von historisch berichteten Einzelheiten der Jagdvorgänge. In den Biographien Hadrians sind keine außergewöhnlichen Ereignisse der kaiserlichen Jagden auf Eber in Pannonien sowie auf Bären in Lukanien und Apulien erwähnt, und nur die Löwenjagd des Kaisers in Libyen wird ausführlich geschildert.[72] Im Hintergrund der Reliefs, die einige Hauptereignisse der Jagden festhalten, steht das Imperium Romanum, das der Kaiser auf seinen Reisen näher kennen gelernt hat. Die neue Befriedung des Reiches durch gesicherte Grenzen und seine Stellung zum Orient, dessen kulturelle Kraft

Auch im Römischen Reich wurde die Löwenjagd zur Machtdemonstration dargestellt. Sarkophagrelief aus dem 3. Jahrhundert

Hadrian klar erkannt hatte, finden in dem Monument Ausdruck.

Der Grundgedanke der hadrianischen Bildreihe zur Jagd verkörpert sich in dem Dank an die Götter für ihren Beistand und in den Ruhmestaten des Kaisers mit der Darstellung des herausragenden Ereignisses einer Löwenjagd. Die Abfolge dreier Jagden steigert sich von der Bären- und Eberjagd bis zur Löwenjagd, dem Höhepunkt des Jagdgeschehens; die Szenen der Reliefs beschreiben den Taten des Herakles entsprechend von Bild zu Bild gefährlicher werdende Jagdabenteuer.[73] Hadrian, der Jäger und Kulturbringer, hat sich offensichtlich als Nachfahre des Herakles gefühlt, sodass er auf seinen Reisen als erfolgreicher Jäger und Bezwinger aller Feinde des Reiches gefeiert wurde, ferner als Herrscher, der mit übermenschlichen Kräften ausgestattet war. Die Beziehung zu Herakles, dem Überwinder aller Gefahren und Ungeheuer, wird in der antiken Herrschertradition seit Alexander dem Großen gepflegt und lässt sich über Nero, Domitian und Trajan bis zu Hadrian verfolgen.[74] Im hadrianischen Reliefzyklus sind die Beziehungen des Kaisers zu den Göttern und einzelne bedeutungsvolle Jagdszenen zu einer übergreifenden Idee verbunden. Die Objekte des kaiserlichen Jagdvergnügens sind dabei die gleichen wie in der griechischen Zeit, nur wurde die Bärenjagd jetzt stärker gegenüber der Löwenjagd hervorgehoben, die von den orientalischen und griechischen Königen am meisten bevorzugt wurde.

Mit der Jagd auf wilde Tiere und insbesondere auf Löwen griff Hadrian demnach bewusst auf die orientalische und griechische Tradition des herrscherlichen Jagdanspruchs zurück und stellte sich in eine Reihe mit diesen Potentaten.[75] Dem entspricht die schriftliche Überlieferung, dass nämlich die Löwenjagd fortan als kaiserliches Privileg angesehen wurde. Zugleich aber hatte Hadrian mit der Adaption der Jagd zu Pferde als Symbol kaiserlicher Macht eine Bildformel geschaffen, die im Begräbniswesen auf den marmornen Sarkophagen bald von der römischen Aristokratie übernommen wurde. Bei den vor allem Löwenjagden darstellenden Jagdsarkophagen des 3. und 4. Jahrhunderts, die sich formal stark an den Jagden der griechischen Mythologie orientieren, ist die Jagd des Verstorbenen Sinnbild seiner Virtus im vergangenen Leben.[76] Bei den zahlreichen Jagddarstellungen, die sich auf Mosaikfußböden vieler Landgüter reicher Domänenbesitzer finden, treten vor allem der Ausstattungsluxus und die Exotik der Jagden in den Vordergrund. Auf dem Mosaikfußboden der Villa von Piazza Armerina in Sizilien oder auf den bereits christlichen Mosaiken der Kuppel von Centcelles sind die Jagddarstellungen entsprechend dieser Entwicklung nicht mehr Zeichen persönlicher Virtus, sondern dienen der Standesrepräsentation, bei der Rang und Reichtum des Jagdherrn im Mittelpunkt stehen.[77] Das gigantische Fußbodenmosaik in der Villa bei Piazza Armerina schildert in einer exotischen Hügellandschaft, die von Antilopen und den sie bedrängenden Raubkatzen belebt ist, das Einfangen der wilden Tiere mit Netzen und Seilen und ihren Transport nach Italien unter der Aufsicht von Jägern und kaiserlichen Beamten.

Überblickt man die antike Jagdgeschichte von den orientalischen Hochkulturen bis zum Ende des Römerreiches als Ganzes, so lassen sich einige Hauptlinien der Entwicklung festhalten. In den Reichen Assyriens und Ägyptens entsteht ein Jagdprivileg der Herrscher und ihrer Gefolgsleute, das sich vor allem in der Löwenjagd deutlich manifestiert. Dieses Jagdprivileg begünstigt einen Fortschritt in der Jagdkultur, waren es doch die jagdbegeisterten Herrscher der frühen Hochkulturen, die den Schritt von der einfachen Nahrungsjagd zum höheren Jägertum vollzogen. Jagdliches Wissen, jagdliche Ausbildung und die Darstellung der Jagd in der Kunst, all dies hat teilweise seine Wurzeln im privilegierten Jagen der Herrscher in Assyrien, Ägypten und Persien. Ein wichtiges Kennzeichen der griechischen und römischen Jagdgeschichte ist dann die Freiheit der Jagd, was vor allem für den westlichen Mittelmeerraum gilt. Jeder freie Römer konnte ohne wesentliche Einschränkungen auf die Jagd gehen, sofern er über die entsprechenden Jagdwaffen verfügte. Viele Kaiser des Römischen Reiches jagten aber überhaupt nicht und veranlassten auch keine umfassenden Einschränkungen des allgemeinen Jagdrechts. Hadrian und einige andere Kaiser, die sich stark an orientalischen Herrschern orientierten, stellten Ausnahmen dar, wirkten jedoch als Vorbilder für die Könige der nachfolgenden abendländischen Geschichte, wie wir sehen werden.

DIE JAGD IM MITTELALTER

Hirschjagd des Kurfürsten Johann Friedrich,
Gemälde von Lukas Cranach aus dem 16. Jahrhundert

In frühgermanischer Zeit war die Jagd noch uneingeschränkt für jeden möglich.

DIE JAGDVERHÄLTNISSE IM FRÜHEN MITTELALTER

Stand am Beginn des Mittelalters die Freiheit der Jagd oder war das Jagdrecht des Frühmittelalters an das Grundeigentum gebunden? Über diese grundlegende Frage wird seit langem eine kontroverse Diskussion geführt.[1] Zwei Auffassungen über die jagdrechtlichen Verhältnisse des Frühmittelalters stehen sich einander gegenüber: Auf der einen Seite wird betont, dass das Jagdrecht seit frühester Zeit eng mit dem Grundeigentum verbunden sei, während die andere Seite das Recht des freien Tierfangs an den Anfang der frühmittelalterlichen Jagd stellt. Welche Argumente werden dabei von beiden Seiten vorgebracht?

Die jagdrechtliche Literatur des 19. Jahrhunderts und viele rechtshistorische Darstellungen auch des 20. Jahrhunderts begründen ihre Auffassung von der engen Bindung des Jagdrechts an das Grundeigentum mit der historischen Entwicklung des Frühmittelalters. Solange die germanischen Stämme in der Zeit der Völkerwanderung noch herumzogen, war die Jagd überall frei, doch änderte sich dies nach der endgültigen Niederlassung. Sobald die sesshaft gewordenen Völkerschaften das Land in dauernden Besitz nahmen, bildete sich eine Wechselbeziehung zwischen Grundbesitz und Jagdrecht heraus. In vielen rechtsgeschichtlichen Werken des 19. Jahrhunderts wurde daher argumentiert, dass seit der Ausbildung des Privateigentums an Feld und Wald zu Beginn des Frühmittelalters das Jagdrecht dem Eigentümer des Bodens zugestanden habe.[2] Diese Auffassung war eng mit der Theorie der germanischen Markgenossenschaft verbunden, die im 19. Jahrhundert die Vorstellungen der deutschen Staats- und Rechtshistoriker von den Verhältnissen des Frühmittelalters beleuchtete.[3] Mithilfe dieser Theorie erscheint die Verbundenheit von Grundeigentum und Jagdrecht in der Zeit der Volksrechte als eine juristische Konstruktion, die durch einige Quellenstellen anscheinend bestätigt wurde. Die Mark befand sich gemäß dieser Auffassung im Gesamteigentum der Markgenossen, die entsprechend auch gemeinsam jagdberechtigt waren. In den Privatwäldern waren dagegen nur die Eigentümer zur Jagd befugt, und auch in den zu den königlichen Domänen gehörigen Wäldern besaßen nur die fränkischen Könige ein ausschließliches Jagdrecht.

Dieser durch den Begriff des Grundeigentums bestimmten Theorie des frühen Jagdrechts steht die andere Auffassung gegenüber, die erst in neuerer Zeit mehr Zuspruch erhielt. Sie leugnet die frühe Bindung des Jagdrechts an den Grundbesitz seit der Sesshaftwerdung der germanischen Stämme und nimmt auch für die Jahrhunderte nach der Völkerwanderung noch das Recht des freien Tierfangs an. Diese Auffassung wurde zuerst von dem Rechtshistoriker Richard Schröder und dann vor allem von dem Jagdhistoriker Kurt Lindner vertreten. Nach Schröder kann das Jagdrecht nicht ein Ausfluss des Grundeigentums gewesen sein, vielmehr müsse man, soweit nicht durch Grundbesitzverhältnisse eine Beschränkung der Jagdausübung herbeigeführt wurde, ein „Recht des freien Tierfanges" im Frühmittelalter annehmen.[4] Lindner unterschied in seinen ausführlichen Darlegungen zum Jagdrecht drei Entwicklungsphasen, und zwar zuerst das germanische Jagdwesen, dann das frühmittelalterliche, durch die Volksrechte (leges) geprägte Jagdrecht und schließlich die durch das Prinzip der Inforestation bestimmte dritte Phase.[5]

Wie muss man sich heute zu dieser Kontroverse über den Ursprung des Jagdrechts verhalten? Wie stellt sich das Problem aus neuerer Sicht? Bei diesem Meinungsstreit muss bedacht werden, dass es vor allem um unterschiedliche Auffassungen über das Jagdrecht in der Merowingerzeit und um kontroverse Interpretationen der Volksrechte geht, auf die sich beide Auffassungen als Hauptquelle berufen. An der ursprünglichen uneingeschränkten Freiheit der Jagd in frühgermanischer Zeit kann kein Zweifel bestehen, weshalb beide Auffassungen offenbar von einem Recht des freien Tierfangs in der frühesten Zeit ausgehen. Die Bedeutung der Jagd und ihre Funktion als wesentlicher Teil wirtschaftlicher Existenzsicherung ließen offensichtlich keine anderen rechtlichen Bedingungen zu: Der Schutz gegen Raubtiere, die Beschaffung von Fleischnahrung und der Erwerb von Häuten und Pelzen als Kleidung machten die Jagd zu einem wichtigen Bestandteil des alltäglichen Lebens in der frühesten Zeit. Mit der Sesshaftwerdung der Stämme traten jedoch Ackerbau und Viehzucht bei der Sicherung der Ernährung in den Vordergrund, sodass keine Notwendigkeit mehr bestand, jedermann überall die Jagd zu gestatten. Vor allem die Könige und der Adel haben offenbar schon früh auf ihren eigenen Besitzungen das ausschließliche Jagdrecht beansprucht und hier eine Jagdausübung durch andere abgewehrt. Bevor auf dieses Jagdrecht der Merowingerzeit eingegangen wird, scheint es angebracht, einen Blick auf die Jagdverhältnisse bei den Germanen und Kelten in der vorhergehenden Epoche zu werfen.

Die Jagd bei den Germanen und Kelten

Über die Jagdverhältnisse der germanischen Völker erhalten wir einerseits Informationen durch römische Schriftsteller wie Caesar und Tacitus und andererseits indirekte Hinweise durch Grabbeigaben und archäologische Funde.[6] Der römische Historiker Tacitus (ca. 55–120 n. Chr.) räumt der Jagd nur einen geringen Stellenwert im Leben der Germanenstämme während des 1. Jahrhunderts n. Chr. ein, wenn er schreibt: „Wenn sie nicht in den Krieg ziehen, verbringen sie nicht viel Zeit mit der Jagd, mehr mit Nichtstun, ergeben dem Schlaf und dem Essen, gerade die Tapfersten und Kriegerischsten ohne jede Beschäftigung, wobei die Sorge um Haus und Haushalt und die Äcker den Frauen, Greisen und gerade den Schwächsten aus dem Gesinde überlassen wird: sie selbst leben dumpf dahin, in einer wunderlichen Zwiespältigkeit des Wesens, da dieselben Menschen so die Trägheit lieben und die Ruhe hassen."[7] In ihrer Ernährung spielt das Fleisch der Wildtiere aber offenbar eine nicht unwichtige Rolle, wenn Tacitus an anderer Stelle über die Alltagsernährung der Germanen feststellt: „Die Speisen sind einfach; wildes Obst, frisches Wildbret oder Quark. Ohne Zurüstung, ohne Reizmittel vertreiben sie den Hunger."[8] Hundert Jahre zuvor schrieb Julius Caesar, der bedeutende römische Staatsmann und Feldherr, in seinem Werk über den gallischen Krieg, dass die germanischen Sueben sich kaum von Getreide, aber hauptsächlich von Milch und Fleisch ernährten; außerdem sei die Jagd eine Hauptbeschäftigung dieses Stammes (De bello Gallico 4,1,8).[9]

Wer aus dieser Schilderung Caesars den Schluss ziehen wollte, die germanischen Völker Mitteleuropas hätten noch in der Zeit um Christi Geburt ohne gründliche Kenntnis des Ackerbaus als schweifende Jäger oder viehzüchtende Nomaden ein einfaches Dasein gefristet, würde zu einem Fehlurteil kommen. Wie neuere Forschungen gezeigt haben, sind nämlich die Beschreibungen, welche die Römer von ihren nördlichen Nachbarn hinterlassen haben, stark von vorgefassten Meinungen und literarischen Klischees bestimmt, die mit der Realität nur partiell einiges gemein haben. So erkennt man hinter den stereotyp wiederholten Hinweisen auf die zentrale Bedeutung der Jagd und die Dürftigkeit der primitiven Fellkleidung bei Caesar eindeutig die propagandistische Absicht, das römische Eroberungsstreben mit dem Zivilisationsrückstand der so geschilderten Völker zu rechtfertigen.[10] Tatsächlich ist das antike Kelten- und Germanenbild in einem erheblichen Maße durch ältere Darstellungen fremder Völker bestimmt, wie z. B. Herodots Beschreibung der Skythen und ihrer Jagd- und Nomadengewohnheiten. Dass die Schriften der griechischen und römischen Ethnografie freilich lange Zeit das populäre Bild von den Kelten und Germanen nachhaltig prägten und bis zum Aufschwung der modernen Archäologie sogar dominierten, beruht teilweise auf dem Mangel an zeitgenössischen einheimischen Schriftquellen. Noch heute liegen daher viele Bereiche der germanischen Jagdkultur, die weder in der antiken Literatur noch im archäologischen Fundgut ihren Niederschlag gefunden haben, weitgehend im Dunkeln. In den letzten Jahrzehnten haben jedoch eine intensive Grabungstätigkeit und der Einsatz moderner Methoden bei der Untersuchung archäologischer Funde unsere Kenntnisse vom Jagdwesen der Germanen und Kelten erheblich vertieft.

Wenn Tacitus das Fleisch erlegter Wildtiere zu den wichtigsten Nahrungsmitteln der Germanen zählt, so scheint dies vordergründig eine Bemerkung Caesars zu bestätigen, das ganze Leben der Germanen bestehe aus Jagd und Kriegsübungen (Vita omnis venationibus atque in studiis rei militaris consistit: De bello Gallico 6, .21, 3).[11] Tatsächlich handelt es sich hierbei nur um ein römisches Klischee, da Jagd und Fischfang nach Ausweis der Tierknochenfunde in den Siedlungen der Germanen nur einen relativ geringen Teil des Fleischbedarfs deckten. Die Jagd besaß bei den Germanen und Kelten offenbar vor allem dann eine Bedeutung, wenn es um die Abwehr von Flurschädlingen und Raubwild sowie um das Training von Körpergeschicklichkeit und Waffentüchtigkeit ging.

Außerdem wurde die Jagd auch als sportliches Vergnügen betrieben, was bereits die Grabausstattung des Keltenfürsten von Hochdorf aus dem 6. Jahrhundert v. Chr. bezeugt: Neben einem aus Holz, Fell und Bronzeblech gefertigten Köcher mit zahlreichen Pfeilen hatte man dem Toten in einem Stofftäschchen auch drei eiserne Angelhaken mit ins Grab gelegt.[12] Da kaum anzunehmen ist, dass diese Geräte dem Fürsten zum Nahrungserwerb dienten, hat man wohl zu Recht vermutet, dass es sich bei dem Toten von Hochdorf um einen passionierten Jäger und Angler gehandelt haben muss. Die Jagd war damals offenbar ein Privileg der gesellschaftlichen Oberschicht. Der Aspekt der Liebhaberei ist besonders bei der Beizjagd, also der Jagd auf Haar- und Federwild mit Hilfe abgerichteter Greifvögel, erkennbar. Diese Technik, die auch den Besitz von Pferden und von eigens dafür abgerichteten Hunden voraussetzte, wurde in der Spätantike aus dem Orient übernommen und ist bei Kelten und Germanen seit dem 4. Jahrhundert n. Chr. nachgewiesen. Als Beizvögel benutzte man damals vor allem Habicht und Sperber. Funde von Greifvögeln in Frauengräbern lassen vermuten, dass auch Frauen an diesem Sport teilnehmen konnten.[13]

Über die Jagd bei den Kelten informiert uns eine ausführliche Darstellung des in Nikomedia in Kleinasien geborenen Historikers Flavius Arrian (ca. 95–175 n. Chr.); dieser schrieb ein aufschlussreiches Werk zur Jagd mit dem Titel „Cynegeti-

Über das Jagdwesen der Germanen ist vergleichsweise wenig bekannt.

Bei der keltischen Jagd spielten Hunde schon eine wichtige Rolle. Relief aus dem 1. Jahrhundert v. Chr.

cus".[14] Hauptsächlicher Zweck dieses Werkes war nach seinen eigenen Worten, die Jagd mit den keltischen Hunden und Pferden darzustellen.[15] Arrian lobt nämlich besonders die jagdlichen Vorzüge der keltischen Hunde. Unter den Hunderassen, die er beschreibt, sind zwei, die auch bei den Jagden der Germanen eine Rolle spielten. Erstens der Segutius, vermutlich nach einem keltischen Volksstamm bei Lyon benannt, der ein Such- und Spürhund war. Klein und hässlich sollen die Hunde gewesen sein, mit einem jämmerlichen Gebell, aber äußerst brauchbar bei der Jagd. Zweitens die Hunderasse des Vertragus, der das genaue Gegenteil darstellte: groß und von wohlgeformtem Körperbau; er wurde vorwiegend als Hetzhund eingesetzt. Arrians Werk gibt außerdem reichlich allgemeine Auskünfte über die Jagd bei den Kelten.[16] Jeder freie Mann durfte zwar jagen, die Reichen und Vornehmen jedoch hielten sich Berufsjäger, die die Jagd vorbereiteten, das Wild auskundschafteten und schließlich ihre Herren zur Jagd führten. Berufsjäger oder speziell ausgebildete Sklaven sind auch aus dem spätantiken Rom bekannt, sodass diese römische Jagdform möglicherweise von den Kelten übernommen wurde. Weniger begüterte Jäger zogen mit Pferden und Hunden gruppenweise zur Jagd, andere ritten allein oder übten die Jagd gar zu Fuß aus. Ein Zweck der keltischen Jagd war vor allem der Wettkampf, und zwar zumeist der Wettkampf zwischen Hase und Hund.[17] Die Jagden gingen sehr diszipliniert vonstatten, ein Jagdleiter bestimmte, wann die Hunde angeleint werden mussten, um eine möglichst lange und sportliche Hetzjagd zu gewährleisten. Nach erfolgreicher Jagd wurde nach Arrians Schilderung oft ein großes Fest zu Ehren der Jagdgöttin veranstaltet. Arrian spricht von Artemis, dem griechischen Vorbild der Diana, und wahrscheinlich waren die Kelten, von denen hier berichtet wird, soweit romanisiert, dass sie römische Götter verehrten. Zur Finanzierung der Feste musste jeder Jäger in Relation zu seiner Beute festgesetzte Beträge abliefern, von deren Gesamtsumme dann ein Opfertier erworben wurde. Diese Hasenhetze mit Hunden und anschließendem Fest scheint die am meisten verbreitete Jagdform bei den keltischen Galliern gewesen zu sein. Ihr Wirtschaftssystem beruhte ja nicht mehr auf der Jagd, sondern auf Handwerk, Handel und Agrarwirtschaft. Die Jagd war allein Freizeitvergnügen und wurde auch nicht unter ethischen Gesichtspunkten oder im Hinblick auf die Ausbildung militärisch nützlicher Tugenden betrieben, wie dies bei den Griechen der Fall war.[18]

In den romfreien Germanengebieten Mitteleuropas ist die Liste der archäologisch nachgewiesenen Jagdtiere lang, da ausgedehnte Wälder, saubere Gewässer und eine geringe Bevölkerungsdichte damals günstige Voraussetzungen für reiche Wild- und Fischbestände schufen. Neben Elchen, Hirschen und Wildschweinen jagte man Rehe, Dachse, Fischotter, Hasen, Wölfe, Füchse und Wildkatzen sowie eine Vielzahl kleinerer und größerer Vögel. Die größten und wohl auch die gefährlichsten Jagdtiere waren neben den Braunbären die beiden Wildrindarten Ur (Auerochse) und Wisent, bei denen männliche Tiere eine Widerristhöhe bis zu 180 cm und ein Gewicht von 800-900 kg erreichen konnten.[19] Wie Caesar berichtet, wurden die Hörner der Auerochsen sorgfältig gesammelt, am oberen Rand in Silber gefasst und bei prachtvollen Gelagen als Trinkgefäße benutzt (De bello Gallico 6, 28, 6). Die interessante Notiz, dass die jungen Krieger eines ostgermanischen Stammes einen Eber oder Bären erlegen mussten, bevor sie in die Gemeinschaft aufgenommen wurden, überliefert im 4. Jahrhundert n. Chr. der Historiker Ammianus Marcellinus (Res gestae 31,9,5). Derartige große Tiere wurden offenbar gemeinschaftlich gejagt, wobei neben Speeren und Lanzen auch Pfeil und Bogen zum Einsatz kamen. Dass man bei der Jagd auf Großwild auch Fanggruben benutzte, findet sich nicht nur bei Caesar (De bello Gallico 6, 28, 3), sondern wird auch durch archäologische Funde solcher Anlagen mit Rahmenwerk, Dach und spitzen Pfählen im Grubengrund bestätigt. Sehr viel weniger vertrauenswürdig erscheint demgegenüber Caesars Bemerkung, die Germanen hätten bei der Jagd die Bäume angesägt, an die sich die Elche zum Schlafen anzulehnen pflegten, sodass die schwerfälligen Tiere umstürzten und sich aus eigener Kraft nicht mehr erheben konnten (De bello Gallico 6,27).

Die Jagdverhältnisse der Merowingerzeit im Lichte der Volksrechte

Über das Jagdwesen der Merowingerzeit nach dem Sesshaftwerden der germanischen Stämme informieren uns als schriftliche Zeugnisse vor allem die Volksrechte (leges).[20] Inwieweit gab es nach diesen Quellen noch ein freies Jagdrecht, wie es in der vorangegangenen Epoche der Völkerwanderung bestanden hatte? Neben einigen Textstellen, die keine eindeutige Aussage zum Jagdrecht erlauben, überwiegen in den Volksrechten diejenigen Bestimmungen, die einen sicheren Rückschluss auf das Recht des freien Tierfangs ermöglichen, wie Lindner überzeugend dargelegt hat.[21] Im burgundischen wie auch im westgotischen Recht finden sich zahlreiche Bestimmungen, die sich mit dem Tierfang durch Aufstellen von Fallen befassen. Doch weder in der Lex Gundobada der Burgunder noch im Codex Euricianus der Westgoten wird das Recht des Fallenstellens auf eigenem Grund und Boden begrenzt. Man wird daher nicht fehlgehen, wenn man aus diesem uneingeschränkten Recht des Fallenstellens auch das Recht des uneingeschränkten Wildfangs ableitet. Besonders die Tatsache, dass im burgundischen Recht jagdrechtliche Bestimmungen fehlen, deutet offensichtlich auf die alte volksrechtliche Jagdfrei-

Bei den Langobarden war das Recht zum Vogelfang gesetzlich geregelt. Fresko aus dem 15. Jahrhundert

heit hin, denn die Aufzeichnung des Stammesrechts nach der im Kolonnensystem auf römischem Boden erfolgten Ansiedlung der Burgunder hätte eine gesetzliche Regelung wahrscheinlich gemacht, falls das Jagdrecht der Burgunder sich von dem der Römer unterschieden hätte.[22]

Von Lindner werden vor allem die Bestimmungen des langobardischen Rechts und der Lex Baiuvariorum über das Recht des Vogelfangs für den Grundsatz des freien Tierfangs als Argument herangezogen.[23] Zwar ist vom Ergebnis her diese These berechtigt, doch ist die Begründung zu allgemein. Das nach Lindner eindeutig für den Grundsatz des freien Jagdrechts sprechende Kapitel des langobardischen Rechts (Kap. 20) lautet in der Übersetzung von Franz Beyerle: „Wer in einem fremden Walde Falken einfängt – des Königs (Jagd) Gehege ausgenommen – darf sie behalten. Kommt nun der Herr des Waldes zufällig dazu, so kann er (allerdings) die Falken (ihm) abnehmen. Weiter soll er ihn aber nicht um Schuld belangen, und wir befehlen also: Wer im Gehege des Königs Falken fängt, ist (ihm) 12 Schillinge schuldig".[24] Wenn man diese Bestimmung mit der Lex Baiuvariorum (Kap. 22) vergleicht, wird deutlich, dass für das Ausnehmen von Raubvögeln in Privatwäldern besondere jagdrechtliche Grundsätze gelten. Die Regelung des langobardischen Stammesrechts (Kap. 320), wonach der Waldeigentümer den aus dem Nest geholten Falken von dem Besitzer wieder herausverlangen kann, steht am Anfang dieser Entwicklung. Die im Bayernrecht verankerte Regelung, dass ein Fremder aus dem Wald eines anderen keinen Raubvogel herausnehmen darf, kann als Abschluss dieser den Nestling als Pertinenz des Waldes betrachtenden Auffassung gelten.[25] Unter diesen Gesichtspunkten kann das Kapitel 320 nicht mehr als ein eindeutiger Ausdruck des freien Tierfangs gewertet werden. Man muss allerdings berücksichtigen, dass das Ausnehmen von Raubvogelnestern zum Bereich der Beizjagd gehört, die bereits früh eine Sonderentwicklung im Jagdrecht einleitete.

Als Bilanz dieser Untersuchungen kann man festhalten, dass für den Fall einer Verknüpfung von Grundbesitz und Jagd eine solche in den Volksrechten ihren Niederschlag hätte finden müssen. Nur ein nicht an das Grundeigentum gebundenes Jagdausübungsrecht konnte auf Bestimmungen über Eigentum und Jagd verzichten, da es im Einklang mit den Stammesrechten stand. Mit der Überprüfung der Quellen dürfte somit das frühmittelalterliche Jagdrecht bei den germanischen Stämmen West- und Mitteleuropas einigermaßen geklärt sein: Es wurde offenbar in seinen wesentlichen Teilen vom Prinzip des freien Tierfangs gekennzeichnet.[26] Viele Einzelfragen zur Entwicklung des frühmittelalterlichen Jagdrechts sind freilich noch ungelöst. In keinem der mitteleuropäischen Stammesrechte ist beispielsweise etwas über den Kreis der Jagdberechtigten gesagt. Wir müssen annehmen, dass die Ausübung der Jagd allein den Freien erlaubt war, die nach dem

Kostümbild eines merowingischen Kriegers

Recht der einzelnen Stämme lebten und handelten; sie waren zum Waffentragen berechtigt und duldeten sicherlich nicht, dass sich auch ihre unter Hofrecht stehenden Hintersassen jagdlich betätigten. Aber über eine sichere Kenntnis, inwieweit auch den Halbfreien und Unfreien die Jagdausübung erlaubt war, verfügt man nicht. Es ist denkbar, dass sich eine Differenzierung aus der Jagdtechnik und Jagdausrüstung ergab, denn vermutlich sah sich ein Höriger außerstande, ohne entsprechende Ausrüstung Rotwild zu hetzen oder aufwändig mit Falken zu jagen; er wäre allerdings wohl in der Lage gewesen, Fallen und Fanggruben herzurichten. Da aber diese technischen Hilfsmittel für die frühmittelalterliche Jagd notwendig waren, bleibt ungeklärt, inwieweit die unfreie Bevölkerung gerade bei diesen Formen an der Jagd beteiligt war. Jagdrechte eines Hörigen kannten die Volksrechte natürlich ebenso wenig wie das römische Recht die eines Sklaven. Wenn die Stammesrechte unfreie Jäger erwähnen, so sind darunter im Dienstverhältnis bei Freien und Adeligen stehende Berufsjäger zu verstehen, die nicht aufgrund eigenen Rechts, sondern gemäß einem ihnen erteilten Auftrag jagten. Das frühmittelalterliche Berufsjägertum hat sich demnach fast ausschließlich aus abhängigen Bevölkerungsgruppen zusammengesetzt.[27]

Die Ausbreitung der Forste und das Jagdrecht

Das freie Jagdrecht des Frühmittelalters wurde aber schon seit der Merowingerzeit allmählich verändert, als das merowingische Königtum und der mit ihm eng verbundene Adel erstarkte und durch die Bildung von Forsten das allgemeine Jagdrecht einschränkte. In den Zustand der freien Jagd griffen die Einforstungen der Frankenkönige zunehmend ein und eröffneten eine neue Epoche des Jagdrechts, die bis weit in die Neuzeit hineinreichte. Über den Inhalt des Forstbegriffs und das Verhältnis von Forstbann und Jagdrecht sind in der Fachliteratur seit langem kontroverse Meinungen vorgebracht worden, die hier nur kurz skizziert werden können. Der Begriff des Forstes[28] (forestis), der einen umgrenzten Raum benennt, taucht seit dem 6. Jahrhundert in merowingischen Königsurkunden auf; er bezeichnet einen Rechtsbezirk, der weitgehend von Wald, aber auch von Ödland geprägt war und den der König für sich allein nutzte. Im Frankenreich der Merowinger und Karolinger belegte demnach der König kraft seiner königlichen Gewalt Wälder und unbebautes Land mit dem Forstbann und beanspruchte für diese Forste das ausschließliche Nutzungsrecht, wozu auch das Jagdrecht gehörte.

Während die ältere Literatur die Einforstungspolitik des Königs überwiegend mit jagdlichen Motiven erklärte, berücksichtigte die jüngere Forschung das Jagdmotiv weniger stark und sah den Zweck der Bildung von Bannforsten vor allem im Streben nach wirtschaftlicher Nutzung.[29] Gegen diese Forschungsrichtung wandte sich Lindner, der aufgrund seiner Untersuchungen zu den merowingischen Urkunden betonte, dass jagdliche Beweggründe bei der Errichtung von Forsten durch die fränkischen Könige dominierten; das Wesentliche des neuen Begriffs forestis sei deshalb von Anfang an sein jagdrechtlicher Charakter gewesen. „Unter den ausschließlichen Nutzungen im Forst war die Jagd am bedeutendsten. Sie bestimmte von Anfang an so maßgeblich den Inhalt des Forstbegriffes, dass es zulässig ist, diesen in erster Linie unter dem Gesichtspunkt seiner jagdrechtlichen Funktion zu untersuchen."[30] Lindner überschätzte aber offensichtlich die jagdrechtliche Dimension der fränkischen Einforstungen, da er in seiner Darstellung der Jagdentwicklung zu sehr den Jagdfaktor im historischen Prozess herausstellte. Der mittelalterliche Forst bot dem Besitzer neben der Jagd nämlich auch noch vielfältige andere Nutzungsmöglichkeiten, wie Holzeinschlag, Viehweide, Schweinemast oder Rodung. Dies hat die neuere Forschung zur Geschichte der mittelalterlichen Waldnutzung deutlich herausgearbeitet.[31]

Wichtig ist in diesem Zusammenhang auch die Unterscheidung von silva und forestis, von Kronwäldern und königlichen Forsten. Während die fränkischen Könige über die Kronwälder als Grundeigentümer bestimmten, trafen sie Verfügungen über die Forste nicht als größte Grundbesitzer des Frankenreiches, sondern als Inhaber der königlichen Gewalt. Mit der Inforestation unterwarfen die Könige die gesamte Nutzung von Forstgebieten unmittel-

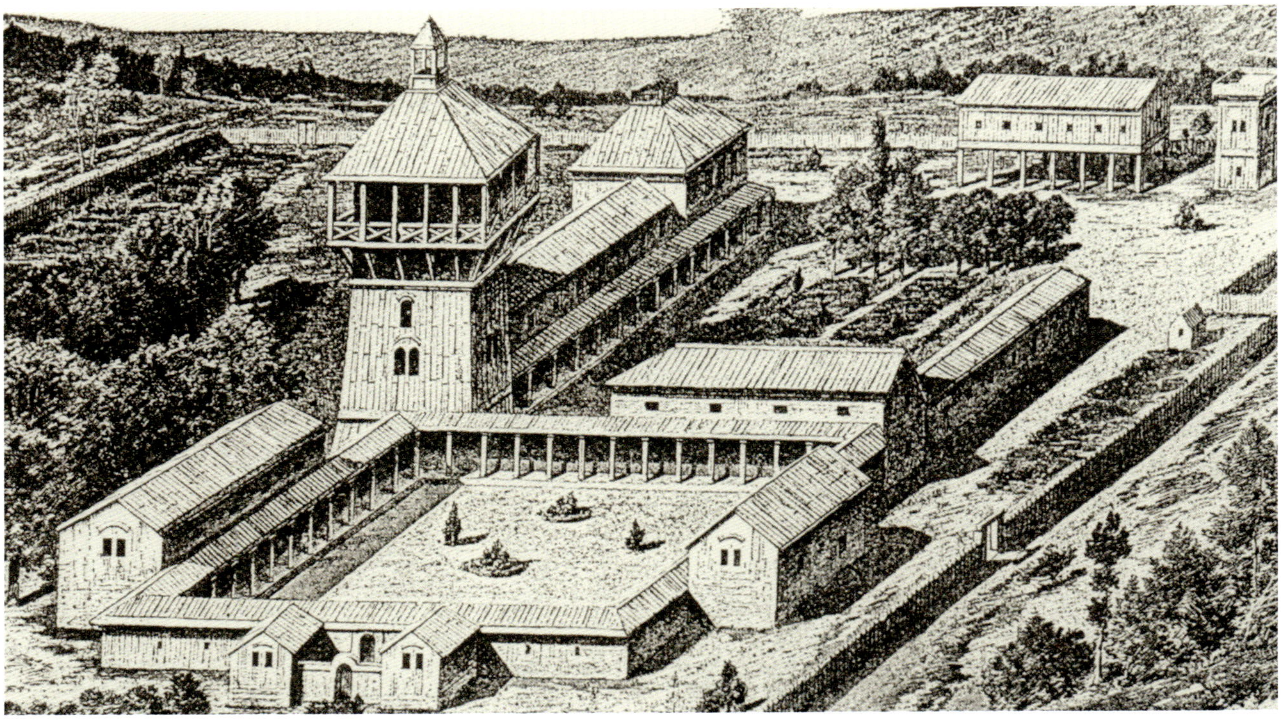

Von den Königlichen Pfalzen aus reglementierten die Merowinger Könige die Nutzung der Wälder.

bar der königlichen Verfügungsgewalt. Die Forsturkunden der Karolingerzeit lassen erkennen, dass die Könige durch die Erklärung von Landkomplexen zu Forsten in den Besitz eines ausschließlichen Verfügungsrechtes über diese Gebiete gelangten; sie fühlten sich jetzt befugt, unterschiedslos über die einzelnen zum Forst gehörenden Nutzungsrechte, wozu auch das Jagdrecht gehörte, zu verfügen.[32] In den Forsturkunden der Könige tritt außerdem im Laufe der Zeit immer stärker die Tendenz in den Vordergrund, unter forestis einen Bezirk zu verstehen, in dem die Jagd ‚gebannt' ist. Das ursprünglich bloße Verfügungsrecht der fränkischen Könige über die in den Forsten anfallenden wirtschaftlichen Nutzungen hat sich demnach zu einem Königsrecht verdichtet. Das neue System findet seinen deutlichsten Ausdruck in zahlreichen karolingischen Kapitularien und Urkunden, in denen das bewaldete Gebiet mit silva bezeichnet wird und die zu den Kronwäldern gehörenden Einzelnutzungsrechte dabei miterfasst werden. Dagegen wird forestis vor allem zur Bezeichnung eines Gebietes verwandt, in dem die frühere Jagdfreiheit aufgehoben wurde. Die Begriffsverengung von forestis zu einem Jagdbezirk schritt im Laufe der Zeit voran, und wurde in nachkarolingischer Zeit durch die Erstreckung der Einforstungen auf fremdem Grund und Boden in der Bedeutung von Wildbannforsten, also von Gebieten des ausschließlichen Jagdrechts, weiter gefördert.[33] Gleichzeitig verbreitete sich die Gewohnheit, dass der König das Jagdrecht an bedeutende Vasallen und Herrschaftsträger verlieh, sodass man jeweils originäres und abgeleitetes Jagdrecht unterscheiden muss.

Aufschlussreiche Aussagen zur karolingischen Forstorganisation und zum Verhältnis von Jagd- und Forstrecht in der Grundherrschaft des Königs erhalten wir aus dem Capitulare de villis, das in der Zeit um 800 erlassen wurde. Diese Wirtschaftsordnung für die königlichen Landgüter diente einerseits der Abschaffung von Missständen, die sich auf den Domänen des Königs eingeschlichen hatten, und war andererseits ein allgemeines Programm zur Organisation und Verwaltung der königlichen Wirtschaftshöfe, Forsten und sonstigen Besitzungen.[34] Empfänger dieser Weisungen waren die Amtmänner des Königs (iudices), die den umfangreichen Besitzkomplexen der königlichen Domänen im Frankenreich vorstanden. Diese Domänen umfassten Ober- und Unterhöfe, Landbau in eigener Regie und pflichtige Bauern, Einkünfte aus Landwirtschaft, Forsten, Gewerbebetrieben und sonstigen Gütern. Den Leitern der Domänen unterstanden auch die Forste und deren Forstbeamte (forestarii), die sich um die Nutzbarmachung der ihnen unterstellten Wälder zu kümmern hatten. So heißt es in Kap. 36 des Capitulare de villis programmatisch: „Unsere Wälder sind sorgsam zu beaufsichtigen. Zur Rodung geeignetes Land soll man roden und verhindern, dass Ackerland wieder von Wald bewachsen wird, und nicht dulden, dass Wälder, wo sie nötig sind, übermäßig ausgeholzt und geschädigt werden. Unser Wildstand in den Forsten ist gut zu hegen. Auch muss man Jagdfalken und Sperber für unseren Gebrauch abrichten und uns den Waldzehnt pünktlich entrichten. Treiben unsere Amtmänner, Meier oder deren Leute ihre Schweine zur Mast in unseren Wald, so mögen sie als erste den Zehnt dafür entrichten, um ein gutes Beispiel zu geben, auf dass daraufhin auch ihre Leute alle den Zehnt voll zahlen."[35]

Die auf die Jagd bezogenen Bestimmungen legten demnach den Amtleuten vor allem den Schutz des Wildes ans Herz und hießen sie, für die Beschaffung von Habichten und Sperbern Sorge zu tragen, damit sie in genügender Zahl dem königlichen Jagdbetrieb zur Verfügung ständen. Unter dem Gesinde sollten sich stets genügend Netzestricker befinden, die in der Lage waren, die für Jagd, Vogelfang und Fischerei nötigen Netze herzustellen. Diese Anweisung ist ein wertvoller Hinweis auf die Frage, welche Bedeutung der Jagd mit Netzen in karolingischer Zeit zukam.[36] Außerdem gehörten zu den Bediensteten einer königlichen Domäne aucipites, worunter wohl eher Abrichter für Beizvögel als Vogelfänger zu verstehen sind.

Karl der Große erteilte Strafen bei unbefugter Jagd in seinen Kronwäldern.

Den Schutz seiner königlichen Jagdrechte in den Forsten und Kronwäldern übertrug Karl der Große durch mehrere Verfügungen seinen Amtleuten und den ihnen unterstellten Forst- und Jagdbediensteten.[37] Er wies sie an, über das ohne seine Erlaubnis erlegte Wild Rechnung zu legen, was man offenbar in dem Sinne verstehen muss, dass die königlichen Beamten Nachweise über die wegen unbefugter Jagd erteilten Strafen vorlegen mussten. Ferner betonte der König, niemand sei berechtigt, sich mehr Wild anzueignen, als ihm ausdrücklich erlaubt wurde. Am schärfsten sprach er dies 802 in seinem Capitulare Missorum Generale aus, in dem er einen Eingriff in seine Jagdrechte jedermann untersagte, gleichgültig ob es sich um einen Grafen oder irgendeinen seiner Ministerialen handele.[38] Durch das Capitulare Aquisgranense wurde den Förstern 813 nochmals der Schutz des Wildes anvertraut und bestimmt, dass derjenige, dem der König ein oder mehrere Stücke Wild zugewiesen hatte, nur diese Anzahl erhalten dürfe.[39]

In der Landgüterordnung wurden den Amtleuten auch einige Aufgaben zugewiesen, die nur indirekt mit dem Jagdwesen des Königs verbunden waren. Ihnen wurde die Aufzucht der jungen Jagdhunde, der catelli, anvertraut, die teils durch die

Die Aufzucht und Pflege der Jagdhunde mussten die Amtleute der Landgüter übernehmen. Buchmalerei aus Gaston Phébus Jag

Amtleute selbst aufgezogen, teils den Bediensteten zum Unterhalt übergeben wurden.[40] In diesen Bestimmungen kann man die Anfänge des in späteren Jahrhunderten so bedeutenden Rechts der Hundelege erkennen.[41] Ferner hatten die Amtleute der königlichen Domänen für die Instandhaltung der Umzäunungen der Tierparks und Brühle zu sorgen, in denen gelegentlich Hofjagden abgehalten wurden.[42] Freie Leute waren von diesen Dienstleistungen an den Zäunen der königlichen Tiergärten befreit. So lassen sich die Jagdfronen der hörigen Bevölkerung bis in die karolingische Zeit zurückverfolgen, ohne dass man von ihrem Ausmaß in dieser frühen Entwicklungsstufe ein klares Bild erhält. Mit diesen Jagddiensten, die sich parallel zur Einschränkung des allgemeinen Jagdrechts entfalteten, wurde ein Prozess eingeleitet, der die Geschichte der Jagd bis ins 19. Jahrhundert als schwere Bürde der bäuerlichen Bevölkerung begleitete. Durch Jagdfronden, die häufig nur unwillig geleistet wurden, unterhielt das einfache Volk jahrhundertelang eine persönliche, aber wenig erfreuliche Beziehung zur Jagd des Königs und des privilegierten Adels.

Vom Forstbann zum Wildbann

Wie entwickelte sich das Jagdrecht in ottonisch-salischer Zeit? Welche Rolle spielte dabei die Forstpolitik der Könige? Mit der Ausdehnung der Bannforste des Königs sowie der weltlichen und kirchlichen Herrschaftsträger in spätkarolingischer Zeit schritt die Entwicklung des Jagdrechts zu einem Herrschaftsprivileg weiter voran. Außerdem bildeten sich in ottonisch-salischer Zeit zahlreiche Wildbannforste auf fremdem Grund und Boden, wodurch die freie Jagd mehr und mehr zurückgedrängt wurde. In welchem Verhältnis steht dabei der Forstbann zum Wildbann? Stellte die karolingische Einforstung lediglich einen besonderen Schutz des königlichen Jagdrechts in Kronwäldern dar, so trat seit dem 9. Jahrhundert allmählich eine entscheidende Änderung ein: Das königliche Jagdrecht wurde ausgedehnt, und es wurden nun auch solche Gebiete gebannt, in denen das Grundeigentum nicht dem König zustand.[43] Grundbesitzungen und im Eigentum einzelner Personen stehende Bezirke wurden mit dem Wildbann als einer Weiterentwicklung des wichtigsten Teils des Forstbanns belegt und herrschaftlich erfasst. Nicht mehr der Grund und Boden, der Wald als Forst, wurde gebannt, sondern es war das Wild in einem bestimmten Bezirk, das vor fremdem Zugriff im Interesse des Bannherren geschützt wurde.

Die Ursachen für die Entstehung des Wildbannes hängen mit der fortschreitenden Ausdehnung der Grundherrschaft und mit der Verfestigung des Lehnswesens zusammen. Es erfolgte eine vermehrte Schenkung und Verleihung gebannter Wälder an die Magnaten des Reiches, wodurch der Bedarf an exklusivem Jagdrecht weiter wuchs. Gleichzeitig wurde es üblich, dass der König bei den Bannforsten das Jagdrecht delegierte, sodass man in dieser Epoche deutlicher originäres und abgeleitetes Jagdrecht unterscheiden muss.[44] Ob sich der Wildbann auf alle jagdbaren Tiere bezog oder ob sich damals bereits die Unterscheidung zwischen hoher und niederer Jagd herausbildete, lässt sich nicht eindeutig klären.

Aus der Vielzahl der Neueinforstungen in ottonisch-salischer Zeit, die in keinem Verhältnis zu den Inforestationen der fränkischen Zeit stehen, und aus der Tatsache, dass diese Forsten häufig großräumige Flächen darstellten, kann man eindeutige Rückschlüsse auf die Neugestaltung des Forstbegriffes ziehen. Angesichts der Tatsache, dass Forsten in fränkischer Zeit in der Regel nur auf herrenlosem oder eigenem Grund und Boden errichtet werden konnten, müssen die Forstbezirke, die in nachkarolingischer Zeit häufig äußerst weiträumig waren, auch auf fremde Ländereien ausgedehnt worden sein. Das würde bedeuten, dass durch die in ottonisch-salischer Zeit erfolgten Neueinforstungen, wenn diese den Forst auch in der Gesamtheit der verschiedenen Einzelnutzungsrechte umfasst hätten, ein gewaltiges Enteignungsprogramm durchgeführt worden wäre. Detaillierte Forschungen haben jedoch ergeben, dass solch einschneidende Eingriffsrechte den mittelalterlichen Königen zu keiner Zeit zustanden.[45] Die rechtsgeschichtlichen Untersuchungen verneinen daher den widerrechtlichen Eingriff und das beliebige Einforstungsrecht des Königs und heben demgegenüber hervor, dass der König nur insoweit Wälder, Wildnisse und Gewässer eingeforstet habe, als diese nicht im Besitz einer Markgenossenschaft oder im Sondereigentum einzelner Personen standen.

Der Osnabrücker Kirche schenkte König Otto I. ein Waldgebiet als Jagdbezirk.

Die Neueinforstungen der ottonisch-salischen Epoche konnten sich wegen der vorgerückten Erschließung von Wildlandschaften in der Hauptsache nur noch auf das ausschließliche Jagdrecht beziehen, da sich der Eingriff in das Recht der alten volksrechtlichen Jagdfreiheit bei weitem nicht einschneidend auf die damalige Wirtschaftsverfassung auswirkte. Der Jagdnutzung kam in jener Epoche bereits eine viel geringere wirtschaftliche Bedeutung als den sonstigen Forstnutzungen zu. Karl Glöckner hält die Besiedlung und den Landesausbau in ottonisch-salischer Zeit für so weit fortgeschritten, dass die Einforstungen sich jetzt auf Kulturland ausdehnen mussten, wo den Nutzungsberechtigten die verschiedenen Nutzungsarten nicht mehr entrissen werden konnten.[46] Damit hat forestis als das die allgemeine Jagdfreiheit aufhebende Prinzip eindeutig den Sinn erhalten, der bereits den Kapitularien der Karolinger innewohnte. Dieselbe Meinung vertritt Rudolf Kieß bei seinen Untersuchungen zur südwestdeutschen Forstentwicklung; nach seiner Auffassung betreffen die Einforstungsprivilegien der hochmittelalterlichen Zeit nur den Wildbann.[47] Eine neuere Arbeit über Forst und Wildbann im frühen deutschen Reich kommt ebenfalls zu dem Ergebnis, dass die Wildbanne allein Jagdfragen regelten und auf andere Nutzungen des Wildlandes keinen Bezug nahmen.[48] Gewöhnlich war der Wildbannherr nämlich nicht gleichzeitig der Grundeigentümer des Wildbanngebietes; vielmehr wurden in der Regel Gebiete eingeforstet, in denen eine Vielzahl von Grundherren begütert war.

Diese aus der Geschichte des Forst- und Jagdrechts gewonnenen Ergebnisse stehen im Einklang mit dem Inhalt der Forsturkunden und Wildbannverleihungen in ottonischer und salischer Zeit. Bei der Schenkung eines Waldes an die bischöfliche Kirche zu Osnabrück durch König Otto I. wurde z. B. die Inforestation des gesamten Gebietes vorgenommen, um der Osnabrücker Kirche das ausschließliche Jagdrecht zu verschaffen.[49] Wie stark losgelöst forestis als Jagdbezirk von den anderen Waldnutzungen selbst in einem alten königlichen Forstgebiet war, zeigt eine Urkunde Ottos I. aus dem Jahr 956. Hier wird den Mönchen von St. Peter in Worms ein Stück Wald mit allen dazugehörigen Rechten aus dem Vogesenforst überlassen; das Jagdrecht als Hauptbestandteil des Forstes bleibt aber unerwähnt.[50] Auch in der Zeit der salischen Herrscher bleibt die der venatio angepasste Bedeutung von forestis erhalten. Die bereits in ottonischer Zeit bei Wildbannverleihungen mehrmals erwähnte Zustimmung der Jagdberechtigten wiederholte sich auch in der Zeit der Salier. Besonders deutlich wird dies in einer Urkunde Konrads II. ausgedrückt, in der dieser der bischöflichen Kirche von Würzburg 1027 einen Forst mit Zustimmung der genannten Grundstückseigentümer verleiht.[51]

Vom 10. bis zum 13. Jahrhundert wurden immer wieder Wälder und größere Gebiete mit dem Wildbann belegt. Dies gereichte aber nicht dem König, sondern den Dynasten und Landesherren zum Vorteil, die den Wildbann zum Ausbau ihrer Herrschaft und zur Befriedigung ihrer Jagdlust benutzten und ihn, wenn nötig, auch usurpierten. In dieser historischen Entwicklung des Hochmittelalters verfestigte sich der Herrschaftscharakter des Wildbannes. Er gehörte zu den seit dem 12. Jahrhundert als iura regalia bezeichneten Gerechtsamen, stand rechtlich gleichrangig neben dem Münz-, Berg- oder Marktregal und wurde oft zusammen mit dem Gerichtsbann verliehen. Dadurch erhielten die Inhaber des privilegierten Jagdrechts gleichzeitig die Möglichkeit, das Wildbannrecht als Gerichtsherren mit allem Nachdruck zu schützen. Mit der Ausbildung von Territorien und Landesherrschaften gingen diese Regalien und damit auch der Forstbann und der Wildbann immer mehr an die Landesherren über.[52] Wie das Wildbannrecht im Einzelnen in die Hand der Landesherren gelangte, ist häufig ungeklärt. Man wird wohl neben den königlichen Verleihungen weitgehend auch Usurpationen von Wildbannrechten im 12. und 13. Jahrhundert anzunehmen haben. Abweichend von dieser Grundtendenz verlief die Entwicklung im Gebiet des Deutschen Ordens, der von Anfang an als landesherrlicher Inhaber des Jagdrechts auftrat.[53]

Auf bäuerlicher Ebene scheinen sich aufgrund langandauernder Nutzungsverhältnisse im gleichen Zeitraum berechtigte Jagdgebiete, wie vor allem im Bereich der Allmenden und Marken, herausgebildet zu haben. Hier traten auch Auseinandersetzungen mit dem Adel auf, der aufgrund seiner wirtschaftlichen und politischen Übermacht eine intensivere Rodungstätigkeit übernehmen und sich daher in den Marken ein vorrangiges Jagdrecht sichern konnte. Das bäuerliche Jagdrecht wurde außerdem durch die Ausdehnung des landesherrlichen Wildbannes zunehmend eingeschränkt, da die Landesherren im 13. und 14. Jahrhundert viele markgenossenschaftliche Wälder mit ihrem Bannrecht belegten, wodurch das Jagdrecht der Markgenossen und Bauern entweder völlig beseitigt oder soweit beschränkt wurde, dass ihnen häufig allein die Jagd auf Niederwild blieb.[54] Das Hochmittelalter stellt somit in jagdlicher Hinsicht eine Epoche dar, die das frühmittelalterliche Zeitalter des partiell freien Tierfangs und des königlichen Forstrechts endgültig vom privilegierten Jagdrecht des Spätmittelalters und der Frühen Neuzeit scheidet. Seit dem 12./13. Jahrhundert beginnt daher die Epoche des herrschaftlichen Jagdregals, die bis zur Beseitigung des adeligen Jagdprivilegs in der Revolution von 1848/49 andauert.

Der Deutsche Orden fungierte auch als landesherrlicher Inhaber des Jagdrechts. Buchmalerei aus dem „Codex Manesse“

DER KÖNIG ALS JÄGER: RITUAL ODER JAGDLEIDENSCHAFT?

In karolingischer Zeit tritt uns der König des Frankenreiches bei verschiedenen Gelegenheiten als Jäger entgegen, der auf der Jagd seine herrscherliche Macht und persönliche Tüchtigkeit demonstriert. In einem Lobgedicht auf Ludwig den Frommen schildert der Dichter Ermoldus Nigellus z. B. die prachtvolle Jagd eines karolingischen Königs im frühen 9. Jahrhundert.[1] Sie fand statt im Brühl bei Aachen, einem großen Jagdpark in der Nähe der kaiserlichen Pfalz. Diesen Brühl, der ähnlich wie andere Tierparks im Nahbereich fränkischer Pfalzen angelegt war, beschreibt Ermoldus als einen lieblichen Ort mit Wiesen und Baumgruppen, umgeben von einer steinernen Mauer und durchflossen von einem Bach. Hier im Brühl der Aachener Pfalz, der Hauptpfalz des Frankenreiches, pflegte Ludwig der Fromme im Kreise seiner engen Begleiter zu jagen.[2] Er setzte damit eine Tradition fort, die bereits Karl der Große begründet hatte. Dieser veranstaltete um 799 in dem Brühl seiner Lieblingspfalz Aachen eine großartige Hofjagd, die in dem Epos „Karolus Magnus et Leo Papa" ausführlich dargestellt wird.[3] Dieses Eposfragment knüpft an die berühmte Begegnung Karls des Großen mit Papst Leo in Paderborn im Jahre 799 an und schildert in einer panegyrischen Form die Königsjagd des Frankenherrschers.

Am Jagdtag begann schon früh am Morgen ein emsiges Treiben in der Residenz Aachen.[4] Das Hofgefolge sammelte sich an der Schwelle der Königspfalz, und diensteifrig trafen die Diener letzte Vorbereitungen für das große Ereignis. An der Spitze seines umfangreichen Gefolges führte Karl der Große, der ehrwürdige Held (venerabilis heros), an Größe alle Begleiter überragend, unter Trompetenklang den Jagdzug an. Junge Männer trugen das wertvolle Jagdgerät, insbesondere die zahlreichen Speere mit Eisenspitzen und die vierfach gesäumten Netze. Sie hielten auch die zusammengekoppelten Hunde in Schach, die als Molosser bezeichnet werden. Den König begleiteten seine Gemahlin Liutgart, seine Söhne und sechs seiner Töchter.[5] Unter Hörnerklang hatte die Hofgesellschaft bald das Jagdrevier erreicht und richtete sich hier ein.[6] Die Hunde wurden gelöst und zum Suchen der Wildtiere angehalten; sie stöberten einzelne Tiere auf, die durch aufgestellte Fallen am Entkommen gehindert wurden. Endlich wurde in einer Talmulde ein mächtiger Keiler aufgetrieben; flüchtend versuchte das wehrhafte Tier zu entkommen und durcheilte weite Strecken des Tierparks, aber die Hundemeute ließ nicht locker und stellte den Keiler schließlich auf einer Bergkuppe. Inzwischen hatten die Jäger den Keiler erreicht, und der König selbst durchbohrte mit seinem Schwert das Herz des Tieres. Kaum war der tödlich getroffene Keiler verendet, befahl Karl schon die Fortsetzung der Jagd. Unzählige Rotten von Sauen waren die Beute des Tages, wobei der König selbst an vorderster Stelle mit dem Jagdspeer kämpfte. Die großartige Strecke wurde dann vom König an das Gefolge verteilt. Anschließend begab sich die Jagdgesellschaft nach einem für das Jagdmahl ausgesuchten Platz in der Nähe einer Quelle. Hier waren dekorierte Zelte aufgeschlagen, in denen ein reichliches Mahl für die Jäger vorbereitet war.

Die Jagd, die hier in einem Gedicht geschildert wird, ist nicht eine gewöhnliche Volksjagd der Karolingerzeit, sondern eine Königsjagd in ihrer vollen Ausprägung. Wenn Karl der Große als großartiger Jäger beschrieben wird, der todesmutig zahllose Rudel von Wildschweinen erlegt, so wird damit kein normaler Jäger dargestellt: Der heldenhafte Herrscher mit seiner außerordentlichen Leistung steht hier im Mittelpunkt des Geschehens. Dies kommt im Gedicht dadurch zum Ausdruck, dass König Karl inclitus heros, caput orbis und sogar Europae venerandus apex genannt wird. Als hochzuverehrender Held (venerabilis heros) geht Karl tapfer daran, die

Karl der Große veranstaltete regelmäßig große Hofjagden. Illustration aus dem 19. Jahrhundert

In den Jagderzählungen über Karl den Großen wird dieser als mutiger Held gefeiert.

wilden Tiere (ferae) zu jagen und große Rudel von Wildschweinen niederzustrecken.[7]

War diese Jagd Karls des Großen, die sich offenbar am Leitbild eines mächtigen Herrschers und geschickten Jägers orientierte, eine königliche Inszenierung oder mehr eine Leidenschaft, die der Liebe zur Jagd entsprang? Janet Nelson hat die Jagd der Karolingerkönige in erster Linie als ein königliches, Prozessionen und Festen vergleichbares Ritual charakterisiert, das außerdem dazu diente, eine Integration zwischen König und Adel herzustellen.[8] Zu solchen Schlussfolgerungen müsse man kommen, wenn man die Annalen und Geschichtswerke der Karolingerzeit aufmerksam studiere. Diese würden nämlich den Jahresablauf der königlichen Regierung teilweise so darstellen, dass man daraus folgern könne, der König habe sich regelmäßig im Anschluss an große Reichsversammlungen und Hoftage zusammen mit den Magnaten des Reichs auf die Jagd begeben. Jörg Jarnut wies ebenfalls darauf hin, dass die Jagd im Frühmittelalter ganz wesentlich eine Inszenierung von Königen und Großen des Frankenreiches zur Steigerung des eigenen Ansehens durch aufwändige Repräsentation gewesen sei: „Der König benutzt aber die Jagd als Forum, um Gravität und Gewandtheit, Kraft und Geschicklichkeit, kurz viele Eigenschaften zu demonstrieren, die ein frühmittelalterlicher Herrscher unbedingt besitzen musste, um in den Augen seines Adels und seiner Krieger überhaupt herrschaftsfähig zu sein."[9]

Die Karolingerkönige auf der Jagd

Die oben erwähnte Jagd Karls des Großen 799 im Tierparkgelände der Pfalz Aachen schildert eine karolingische Hofjagd, wie sie im 8. und 9. Jahrhundert häufig von den Frankenkönigen durchgeführt wurde. Ludwig der Fromme veranstaltete beispielsweise 826 am Tage nach der Taufe des Dänenkönigs Harald eine große Hofjagd, über die Ermoldus Nigellus in einem Lobgedicht auf den Kaiser berichtet.[10] Die

Jagd fand auf einer Rheininsel statt, die zwischen Mainz und Ingelheim gelegen war und ein hervorragendes Jagdgelände bot. Lobend erwähnt der Dichter den Wildreichtum der Insel und die hohe Zahl der dort vorhandenen Wildtiere. Der Kaiser ritt herrschaftlich zu Pferd, begleitet von einem stattlichen Gefolge und einer großen Meute edler Jagdhunde. Rotwild und Sauen in großer Zahl wurden aufgespürt, verfolgt und von den Jägern zur Strecke gebracht. Sogar Bären gehörten zur Jagdbeute des Kaisers und seiner vornehmen Begleitung. Ein Hirschkalb, so erzählt Ermoldus, flüchtete an dem bei seiner Mutter, der Kaiserin Judith, weilenden Knaben Karl, dem späteren König Karl dem Kahlen, vorüber; von einer spontanen Jagdleidenschaft erfasst, bat dieser um ein Pferd und Waffen, um dem Vater nacheifern zu können. Die Mutter musste den Knaben gewaltsam zurückhalten, der im kindlichen Eifer dem Wild zu folgen versuchte. Junge Männer aus dem kaiserlichen Gefolge ergriffen das Hirschkalb und führten es lebend zu dem jungen Prinzen, sodass dieser es zum Stolz seiner Mutter zur Strecke bringen konnte.[11] Nach Abschluss der aufwändigen Jagd begab sich der Kaiser mit seinem Gefolge zur Rast; für ihn und seine hochrangige Begleitung war ein mit Leinentüchern bespanntes Jagdhaus aus Moos, Laub und Baumzweigen hergerichtet. Gespeist wurde von den frisch erlegten Wildtieren und von den mitgebrachten Broten. Später wurde die stolze Strecke vor der kaiserlichen Pfalz ausgelegt und präsentiert. Zahlreiche Hirsche waren dort ausgebreitet, ferner Bären, Schweine und Rehwild in großer Zahl und Vielfalt. Ludwig selbst hielt die Jagdschau und verteilte nach gewohnter Art die Beute unter seiner Jagdmannschaft.[12]

Ähnlich wie Ludwig der Fromme waren auch viele andere Karolingerherrscher passionierte Jäger. Dies gilt in besonderem Maße für Karl den Großen

Die Karolingerkönige nutzten die Jagd, um sich als herrschaftsfähige Krieger zu inszenieren.

(768–814), den Vater Ludwigs, der sich ein Leben lang intensiv der Jagd widmete. In der von Einhard verfassten Vita Karoli Magni heißt es dazu: „Beständig übte er sich im Reiten und Jagen, wie es die Sitte seines Landes war, denn man wird nicht leicht auf Erden ein Volk finden, das sich in dieser Kunst mit den Franken messen könnte.“[13] Karl war seit seiner Jugend ein leidenschaftlicher Jäger, und auch seine Söhne mussten, sobald es ihr Alter erlaubte, „nach der Sitte der Franken sich in den Waffen und auf der Jagd üben“.[14] Noch kurz vor seinem Tod ging er in hohem Alter in der Nähe von Aachen auf die Jagd.[15] Einhard weist ausdrücklich darauf hin, dass der mächtige Kaiser schon sehr entkräftet war, aber trotzdem nach alter Gewohnheit an der Herbstjagd in den Ardennen teilnahm. Die Ardennen zählten zu den bevorzugten Jagdrevieren des Kaisers,[16] sodass dortige Jagdaufenthalte in den Jahrbüchern oft verzeichnet werden. Im Jahre 802 jagte der Kaiser z. B. längere Zeit in den Ardennen, im Jahr danach vergnügte er sich dort bei der Jagd auf Auerochsen und andere Wildarten, und 804 befand er sich im Herbst erneut in den Ardennen.[17] 805 zog er von Aachen aus über Dudenhofen und Metz in die Vogesen, um anscheinend, da er schon im Juli die Pfalz Aachen verließ, die Jagdsaison etwas früher zu eröffnen. Diese großen Herbstjagden in einem seiner Lieblingsreviere scheint der Kaiser, sofern es die kriegerischen Unternehmungen und die Regierungsgeschäfte erlaubten, alljährlich veranstaltet zu haben.

In den „Gesta Karoli“ berichtet Notker von St. Gallen über Jagdanekdoten Karls des Großen.

Notker von St. Gallen berichtet in seinen Gesta Karoli von einem interessanten Ereignis bei einer auf Wisente und Auerochsen gerichteten Jagd, die in der Nähe der Aachener Pfalz zu Ehren einer persischen Gesandtschaft abgehalten wurde. Als die fremden Gäste die Wildrinder erblickten, waren sie äußerst erschrocken und versuchten zu fliehen. „Aber Karl der Held erschrak nicht. Auf seinem feurigen Rosse sitzen bleibend, näherte er sich einem von ihnen, zog sein Schwert und wollte einem von ihnen den Kopf abhauen. Aber der Hieb misslang: Das Tier zerfetzte dem König Schuh und Wadenbinde, riss ihm auch, freilich nur mit der Spitze des Horns, sein Bein auf und machte ihn so etwas gehemmter. Dann entfloh es, gereizt durch die unglückliche Wunde, in eine sichere Schlucht, die durch Bäume und Felsen gedeckt war.“[18] Obgleich alle Begleiter dem Kaiser mit ihren eigenen Beinkleidern aushelfen wollten, ließ sich dieser nicht davon abhalten, in seinem zerrissenen Anzug zur Kaiserin zu kommen, um sie zu fragen, wie er denjenigen belohnen solle, der ihn von so einem angriffslustigen Tier befreit habe. Dies war die Tat eines in Ungnade gefallenen Höflings, der dem flüchtenden Wild nachgeeilt war und es durch einen Lanzenstich zwischen Hals und Schulter niedergestreckt hatte. Er wurde zum Dank für seine Tat hoch geehrt und mit Geschenken bedacht. Über die Technik dieser Jagd auf die großen Wildrinder erfährt man aus diesem Bericht des St. Galier Mönchs leider nur wenig. Einen Wisent lediglich mit einem Schwert angreifen zu wollen, dürfte freilich eher ein Bravourstück als eine allgemein geübte Jagdmethode gewesen sein. Üblicher, wenn auch nicht weniger gefährlich, war es wahrscheinlich, das heranstürmende Wild auf

Ludwig der Fromme, Sohn von Karl dem Großen, erbte die Jagdlust seines Vaters.

die Lanze auflaufen zu lassen. Jedenfalls kämpften bei jenem spektakulären Ereignis die fränkischen Jäger zu Pferd, wobei Kaiser Karl nur durch Glück einer schweren Verletzung entging. Die ausländischen Gäste aber waren von der Hofjagd des Kaisers sehr beeindruckt und übergaben Karl vor ihrer Abreise nach Persien außer Gewürzen und Salben einen Elefanten und mehrere Affen.[19]

Durch Notker von St. Gallen erfährt man auch, dass Karl der Große einst durch eine Einladung zur Jagd seiner Begleitung einen Denkzettel für ihre Eitelkeit gab.[20] Nach einer Morgenmesse machte er, um nicht dem Müßiggang und der Trägheit zu verfallen, den spontanen Vorschlag, auf die Jagd zu gehen und etwas zu erbeuten, dabei aber die Kleider anzubehalten, die ein jeder gerade trug. Es war damals ein kalter Regentag und der Kaiser selbst hatte sich einen Schafspelz angezogen. Sein Gefolge aber, das sich kostbare Kleider mit den von venezianischen Kaufleuten aus den überseeischen Ländern gebrachten Zutaten hatte anfertigen lassen, war „gekleidet in Häute phönizischer Vögel, die mit Seide eingefasst waren, und geziert mit Pfauenhälsen samt den Rücken und gefiederten Bürzeln mit Tyrischem Purpur oder zitronenfarbenen Streifen, andere in kostbare Tuche oder in Hermelin gehüllt."[21] Beim Durchstreifen der Wälder wurden diese kostbaren Gewänder von Dornen und Baumzweigen zerfetzt, auch von Regen durchnässt und durch das Blut der erlegten Wildtiere und durch die frisch abgestreiften Felle beschmutzt. Nach der Rückkehr erlaubte der Kaiser zunächst niemandem, sich seiner Kleider zu entledigen. Nachdem sie aber am Körper getrocknet waren, brachen sie beim Ausziehen an den Nähten auseinander und boten dem Kaiser einen willkommenen Anlass, auf die Zweckmäßigkeit seiner eigenen einfachen Kleidung hinzuweisen, die sich besonders auf der Jagd bewährte.

Karls Sohn Ludwig der Fromme (814–840), dessen Hofjagd in der Nähe der mittelalterlichen Pfalz Ingelheim bereits erwähnt wurde,[22] war ebenso wie sein Vater ein jagdfreudiger Herrscher. In seinen Lebensbeschreibungen findet man zahlreiche Hinweise darauf, dass der Kaiser alljährlich mehrere Wochen auf der Jagd verbrachte. 817 trifft man ihn z. B. im Frühjahr im Nahbereich der Pfalz Nymwegen auf der Jagd;[23] Jahreszeit und Jagdort lassen vermuten, dass er sich hier besonders der Falkenbeize widmete. Nach Beendigung des Reichstages zu Aachen, der im gleichen Jahr stattfand, begab er sich in die Vogesen, um dort zu jagen. Wie Thegan in seiner Biographie Ludwigs des Frommen erzählt, war es die Feistzeit der Hirsche im August, die der Kaiser zur Jagd wählte; er vergnügte sich dort bei der Jagd auf Rotwild, bis die Zeit der Jagd auf Wildschweine gekommen war.[24] 819 reiste er von Koblenz aus in die Ardennen, um sich hier im alten Hauptjagdrevier der Karolingerkönige intensiv dem Jagdvergnügen hinzugeben, bevor er dann erst bei herannahendem Winter in die kaiserliche Hauptpfalz nach Aachen zurückkehrte.[25] Auch in der nachfolgenden Zeit begab sich Ludwig der Fromme regelmäßig auf die Jagd und widmete sich mehrere Wochen im Jahr der Jagd in ihren unterschiedlichen Formen. Im Jahr 825 sah man den Kaiser sogar an drei Terminen auf der Jagd: bei Frühlingsbeginn bis Mitte Mai in Nymwegen, im Sommer nach Abschluss des Reichstages in den Vogesen bei Remiremont und im Herbst in der Nähe von Aachen; erst zu Anfang des Winters kehrte er in die kaiserliche Residenz zurück.[26] 831 betrieb er Jagd und Fischfang in der Nähe von Remiremont in den südlichen Vogesen; dies ist einer der wenigen Fälle, in denen von der Liebe des Kaisers zur Fischerei in Kombination mit der Jagd gesprochen wird.[27]

Wenn man Nachrichten, die die Biographen Ludwigs des Frommen festgehalten haben, in der Zusammenschau resümiert, so liefern sie uns wertvolle Angaben zur Bedeutung der Jagd im Leben dieses karolingischen Herrschers. Man erkennt, dass für Anfang und Ende von Jagdunternehmungen keine bestimmten Tage festgesetzt waren.[28] Außer Witterungsumständen waren die Beanspruchung des Kaisers durch Regierungspflichten und die Dauer der Reise für den Beginn der Jagdzeit weitgehend bestimmende Elemente. Vorwiegend begab sich der Herrscher aber im Herbst zu den Jagdrevieren und blieb dort mit seinem Gefolge für längere Zeit. Die Monate August, September und Oktober scheinen als hauptsächliche Jagdsaison für Rotwild gegolten zu haben. Die Jagd auf Schwarzwild schloss sich häufig an, wobei man nur selten über den November hinausging. Die Schwierigkeiten des Reisens bei hohem Schnee und die Absicht, das Weihnachtsfest möglichst in einer der großen Königspfalzen zu feiern, ließen eine Ausdehnung der königlichen Jagdsaison bis in den Dezember hinein kaum zu. Sofern man den Kaiser im Frühjahr auf der Jagd antrifft, darf man annehmen, dass er sich der Beizjagd widmete. Ludwig der Fromme scheint ebenso wie sein Vater diese Jagdart aber nicht besonders gepflegt zu haben.

Nach dem Tode Ludwigs des Frommen im Jahre 840 werden die Berichte über die Jagdausübung der nachfolgenden Könige aus dem Karolingergeschlecht spärlicher. Andere Probleme und Aufgaben im Leben der sich im Bruderzwist bekämpfenden Herrscher waren den Biographen oft wichtiger als die Schilderung königlicher Jagdkampagnen. Aber auch die wenigen Mitteilungen berechtigen zu der Annahme, dass fast alle Mitglieder der karolingischen Königsfamilie der Jagd leidenschaftlich zugetan waren und sie stets ausübten, wenn sich ihnen Gelegenheit dazu bot. Lothar und Ludwig der Deutsche waren eifrige Jäger, obwohl nur wenige direkte Zeugnisse über ihre Jagdliebe überliefert sind. 850 trafen beide Könige zusammen und jagten zum Beweis der unter ihnen herrschenden Eintracht viele Tage lang mit geringer Begleitung gemeinsam in dem Bergwald Osning.[29] König Ludwig der Deutsche stürzte im Herbst 864 bei der Rückkehr von einem Kriegszug aus Mähren schwer auf der Jagd: In einem Brühl fiel er bei der Verfolgung eines Hirsches vom Pferd, verletzte sich die Rippen und musste in einem Kloster zurückbleiben, während seine Gattin und sein Sohn Ludwig ihm vorauseilten.[30]

Karl der Kahle, der Sohn Ludwigs des Frommen, hielt ähnlich wie sein Vater in einem regelmäßigen Turnus Herbstjagden ab. Die Annalen der Abtei St. Bertin berichten z. B., dass er sich Mitte September 865 auf der Jagd befand. Im Jahre 870 besuchte er nach abgehaltener Herbstjagd das Kloster des heiligen Dionysius, und 872 traf man den König des Westreiches Anfang Oktober auf der Jagd in den Ardennen.[31] Seinem Sohn Ludwig mit dem Beinamen der Stammler beschränkte er in einer Anweisung das Jagdrecht in einzelnen Königsforsten, wobei Sonderzugeständnisse hinsichtlich der Jagdausübung bei gelegentlicher Durchreise gemacht wurden.[32] Diese Verordnung, in welcher der von Jagdneid anscheinend nicht ganz freie Vater dem eigenen Sohn die Jagd in einigen Revieren untersagte, ist zugleich der sicherste Beweis für die Jagdleidenschaft Karls des Kahlen. Sein Enkel Karlmann, einer der Söhne Ludwigs des Stammlers, starb, kaum achtzehn Jahre alt, im Dezember 884 auf der Jagd.[33] Es wird überliefert, er sei von einem Keiler so schwer verwundet worden, dass er seinen Verletzungen erlag. Unglücksfälle auf der Jagd waren damals offenbar keine Seltenheit. Noch weitere karolingische Herrscher wurden von einem ähnlichen Schicksal bei der Jagdausübung ereilt. Im Jahre 898 befand sich Kaiser Lambert, der 892 zum Mitregenten eingesetzt worden war, auf der Jagd nahe bei Marengo, als plötzlich sein Pferd zu Fall kam und den Reiter so unglücklich abwarf, dass er sich das Genick brach und sofort verstarb.[34] All diese Berichte und biographischen Notizen bezeugen, dass sich die Karolingerkönige intensiv der Jagd widmeten und die Jagdausübung einen Wesensbestandteil des fränkischen Königtums darstellte.

Die Organisation der Jagd am Karolingerhof

Wie war der königliche Jagdbetrieb in karolingischer Zeit organisiert? Welche Personen und Ämter gehörten zur Jägerei des fränkischen Königs? Aufschlussreiche Aussagen zur Jagdorganisation am karolingischen Königshof erhält man aus der Schrift Hinkmars von Reims „De ordine palatii“ aus dem

Die karolingische Königsfamilie bestand aus zahlreichen leidenschaftlichen Jägern. . V. li. Kaiser Karl II., Ermentrude, Ludwig II., Adelheid, Ludwig III., Karlmann

Der Bekämpfung der Wölfe durch die Wolfsjagd wurde besondere Aufmerksamkeit geschenkt. Illustration aus dem 18. Jahrhundert

Jahre 882, der ein Werk Adalhards von Corbie aus dem frühen 9. Jahrhundert zu Grunde liegt.[35] Hinkmar nennt in diesem bedeutsamen Werk unter den Amtsträgern des karolingischen Königshofes an erster Stelle die vier großen Hofämter des Seneschalls, des Marschalls, des Schenken und des Kämmerers. Zu den hohen Amtsträgern gehören aber auch vier Oberjägermeister (venatores principales) und ein Falkenmeister (falconarius), denen zahlreiche Jagdbedienstete in untergeordneter Stellung zugeordnet sind.[36] Die Oberaufsicht über das ständig in der Pfalz anwesende Jagdpersonal übten der König und die Königin selbst aus, wie es programmatisch im Capitulare de villis heißt. In ihrer Vertretung handelten zwei für die königliche Wirtschaft besonders zuständige oberste Hofbeamte, und zwar der Seneschall und der Schenk.[37] Aus dieser in der karolingischen Landgüterordnung niedergelegten Dienstordnung geht ferner hervor, dass die Jäger und Falkner nicht den Amtleuten auf den königlichen Gütern, sondern der Hofverwaltung unmittelbar unterstellt waren.

In Hinkmars Schrift über die Hoforganisation ist freilich nicht gesagt, welche Aufgaben den Oberjägermeistern im Einzelnen zugewiesen waren. Es lässt sich nicht erkennen, ob sie ihr Amt nur in bestimmten Reichsteilen ausübten oder ob sie für das Jagdwesen im gesamten Frankenreich zuständig waren. Sie geboten offenbar über eine beträchtliche Zahl von Jägern, Falknern und Dienern, die als geringere Hofbeamte teils Dienst in der Umgebung des Königs leisteten, teils auf den königlichen Domänen und Forsten beschäftigt waren. Zwar gehörten alle Jagdbediensteten zur Kategorie der Dienstleute, aber in ihrer sozialen Stellung standen sie weit über der großen Zahl der Knechte und Hörigen, deren anstrengende und untergeordnete Arbeit sie nicht zu teilen brauchten. Ihre Tätigkeit in der Nähe des Königs und die Eingliederung in die oberste Hofverwaltung verlieh ihnen zweifellos ein höheres Sozialprestige. Sie wurden von dem Oberjägermeister oder dem obersten Falkner auf die Landgüter und die königlichen Forsten entsandt, um sich um den Wildbestand zu kümmern oder notwendige Vorbereitungen vor Beginn der großen Hofjagden zu treffen.

Die gewöhnlichen Jäger waren in drei große Gruppen eingeteilt: bersarii, veltrarii und beverarii.[38] Die bersarii („Pirschjäger") wurden wahrscheinlich vor allem bei der Waldjagd eingesetzt; sie waren offenbar die Hauptbegleiter des Königs bei seinen Herbstjagden in den Vogesen und Ardennen. Mit ihrem Namen verbindet sich das in mittelalterlichen Urkunden oft wiederkehrende bersare, das im Laufe der Zeit die Bedeutung von „pirschen" und „jagen" annahm. Die veltrarii („Hundejäger") jagten mit dem canis veltrarius oder vertragus. Sie haben vermutlich besonders bei der Feldjagd Verwendung gefunden, entweder allgemein für die Hetzjagd oder speziell für die Jagden in den königlichen Tierparks. Als dritte Gruppe werden die beverarii („Biberjäger") erwähnt, denen die Wasserjagd auf Biber und Otter, vielleicht auch die Erdjagd auf Fuchs und Dachs anvertraut war. Auffällig ist hierbei die Tatsache, dass selbst im Jagdwesen des Königs der durch die germanischen Stammesrechte bevorzugten uralten Biberjagd noch in der Karolingerzeit eine so große Bedeutung zukam, dass eine ganze Kategorie von Jagdbediensteten nach ihr benannt wurde.

Jagdhistorisch interessant ist die in der Landgüterordnung enthaltene Anweisung an die Amtsleute, der Bekämpfung der Wölfe besondere Aufmerksamkeit zu schenken; dies bereichert unsere Kenntnis von der mittelalterlichen Wolfsjagd. Die Anweisung lautet: „Jederzeit soll man uns melden, wie viel Wölfe jeder Amtmann erlegt hat, und soll uns ihre Felle zusenden. Im Mai soll man die jungen Wölfe aufspüren und fangen, mit Hilfe von Gift, Wolfsangeln, Gruben und Hunden."[39] Vier Jagdarten wurden demnach bei der Wolfsjagd angewandt, die durch die Meldung über die jeweils erlegte Zahl der Tiere eine besondere Bedeutung erhielt. Zur Bekämpfung der Wölfe wurden in jedem königlichen Gutsbezirk mindestens zwei Wolfsjäger (luparii) gehalten; sie konnten eine Sonderstellung beanspruchen, da sie weder unmittelbar zur königlichen Jägerei gehörten noch die Aufgaben von Förstern wahrnahmen. Sie waren den Amtleuten des Königs direkt unterstellt, vom Besuch der Gerichtsversammlungen befreit und zu sonstigen Kriegsdiensten nicht verpflichtet.[40] Die Bewohner des von ihnen überwachten Bezirks leisteten für den Schutz, den die Wolfsjäger ihnen und den Herden boten, eine beträchtliche Getreideabgabe. Die Bekämpfung der Wölfe hatte demnach im Karolingerreich eine nicht unwichtige Bedeutung und lässt auf periodisch auftretende Wolfsplagen schließen.

Überschaut man die reiche Zahl an Jagdanordnungen der Karolingerherrscher, so stellt man eine erstaunliche Vielfalt der Jagdmethoden und Organisationsformen fest.[41] Organisation und Verwaltung des Jagdwesens im Frankenreich lassen eine Dreiteilung erkennen. Zum Jagdbetrieb im engeren Sinne gehörten allein die Jäger und Falkner. Der Jagdschutz, die Pflege der Jagdhunde, die Beschaffung von geeigneten Beizvögeln und alle sonstigen mit der Beaufsichtigung der königlichen Bannforsten und Tiergärten verbundenen Arbeiten lagen in den Händen der Förster. Neben den venatores und den forestarii standen als dritte Gruppe die luparii (Wolfsjäger), die in erster Linie damit beauftragt waren, Menschen und Haustiere vor diesen räuberischen Tieren zu schützen. Ferner erkennt man aus den karolingischen Schriftquellen die Spezialisierung des Jagdpersonals auf Pirsch- oder Waldjagd, Hetz- oder Feldjagd und außerdem auf Wasserjagd. Eine gute Hundemeute war dabei für alle Arten der Hetzjagd eine notwendige Voraussetzung. Die häufige Erwähnung der Parkjagd in den Kapitularien zeigt, dass sich diese uns vor allem aus einigen Lobgedichten vertraute Jagdart nicht auf wenige Orte beschränkte, sondern stark verbreitet war, und in der Nähe vieler Pfalzen und Domänen, Brühle und Tiergärten betrieben wurde. Die Anfänge des Berufsjägertums liegen ebenfalls in merowingisch-karolingischer Zeit; Jäger im engeren Sinne, also Begleiter und Helfer auf der Jagd, haben bereits zu den Hofhaltungen der merowingischen Könige gehört.[42] Nähere Angaben über Jagdpersonal und Jagdbedienstete, über ihre Stellung und ihren Aufgabenbereich, erhält man jedoch erst aus den karolingischen Zeugnissen. Sicherlich verfügte auch der grundbesitzende Adel über ein umfangreiches Jagdpersonal, doch ist über dessen Organisation wenig überliefert. Zweifellos war die königliche Jägerei auch Vorbild für das Jagdwesen der mächtigen Herzöge und Grafen des Karolingerreiches.

Heinrich I. der Vogler erhielt die Königskrone auf der Vogeljagd.

Königliche Jagd im Zeitalter der Ottonen und Salier

Nachrichten über die Jagdleidenschaft der Könige aus dem ottonischen und salischen Geschlecht sind spärlicher als die farbenprächtigen Jagdschilderungen aus karolingischer Zeit. Dennoch liegen genügend Berichte vor, die die Zuneigung auch dieser deutschen Herrschergeschlechter zur Jagd bestätigen und illustrieren. Von Heinrich I., dem ersten König aus dem sächsisch-ottonischen Haus, weiß man, dass er ein passionierter Jäger war. Widukind von Corvey erzählt, dass Heinrich neben seinen Regierungsgeschäften unermüdlich auf der Jagd war und manchmal vierzig und mehr Stück Wild auf einem Jagdzug erlegte (In venatione tam accerimus erat, ut una vice quadraginta aut eo amplius feras caperet).[43] Nach legendärer Überlieferung war er beim Vogelfang, als ihm einige Fürsten seine Wahl zum König mitteilten. Noch kurz vor seinem Tode hielt Heinrich sich auf seinem Jagdhof Bodfeld auf, um hier nach seiner Gewohnheit zu jagen.[44] Dieser königliche Jagdhof Bodfeld, der sich auf der wildreichen Harzhochfläche befand, war einer der beliebtesten Aufenthaltsorte der ottonischen und sächsischen Könige im Harz.[45] Die deutschen Könige und Kaiser von Heinrich I. bis zu Heinrich III. benutzten Bodfeld als Standquartier für ihre Jagdzüge im waldreichen Harz, der im Kerngebiet des ottonischen Königtums lag und von den bedeutenden Königspfalzen in Werla, Pöhlde und Wallhausen umgeben war.

Heinrich III. hielt sich gerne auf den königlichen Jagdhöfen auf.

Nicht nur Heinrichs I. Aufenthalt in Bodfeld wird erwähnt, sondern auch seine Nachfolger weilten hier während der Jagdsaison häufig und gern. Noch im gleichen Jahr, in dem Heinrich I. verstarb, überließ sein Sohn Otto I. dem Stift Quedlinburg nach einer Urkunde vom 13. September 936 den Zehnten aller Jagdbeute von Bodfeld und Siptenfelde.[46] Diese Stiftung hatte nur dann einen Sinn und stellte ein bedeutsames Geschenk dar, wenn der Jagdertrag einen großen Umfang hatte. Siptenfelde war neben Bodfeld offenbar der zweitwichtigste Jagdhof der Könige im Harz. Vermutlich lag Siptenfelde ebenso wie die königlichen Jagdhöfe Bodfeld und Hasselfelde an der großen, von Westen nach Osten verlaufenden Harzstraße, die Seesen am östlichen Harzrand mit Walbeck im Osten verband.[47] Otto I. scheint sich in Siptenfelde oft zur Jagd aufgehalten zu haben; sicher bezeugt ist seine Anwesenheit an diesem Ort für die Jahre 936, 940, 946 und 961.[48] Das königliche Jagdhaus in Bodfeld, wo Otto I. ebenfalls oft bezeugt ist, hatte ein wechselvolles Schicksal und war mehrmals ein Ort wichtiger politischer Entscheidungen. Otto II. besuchte Bodfeld schon 973 im Jahr seiner Thronbesteigung und kehrte 975, 979 und 980 zur Jagdzeit in den Monaten August und September hierher zurück.[49] Sein Sohn Otto III. weilte 991 in Bodfeld im Alter von 11 Jahren und stellte auch 992 und 995 dort Urkunden aus.[50]

Heinrich II., der 1002 nach dem Tode Ottos III. die Regierung angetreten hatte und die reichen Königsgüter im ostsächsischen Raum übernahm, schenkte 1008 den Jagdhof an seine Verwandte, die Äbtissin Sophie, und das Stift Gandersheim.[51] Dennoch wurde dieses Jagdhaus von den salischen

Königen Konrad II. und Heinrich III. weiter aufgesucht und als Station für Jagdausflüge genutzt. Kaiser Heinrich III. verstarb hier am 5. Oktober 1056; er befand sich dort zusammen mit Papst Viktor II., der die Stiftskirche zu Goslar, wo sich Heinrich mit Vorliebe aufhielt, geweiht hatte. Kaiser und Papst hatten sich anschließend zu einem Jagdausflug in den Harz begeben.[52] Heinrich III. wurde in Bodfeld plötzlich von einer schweren Krankheit befallen, nachdem er sich auf der Jagd erhitzt und zu viel gebratene Hirschleber gegessen hatte.[53] Der mächtige Salierkaiser starb im Alter von 39 Jahren nach siebentägigem Krankenlager – ein schwerer Verlust für das Salierreich.

Das Thema der Jagd bei den Salierherrschern hat Heinrich Begiebing zwar zum Gegenstand einer Untersuchung gemacht, doch bleiben die überlieferten Nachrichten zum salischen Jagdwesen relativ spärlich.[54] Notizen über Konrad II. als Jäger fehlen ganz. Von seinem Nachfolger Heinrich III. darf man annehmen, dass er ein erfolgreicher Jäger war und sich deshalb in Bodfeld, seinem Sterbeort, zu einem Jagdzug aufhielt. Dessen Nachfolger Heinrich IV. scheint der Jagd ebenfalls ergeben gewesen zu sein, wenn man den historiografischen Zeugnissen vertrauen darf. Durch den sächsischen Geschichtsschreiber Bruno weiß man, dass der Kaiser häufig Beizvögel mit sich führte.[55] Ob sein Nachfolger Heinrich V. Jäger war, ist nicht bekannt. Insgesamt sind die Berichte über die Jagdausübung ottonischer und salischer Könige spärlich und weniger aufschlussreich als die über die karolingischen Herrscher.

Eine Zusammenstellung aller Aufenthaltsorte der salischen Herrscher während ihrer Regierungsjahre lässt erkennen, dass Jagd und Jagdmöglichkeiten offenbar entscheidende Momente bei der Wahl der Pfalzen und des königlichen Reiseweges durch das Reich waren. Man kennt die wichtigsten Jagdpfalzen der deutschen Könige und weiß auch von besonderen Jagdpfalzen, die in der Nähe bestimmter Pfalzen und Königshöfe vorkamen.[56] Das Itinerar Konrads II. zeigt, dass er sich in den Monaten April und Mai mit Vorliebe in Aachen oder Nymwegen aufhielt, den Herbst aber in den dem Harz benachbarten Pfalzen zubrachte.[57] Dieser Wechsel der Pfalzen und Aufenthaltsorte ist sicherlich auch durch die sich aus den verschiedenen Jahreszeiten ergebenden Jagdmöglichkeiten bestimmt worden. In Nymwegen stand ein Jagdhaus, das bereits Ludwig der Fromme eingerichtet hatte.[58] Es bekam nach den zahlreichen Beizvögeln, die dort unterhalten wurden, den Namen Falkenhof. Nur wenige Kilometer entfernt lag die Kranichburg. Nahe bei Nymwegen erstreckte sich ein ausgedehnter Reichswald, in dem umfangreiches Rot- und Schwarzwild vorkam. Die ebene Landschaft und der Wasserreichtum bei Nymwegen scheinen vor allem ideale Voraussetzungen für die Beizjagd geboten zu haben, sodass die deutschen Könige diese Jagdart hier besonders pflegten. Wenn man dagegen die königliche Hofhaltung in den Herbstmonaten häufig in der Nähe des Harzes antrifft, so darf man annehmen, dass die Könige sich dort intensiv der Jagd auf Rot- und Schwarzwild widmeten.[59] Hier standen ihnen die erwähnten Jagdhöfe in Bodfeld, Siptenfelde und anderswo zur Verfügung, ferner die Pfalzen am Harzrand wie Goslar, Pöhlde und Wallhausen. Goslar wurde erst im frühen 11. Jahrhundert planmäßig zur Pfalz ausgebaut, nachdem dort vorher bereits ein Jagdhof der Könige stand, der als Ausgangspunkt für Jagden auf Hirsche, Wildschweine und Bären diente.[60] Diese Übersicht über das Verhältnis der deutschen Könige und Kaiser zur Jagd lässt insgesamt deutlich erkennen, dass nahezu alle Herrscher im 10. und 11. Jahrhundert Jäger waren. Einige von ihnen waren dem Weidwerk sogar leidenschaftlich zugetan, andere dagegen weniger, wie z. B. Heinrich V., der letzte Salierkaiser. Das Itinerar der Könige richtete sich bei den wechselnden Aufenthaltsorten offenbar stark an den Jagdmöglichkeiten aus, die bei den einzelnen Pfalzen unterschiedlich günstig waren.

Inwieweit war die Jagdausübung der ottonischen und salischen Herrscher und vorher der Frankenkönige nun ein Ritual, das sich am Leitbild königlicher Herrscherdarstellung als mächtige Jäger orientierte? Das Vorbild antiker Herrscher hat bei prachtvollen Königsjagden wie 799 in Aachen unter Karl dem Großen sicherlich eine wichtige Rolle im Ablauf des Jagdgeschehens gespielt.[61] Bei der Inszenierung königlicher Jagden und dem demonstrativen Auftreten fränkischer und deutscher Könige als heldenhafte Jäger müssen auch die Einflüsse aus Byzanz berücksichtigt werden. In Byzanz führten die Kaiser die griechisch-römische Tradition der

Jagd als Demonstration herrscherlicher Tugenden fort, was sich sowohl bei bildlichen Jagddarstellungen als auch bei tatsächlich durchgeführten Jagden der byzantinischen Kaiser zeigte.[62] Herrscherliche Jagddarstellungen finden sich vor allem auf Luxusgegenständen der byzantinischen Hofkultur sowie auf Elfenbeinkästen und vornehmen Textilstücken. Neben den allgemeinen Sieges- und Triumphbildern sind auch andere Jagdbilder Ausdrucksformen kaiserlicher Macht und Stärke. Wie die Kriegstaten repräsentieren auch die Bilder von der Jagd byzantinischer Herrscher die siegreiche Kraft, welche die Kaiseridee dem Herrscher zuschrieb.[63] Dass sich die Kraft des Kaisers auch auf Tiere erstreckte, verdeutlicht die Stärke des Glaubens an den kaiserlichen Sieg in allen Lebensbereichen. Wie fremde Völker sich dem Kaiser unterwerfen, so spürt nach byzantinischer Auffassung auch die Natur und insbesondere die Tierwelt die Macht des Kaisers. Der Sieg des Herrschers über barbarische Völker wird dabei mit dem Jagderfolg über wilde Tiere verglichen.[64]

Die Feststellung ritueller Aspekte bei den Jagdunternehmungen fränkischer und deutscher Könige und die Beobachtung von Einflüssen aus Byzanz dürfen aber keineswegs dazu verleiten, diese Jagden ausschließlich als Rituale zu sehen, die allein der Demonstration königlicher Macht dienten. Neben der bewussten Inszenierung spielte sicherlich bei vielen Königen des Mittelalters auch die Jagdleidenschaft eine wichtige Rolle. Fränkische Könige wie Karl der Große und Ludwig der Fromme sowie ottonische Herrscher wie Heinrich I. und Otto der Große begaben sich in der Regel voll Begeisterung auf die Jagd, wie die zeitgenössischen Quellen zu erkennen geben. Die Könige und Kaiser benutzten die Jagd einerseits zur Demonstration herrscherlicher Macht und andererseits als willkommene Gelegenheit, um sich bei Jagdzügen von den Strapazen der Regierungstätigkeit zu erholen.[65] Beide Elemente, Ritual und persönliche Leidenschaft, haben auf die Jagden von Königen und Herrschern mit unterschiedlicher Intensität eingewirkt.

Die Landschaft bei der Valkhofburg in Nymwegen eignete sich sehr für die Beizjagd. Gemälde aus dem 17. Jahrhundert

Der heilige Hubertus ist der wichtigste Schutzpatron der Jägerei.

KIRCHE, JAGD UND JAGDHEILIGE

Die Frage nach dem Verhältnis der Kirche zur Jagd scheint auf den ersten Blick seltsam, ja überflüssig zu sein, da die Kirche und die Geistlichkeit doch offenbar wenig mit dieser rein weltlichen Angelegenheit zu tun hatten. Diese Frage berührt jedoch einige interessante Aspekte, die mit der Geschichte und Bewertung der Jagd im Kontext der kulturellen und gesellschaftlichen Entwicklung des Mittelalters zusammenhängen. Die Behandlung dieses Themas leistet einerseits einen Beitrag zur Geschichte der Geistlichkeit und ihrer Lebensauffassung und andererseits zur Bewertung der Jagd innerhalb der kirchlichen und intellektuellen Öffentlichkeit. Die Problematik von Kirche und Jagd zerfällt dabei in mehrere Einzelfragen. Dazu gehören das Verbot der Jagdausübung durch Geistliche, die Jagdruhe an Sonn- und Feiertagen, die Bewertung der Jagd durch kirchliche Autoritäten und einzelne Kirchenvertreter sowie der Fragenkreis um Jagdheilige und Jagdpatrone.

Die Frage nach der Haltung der Kirche zur Jagd erhält eine gewisse Brisanz, wenn man das Turnierverbot durch die mittelalterliche Kirche bedenkt. Das ritterliche Turnier entwickelte sich bekanntlich während des Hochmittelalters zu einem kulturellen Phänomen, das lange Zeit neben der Jagd und Hoffesten zu den wichtigsten Ausdrucksformen der europäischen Adelskultur gehörte. Aus einem alten Kampfspiel entstand seit dem 11. Jahrhundert in Frankreich mit dem Aufkommen des Rittertums das Turnier und breitete sich allmählich auf die Nachbarländer aus.[1] Seit dem frühen 12. Jahrhundert orientierte man sich auch in Deutschland am französischen torneamentum und übernahm zusammen mit anderen Elementen der französischen Ritterkultur auch die Grundformen des Turniers. Parallel zur Veränderung in der Waffen- und Kriegstechnik erlebte dann das Turnier, das im 12. Jahrhundert gefährlich war und für manchen Ritter tödlich endete, wichtige Wandlungen. Aus einem Ritterspiel, das ursprünglich dem Training für den Krieg diente, entwickelte sich im Laufe des 13. Jahrhunderts immer mehr eine ungefährliche Veranstaltung, die der Selbstdarstellung der Adelsgesellschaft diente. Die Turniere wurden zunehmend aufwändiger gestaltet und unterlagen strengen Regeln, die von turniererfahrenen Rittern überwacht wurden. Gleichzeitig rückten die Turniere immer mehr in den Bannkreis der Fürstenhöfe, die großartige Turniere veranstalteten und die Ritterschaft des Landes zu diesen kostspieligen Festen einluden.

Die Kirche stand den Turnieren und ritterlichen Kampfspielen, die viele tödliche Unfälle mit sich brachten, von Anfang an skeptisch gegenüber.[2] Es kann daher nicht erstaunen, dass das kriegsähnliche Geschehen der frühen Massenturniere bald eine ablehnende Stellungnahme der kirchlichen Instanzen provozierte. Schon 1130 erließ Papst Innozenz II. ein Turnierverbot, dem sich im 12. und 13. Jahrhundert zahlreiche weitere Verbote von Päpsten, Bischöfen und Synoden anschlossen. Aus welchen Motiven und mit welchen Argumenten verurteilte die Kirche das Turnier? Neben den tödlichen Gefahren, die mit den Turnieren verbunden waren, lehnten die Repräsentanten der Kirche prachtvolle Turnierveranstaltungen wegen der Gefährdung des Seelenheils ihrer Gläubigen rigoros ab. Synodenbeschlüsse und Predigten verdammten das Turnier vor allem als Ort, wo man eitlen Ruhm und schnöden Gewinn erstrebte. Jakob von Vitry nannte in seiner berühmten Turnierpredigt sieben Todsünden, die auf die Ritter bei Turnierbesuchen lauerten: superbia (Stolz), invidia (Neid), odium (Hass), tristitia (Verzweiflung), avaritia (Habsucht), castrimargia (Schlemmerei) und luxuria (Verschwendung).[3] Nicht die Tugend (virtus) ist der Anlass zum Wettstreit der Ritter, sondern Neid, Hass, Zorn und Habsucht. Die Großzügigkeit der Ritter beim Turnier beruht zudem auf der Ausbeutung der abhängigen Bevölkerung. Im Turnier wird nicht die echte Tapferkeit unter Beweis gestellt, da der Verlierer zu Verzweiflung und feiger Flucht neigt. Das festliche Mahl, in dem nach alter Sitte Freund und Feind vereint sind, wird zur sinnlosen Schlemmerei, der Frauendienst zu Prunk und Gefallsucht. Nicht alle Geistlichen standen dem Turnier und den Ausdrucksformen der ritterlichen Laienkultur so negativ gegenüber wie Jakob von Vitry, doch waren die Vorbehalte der Kirche gegen die Turniere weit verbreitet und dauerten lange an, bis sie sich im Spätmittelalter allmählich milderten. Wie aber verhielt sich die Kirche zur Jagd, die in mancher Hinsicht ähnliche Züge aufwies wie das Turnier?

Kritik der Kirche an der Jagd

Starke Vorbehalte gegen die Jagd finden sich bereits bei dem großen Kirchenvater Augustinus (354–430), der die Theologie des Mittelalters stark beeinflusste. Das Bild der Jagd war bei ihm entscheidend von den römischen Zirkusspielen und den dort vorgeführten, beim Volk, beliebten Kämpfen zwischen Mensch und Tier geprägt.[4] Die Darbietungen im weiten Rund der römischen Arena und die Begeisterung der Römer für die Tierkämpfe werden an verschiedenen Stellen seiner Werke angesprochen und kritisch beurteilt. In seinem Kommentar zu den Psalmen erklärte er das Zuschauen bei diesen Jagdspielen für eine Sünde. Die Welt der Zirkusspiele lehnte er entschieden ab, da er dort die Dämonen am Werk sah: Die bösen Geister erfreuten sich an diesen Tierhetzen und machten die Zuschauer zu Besessenen. Auch die freie Jagdausübung beurteilte Augustinus skeptisch: Jagd und Fischfang zählte er zu den Scheinfreuden wie die Zerstreuung im Theater oder die Ausübung von Ehrenämtern. Caesarius von Arles (469–542) schloss sich dieser Betrachtung an[5] und erblickte in Zirkus- und Theaterbesuch, in Brettspielen und Jagd ebenfalls eitle Vergnügungen, die die Seele nicht zu erheben vermöchten, und empfahl stattdessen die Lektüre der Bibel und das

Der Kirchenvater Augustinus lehnte die Jagd größtenteils ab.

Bischof Maximus von Turin kritisierte in einer Predigt die Jagdleidenschaft.

Gespräch über die Heiligen; an Stelle der Jagd sollten die guten Werke stehen.

Die kritischen Äußerungen kirchlicher Autoren über die Jagd, auf die wir in den mittelalterlichen Quellen stoßen, richten sich einerseits gegen die Jagdausübung durch Geistliche und befassen sich andererseits allgemein mit der Jagd. Bischof Maximus von Turin (um 400) ist ein interessanter Zeuge für die Jagdleidenschaft der spätantiken Gesellschaft im Übergang zum Mittelalter, wenn er in einer seiner Predigten die Jagd während der Fastenzeit kritisiert.[6] Was ist von demjenigen Jäger zu halten, der in dieser Zeit, statt in die Kirche zu gehen, seine Diener versammelt, die Netze bereitlegt und die Hunde vorführen lässt, um dann die Wälder und Felder zu durchstreifen? Was solle man von solchen Jägern halten, die außer den Sinnesgenüssen (voluptates) nichts im Sinn hätten und sich nicht um das Seelenheil ihrer Diener kümmerten? Im Anschluss an diese rhetorischen Fragen weist der Kirchenvater auf Jäger hin, die mehr um das Wohl ihrer Hunde als um das Seelenheil ihrer Diener besorgt seien.

Ein heftiger Kritiker der Jagd war auch Bischof Jonas von Orleans (ca. 780–843), der sich in karolingischer Zeit zu Fragen der Jagd äußerte.[7] Als er von einem verheirateten Grafen gefragt wurde, wie man in seinem Stand ein gottgefälliges Leben führen könne, erfüllte er die Bitte des Grafen und belehrte ihn in seiner „Institutio laicalis" nicht nur über die Fragen der Ehe, sondern auch über viele andere Dinge, wozu die Praxis der Jagd gehörte.[8] Der Bischof weist den Grafen daraufhin, dass viele seiner Standesgenossen aus Jagdleidenschaft die Bedürfnisse der bäuerlichen Bevölkerung aus dem Blick verlören und dass ihnen das Wohlergehen ihrer Hunde mehr bedeute als das ihrer Diener. Es sei eine traurige Sache, dass viele Hörige von ihren Herren des Wildes wegen, das Gott doch allen Menschen zu gemeinsamer Nutzung überlassen habe, beraubt, ausgepeitscht und gestraft würden. Wenn sich die mächtigen Herren dabei auf weltliche Gesetze beriefen, so sei ihnen entgegenzuhalten, dass sie Dinge beanspruchten, die ihnen nicht gehörten. Bischof Jonas fügte voll Bitterkeit hinzu, man möge doch bedenken, dass wegen des Jagdvergnügens Einzelner eine Vielzahl von hörigen Bauern Unrecht erleide. Diese Mahnungen eines karolingischen Bischofs sind im Kontext der zeitgenössischen Auseinandersetzungen um die Jagd und die Jagdrechte zu verstehen. Im Zuge der karolingischen Forstpolitik kam es zu der bereits erwähnten Ausdehnung der Forsten des Königs und der weltlichen und kirchlichen Grundherren, sodass die Jagdrechte der bäuerlichen Bevölkerung mehr und mehr eingeschränkt wurden. Die Kritik an den Auswirkungen der karolingischen Jagdpolitik ist hier also deutlich zu spüren.[9]

Nach seiner Kritik an der übertriebenen Hundeliebe und an der neuen Forstpolitik griff Jonas von Orleans auch die Jagdausübung an Sonn- und Festtagen heftig an und tadelte Jäger, die sich in der Fastenzeit zu Jagdzügen versammelten. Mit seiner Kritik an der sonntäglichen Jagd stand Bischof Jonas keinesfalls allein; schon einige Zeit vorher befassten sich die Kapitularien mit diesem Problem und schenkten ihm auch in späteren Jahrzehnten noch einige Beachtung.[10] Bereits die „Admonitio generalis" von 789 hatte das Verbot der Sonntagsarbeit eingeschärft, wobei sie die Jagd ausdrücklich unter die als Arbeit begriffenen Tätigkeiten einordnete.[11] Auch die Synoden von Meaux und Paris (845/846) bekräftigten das Jagdverbot für die Osterzeit.[12] Von nachhaltigem Einfluss auf die Jagdausübung scheint dieses Verbot aber nicht gewesen zu sein, da es öfter wiederholt werden musste. Offenbar ließen sich weder der König noch die adligen Jäger davon abhalten, auch am Sonntag auf die Jagd zu gehen. Aber hier muss eine Unterscheidung zwischen berufsmäßigen Jägern und Fischern, für die ihre Tätigkeit eine anstrengende Arbeit darstellte, und adligen Jagdmannschaften vorgenommen werden. Überall dort, wo die Jagd als sportliches Vergnügen angesehen wurde und sie ihres erwerbswirtschaftlichen Charakters entkleidet war, konnten die kanonischen Bestimmungen offenbar nicht durchgesetzt werden.

Das Jagdverbot für geistliche Personen

Für geistliche Personen bestand bereits seit Beginn des Mittelalters ein grundsätzliches Jagdverbot.[13] Die kanonischen Gesetze gingen bei dieser Frage davon aus, die Jagd sei eines Klerikers nicht würdig und widerspreche dem ihm vorgeschriebenen stillen geistlichen Leben, wobei als Zeugen dieser Auffassung vor allem die Kirchenväter herangezogen wurden. Im Übrigen galt der Grundsatz, dass die Kosten für die Bereitstellung der jagdlichen Hilfsmittel, die Besoldung des Jagdpersonals und den Unterhalt von Hunden und Beizvögeln zu hoch seien und die dafür notwendigen Mittel besser für die Unterstützung der Armen verwendet würden. Das Verbot der Jagd wurde für die Geistlichkeit erstmalig auf der Synode zu Agde im Jahre 506 ausgesprochen. Der 55. Kanon dieser Synode schreibt Bischöfen, Priestern und Diakonen vor, keine Jagdhunde und Falken zu halten; anderenfalls habe sich ein Bischof drei Monate, ein Priester zwei Monate und ein Diakon einen Monat lang allem Kirchendienst und der Kommunion zu enthalten.[14] Auf der im Herbst 517 abgehaltenen Synode von Epao wurde der Beschluss des Konzils von Agde im vierten Kanon wiederholt.[15]

Diese frühen Konzilsbeschlüsse zeigten offenbar wenig Wirkung, sodass das Jagdthema auch weiterhin auf den Kirchensynoden behandelt werden musste. Das Konzil von Mâcon (585) untersagte den Bischöfen sogar die Haltung von Wachhunden, und zwar mit der Begründung, dass diese für die Gäste des Bischofs eine Gefährdung darstellen könnten.[16] Im Übrigen könne das Haus eines Bischofs besser durch fromme Gesänge und gute Werke als durch Hundegebell geschützt werden. In den Konzils- und Synodalbeschlüssen der Karolingerzeit kehren dann die altbekannten Vorschriften und Ermahnungen wieder, sei es in der Form, dass sie die Haltung von Hunden und Beizvögeln durch Geistliche untersagten, oder indem sie darauf hinwiesen, dass Jagdausübung eine weltliche Angelegenheit sei, die sich für Kleriker und Mönche nicht zieme. Mit Nachdruck wurde das Jagdverbot für Geistliche wiederum auf dem Konzil von 742 ausgesprochen, das König Karlmann einberufen hatte, nachdem sich zuvor Bonifatius bei Papst Zacharias über zahlreiche unwürdige Geistliche beschwert und besonders auf die Jagdliebe vieler Bischöfe hingewiesen hatte.[17] „Überdies", so heißt es im zweiten Kapitel des Concilium Germanicum, „verbieten wir allen Dienern Gottes die Jagd und das Umherschweifen in den Wäldern mit

Hunden. Auch dürfen sie keine Habichte und Falken halten."[18] Dies wurde 769 in einem Kapitular Karls des Großen wiederholt.[19] Aufschlussreich ist es, dass im Jahre 798 nicht nur den Bischöfen und Äbten, sondern auch den Äbtissinnen die Haltung von Falken und Habichten untersagt wurde – ein Vergehen, für das das Capitulare missorum generale von 802 sogar die Amtsenthebung androhte.[20] Viele Äbtissinnen, die in der Regel aus dem Adel stammten, beschäftigten sich offenbar auch im Kloster mit der ihnen vertrauten Beizjagd.

Alle diese feierlichen Beschlüsse scheinen nur wenig genützt zu haben, weshalb sie immer wieder eingeschärft werden mussten. Auf einer Synode, die Papst Eugen II. im Jahre 826 in Rom abhielt, wurden der Geistlichkeit Jagd und Vogelfang erneut verboten.[21] Die gleiche Verpflichtung legte die Synode von Mainz, die im Oktober 852 abgehalten wurde, den deutschen Klerikern auf.[22] Die Beschlüsse dieser Synode, die sich mit der Jagd befassten, weisen auf das Dekret hin, das bereits 742 unter der Einwirkung des Bonifatius verkündet worden war. Da viele Bischöfe und geistliche Herren der Jagd sehr ergeben waren, hatten derartige Beschlüsse eine aktuelle Bedeutung. Dies geht aus einem Schreiben hervor, das die Synode 864 an Erzbischof Adalwin von Salzburg richtete: Der Papst bat den Salzburger Erzbischof als den dafür zuständigen Metropoliten, streng gegen Bischof Landfrid von Säben vorzugehen, der allzu sehr von der Jagdleidenschaft ergriffen sei.[23] Bedauernd wies der Papst daraufhin, dass der Bischof an seiner Seele größten Schaden nehmen werde, da er sich statt der Apostel einige verworfene Jäger des Alten Testaments zum Vorbild genommen habe, obgleich schon der heilige Hieronymus betont habe, dass noch nie ein Jäger heilig geworden sei. Auf einer Synode solle Bischof Landfrid daher an seine Pflichten als Geistlicher erinnert und zur Aufgabe der Jagd angehalten werden.

Das Jagdverbot für Geistliche wurde aber nicht nur in Konzilbeschlüssen, sondern auch in der Gesetzgebung der karolingischen Herrscher niedergelegt. Einige Kapitularien Karls des Großen und Ludwigs des Frommen hielten ausdrücklich an dieser Bestimmung fest und bekräftigten sie mit Nachdruck. Ein sich an ältere Bestimmungen anlehnendes Kapitular von 819 hob erneut hervor, dass die Jagd nicht nur den Bischöfen und Äbten, sondern auch den Äbtissinnen verboten sei.[24] Wenn man bedenkt, nach welchen Kriterien die Besetzung der hohen kirchlichen Stellen im Karolingerreich erfolgte, kann die Jagdpassion des Klerus nicht überraschen. An der Spitze der Bistümer und Abteien standen meistens Mitglieder hochadliger Familien, die häufig nur unzulänglich für ihren geistlichen Beruf vorbereitet waren und auch wenig Neigung zeigten, auf die ihnen von Jugend an vertraute adlige Lebensweise zu verzichten. Die Liebe zum Waffenhandwerk und zu kriegerischen Unternehmungen war in ihnen nicht weniger verwurzelt als die Leidenschaft für die Jagd in ihren vielfältigen Formen, sei es die Hetzjagd oder die Jagd mit Beizvögeln. Da sich alle Beschlüsse der Konzilien und alle Vorschriften der kaiserlichen Kapitularien gegenüber der hohen Geistlichkeit in diesem gesellschaftlichen Umfeld

Der heilige Bonifatius verkündete Dekrete, die der Geistlichkeit die Jagd und den Vogelfang verboten.

abspielten, hatten sie nur begrenzte Wirksamkeit und mussten deshalb in kurzen Abständen wiederholt werden.

Auf die hohe Geistlichkeit scheinen die Beschlüsse gegen die geistliche Jagdausübung also wenig Eindruck gemacht zu haben, da es der Mentalität des adligen Klerus wenig entsprach, auf das Vergnügen der Jagd um des geistlichen Amtes willen zu verzichten. In der Vita des heiligen Bonifatius wird beispielsweise von einem Bischof namens Gewelib erzählt, dass er „sein Leben in ehrbaren Sitten zurecht richtete, sich jedoch gern an Reiherbeize und Jagdmeute ergötzte“.[25] In ottonischer Zeit wurde die Jagdleidenschaft der kirchlichen Würdenträger wieder aktuell, sodass sich die Augsburger Synode von 952 erneut mit diesem Thema befassen musste. Nachdem Kaiser Otto I. seinen Beistand bei der Durchführung der vorgesehenen Anordnungen zugesagt hatte, beschloss die Synode unter anderem, dass ein Kleriker keine Hunde und Falken halten dürfe und kirchliche Funktionen nicht erfüllen könne, solange er von der Jagdleidenschaft ergriffen sei.[26]

Auch im Salierreich blieb diese Frage auf der Tagesordnung, sodass der Reformpapst Leo IX., der Spross eines elsässischen Grafengeschlechts, 1049 auf der Synode von Mainz das Jagdverbot für Geistliche bestätigte.[27]

Im „Decretum Gratiani“ wurde Geistlichen, die zur Jagd gingen, die Exkommunikation angedroht.

Selbst an höchster kirchlicher Stelle, am päpstlichen Hof in Rom, war die Jagdausübung ein Problem. Als sich Otto der Große am 6. November 963 in einer römischen Bischofsversammlung die Vorwürfe anhörte, die gegen Papst Johannes XII. erhoben wurden, erwähnte man als eine der Hauptbeschuldigungen, dass der Papst öffentlich dem Jagdvergnügen nachgegangen sei. Die Gesandten, die dann abgeschickt wurden, um ihm die schriftliche Aufforderung zu überbringen, vor dem eingesetzten Gerichtshof zu seiner Rechtfertigung zu erscheinen, mussten unverrichteter Dinge heimkehren, da er mit Köcher und Bogen zur Jagd aufgebrochen war.[28] Solche Vorbilder waren natürlich wenig geeignet, die Kirchenzucht zu stärken und die Geistlichkeit von der Jagd fernzuhalten. Daher war in ottonisch-salischer Zeit die von hohen Geistlichen ausgeübte Jagd weiterhin ein offenes Problem innerkirchlicher Disziplin, das nur schwer gelöst werden konnte. In den Kanonsammlungen des 11. und 12. Jahrhunderts kehren die schon bekannten älteren Verbote wieder, wobei kleine Veränderungen sowohl mit der Tendenz zu einer gewissen Nachsicht als auch zur Verschärfung zu beobachten sind. So folgt im „Decretum“ Burchards von Worms im frühen 11. Jahrhundert auf das Verbot, Jagdhunde und Beizvögel zu halten, zwar die übliche Strafandrohung des zeitweisen Ausschlusses aus dem Amt, aber dies soll erst dann eintreten, wenn die betroffene Person sich dieses Vergehens öfter schuldig gemacht hat.[29] Im „Decretum Gratiani“, das sich seit dem 12. Jahrhundert zur Grundlage des Kirchenrechts entwickelte, wurde die Exkommunikation allen Geistlichen angedroht, die in der Leidenschaft (voluptas) zur Jagd länger verharrten.[30]

Jagdheilige und Schutzpatrone der Jagd

Wenn man den Grundlagen der christlichen Heiligenverehrung im Jagdwesen nachgeht, stößt man vor allem auf die Jagdheiligen Eustachius und Hubertus. Seit wann treten diese als Schutzpatrone der Jagd in Erscheinung? Die Untersuchung der kirchlichen Einstellung zur Jagd hat deutlich gemacht, dass die Kirche und ihre Repräsentanten lange Zeit

In der Legende des heiligen Hubertus begegnet er einem Hirsch mit einem Kruzifix im Geweih.

eine äußerst reservierte Haltung zur Jagd einnahmen und dass den Geistlichen in der Regel die Jagdausübung verboten war. Wie konnte es bei dieser Grundeinstellung der Kirche trotzdem zur Herausbildung von Jagdheiligen kommen? Die Gestalt des hl. Hubertus als des wichtigsten Schutzpatrons der Jägerei ist selbst heute in einer weitgehend säkularisierten Welt noch so lebendig, dass die Annahme weit verbreitet ist, es handele sich hier um ein Stück uralter Jagdkultur. Unter diesem Aspekt wurde auch in der Regel die zeitliche Einordnung der mit seiner Person verbundenen Überlieferungsinhalte vorgenommen. Dabei fehlte es häufig an einer kritischen Behandlung der Frage, zu welcher Zeit die einzelnen Bestandteile der legendären Überlieferung erstmalig erschienen. Völlig abwegig ist der Versuch, dem hl. Eustachius oder dem hl. Hubertus irgendeine Bedeutung im frühmittelalterlichen Jagdwesen beimessen zu wollen; allgemeine Anerkennung als Schutzheilige des Jagdwesens erhielten beide nämlich erst in viel späterer Zeit. Da der hl. Eustachius

Der heilige Eustachius ist der früheste Jagdheilige, aber verlor zunehmend an Bedeutung.

im Laufe der Zeit zunehmend an Bedeutung innerhalb der Jägerschaft verlor, waren es offensichtlich bestimmte Faktoren und Zeitumstände, die den Kult um die Person des hl. Hubertus beförderten.

Heiligenkulte gehen zumeist auf die Beispielhaftigkeit von Personen und ihre Vorbildfunktion zurück, bezeugen aber auch die Mittlerrolle von Heiligen zu Gott.[31] Daher wurden im Mittelalter für bestimmte Lebenssituationen spezielle Heilige verehrt und angerufen, wobei die Intensität der Verehrung einzelner Heiliger nach Regionen und Zeitepochen variierte. Für das einfache Volk, aber auch für die höheren Gesellschaftskreise waren die Heiligen Vertrauenspersonen, deren Anrufung einen Schutz in bestimmten Situationen und Lebensbereichen bewirken konnte; diese Bereiche hingen meist mit bestimmten Ereignissen im Leben des angerufenen Heiligen zusammen. Im Fall der Jagdheiligen handelte es sich dabei oft um die direkte oder indirekte Berührung des Heiligen mit Aspekten der Jagd, was in den Heiligenlegenden und in der Lebensbeschreibung (Vita) einzelner Heiliger seinen Ausdruck fand.[32]

Der hl. Eustachius ist zweifellos der früheste Jagdheilige, doch ist die historische Gestalt durch Legenden und unterschiedliche Überlieferungsstränge verdunkelt.[33] Seine Vita ist aus mehreren Versatzstücken zusammengesetzt, sodass es Schwierigkeiten bereitet, den historischen Kern herauszuarbeiten. Eustachius stand unter seinem ursprünglichen Namen Placidus offenbar als Heeresmeister (magister militum) zur Zeit des Kaisers Trajan (98–117 n. Chr.) in hohem Ansehen. Er zeichnete sich als Heerführer in mehreren Feldzügen aus, bekleidete wichtige militärische Ämter und erwarb sich so die Gunst des Kaisers Trajan und seiner Gefolgsleute. Angesehen und beliebt heiratete er eine der schönsten und reichsten Frauen Roms, Trajana, die ihm zwei Söhne schenkte. Der Legende zufolge war Placidus ein leidenschaftlicher Jäger, der einstmals, als er sich auf der Jagd befand, mit unermüdlicher Energie einen Hirsch verfolgte. Der Hirsch blieb jedoch bei dieser Verfolgungsjagd plötzlich auf einem Felsen stehen und blickte den nacheilenden Jäger an. In diesem Augenblick erkannte Placidus zwischen den Stangen des Geweihs ein leuchtendes Kreuz mit dem Bildnis Christi und vernahm die Worte: „Placidus, warum jagst du mich? Glaube an mich, der ich Christus bin und lange nach dir gejagt habe. Geh zum Bischof der Christen und lass dich taufen. Denn weil du Almosen spendest und Barmherzigkeit übst, will ich dir auch barmherzig sein."[34] Das weitere Leben des Heiligen ist für die Geschichte der Jagd weniger interessant. Mit ihm zusammen empfingen auch seine Frau und seine Söhne die Taufe. Einige tragische Schicksalsschläge und Prüfungen musste Eustachius, wie sich Placidus jetzt nach seiner Bekehrung nannte, durchmachen, bis er zu neuen Ehren in der Heerführung gelangte. Als der Kaiser aber erfahren hatte, dass Eustachius zum Christentum übergetreten war, ließ er ihn und seine ganze Familie qualvoll hinrichten. Der Märtyrer Eustachius zählte im Mittelalter zu den 14 Nothelfern, die in besonders schwierigen Lebenslagen angerufen wurden; sein kirchlicher Festtag war der 20. September. Dargestellt wurde er anfangs mit einem Hirsch, der ein Kreuz im Geweih trug. Später kam es manchmal zur Verwechslung mit dem hl. Hubertus, der meistens als Bischof, Eustachius dagegen als Ritter im Kettenpanzer abgebildet wurde.

Hubertus hat mit Eustachius in der legendären Überlieferung das Hirschwunder gemeinsam. So lebhaft und facettenreich sich die Legenden um das Leben dieses hl. Hubertus ranken, so gering sind die schriftlichen Zeugnisse, die sichere Daten überliefern.[35] Die reichste Quelle über ihn und sein Wirken ist eine Vita aus dem Jahre 744, die einige Zeit nach seinem Tod am 30. Mai 727 verfasst wurde. Hubertus war der Nachfolger des hl. Lambert, des Bischofs von Tongern-Maastricht. Dieser war als Missionar tätig gewesen und hatte das Bistum seit etwa 672 bis zu dem Zeitpunkt geleitet, als er von einem Widersacher erschlagen wurde. Obwohl Tongern seit der Spätantike die ursprüngliche Bischofsstadt war, wanderten die Bischöfe im 6. Jahrhundert nach Maastricht ab. Hubertus vollzog wohl nach 717 erneut einen Wechsel des Bischofssitzes und machte Lüttich, die Stadt des Martyriums und der Grablege des hl. Lambert, zum Zentrum des Bistums. Dies hatte zur Folge, dass Hubertus sowohl als Bischof von Tongern-Maastricht als auch als Bischof von Lüttich bezeichnet wurde. Die Verlegung des Bischofssitzes muss im Zusammenhang mit dem Machtausbau des Bistums im Bereich der Ardennen gesehen werden, der damals sukzessive voranschritt. Nach dem Tode des Bischofs wurden seine Gebeine schließlich 743 in Gegenwart des Hausmeiers Karlmann, des Onkels von Karl dem Großen, in der Kirche St. Peter in Lüttich bestattet. 825 wurden seine Gebeine aber in dem Kloster Andain erneut beigesetzt; dieses Kloster lag in den Ardennen und wurde mit dem Leben des Lütticher Bischofs in Verbindung gebracht. Auf die Bitte des Abtes wurden die Reliquien des Heiligen in sein Kloster transferiert und hier ein Zentrum seiner Verehrung geschaffen. Bald danach wurde das Kloster Andain, das durch Wallfahrten zum Grab des Heiligen auflebte, in St. Hubert umbenannt.[36]

Erst aus den Quellen des 12. Jahrhunderts erfahren wir legendäre Einzelheiten über die ursprüngliche Herkunft des hl. Hubertus.[37] Ihnen zufolge stammte er aus einem aquitanischen Herzogsgeschlecht, wo er schon früh seine Liebe zum Waffenhandwerk erkennen ließ. In jungen Jahren begab er sich zunächst an den Hof des Frankenkönigs Theoderich und anschließend nach Metz, wo er mit hohen Ehrenämtern bedacht wurde und heiratete. Das Hirschmotiv, welches die Legende mit der Person des hl. Eustachius in enge Verbindung gebracht hatte, wurde seit dem 15. Jahrhundert auch mit dem Leben des Hubertus verknüpft. Man erzählte sich, Hubertus habe sich auf einer Jagdkampagne in den Ardennen verirrt und plötzlich einen Hirsch vor sich gesehen, der zwischen den Spangen

Der Legende nach überreichte Maria dem heiligen Hubertus eine goldene Stola. Gemälde aus dem 17. Jahrhundert

Das Hirschmotiv lässt sich auch in anderen Religionen, wie dem Buddhismus, wiederfinden. Illustrationen aus einem Buch über das Leben Buddhas

seines Geweihes ein leuchtendes Kruzifix getragen habe. Gleichzeitig hörte er die Worte, er solle den Hof verlassen und sich zu dem in Maastricht amtierenden Bischof Lambert begeben. Hubertus folgte der Weisung, fand freundliche Aufnahme bei Lambert und erklärte sich später zum klösterlichen Leben bereit, nachdem seine Frau gestorben war.

Die Verehrung der Person des hl. Hubertus gewann seit dem 10. Jahrhundert zunehmend an Bedeutung, und zwar vor allem in Belgien, Luxemburg, in Nordfrankreich und in den Rheinlanden.[38] Als Patron der Jäger ist Hubertus seit dem 11. Jahrhundert bezeugt, denn die ersten Abbildungen zeigen ihn in Verbindung mit der Jagd. Im 12. Jahrhundert kam noch die Legende der goldenen Stola hinzu: Hubertus habe mit seiner goldenen Stola, die im Kloster St. Hubertus verwahrt wurde, Wunden geheilt. Später wurde diese Stola benutzt, um Menschen zu heilen, die von der Tollwut befallen waren.[39] Auch brannte man die Wunden mit einem geweihten Hubertusschlüssel aus, der sich ebenfalls im Kloster St. Hubertus befand. Jagdhunde erhielten mit diesem Schlüssel auch ein Zeichen auf die Stirn gebrannt, um sie vor der Wasserscheu zu bewahren. Ursprünglich erfolgte wohl auf diese Weise die Kennzeichnung derjenigen Hunde, die der berühmten Meute des Ardennenklosters entstammten. Die ländliche Bevölkerung des Rheinlandes sah in Hubertus auch einen wichtigen Fürsprecher zur täglichen Hilfe für Menschen und Haustiere.

Interessant ist bei Hubertus vor allem das Hirschmotiv mit dem Kreuz, das im Spätmittelalter offensichtlich vom hl. Eustachius übernommen und zu einem festen Bestandteil seiner ikonographischen Darstellung wird. Dieses Hirschmotiv ist ein altes Kulturgut, das auch bei anderen Völkern und Kulturen weit verbreitet war.[40] Allem Anschein nach geht das Hirschmotiv vor allem auf eine indische Tradition zurück und gelangte vom orientalischen Kulturkreis in den abendländischen Raum. Der magische Hirsch ist auch ein wichtiges Motiv in der Literatur und erscheint ebenso im religiösen

Umfeld des Buddha als auch in griechischen, arabischen und jüdischen Erzählungen.[41] In den indischen Legenden begegnet einem König ein goldener Hirsch mit Lichtern und einem silbernen Geweih; er kann sprechen und zeigt dem Jäger den Weg zum Heil. Auch im mittelalterlichen Europa und überall dort, wo der Hirsch als Führer in Volkslegenden auftritt, erscheint er seinen Nachfolgern als Wegweiser zum Glück. Gregor von Tours berichtet in seiner Frankengeschichte (II, 37), dass während des Krieges, den König Chlodwig 507 gegen die Westgoten führte, eine Hirschkuh dem Frankenkönig eine Furt über den Fluss Vienne gezeigt und so die fränkischen Truppen aus der Gefahr gerettet habe. Ähnliches weiß Thietmar von Merseburg (Chron. VII, 75) von der Gründung Frankfurts am Main zu berichten. Der Sage nach entstand die Stadt dort, wo eine Hirschkuh dem von den Sachsen geschlagenen Kaiser Karl eine Furt durch den Main zeigte; auf diese Weise wurden ihm und seinen Kriegern das Leben gerettet.

Eustachius und Hubertus, die beide mit dem Hirschmotiv verknüpft sind, waren nicht die einzigen Schutzpatrone der Jagd. Auch andere Heilige übernahmen in bestimmten Landschaften die Schutzfunktion für die Jägerschaft, wie z. B. der hl. German von Auxerre in Burgund.[42] German wurde 378 in Auxerre geboren und fungierte als Stadtpräfekt in seiner Heimatstadt. Er führte zuerst ein normales Leben, heiratete und war ein begeisterter Jäger. Nach seiner Bekehrung zum Christentum gab er dies alles auf, verließ Frau und Tochter und verteilte sein Geld an die Armen. Er wurde dann auf Betreiben des Bischofs Amatus von Auxerre zu seinem Nachfolger gewählt und wirkte in seiner Heimatstadt als ein geistlicher Oberhirte von überregionaler Bedeutung. Seine Verehrung als Heiliger der Jäger und Förster geht auf sein Leben vor der Bekehrung zurück, als er sich mit Leidenschaft der Jagd widmete. Seine Anrufung durch Jäger und Förster wurde erweitert durch die Anrufung bei Tollwut und Durchfall; dargestellt wurde er zumeist als Bischof mit einem Hirsch und Jagdtrophäen.

Der Aufstieg des hl. Hubertus zum bekanntesten Schutzpatron der Jagd wurde dadurch begünstigt, dass im 15. Jahrhundert ein spezieller Hubertus-Ritterorden gegründet wurde, der in der adeligen Gesellschaft bald ein hohes Ansehen erreichte.[43] Der hl. Hubertus war daher seit dem Spätmittelalter zweifellos der bedeutendste Patron der Jagd und der Jägerschaft. Er übertraf in Verehrung und Legendenbildung besonders im volkstümlichen Bereich nahezu alle anderen Heiligen im Forst- und Jagdbereich. Am stärksten war diese Verehrung in seiner Heimatregion, den Ardennen, vorhanden; aber auch in den angrenzenden Gebieten Belgiens, Hollands und des Rheinlandes war der Hubertuskult weit verbreitet und dauerte bis in das 19. Jahrhundert an. Diese geachtete Stellung des hl. Hubertus, des Schutzpatrons der Jäger, ist zugleich ein Zeichen für ein gewandeltes Verhältnis der Kirche zur Jagd seit dem Frühmittelalter.

Der Hubertuskult wurde auch in der Architektur verarbeitet, wie hier in einer Hubertuskapelle im Schloss Amboise.

DIE ENTSTEHUNG DER RITTERLICH-HÖFISCHEN JAGD

Im Epos „Tristan“, dem bedeutendsten Werk Gottfrieds von Straßburg, das in der Zeit um 1210 vollendet wurde, begegnet uns die Gestalt des höfischen Jägers der Stauferzeit in exemplarischer Form.[1] Gottfried lässt seinen Helden Tristan nach der Landung in Cornwall, wo sein Oheim Marke als König herrscht, ein Zeugnis seines weidmännischen Könnens ablegen. Gleich nach Betreten des Landes stößt Tristan auf eine Jagdgesellschaft, die soeben einen Hirsch erlegt hat und sich anschickt, das getötete Tier unweidmännisch zu schlachten. Tristan tritt hinzu und gibt den verdutzten Jägern des Königs eine Lektion in der Kunst des ‚Zerwirkens' von Hirschen. Folgende drei Schritte gehören zur Vorführung seiner Jagdkunst:[2] Erstens das Enthäuten des Hirsches, das Gottfried „enbesten“ nennt. Zweitens das Herauslösen einiger Stücke aus dem Körper des Hirsches, die Tristan an einer Holzgabel aufhängt; dies wird als „furkie“ bezeichnet. Drittens die Herauslösung der übrigen Eingeweide, die den Hunden in kleinen Stücken zum Fraß vorgelegt werden; dies wird „curie“ genannt. Alle drei Phasen der kunstvollen Zerteilung des erlegten Hirsches werden von der anwesenden Jagdgesellschaft mit Bewunderung und Zustimmung aufgenommen.

An diesen Textpassagen des Tristanepos können wir die höfischen Jagdsitten des Hochmittelalters am Ende einer Hirschjagd genau studieren, denn hier gibt uns Gottfried von Straßburg exakte Hinweise zu „bast“, „furkie“ und „curie“, wie sie für ein höfisches Publikum galten. Hinsichtlich der Herkunft der beiden französischen Wörter „furkie“ und „curie“ wurde erschlossen, dass sie aus dem anglonormannischen Raum stammen. Vermutlich hat Gottfried von Straßburg einen normannischen oder pikardischen Jagdtraktat zu Hilfe genommen, um die Jagdkunst des jungen Tristan zutreffend darstellen zu können.[3] Aus der Zeit, in der Gottfried seinen Tristanroman verfasste, sind jedoch keine Jagdbücher in französischer Sprache erhalten geblieben, sodass sich diese Vermutung nicht beweisen lässt. Im „Tristan“ wird uns also in anschaulicher Weise die höfisch-ritterliche Ausprägung der Jagd vermittelt, die im 13. Jahrhundert einen wichtigen Teil des Lebens am Hofe bedeutete und gleichzeitig Maßstab für die Beherrschung höfischer Lebensart war. Tristan galt im Mittelalter nämlich als Inbegriff des vollendeten ritterlichen Jägers, dem ein junger Adeliger nacheifern sollte. Geschicklichkeit bei der Jagd gehörte damals zu den Fertigkeiten, die ein höfisch gebildeter Mann zu beherrschen hatte.

Dazu zählte auch die angemessene Überführung des erlegten Wildes durch die Jagdgesellschaft an den Hof und die in höfischer Hinsicht perfekte Präsentation der Jagdbeute. Im Tristanepos wird die Jagd daher damit abgeschlossen, dass die Jägerschaft zusammen mit dem jungen Tristan zu Markes Königshof aufbricht und dem König die Jagdbeute nach höfischer Sitte präsentiert.[4] Die Anführer des Jagdzuges tragen das Geweih des Hirsches, und die paarweise folgenden Reiter übernehmen die übrigen Teile des erlegten Tieres; Laubkränze zieren den Jägermeister, und Hörnerklang kündigt das feierliche Ereignis an. So erreicht die Jagdgesellschaft den Hof und übergibt König Marke den Hirsch. Eine derartige Präsentation der Jagdbeute vor dem König scheint ein Bestandteil des höfischen Jagdzeremoniells gewesen zu sein, wie es im anglonormannischen Raum um 1200 teilweise üblich war. Die Ernennung Tristans zum Jägermeister an Markes Königshof ist aufgrund seiner hervorragenden Kenntnis der höfischen Jagdkunst verständlich, da sein weidmännisches Können dem jungen Helden die Sympathie des Hofes und die Gunst des Königs gebracht hat.

Diese literarische Darstellung der höfischen Jagd des Hochmittelalters im Tristanepos lässt sich durch zeitgenössische historiografische Zeugnisse

Abbildung einer mittelalterlichen Hirschjagd im „Codex Manesse“

Im Epos „Tristan“ beschreibt Gottfried von Straßburg die höfische Jagd.

ergänzen. Am Hof der Grafen von Guines im nordwestlichen Frankreich spielte die Jagd eine quellenmäßig bezeugte wichtige Rolle. Es ist insbesondere die Gestalt des Grafen Balduin II. von Guines, den der Geschichtsschreiber Lambert von Ardres in seiner Historia comitum Ghisnensium mit seinen vielfältigen Beschäftigungen schildert.[5] Graf Balduin zeigt einerseits ein großes Interesse an höfischer Literatur und begeistert sich andererseits für prachtvolle Jagdkampagnen. Sein Biograph Lambert, ein Kleriker, lobt dabei ausdrücklich die literarischen Bemühungen des Grafen, tadelt aber seine Jagdleidenschaft, die er als Laster einstuft. „Doch seine Kritiker machten ihm durchaus zu Recht den Vorwurf, dass er bei Sonnenaufgang aufmerksamer auf das Horn des Jägers als auf die Glocke des Priesters hörte, begieriger auf das Bellen des Jagdhundes als auf die Stimme seines Kapellans oder Vikars war, die Falkenjäger ihn eher aus dem Schlaf reißen konnten als die Priester der Kirche, und er sich mehr für den Habicht oder für den Flügelschlag des aufsteigenden Falken begeisterte als für die Predigt des Priesters.“[6] Die Jagd auf Rotwild und vor allem die Beizjagd mit Falken spielten demnach am Hof der Grafen von Guines eine hervorragende Rolle – eine größere jedenfalls, als es dem asketisch gesinnten Kleriker Lambert recht war.

Die Jagd mit ihren spezifischen Gebräuchen und Ritualen, wie sie von Gottfried von Straßburg im Tristanepos geschildert wird, war damals im Elsass ein wichtiger Bestandteil der adeligen Lebensführung. Als zu Anfang des Jahrhunderts ein Chronist die sozialen und kulturellen Verhältnisse im Elsass beschrieb, charakterisierte er die Lebensweise der elsässischen Ritter mit folgenden Worten: „Die Ritter vergnügten sich mit Jagd, Fischfang, Turnieren, Lanzenstechen und amourösen Abenteuern“ (Milites venationibus, piscationibus, torneamentis, hastiludiis, amplexibus vacabant).[7] Zusammen mit dem Turnier und der höfischen Minne gehörte also der Jagdsport zu den Hauptbeschäftigungen der elsässischen Ritter. In der fast gleichzeitig entstandenen „Descriptio Alsatiae“ wird berichtet, dass das mit einer reichen Vegetation ausgestattete Elsass in damaliger Zeit über eine großartige Tierwelt verfügte. Neben einer bunten Vogelwelt in Wald und Flur gab es dort zahlreiche Wildtiere, unter denen sich neben Hirschen auch Bären, Füchse und Wölfe befanden.[8]

Die Kombination von Rittertum und Jagd ist in der Zeit um 1200, als die höfische Kultur der Stauferzeit einen Höhepunkt erreichte, gemäß den genannten Zeugnissen also durchaus verbürgt, doch stellt sich die Frage, seit wann sich diese spezifischen Formen der Jagd unter dem Einfluss des Rittertums und der höfischen Kultur herausgebildet haben. Die Jagd als Mittel des Nahrungserwerbs ist seit der ältesten Zeit bekannt, und auch die Jagd als sportliches Vergnügen des Adels und der Könige begegnet uns bereits in der Karolingerzeit, wie wir gesehen haben. Es erhebt sich aber die prinzipielle Frage, inwieweit sich die Jagd in der Epoche des Hochmittelalters im Umfeld der ritterlich-höfischen Gesellschaft und Kultur wesentlich gewandelt hat. Seit wann gibt es in Deutschland und Westeuropa höfische Arten der Jagd, wie sie uns in ausgeprägter Form in der literarischen Gestalt des Tristan zu Beginn des 13. Jahrhunderts entgegentreten? In welcher Zeit und unter welchen Bedingungen entwickelte sich aus der wilden Tierhetze das „edle Weidwerk“? Wann entstanden die besonderen Rituale und Regeln der vornehmen Hirschjagd und der höfischen Jagd mit Beizvögeln?

Rittertum und höfische Kultur im Hochmittelalter

Der Wandel der Jagdverhältnisse und die Entstehung der ritterlich-höfischen Jagd vollzogen sich vor dem Hintergrund der allgemeinen Veränderungen, die im Hochmittelalter Gesellschaft, Wirtschaft und Kultur grundlegend wandelten. Unter den sozialen und kulturellen Innovationen der damaligen Epoche ist hier vor allem das Rittertum zu nennen, das sich seit dem 11. Jahrhundert besonders im französischen Raum entfaltete und auf die Nachbarländer in vielfältiger Form einwirkte.[9] Durch die Kreuzzugsbewegung, die seit der Predigt Papst Urbans II. in Clermont (1095) die Ritterschaft von ganz Europa faszinierte, wurde die Angleichung der ritterlichen Normen und Lebensformen Europas auf den gemeinsamen Zügen nach Palästina wesentlich verstärkt. Das Leitbild des miles christianus, das wesentlich aus der Kreuzzugsbewegung erwuchs, prägte von nun an das europäische Rittertum. Welche Elemente gehörten zu diesem Leitbild des Rittertums? Der christliche Ritter sollte gemäß diesen Idealvorstellungen die Kirche und ihre Diener schützen, ferner sich verpflichten, ungerechte Kriege und Fehden zu unterlassen. In der neuen militia Christi sollten sich die Ritter energisch für die Ziele der christlichen Gesellschaft einsetzen, die Angriffe der Ungläubigen abwehren und den Frieden sichern helfen. Dieses Ritterideal prägte in unterschiedlicher Intensität das europäische und deutsche Rittertum

Durch die Kreuzzugsbewegung glichen sich die ritterlichen Lebensformen in Europa an.

und festigte seinen Zusammenhalt. Das ritterliche Leitbild bildete auch die Grundlage für die Entstehung des neuen ritterlichen Gesellschaftskodex, der mit der Verbindlichkeit der ritterlichen Verhaltensmuster zugleich das Bewusstsein der Gemeinsamkeit von Adel und Rittertum innerhalb der hochmittelalterlichen Feudalgesellschaft bestimmte.

Das äußere Auftreten des Ritters ist uns aus zahlreichen zeitgenössischen Bildern und Beschreibungen bekannt. In ihnen erscheint der Ritter hoch zu Ross, das Haupt mit einem Helm bedeckt, den Leib mit einem Schwert umgürtet und durch Schild und Panzer geschützt.[10] Helm und Panzer wurden freilich nur im Kampf und im Turnier getragen, nicht aber auf der Jagd. Der wappengeschmückte Schild diente sowohl dem Schutz des Ritters als auch dazu, den Einzelnen nach außen kenntlich zu machen. So trug der einzelne Ritter bei aller Betonung der ritterlichen Gemeinsamkeit durchaus individuelle Züge: Er trat im Kampf und bei der Jagd als bewährter Ritter auf, der als solcher anerkannt sein wollte. Erprobung und Bewährung gehörten demnach zur Lebensform des Ritters und unterstrichen zugleich seine Individualität.

Welche sozialen Gruppen gehörten zum Ritterstand? An erster Stelle sind hier die adeligen Herren und freien Vasallen zu nennen, die schon im Karolingerreich den Kern der adeligen Oberschicht bildeten. Seit dem 11. Jahrhundert kam dann neben der Vasallität noch eine zweite Schicht, ein zweiter Personenkreis als Bildungselement des Ritterstandes hinzu: die Ministerialität oder Dienstmannschaft, die aus der Unfreiheit stammte.[11] Ihr Aufstieg erfolgte in der Zeit eines kräftigen Bevölkerungswachstums, das im frühen Hochmittelalter einsetzte und sich besonders auf die Grundherrschaft auswirkte. Indem die Ministerialen durch ihre Grundherren von den niederen Diensten befreit und auf die höheren Hof- und Kriegsdienste beschränkt wurden, stiegen sie über die Masse der

Turniere, Jagdzüge und Hoffeste wurden wichtige Bestandteile der ritterlich-adeligen Lebensform.

bäuerlichen Hintersassen empor und glichen sich durch ihren bevorzugten Dienst mehr und mehr den freien Vasallen an.

Diesen Aufstiegsprozess der Ministerialen und die Verknüpfung der Jagd mit adeligen Lebensformen beobachtet man ausgezeichnet im Bereich des bedeutenden Reichsklosters St. Gallen. Der St. Galier Chronist, der die Konflikte in der Grundherrschaft des Klosters zur Mitte des 11. Jahrhunderts beschreibt, schildert das Verhalten der sich auflehnenden Klostermeier mit folgenden Worten:[12] „Derweil begannen auf den Gütern die Meier – von denen das Wort gilt: Hält sie nicht Furcht in Bann, schwillt den Knechten der Kamm – blanke Schilde und Waffen zu führen, lernten die Hörner mit anderem Klang als die übrigen Bauern zu blasen, hegten Hunde, zunächst um Hasen zu jagen, zuletzt aber um nicht allein Wölfe, sondern gar Bären und, wie jemand sagt, etruskische Eber zu hetzen. ‚Kellermeister', sagen sie, mögen Höfe und Äcker bestellen! Wir wollen uns um unsere Lehen kümmern und der Jagd frönen, wie es Männern geziemt!" Für die St. Galier Meier waren, wie sich aus diesem Beispiel ergibt, nicht allein glänzende Waffen und ritterliche Lehen äußere Zeichen einer adeligen Stellung, sondern ihnen galt vor allem die Jagd als Hauptattribut eines privilegierten Standes. Die Jagd auf Hasen, wie sie damals auch von Bauern betrieben wurde, reichte dazu nicht aus; erst die exklusive Jagd auf Bären und Schwarzwild konnte ihnen den nötigen Respekt verschaffen und zugleich die soziale Distanz zur bäuerlichen Bevölkerung verdeutlichen.

Im Mittelpunkt des ritterlichen Daseins der Ministerialen und freien Vasallen stand zweifellos der Dienst in seinen verschiedenen Formen, der als Lehnsdienst zu Pferde auf dem durch Huldigung und Treueid begründeten Verhältnis zwischen Lehnsherr und Vasallen beruhte: Der ritterliche Vasall begab sich in die Abhängigkeit von seinem Herrn, indem er seine Hände in die seines Herrn legte und anschließend einen Treueid schwor.[13] Der Vasall war jetzt seinem Herrn gegenüber zu Rat und Hilfe (consilium et auxilium) verpflichtet, während der Herr die Verpflichtung übernahm, seinen Vasallen zu unterhalten und für seinen Schutz zu sorgen. Der Unterhalt erfolgte meist durch die Übertragung von Lehen, konnte aber auch unmittelbar am Hof des Herrn stattfinden, wie dies besonders bei den Inhabern von Hof- und Verwaltungsämtern der Fall war. Diejenigen, die sich am Hof ihres Dienstherrn aufhielten, waren vor allem zur Leistung des Hofdienstes verpflichtet, der in erster Linie bei den vier klassischen Hofämtern des Kämmerers, Marschalls, Truchsessen und Schenken lag.[14] Zu diesen vier Hofämtern trat an manchen Höfen als fünftes Hofamt das des Jägermeisters hinzu, das ebenfalls von Ministerialen ausgeübt wurde. Derartige Hofämter wurden besonders bei Hoffesten und großen Festmählern verrichtet, die der Dienstherr für seine hohen Gäste, Verwandten und Gefolgsleute von Zeit zu Zeit veranstaltete. Für die Truchsessen und Schenken gehörten solche Dienste natürlich zu ihrem Amt bei der Versorgung der fürstlichen Tafel, aber auch die Funktion des Marschalls hatte hinsichtlich der Versorgung der Pferde etwas mit Hoffesten und Festmahlzeiten zu tun. Der Jägermeister besaß die Oberaufsicht über die ihm unterstellten Jäger und Jagdgehilfen, mit denen zusammen er die Hofjagden vorbereitete und genügend Waffen und Hunde für den Fürsten und seine Gäste bereitstellte.

Zu Mittelpunkten des ritterlichen Lebens der Ministerialen und edelfreien Herren entwickelten sich im Hochmittelalter immer mehr die großen Fürstenhöfe, die eine wichtige Basis für den kulturellen Aufschwung des Rittertums darstellten.[15] Zu Recht wird die neue Kultur mit ihren facettenreichen Aspekten in Festformen, Kunst und Literatur nicht bloß eine ritterliche, sondern eine ritterlich-höfische Kultur genannt. Es waren nämlich vor allem die großen Höfe der Könige und Fürsten, an denen sich die neue Laienkultur zu entfalten begann: in Frankreich der Hof des Herzogs von Aquitanien und die Höfe der Grafen von der Champagne und von Flandern, im Deutschen Reich der Hof der Stauferkaiser, der Hof des Welfenherzogs in Braunschweig und der Hof der Landgrafen von Thüringen, um nur die wichtigsten hervorzuheben. Die vielen kleinen und mittleren Burgen abseits der großen Straßen und aufblühenden Städte hatten an dieser kulturellen Entwicklung im Allgemeinen nur geringen Anteil. Was die großen Höfe auszeichnete, war die Tatsache, dass sie als Herrschaftszentren zu Sammelpunkten der ritterlichen Gesellschaft wurden, deren unterschiedliche Gruppen sich dort in fruchtbarer Spannung begegneten und neue, ihnen allen gemeinsame Kulturformen entwickelten.

In diesen höfischen Zentren entstand der neue ritterliche Gesellschaftskodex, der die curialitas, das gesittete höfische Verhalten als Hauptinhalt besaß.[16] Zu diesem ritterlichen Normensystem gehören die vier Kardinaltugenden Klugheit, Gerechtigkeit, Tapferkeit und Maß, die in der ritterlichen Gesellschaft neu akzentuiert werden. Sie fordern neben der kriegerischen Tapferkeit vor allem Bildung und ein gesittetes Verhalten, das sich gegenüber der Frau, der Dame, gegenüber der Gesellschaft als Ganzes und in ihr besonders gegenüber den Schwachen, aber auch gegenüber dem Gegner, der als Standesgenosse kein Feind mehr ist, erweisen muss. Der ritterliche Gedanke wirkt sich auch auf das Verhältnis zu den Tieren aus, da während der Jagd, wie wir noch sehen werden, vom Jäger ein weidmännisches Verhalten gefordert wird. Neben diesen ritterlichen Normen waren es vor allem die gemeinsamen Lebensformen in Alltag und Fest, die wesentlich dazu beitrugen, dass die unterschiedlichen Herkunftsgruppen zu einer neuen ritterlichen Gemeinschaft zusammenwuchsen. Neben den feierlichen Hoffesten waren es besonders das Turnier und die Jagd, die während des Hochmittelalters zu einem festen Bestandteil der ritterlich-adeligen Lebensform wurden.

Das Turnier, das bereits im Zusammenhang mit dem Verhalten der Kirche gegenüber der Jagd kurz behandelt wurde, entwickelte sich zuerst in Frankreich, der Wiege der hochmittelalterlichen Ritterkultur, aus einem alten Kampfspiel zu einer Institution mit festen Regeln und Vorschriften, die zu einem wichtigen Element des ritterlichen Lebens wurde.[17] Für die Entwicklung des deutschen Turniers ist der niederlothringisch-belgische Raum, die Kontaktzone zwischen französischer und deutscher Ritterkultur, von besonderer Bedeutung gewesen. In diesem Zusammenhang müssen drei Formen unterschieden und in ihrer Eigenart erkannt werden: Buhurt, Tjost und Turnier. Während die Tjost einen mit der Lanze auszutragenden Zweikampf zu Pferde darstellte, war der Buhurt als Ritterkampf mit stumpfen Waffen eine Vorstufe des eigentlichen Turniers, das sich als spielerische Form einer Reiterschlacht charakterisieren lässt. Das Turnier muss aber auch in seiner militärischen Bedeutung gesehen werden, da es eine wichtige Funktion für das kollektive Training der Panzerreiter hatte.[18] Die einzelnen Panzerreiter mussten lernen, im Verband zu kämpfen und gleichmäßig gegen die feindlichen Linien vorzustoßen. Ähnliche Fähigkeiten wurden von den Rittern verlangt, wenn sie auf der Hetzjagd zu Pferd in geordneter Formation vorrückten und nach längerer Verfolgung das Wild stellten.

Das ritterliche Leben entfaltete sich im Hochmittelalter aber nicht nur in Turnieren, Jagdzügen und bei prachtvollen Hoffesten, sondern auch in anderen Bereichen.[19] Der Gebrauch von Wappen kam auf, und ihre Farben kehrten auf den Schutzdecken der Pferde wieder. Nicht nur die Kleider der Damen, sondern auch die der Ritter leuchteten in vollen Farben – farbenprächtige Bilder, die uns auf zahlreichen Miniaturen und Jagddarstellungen der Handschriften entgegentreten. All dies gehörte zum äußeren Rahmen der höfischen Kultur, in der Fest und Spiel einen großen Raum einnahmen. Zur ritterlich-höfischen Kultur des Hochmittelalters zählten auch Ritterepen und Minnelieder, deren Pflege der Selbstdarstellung der höfischen Gesellschaft diente und die daher an allen größeren Höfen nachweisbar sind.

Die Jagd an den Fürstenhöfen der Stauferzeit

Wie sehr die Jagd bereits im 12. Jahrhundert zu einem Bestandteil der ritterlichen Lebensform geworden war, erfahren wir indirekt aus der berühmten Schrift „De laude novae militiae“ Bernhards von Clairvaux zur Rechtfertigung der geistlichen Ritterorden.[20] In dieser in der Zeit um 1130 abgefassten Abhandlung stellt der Zisterziensermönch Bernhard die nova militia der Tempelritter scharf der militia saecularis der allgemeinen Ritterschaft gegenüber. Um den Unterschied hervorzuheben, werden die weltlichen Ritter in ihrer Lebensweise plakativ geschildert: Die Ritter lieben den farbenreichen Prunk, bedecken ihre Pferde mit seidenen Decken, bemalen ihre Schilde und schmücken Zügel, Steigbügel und Panzer mit Gold, Silber und Edelsteinen. In Bernhards asketischer Perspektive sind diese ritterlichen Äußerlichkeiten nur ornamenta muliebria, „weibischer Schmuck“. Dies gilt auch für die Kleidung der Ritter, die aus langen farbenprächtigen Gewändern besteht. Zu den vornehmen Beschäftigungen dieser weltzugewandten Ritterschaft gehörte die Jagd und insbesondere die kunstvolle Beizjagd mit Falken, was den Unwillen Bernhards erregte. In der Mitte des 12. Jahrhunderts war also die Jagd und vor allem die Beizjagd, die an die Jäger große Anforderungen stellte, zum ritterlichen Privileg und zum Lieblingssport des Adels geworden, sodass Bernhard von Clairvaux seine asketisch gesinnten Tempelritter ausdrücklich vor diesen Verlockungen warnte.

Eine enge Verbindung von Jagd, Rittertum und Fürstenhof bahnte sich im 12. Jahrhundert an, als die Fürstenhöfe zunehmend zu Kommunikationszentren der ritterlichen Gesellschaft wurden.[21] An den Höfen der Könige, Fürsten und Dynasten konzentrierten sich die kulturellen Ambitionen und Aktivitäten des Rittertums, und von ihnen gingen auch starke Impulse für die Gestaltung des allgemeinen ritterlichen Lebens aus. Hier bildeten sich die neuen Normen des höfischen Verhaltens, hier gewannen Bildung und Erziehung für die Ritter eine ganz neue Bedeutung. Der Blick auf einige Fürstenhöfe kann das Verhältnis von Jagd, Rittertum und höfischer Kultur einprägsam verdeutlichen.

In der Kontaktzone zwischen französischer und deutscher Ritterkultur spielte der niederlothringische Hof der Grafen von Hennegau im 12. Jahrhundert eine wichtige Rolle.[22] Giselbert von Mons beschreibt in seiner Hennegauer Chronik detailliert den Hof der Hennegauer Grafen, wo unter Graf Balduin, der 1168 seine Ritterpromotion erhält, eine vielfältige Ritterkultur aufblüht. Graf Balduin beteiligt sich intensiv an Turnieren und misst sich dort im Wettstreit mit zahlreichen Rittern aus Flandern und Frankreich.[23] Diese Turnierbesuche und die Abhaltung prachtvoller Hoffeste erfordern große Geldsummen, wie Giselbert sachverständig darlegt. Kostenträchtig ist auch die Jagdpassion des Grafen, die hohe Ausgaben für Hunde und Jagdbedienstete verursacht. Um die eigenen Kosten zu senken, beteiligt er Abteien und Klosterhöfe an der Unterbringung

Mitte des 12. Jahrhunderts betrieben Ritterschaft und Adel am liebsten die Beizjagd. Illustration aus dem „Marco Polo" aus dem 15. Jahrhundert

und Versorgung der Jagdhunde und Berufsjäger, soweit dies möglich ist. Die besondere Hochschätzung der Jagd am Hof der Grafen von Hennegau zeigt sich daran, dass in der Hennegauer Hoforganisation ein eigenes Hofamt für den Jägermeister (venator) geschaffen wurde.

Wenn wir unseren Blick auf den Kernraum des Stauferreiches richten, so stoßen wir in Süddeutschland auf das Herrschaftsgebiet des mächtigen Herzogs Welf VI., der im Umkreis seiner Herrschaftszentren Ravensburg und Memmingen eine fürstliche Stellung innehatte. Welf VI., ein Onkel Heinrichs des Löwen und zugleich Verwandter der Staufer, hatte bereits längere Zeit vor seinem Tod einen Großteil seiner Besitzungen an Kaiser Friedrich Barbarossa verkauft, um genügend Mittel für sein aufwändiges Hofleben zur Verfügung zu haben.[24] Der Verfasser der welfischen Hauschronik, der Historia Welforum, beschreibt eindringlich den Hof des Welfenherzogs, der nach dem Vorbild des Königshofes aufgebaut ist und einen Hofstaat mit den fünf Hofämtern des Truchsessen, Schenken, Marschalls, Kämmerers und Bannerträgers unterhält.[25] Ein eigenes Hofamt des Jägermeisters fehlt zwar in dieser Palette der Hofämter, doch nahm die Jagd am Welfenhof einen hohen Rang ein. In der Steingadener Fortsetzung der Welfengeschichte wird nämlich ausdrücklich erwähnt, dass Welf VI. nach dem Tod seines Sohnes im Jahre 1167 ein glänzendes Hofleben entfaltete, wozu neben Turnierveranstaltungen und Hoffesten auch besonders Jagdzüge gehörten. Nach dem Verlust seines geliebten Sohnes hatte Welf VI., wie der Welfenchronist hervorhebt, nur noch das Bestreben, „ein glänzendes Leben zu führen, dem Weidwerk zu obliegen, Tafelfreuden und anderen Lüsten zu frönen und durch Festlichkeiten und wahllose Vergabungen sich den Ruf der Freigebigkeit zu erwerben".[26] Für seine Gäste, Vasallen und ritterlichen Gefolgsleute veranstaltete er großartige Hoffeste, wie 1175 auf dem Gunzenlech in der Nähe von Augsburg.

Bei seinen Jagdkampagnen standen dem Welfenherzog in seinem Herrschaftsbereich ausgedehnte Jagdreviere zur Verfügung, wie vor allem der Altdorfer Wald in der Nähe von Ravensburg. In Oberschwaben, im Allgäu und in der gesamten Voralpenregion gab es im 12. Jahrhundert noch umfangreiche Waldgebiete, in denen die Jagdpassion Welfs VI. und seiner ritterlichen Gefolgsleute ein ausreichendes Terrain für großartige Jagdzüge fand. Neben der Jagd auf Hirsche und Wildschweine spielte anscheinend auch die Jagd auf Bären noch

Von der Burg Falkenstein im Bayerischen Wald fanden mitunter auch Jagdzüge auf Bären statt.

Der Mainzer Hoftag von 1184 wurde zu einem wichtigen Fest der deutschen Ritterschaft.

eine Rolle, wie wir aus den Nachrichten zu den Jagdverhältnissen der oberbayerischen Grafen von Falkenstein erfahren. Im Codex Falkensteinensis, dem Hausbuch der Falkensteiner aus der Zeit um 1170, wird nämlich das Inventar einiger Falkensteiner Burgen verzeichnet, zu dem neben Kriegsmaterial wie Brustpanzern, Helmen und Lanzen auch Jagdwaffen gehören.[27] Auf der Hauptburg Falkenstein lagerten z. B. 30 Spieße, die speziell für die Bärenjagd bestimmt waren.[28] Die Jagd auf Bären, die viel Mut und Geschicklichkeit erforderte, hatte demnach während des Hochmittelalters im Voralpengebiet noch eine gewisse Bedeutung.

Welches Gewicht hatte die Jagd am Hof der Stauferkönige im Zentrum des Deutschen Reiches? Was wissen wir von den Jagdverhältnissen am Hof Kaiser Friedrichs I.? Seitdem Friedrich Barbarossa sich 1156 mit Beatrix, der lebensfrohen burgundischen Fürstentochter vermählt hatte, strahlten kräftige Impulse der ritterlichen Hofkultur vom burgundischen Raum auf den staufischen Königshof in Süddeutschland aus.[29] Burgund lag nahe dem Königreich Frankreich und nahm im 12. Jahrhundert eine wichtige Mittlerfunktion zwischen französischer und deutscher Gesellschaftskultur wahr. Beatrix von Burgund war am Stauferhof offensichtlich die entscheidende Person, die über mehrere Jahrzehnte hinweg Elemente des französischen Rittertums nach Deutschland vermittelte und höfische Formen in Turnier, Dichtung und Hoffesten beeinflusste. Zu diesen höfischen Formen gehörten offenbar auch Aspekte der vornehmen ritterlichen Jagd mit Hunden und Beizvögeln.

Für Kaiser Friedrich I. selbst spielte die Jagd eine große Rolle, womit er sich in der Tradition seiner Vorgänger im deutschen Königtum befand. Die Bedeutung der Jagd im Leben Barbarossas kommt vor allem in einer Textpassage zum Ausdruck, die der Geschichtsschreiber Rahewin in den Gesta Frederici vorlegt und in der er ausdrücklich die außergewöhnliche Geschicklichkeit des Kaisers auf der Jagd und beim Schießen betont. Es heißt dort: „Wenn er die Jagd ausübt, steht er keinem darin nach, Rosse, Hunde, Falken und ähnliche Vögel abzurichten, zu prüfen und anzuwenden. Auf der Pirsch spannt er selbst den Bogen, nimmt die Pfeile, legt sie auf und schießt sie ab. Bestimme, was er treffen soll: was du bestimmst, trifft er."[30] Mögen einige Wendungen dieser Stelle toposartige Anklänge verraten, so scheinen sie doch auch persönliche Züge des Kaisers wiederzugeben.

Ähnlich wie die Karolingerkönige pflegte Friedrich I. in besonderem Maße die Wildparks und Tiergehege in der Nähe von bedeutenden Pfalzen. Dies wird in den Gesta Frederici anschaulich am Beispiel der Pfalz Kaiserslautern geschildert, wo der Kaiser sich persönlich um die Einrichtung eines großen Wildparks bemühte. Diese inmitten eines alten Reichsforstes gelegene Pfalz war in politischer Hinsicht dadurch gekennzeichnet, dass sie durch einen mächtigen Kranz von Burgen im näheren Umkreis geschützt war.[31] In den Gesta Frederici heißt es zum Wirken des Kaisers an diesem Pfalzort: „In Kaiserslautern hat er eine Königspfalz aus roten Steinen errichtet und mit nicht geringer Freigebigkeit ausgestattet. Denn auf der einen Seite hat er sie mit einer sehr starken Mauer umgeben, die andere Seite umspielt ein seeähnlicher Fischteich, der zur Weide der Augen wie des Gaumens alle Delikatessen an Fischen und Geflügel enthält. Daran stößt ein Park, der einer Fülle von Hirschen und Rehen Nahrung bietet. Die königliche Pracht all dieser Dinge und ihre Menge, die größer ist, als man sie schildern könnte, erweckt das Staunen der Beschauer."[32] Man darf vermuten, dass Friedrich I. in diesem ausgedehnten Wildpark der Pfalz Kaiserslautern auch großartige Schaujagden durchführte, wenn er hohe Gäste zu Besuch hatte. Bei derartigen Gelegenheiten wurde die Jagd zu einem turnierähnlichen Schauspiel, an dem offenbar auch die Damen als Zuschauer beteiligt waren.

Jagdveranstaltungen in Wildparks und Tiergehegen, die in der Nähe bedeutender Pfalzen angelegt worden waren, hatte es bereits in der Karolingerzeit gegeben, wie wir oben gesehen haben.[33] Neben den Jagdzügen in den großen Jagdrevieren, die sich in den Ardennen oder in den Forstgebieten südlich von Frankfurt befanden, betrieben die Karolingerkönige die Jagd auch auf eingefriedeten Flächen, die tierparkähnliche Gehege darstellten.[34] Solche als Brühl bezeichneten Anlagen scheinen sich im Nahbereich von bedeutenden Pfalzen wie Nymwegen und Ingelheim befunden zu haben oder standen, wie im Falle von Aachen vermutet wurde, in einer unmittelbaren Verbindung mit dem Pfalzgelände. Über diese karolingischen Wildgehege hat Karl Hauck in einer Studie eindringlich geforscht und alle wesentlichen Quellenstellen ausgewertet, die für ihre Existenz mit darin eingegatterten Wildtieren sprechen.[35] Zu den Schilderungen karolingischer Hofjagden in diesen Tiergehegen bei verschiedenen Dichtern und zu den festlichen, hofjagdähnlichen Veranstaltungen mit Repräsentationscharakter hat Lutz Fenske kritische Überlegungen angestellt und einige bedenkenswerte Einwände gegen die Überschätzung von Wildparkanlagen aus tierökologischer Sicht vorgebracht.[36] Brühle und Tiergehege hat es auch in nachkarolingischer Zeit, in der Epoche der Ottonen- und Salierkönige, gegeben, doch sind die schriftlichen Zeugnisse dazu äußerst dürftig. An diesen Vorbildern konnte sich der Stauferkönig Friedrich I. im 12. Jahrhundert offenbar orientieren, als er den erwähnten Wildpark bei der Pfalz Kaiserslautern einrichtete.

Der Mainzer Hoftag von 1184, der sich zu einem großartigen Fest der deutschen Ritterschaft mit dem Stauferkaiser entwickelte, war bekanntlich mit vielfältigen höfischen Elementen wie Festkrönung, Reiterspielen und Umzügen verbunden.[37] Von einer höfischen Jagdveranstaltung hören wir aber nichts; sie wäre angesichts der Lage des Tagungsortes in der Ebene vor der Stadt Mainz auch nur schwer durchführbar gewesen. Hoftage und Hoffeste, die in Pfalzen wie Aachen, Goslar oder Frankfurt stattfanden, waren bei besonderen Gelegenheiten auch mit aufwändigen Jagden verbunden. Hier wirkte offenbar die lange Tradition der fränkischen und deutschen Könige nach, in den bei den Pfalzen gelegenen Forsten bei Hoftagen und Festen großartige Jagden durchzuführen, wie es schon unter Karl dem Großen und Ludwig dem Frommen der Fall gewesen war.

Formen der höfischen Jagd im Hochmittelalter

Im Zusammenhang mit der skizzierten Bedeutung der Jagd an den Fürstenhöfen der Stauferzeit ergibt sich die Frage, in welchem Maße die höfisch-ritterliche Kultur auf die Jagd eingewirkt hat. Gibt es bestimmte Formen der Jagd, die sich im Hochmittelalter neu bildeten oder eine größere Bedeutung erlangten? Die neuen Formen der höfischen Jagd treten in dem oben erwähnten Tristanepos des Gottfried von Straßburg aus der Zeit um 1210 am deutlichsten hervor.[38] Tristan, der Prototyp eines höfischen Jägers, lehrt am Hof König Markes die hohe Kunst des Zerwirkens von erlegten Hirschen: die „bast“, die „furkie“ und die „curie“. Beim Bast wurde der Hirsch auf den Rücken gelegt und das Fell, die Decke, vom Kopf an abgeschärft. Dann wurden die Blätter, an denen je drei Rippen blieben, die Keulen, der hintere Teil des Rückens und die übrigen Rippen ausgelöst; ferner wurden auch Pansen und Gescheide entfernt.[39] Der Bast folgte die Furkie. An einem gegabelten Zweig (furke) wurden mit grünem Bast und dem Netz Leber, Nieren und andere Kleinteile befestigt. Aus französischen Schriften erfährt man, dass an die Gabel die Stücke des Wildes kamen, die

Ein guter Jäger musste auch die hohe Kunst des Zerlegens der Hirsche beherrschen. Buchmalerei aus Gaston Phébus Jagdbuch

Bei der Pirschjagd wurde in erster Linie die Armbrust als Schusswaffe genutzt. Buchmalerei aus Henri de Ferrières Jagdbuch

der Jagdherr für sich reservieren ließ. Da die Hirsche grundsätzlich vor der Brunft gejagt wurden, müssen die Hoden, die „zimeren", genießbar gewesen sein. Wahrscheinlich galten die Zimeren nach damaliger Auffassung als anregendes Potenzmittel für ältere Männer.

Die Curie gab den Hunden ihren Lohn. Herz, Lunge, Milz, Drossel, Pansen und Gescheide wurden in Stücke geschnitten und mit dem Schweiß, der sich beim Zerwirken auf der Decke angesammelt hatte, in gemischter Form den Hunden gegeben.[40] Der Kopf mit dem Geweih und Hals wurden abgetrennt. Die verbliebenen Teile des Hirsches wurden an die Sättel gebunden und zum Ausgangspunkt der Jagd, sei es eine Burg oder ein herrschaftliches Haus, zurückgebracht. Auf dem Rückweg ordneten sich die Jäger zu zweien in der Weise, dass die Träger von Geweih und Kopf den Anfang bildeten. Lautes Horngeschmetter verkündete den Burgbewohnern das Eintreffen der erfolgreichen Jäger. Derjenige Ritter, der den Hirsch erlegt hatte, durfte der Burgherrin einen Kuss geben, wie es in einigen Dichtwerken heißt.

Eine ausgezeichnete Quelle zur Hirschjagd im deutschen Bereich bildet der Traktat „De arte bersandi" aus dem frühen 13. Jahrhundert.[41] Der Verfasser dieser Schrift ist zwar nicht namentlich bekannt, doch muss es sich um einen Autor deutscher Herkunft handeln, der enge Beziehungen zum berühmten Hof Friedrichs II. unterhielt und exzellent mit dem deutschen Jagdbrauchtum vertraut war.[42] Der Verfasser beruft sich ausdrücklich auf die Jagdkenntnisse eines gewissen Guicennans, eines deutschen Ritters, der wegen seiner Kenntnisse auf allen Gebieten der Jagd berühmt sei und sich besonders in der Jagdkunst des Pirschens (in arte bersandi) auskenne, wie die großen Herren und Fürsten aus Deutschland, vor allem aber Jäger am Hof Kaiser Friedrichs II. bezeugen könnten. Bei der Pirschjagd handelt es sich um eine Drückjagd mit

Schusswaffen unter Verwendung von Vorsuchhunden, von berittenen Treibern und von Schützen zu Fuß. Waffentechnisch ist wichtig, dass die Schützen in erster Linie die Armbrust als Schusswaffe gebrauchen; Tristan zog dementsprechend mit Armbrust und Hund zur Jagd aus. Interessant sind auch die Hinweise zur Ausrüstung der Jäger und die Vorschriften über eine spezielle Jägerkleidung, wie sie am Hof Friedrichs II. üblich war. Von den Jägern werden im Übrigen gründliche Kenntnisse über die Behandlung von Jagdhunden, über die Pirschtechnik und das Brauchtum bei der Zerlegung von getöteten Hirschen verlangt. Außerdem sollen die Jäger das Jagdhorn auf alle Weisen, die für die einzelnen Jagdarten gelten, zu blasen verstehen.[43]

Die Pirschjagd wurde im Hochmittelalter offenbar bevorzugt in Deutschland betrieben, während in Frankreich die Hetzjagd, die „Überlandjagd", sehr verbreitet war.[44] Die unterschiedlichen Landschaftsbedingungen, die für beide Jagdarten von Bedeutung waren, müssen in diesem Zusammenhang bedacht werden. Die Pirschjagd eignete sich offenbar mehr für unwegsames Waldgelände, wie es in vielen deutschen Mittelgebirgsregionen vorhanden war. Diese Jagdart mit Bogen oder Armbrust war in dichten Wäldern ohne Schneisen und ausgebaute Wege äußerst schwierig und erforderte vor allem eine Anzahl erfahrener Treiber und Jagdhunde. Das Überlandjagen, die Verfolgung der Hirsche mit Hunden und Pferden so lang, bis sich das Wild erschöpft stellte, wurde offenbar zuerst in Frankreich verfeinert und galt dort im Hochmittelalter als edelste Art der Jagd auf Rotwild. Dieser Jagdform schenken daher die französischen Jagdschriftsteller des Spätmittelalters ihre größte Aufmerksamkeit und beschreiben sie detailliert in den Jagdbüchern. Über ihre Anwendung in Deutschland sind wir dagegen weniger gut informiert. Am eingehendsten wird diese Jagd bei Hadamar von Laber geschildert. Hadamar (ca. 1300–1354) war der Verfasser der „Jagd", einer im Mittelalter vielbeachteten Minneallegorie, die in Strophenform das Werben eines Mannes um eine Frau als Jagen nach einem edlen Wild darstellt.[45]

Dem Überlandjagen ging die Vorsuche voraus, durch die festgestellt werden musste, ob und wo für die Jagd geeignetes Wild vorhanden war.[46] In erster Linie ging es dabei natürlich um Rotwild, das über Land gejagt werden sollte. Mit dem Leithund am Riemen spürt ein erfahrener Jäger frühmorgens die Waldränder ab, um Hirsche ausfindig zu machen Der Leithund nimmt jede frische Fährte auf und verweist sie dem Jäger, der aus den verschiedenen „Zeichen" erkennen muss, welches Alter und welche Stärke der betroffene Hirsch hat.[47] In der Hauptsache erfolgt das Aufspüren des Hirsches nach der Fährte anhand der Losung und aufgrund verschiedener Spuren, die der Hirsch durch Anstoßen oder durch Schlagen mit seinem Geweih an Sträuchern und Bäumen hinterlässt. Der Suchjäger pflegt dann die Losung eines Hirsches, den er für jagdbar anspricht, in ein Gefäß zu legen und möglichst unbeschädigt zum Versammlungsplatz der Jäger mitzubringen. Dort wird sie dem Jagdherrn mit eingehendem Bericht vorgelegt, und dieser hat dann über den Befund zu entscheiden. Um alle Zeichen zu finden, lässt der Suchjäger den Leithund, sobald dieser eine besonders starke Fährte gefunden hat, am Riemen langsam nachziehen. Gleichzeitig prägt er sich die gefundene Fährte und alle ihre Besonderheiten ein, damit er sie später zuverlässig wiedererkennen kann. Auf hartem und stark bewachsenem Boden, auf dem sich die Tritte des Hirsches gar nicht oder nur ungenau abheben, ist der Führer ganz auf seinen Hund angewiesen. Der Leithund darf auch auf warmer Fährte niemals Laute von sich geben, sonst wird das Wild vorzeitig rege und flüchtet. Vor der Dickung macht der Jäger Halt und kennzeichnet die Stelle, an der der Hirsch eingewechselt ist. Anschließend begibt sich der Suchjäger zum Jagdherrn, um detailliert zu melden, was er vorgefunden hat.

Der Jagdherr trifft nun seine Anordnungen für die Jagd. Zunächst gilt es, die Hunde einzuteilen, wobei eine Meute während des Mittelalters in der Regel aus einem Leithund und 12 Jagdhunden bestand. Ein Teil der Hunde wird für die „Warten" bestimmt: Diese sind Posten, die rings um das Gelände, das die Jagd berührt, aufgestellt werden.[48] Sie haben eine doppelte Aufgabe: Zum einen sollen sie den Fluchtraum des Wildes einengen und zum andern ein Ausbrechen des Wildes in ein für die Jagd ungünstiges Gelände, vor allem auf ein fremdes Jagdgebiet, verhindern. Man ist dabei bestrebt, die Jagd innerhalb des Waldes abspielen zu lassen und das Wild vom freien Gelände abzuhalten. Den am Waldrand aufgestellten Warten gibt man gern Windhunde bei, die schon ermüdetes Wild stellen oder durch scharfe Hetze in den Wald zurücktreiben sollen. Da von diesen Außenposten oft der Erfolg der Jagd abhängt, werden sie von dem Jagdherrn zu größter Aufmerksamkeit ermahnt.

Mit ihren Hunden folgen die Jägerknechte dem Suchjäger, der mit dem Leithund die Fährte des für die Jagd bestimmten Wildes wieder aufnimmt.[49] Hat er den Hirsch erreicht, so ruft sein Horn die zunächst zurückgebliebenen Führer der Meute heran. Auf der warmen Fährte werden zuerst die alten erfahrenen Hunde gelöst, dann hetzt man auch die anderen Hunde hinterher. Die Jagdgesellschaft folgt zu Pferd den laut bellenden Hunden und feuert diese durch Schreien an. Schließlich bleibt der Hirsch ermüdet stehen und stellt sich den bellenden Hunden: Die Jäger können jetzt den Hirsch gezielt erlegen. Der Hirsch wird daraufhin an Ort und Stelle gemäß den genannten Gebräuchen der Bast, Furkie und Curie aus der Decke geschlagen und zerwirkt.

Höfische Elemente zeigten sich bei der Hirschjagd, der standesgemäßen Jagd des Adels und der Ritterschaft, sowohl hinsichtlich der strengen Regeln der allgemeinen Jagddurchführung als auch bei der Beachtung weidmännischer Gebräuche. Neben der Hirschjagd galt während der Stauferzeit vor allem die Beizjagd als vornehme höfische Jagd.[50] Beeinflusst durch die Kulturkontakte seit dem ersten Kreuzzug (1096–99) und durch die Berührungen der abendländischen Ritter mit den Ländern des Orients, wo die Kunst der Falkenbeize besonders gepflegt wurde, gelangte die Beizjagd an den Fürstenhöfen des 12. und 13. Jahrhunderts zu einer erstaunlichen Blüte. Diese exklusive Jagdart war keine Erwerbsjagd, sondern ein vornehmer Sport der ritterlichen Oberschicht, der eine lange Erfahrung und hohe Geschicklichkeit verlangte. Für dieses Jagdvergnügen eigneten sich am besten schnelle Falken, die sich hoch in die Lüfte erheben und von dort auf Beizwild niederstoßen konnten. Ausgerüstet mit angelernten kostbaren Falken zog die höfische Jagdgesellschaft hoch zu Pferd hinaus zur Beizjagd. Das Gelände sollte möglichst eben und übersichtlich sein, damit man die Luftkämpfe zwischen Falken und Beutevögeln besser beobachten konnte. Wenn sich geeignetes Beizwild zeigte, nahm man dem Falken die lederne Jagdkappe ab und ließ ihn auf das Jagdwild zufliegen. Die Jagdgesellschaft folgte mit gebannten Augen den Flugbewegungen des Falken, um jede Phase der aufregenden Kämpfe mitzuerleben. Über die Einzelheiten der Beizjagd und ihre Vorbereitungen unterrichtet am besten das berühmte Falkenbuch des Stauferkaisers Friedrich II., wie wir noch sehen werden.

In den Rechtsquellen des Hochmittelalters werden Fragen der Jagd nur an wenigen Stellen behandelt. Aufschlussreich ist ein Passus im rheinfränkischen Landfrieden von 1179: Friedrich I. erneuert damals auf einem Gerichtstag zu Weißenburg den Landfrieden und dekretiert, dass Jäger (venatores), die in der Volkssprache Weidmänner (weidelude) genannt werden, ebenso wie Kaufleute, Bauern und andere Gruppen unter einem besonderen Schutz stehen.[51] Davon ausgenommen sind aber diejenigen, die Schlingen legen und Fallen stellen. In diesem Landfrieden wird also klar zwischen schlechten und guten Jägern unterschieden: Das Fallenstellen bzw. Schlingenlegen gehörte sich nicht für weidmännisch ausgerichtete Jäger, die ausdrücklich als Weidmänner bezeichnet werden. Im Sachsenspiegel, dem wichtigsten deutschen Rechtsbuch aus der ersten Hälfte des 13. Jahrhunderts, werden einige Jahrzehnte später einige Vorschriften zum Schutz der königlichen Bannforste erläutert. Es heißt dort: „Doch gibt es im Land Sachsen drei Stellen, an denen bei Königsbann Frieden gilt für alle wilden Tiere, außer für Bären, Wölfe und Füchse. Diese Gebiete heißen Bannforste: der eine ist die Heide bei Koine, der zweite ist der Harz und der dritte die Magetheide. Wer in diesen Gebieten wilde Tiere fängt, der muss eine Geldstrafe in Höhe des Königsbanns, das sind sechzig Schillinge, zahlen" (Landrecht II, 61,2).[52] In den Bannforsten des Königs sind demnach alle Wildtiere mit Ausnahme von Bären, Wölfen und Füchsen, also des Raubwildes, unter Androhung schwerer Geldstrafen geschützt und dem König reserviert. Reitet jemand, wie weiter ausgeführt wird, durch den Bannforst, so sollen dessen Bogen und Armbrust ungespannt und seine Jagdhunde angekoppelt sein. Wenn ein gejagtes Stück Wild in den Bannforst flüchtet, darf der Jäger wohl nachfolgen, dabei aber weder das Jagdhorn blasen noch die

Hunde antreiben. Zum Schluss dieses Jagdkapitels heißt es: „Niemand darf beim Jagen und Hetzen die Saat betreten von der Zeit an, zu der das Korn Knoten angesetzt hat und aufschießen will" (Landrecht II, 61,5).[53] Hier werden klar die Schonzeiten angesprochen, die im Frühjahr für die Jäger im Hinblick auf die Getreidefelder der Bauern galten. Die Getreidefelder der Bauern waren demnach vom Monat Mai bis zur Ernte für die Jagd gesperrt.

Für den Adel und das hochmittelalterliche Rittertum hatte die Jagd nicht nur allgemein eine große Bedeutung, sondern spielte auch eine wichtige Rolle bei der Erziehung junger Adeliger und Ritter. Die Jagd sollte körperliche und geistige Fertigkeiten vermitteln, die im Alltagsleben des Adels und besonders bei der ritterlichen Waffenführung gefordert wurden.[54] Einerseits konnten die Jugendlichen bei der Jagd ihre Geschicklichkeit im Reiten üben, wenn sie zu Pferd an der Jagd auf Hirsche und Wildschweine teilnahmen und das Gelände durchritten. Andererseits trainierten sie auf der Jagd auch den Umgang mit Waffen; vom Bogenschießen über den Einsatz des Spießes bis zur Tötung der Wildtiere mit Schwert und Fangeisen erstreckten sich die Waffentypen, die bei der Jagd zum Einsatz kamen. Wie im Krieg wurden im Hochmittelalter auch bei der Jagd vorwiegend Spieß und Schwert, also Nahwaffen, verwendet. Bis in das Spätmittelalter hinein waren die Kriegs- und Jagdwaffen größtenteils identisch; erst im Laufe der Zeit wurden auch spezielle Stangen- und Griffwaffen nur für jagdliche Zwecke entwickelt, wie etwa das Bäreneisen, die Saufeder oder der Hirschfänger.[55] Fernwaffen wurden dagegen von den hochmittelalterlichen Jägern wenig benutzt. Den Pfeilbogen mieden sie, weil Schussweite und Durchschlagskraft der Pfeile wegen der geringen Spannkraft der damaligen Bögen für die Jagd ungenügend waren und der Pfeilbogen deshalb ebenso wenig Gewähr für ein sicheres Erlegen von Wild bot wie die von Hand geschleuderten Speere und Lanzen. Erst im Spätmittelalter fand mit der Armbrust, deren Geschossenergie dem Handbogen um das Drei- bis Zehnfache überlegen war, eine Schusswaffe größere Verbreitung im Jagdwesen.

Im Sachsenspiegel aus dem 13. Jahrhundert wurden Vorschriften zur Jagd festgehalten.

Auf der Jagd und besonders bei der Verfolgung von Hirschen war es für junge Ritter möglich, sich strategische Kenntnisse und Sicherheit im Gelände zu verschaffen und einzuüben.[56] All dies war bei Fehden und im Krieg von Bedeutung, da mittelalterliche Kriegsführung sich vor allem auf unregelmäßige Operationen und Taktiken stützte und eine gute Geländekenntnis von Vorteil war. Außerdem galt die Jagd im Mittelalter als eine Beschäftigung, die den Charakter positiv formte und gute Eigenschaften förderte: Sie trug dazu bei, den Verstand zu schärfen und die Aufmerksamkeit zu steigern, da der Jäger äußerst sorgfältig und geschickt vorgehen musste, um das Wild anhand von Losungen und Fährten zu erkennen und aufzuspüren bzw. die Jagdhunde auf die gefundene Fährte anzusetzen. Ferner konnten die jungen Knappen und Ritter auf der Jagd Mut beweisen und Erfahrungen in der Waffenführung sammeln, was für die Teilnahme an Kampfhandlungen als erforderlich galt. So hatte die Jagd im Hochmittelalter bereits für die Heranwachsenden eine wichtige Funktion in der Erziehung und als Vorübung für Kampf und Krieg.

Die herausragende Stellung der Hirschjagd im Spektrum der verschiedenen Jagdarten des Hochmittelalters tritt klarer hervor, wenn man zum Ver-

Für die Wildschweinjagd wurden Saufedern genutzt, um die Wildschweine zu erlegen. Buchmalerei aus Gaston Phébus Jagdbuch

gleich einen Blick auf die Jagdverhältnisse der vorangegangenen Epoche wirft. Im Frühmittelalter war nicht die Hirschjagd, sondern die Eberjagd am angesehensten und wurde im Kreis der Könige und Magnaten hochgeschätzt. Im Nibelungenlied, das zwar erst in der Zeit um 1200 aufgezeichnet wurde, aber in seinen wesentlichen Teilen in frühmittelalterlichen Verhältnissen und Lebensformen wurzelt,[57] ist die Jagd auf Wildschweine offensichtlich die vornehmste und für Heldentaten geeignetste Jagdart. Als sich der burgundische Königshof in Worms zu einem Jagdzug entschließt, lädt man die Hofgesellschaft und alle Gäste zu einer Schwarzwildjagd ein. Auf dieser Eberjagd wird Siegfried, der sich als erfahrener Jäger und heldenhafter Kämpfer bewährt, hinterlistig ermordet.

Auch in der Karolingerzeit gingen die Frankenkönige mit Vorliebe auf die Schwarzwildjagd und zeigten ihren königlichen Mut im Kampf mit angriffsbereiten Keilern, wie dies von Karl dem Großen und Ludwig dem Frommen berichtet wird.[58] Die Jagd auf Wildschweine war eine ausgeprägte Treibjagd: Die Wildschweine wurden mit schweren Hunden gehetzt, dann von der Meute gestellt und von den Jägern erlegt, wobei man sich des Schwertes, der Lanze oder des Sauspießes (Saufeder) bediente. Wichtig waren vor allem schwere Jagdhunde, die man zum Aufsuchen, Hetzen und Niederreißen der wehrhaften Wildschweine benötigte.[59]

Erst seit dem 11. Jahrhundert trat die Hirschjagd zusammen mit der vornehmen Falknerei bei Adel und Rittertum stärker in den Vordergrund. In allen Hauptländern West- und Mitteleuropas, die von der höfisch-ritterlichen Kultur geprägt wurden, kam der Hirsch als Jagdtier zu hohen Ehren. Dieser Wandel spiegelte sich auch in der Sprache, sodass im mittelhochdeutschen Wortschatz „edel wilt" ein gebräuchlicher Ausdruck für den Hirsch wurde.[60] In der Antike war der Hirsch noch ein bevorzugtes Symbol der Feigheit gewesen, so wie es in der modernen Sprache der Hase ist. Achilles verhöhnt in der „Ilias" Agamemnons Feigheit, indem er ihm das „Herz eines Hirschen" nachsagt.[61] Gestalten der antiken Literatur, die mit Hirschen und Hinden verglichen werden, sind entweder Feiglinge und Versager (Turnus in der „Aeneis", Penelopes Freier in der „Odyssee") oder unschuldige Opfer (Vergils Dido). In der hochmittelalterlichen Literatur wurde dem Hirsch jedoch erstmals eine Aura des Adels, ja sogar übernatürliche Hoheit angedichtet. Diese symbolische Erhebung in den Adelsstand als Edelhirsch war offenbar eine Folge des zunehmenden Alleinanspruchs des Adels auf das Privileg der Hirschjagd, das sich im 12. und 13. Jahrhundert allmählich durchsetzte.

In den Dichtungen und besonders in der Liebeslyrik wurden der Hirsch und Formen der Hirschjagd seit dem Hochmittelalter zu beliebten Metaphern für erotische Beziehungen. Der seiner Geliebten nachstellende oder den Schlingen des Begehrens sich entwindende Liebende der höfischen Gesellschaft – sie alle wurden in der Literatur des Hochmittelalters zu sinnbildlichen Hirschen und Jägern; seit dem 12. Jahrhundert wurden Geschichten und Gedichte von der Liebesjagd zu einem regelrechten literarischen Genre.[62] Insbesondere französische und deutsche Dichter erfanden vielfältige Allegorien der Liebesjagd und schöpften dazu alle erdenklichen Analogien zwischen der Liebe und der Jagd aus. In einigen dieser erotischen Parabeln verkörperte der unglückliche Hirsch den männlichen Part, der von den Pfeilen seiner geliebten Dame tödlich verwundet wurde. In anderen wurde die Dame das Opfer, das als gejagter Hirsch dargestellt wurde, wie in dem französischen Gedicht „Li dis dou cerf amoureus" aus dem 13. Jahrhundert.[63] Hier wird die geliebte Frau, der „Liebeshirsch", von allegorischen Hirschhunden namens „Wünsche", „Sehnen" und „Liebe" gehetzt und schließlich zur Strecke gebracht, woraufhin diese ihre Verfolgungsjagd mit einem symbolischen Festschmaus am Fleisch ihrer erlegten Beute krönen. Auch im Jagdepos „Tristan" des Gottfried von Straßburg sind eine Reihe von Stellen enthalten, die das erotische Verhältnis von Tristan und Isolde mit Jagdmetaphern und Hirschsymbolen schildern und ausschmücken.[64] Allegorien der erotischen Jagd fanden auch in der Malerei und Plastik ihren vielfältigen Ausdruck. Kunstgegenstände, die die Liebesjagd darstellen, wie illuminierte Handschriften, Miniaturmalereien, Elfenbeinarbeiten und Schatzkästchen, sind in großer Zahl überliefert und bezeugen noch heute die Popularität, die das Motiv der Liebesjagd in der höfischen Gesellschaft des Mittelalters und der nachfolgenden Zeit gehabt hat.[65]

Kaiser Friedrich II. verfügte über ein reiches Wissen über die Beizjagd.

KAISER FRIEDRICH II. UND DIE BEIZJAGD

Er verwandelte den Titel Majestät in ein Jagdamt und wurde, statt mit Waffen und Gesetzen geschmückt, von Hunden und schreienden Vögeln umgeben, vom Kaiser zum Jäger; das Zepter der Herrschaft vertauschte er mit dem Jagdspeer und ließ, die Rache an seinen Feinden hintansetzend, die Adler des Triumphes auf den Vogelfang los.“ Mit diesen Worten spottete der Biograph Papst Gregors IX., des größten und erbittertsten Gegners Friedrichs II., über die Jagdleidenschaft und die Falkenjagd des großen Stauferkaisers.[1] Die Beizjagd gehörte unbestritten zu den beliebtesten Tätigkeiten, denen Friedrich II., Kaiser des Deutschen Reiches und König von Sizilien, sich widmete, wenn es ihm seine Staatsgeschäfte erlaubten.[2] Reiste der berühmte Stauferherrscher umher, führte er häufig seinen Zoo mit sich: eine exotische Menagerie aus seltenen Tieren wie Elefanten, Leoparden, Panthern und Affen sowie weißen Gerfalken und anderen edlen Raubvögeln samt ihren arabischen Dompteuren und Falknern.[3] Die Faszination dieses Anblicks verfehlte nicht ihre Wirkung auf die staunenden Zeitgenossen, und die Chronisten versäumten es nicht, in ihren Werken gebührend davon zu berichten. Das spektakuläre Auftreten hatte für Friedrich II. sicherlich eine repräsentative Funktion und sollte den Glanz seiner Herrschaft zur Schau stellen, erfüllte aber auch einen praktischen Zweck: Der Kaiser war tatsächlich ein leidenschaftlicher Jäger und verzichtete auch auf Reisen nicht auf seine geliebte Falkenjagd.

Könige und Kaiser als Jäger auf Rotwild und Wildschweine hatte es im Frühmittelalter und in der nachfolgenden Zeit zwar häufig gegeben, doch war die leidenschaftliche Zuneigung eines Herrschers für die Falkenjagd, wie es bei Friedrich II. der Fall war, einigermaßen ungewöhnlich. Die Beizjagd zählte neben der Hirschjagd zweifellos zu den Jagdarten, die sich im Rahmen der ritterlich-höfischen Kultur des Hochmittelalters besonders intensiv entfalteten und bei Adel und Ritterschaft auf starken Zuspruch stießen.[4] Die Beizjagd gelangte an den französischen und deutschen Fürstenhöfen des 12. und 13. Jahrhunderts allgemein zu einer erstaunlichen Blüte und Verbreitung, sodass sich die Frage stellt, auf welchen Grundlagen und Voraussetzungen die Beizjagd und insbesondere die Falkenjagd, die in der Karolingerzeit offenbar nur eine geringe Bedeutung hatte, aufbauen konnte. War die vornehme Beizjagd ein Kulturgut aus dem Orient, das durch die Berührung der abendländischen Ritter mit den orientalischen Völkern nach Europa gekommen war, oder konnte die Beizjagd auf autochthone Jagdtraditionen im mitteleuropäischen Raum aufbauen?

Herkunft und Entwicklung der Beizjagd

Über den Ursprung der Jagd mit abgerichteten Raubvögeln sind viele kontroverse Ansichten geäußert worden, ohne dass bisher eine klare Lösung dieser Frage gefunden wurde. Wahrscheinlich ist die Beizjagd im Raum des mittleren Asien entstanden, wo sie bei den dortigen Völkern früh verbreitet war, da sie als Jagdform für weite Steppen besonders geeignet war. Die ältesten Zeugnisse deuten darauf hin, dass sie vor allem von den Führungsschichten dieser Völker praktiziert wurde, wie z. B. bei den Hethitern.[5] Vom 8. Jahrhundert v. Chr. an lässt sich die Ausbreitung der Beizjagd besser verfolgen. Durch die Begegnung der Skythen, Meder und Perser wurde einerseits der Iran mit der Beizjagd bekannt, andererseits der Raum bis zum Indus beeinflusst. Im griechischen Kulturkreis gibt Ktesias, der um 400 v. Chr. als Arzt am persischen Hof lebte, einige Nachrichten über die Jagd mit abgerichteten Raubvögeln bei einem indischen Volk.[6] Gemäß seinem Bericht wurden Raubvögel zu dieser Jagd angelernt, indem man Hasen und andere Tiere vor ihnen laufen ließ, denen Fleischstücke auf den Rücken gebunden worden waren, und die Vögel nach diesen stoßen ließ. Da Ktesias die Beizjagd als merkwürdige Besonderheit erwähnt, war sie damals bei den Persern, die sie später leidenschaftlich betrieben, wahrscheinlich noch unbekannt. Wenig verlässliche Nachrichten gibt es auch darüber, wann die Araber, die späteren Lehrmeister des mittelalterlichen Abendlandes, die Beizjagd übernommen haben.

Ungewiss ist auch, ob die Römer in der klassischen Zeit die Falknerei, die ihnen als Jagdmethode sicherlich bekannt war, praktisch ausgeübt haben. Da das Römische Reich die Ränder der asiatischen Steppen berührte, haben sie vermutlich von den unterschiedlichen Jagdformen der unterworfenen Völker Kenntnis erhalten. 107 n. Chr. wurde Dakien, das heutige Rumänien, römische Provinz; Dakien aber grenzte an das Gebiet der Sarmaten, denen die Beizjagd offenbar schon lange vertraut war.[7] Im 4. und 5. Jahrhundert erscheint die Beizjagd dann plötzlich bei mehreren spätantiken Schriftstellern: Nach ihnen war sie ein beliebtes und verbreitetes Vergnügen des Adels im südlichen Gallien. Den Geistlichen, die ebenfalls von dieser Jagdform begeistert waren, wurde allerdings auf der Synode zu Agde im Jahre 506 verboten, Jagdhunde und Falken zu halten.[8]

Seit wann und in welchem Ausmaß war die Beizjagd bei den germanischen Stämmen vertreten? Jacob Grimm, der bei seinen sprachwissenschaftlichen und kulturhistorischen Forschungen die germanischen Grundlagen der deutschen Kultur aufdecken wollte, nahm an, dass die Beizjagd ein uralter Brauch der Germanen gewesen sei.[9] Diese These ist aber eine reine Spekulation, denn es spricht einiges dafür, dass die Germanen die Beizjagd von den Kelten, die sich besonders mit der Abrichtung von Tieren befassten, übernommen haben. Wahrscheinlich haben die germanischen Stämme, deren Lebensverhältnisse in den Volksrechten (Leges) ihren Ausdruck gefunden haben, zunächst vor allem Habicht und Sperber als Beizvögel gekannt; erst später dürfte der Falke dazugekommen sein. Der Pactus Legis Salicae (6. Jh.) enthält Bußbestimmungen für den Diebstahl von Jagdhunden und Beizvögeln, was darauf hinweist, dass neben der allgemeinen Jagd bei den Franken auch die Beizjagd ausgeübt wurde.[10] Die Bewertung der Beizvögel erfolgt in den Leges im Allgemeinen nach dem Zweck, dem sie infolge Abrichtung und natürlicher Veranlagung dienen konnten, bzw. nach dem unterschiedlichen Nutzen, den sie jeweils dem Jäger brachten. Die Beizvögel verschaffte man sich, indem man die Jungvögel dem Horst entnahm, sie aufzog und abrichtete. Das Recht an den jungen Raubvögeln sicherte man sich dadurch, dass man sein Eigentumszeichen am entdeckten Horstbaum anbrachte. Von einem Fang alter Vögel zur Beize berichten die frühmittelalterlichen Quellen nichts. Im Frankenreich der Karolinger wurde die Beizjagd zwar betrieben, doch scheint sie neben den anderen Jagdformen keine herausragende Bedeutung gehabt zu haben. Karl der Große war ein passionierter Jäger, der regelmäßig große Jagden veranstaltete, sofern es seine Regierungsgeschäfte und Kriegsunternehmungen erlaubten. Auffällig ist jedoch, dass wir nirgends hören, der mächtige Kaiser habe sich intensiv der Beizjagd gewidmet. Viele Jagdreviere, die er im Nahbereich einiger Pfalzen aufsuchte, waren für die Falkenjagd offenbar wenig geeignet.[11] Anscheinend hat er der Beizjagd nur geringe Aufmerksamkeit geschenkt, obgleich Falkner zum königlichen Jagdpersonal gehörten und es am Königshof neben vier Oberjägern einen Falkenmeister (falconarius) gab, der die Oberaufsicht über alle Falkner innehatte.[12]

Gemäß dem Capitulare de villis sollten die Amtleute den Wildbestand in den Wäldern und Forsten des Königs sorgsam pflegen, wozu auch die potentiellen Beizvögel gehörten: „Auch muss man Jagdfalken und Sperber für unseren Gebrauch abrichten“ (similiter acceptores et spervarios ad nostrum profectum praevideant).[13] Von der Ausübung der Beizjagd in der nachfolgenden Ottonenzeit erfährt man nur gelegentlich bei besonderen Vorkommnissen. Thietmar von Merseburg berichtet in seiner Chronik, dass unter der Regierung Heinrichs II. im Jahre 1013 Bischof Arnulf von Halberstadt auf Einladung der Äbtissin Hedwig nach Gernrode zu einem Gastmahl gekommen sei. Als er nach der Messe die Kirche verließ, um einen kurzen Spaziergang zu unternehmen, sah er einen Geistlichen mit einem Falken auf der Faust. Da dies den kanonischen Gesetzen widersprach, ließ der Bischof den Geistlichen festnehmen und bestrafen.[14] Thietmars Bericht vermittelt uns hier ein aufschlussreiches

Die Beizjagd ist vermutlich im Raum des mittleren Asien entstanden. Persische Miniatur aus dem 16. Jahrhundert

Schon im byzantinischen Reich war die Beizjagd weit verbreitet. Gemälde über den Einzug in Konstantinopel aus dem 19. Jahrhundert

Bild von der unbeschwerten Freude der damaligen Geistlichkeit an Jagd und Falknerei.

Die Beizjagd wurde auch im byzantinischen Reich gepflegt, und zwar nicht nur bei den Kaisern, sondern auch beim Adel und breiten Bevölkerungsschichten. Während die Quellen der frühbyzantinischen Zeit keine systematischen Nachrichten über diese Jagdart enthalten, bieten die Zeugnisse der spätbyzantinischen Zeit reicheres Material. Kaiser Andronikos II. (1282–1328) widmete sich mit Leidenschaft der Falkenjagd; mehr als 1000 Falken soll er sich für dieses Jagdvergnügen gehalten haben.[15] Ein großes Aufgebot von Jagdhelfern war mit der Pflege der verschiedenen Raubvogelarten beschäftigt, um jederzeit genügend Beizvögel zur Verfügung zu haben. Inwieweit die byzantinischen Jagdverhältnisse durch Impulse aus den benachbarten orientalischen Ländern beeinflusst wurden, ist schwer einzuschätzen. In den islamischen Ländern des Vorderen Orients stand die Beizjagd schon im Frühmittelalter in hohem Ansehen und wurde von den Führungsschichten eifrig betrieben. Während man im Iran den Habicht und den Wanderfalken bevorzugte, jagten die Araber vom Irak bis zum Maghrib vor allem mit dem Würgefalken und dem Sperber.[16]

Zahlreiche Traktate aus dem Früh- und Hochmittelalter unterrichten uns über die vielfältigen Techniken der orientalischen Beizjagd. Hier im Orient erkennt man auch eine wichtige Region, die auf Kaiser Friedrich II. und sein berühmtes Falkenbuch einwirkte.

Das Falkenbuch Friedrichs II.

Friedrich II. (1194–1250) schrieb mit seinem Werk „De arte venandi cum avibus" zweifellos die umfassendste Monographie, die je über die Falkenjagd vorgelegt wurde.[17] Wie kam dieser bedeutendste Herrscher des 13. Jahrhunderts dazu, sein Hauptwerk gerade über die Falknerei abzufassen? Für Friedrich II. war die Falkenjagd mehr als nur ein adliger Zeitvertreib, dem sich im Mittelalter auch Könige hingaben. Sie war für ihn in erster Linie eine Strategie zur Erforschung der Natur, die er als eine ernsthafte Wissenschaft verstand und betrieb.[18] Wie der Titel seines Werkes bereits besagt, betrachtete Friedrich die Falkenjagd als eine Kunst (ars). Jagen kann man, wie Friedrich darlegt, mit Netzen und Fallen, mit Pfeil und Bogen, mit Hunden oder mit anderen Vierbeinern. Die Jagd mit Falken aber ist in seinen Augen die edelste und auch schwierigste, denn sie erfordert größere Kunstfertigkeit, Erfahrung und Wissen als die Dressur von Hunden, die dem Menschen eher nahestehen.[19] Die Schwierigkeit bestehe vor allem darin, dass die Raubvögel ihrer Natur nach am weitesten vom Menschen entfernt seien. Außerdem seien vierfüßige Tiere an die Erde gebunden und deshalb leichter einzufangen und zu zähmen als Raubvögel, die davonfliegen.

Die Falken können demnach nicht mit Gewalt, sondern nur durch den Scharfsinn (ingenium) des Menschen seiner Herrschaft unterworfen werden. Die Falkenjagd ist daher nicht nur eine schwierige Jagdart, sondern zugleich eine Herausforderung an den Menschen, die Natur zu beherrschen. Friedrich verstand die Falknerei als ars, als Wissenschaft, die nicht speziell die Praxis der Falkenjagd umfasste, sondern auf die Naturwissenschaft im Allgemeinen ausgerichtet war.

Illustration aus Friedrichs II. Falkenbuch „De arte venandi cum avibus"

Das Falkenbuch Friedrichs entstand im Kontext eines reichen kulturellen Lebens, das sich seit den zwanziger Jahren des 13. Jahrhunderts am sizilianischen Hof des Kaisers entfaltete.[20] Viele Dichter, Künstler und Gelehrte waren daran beteiligt, aber Mittelpunkt und Anreger war zweifellos der Kaiser selbst. Zu den Leistungen des Kaisers gehört sicherlich die Tatsache, dass an seinem Hof die italienische Dichtersprache geschaffen und gefördert wurde. Starke Impulse verdankten ihm auch die Architektur und die bildende Kunst; Bauten wie das Brückentor von Capua oder das Jagdschloss Castel del Monte sind in ihrer herausragenden Originalität kaum anders zu erklären. Der Kaiser ließ außerdem antike Skulpturen sammeln und von seinen Bildhauern nachahmen. In wissenschaftlicher Hinsicht besaß Friedrich II. erstaunliche Kenntnisse und war erfüllt von einem ungewöhnlichen Erkenntnisdrang auf allen Gebieten, wovon auch sein Falkenbuch an vielen Stellen geprägt ist. Wissensdurst verrieten auch die Fragen metaphysischen Inhalts, die der Kaiser an verschiedene arabische Gelehrte verschicken ließ. Im Mittelpunkt seiner Interessen standen jedoch nicht philosophische Fragen, sondern die exakten Wissenschaften Mathematik und Physik sowie Medizin und Zoologie.

Die Abfassung des Falkenbuches, in dem sich Friedrichs Jagdpassion fruchtbar mit seinen wissenschaftlichen Neigungen verband, erforderte offenbar mehr als dreißig Jahre der Vorbereitung.[21] Wann immer möglich, beschäftigte er sich in der Vorbereitungszeit mit seinem Projekt und sammelte praktische Erfahrungen.[22] Von weit her und unter großen Kosten zog er Experten an seinen Hof, um von ihrem Wissen zu profitieren. Zu ihnen zählten jene sachkundigen Ägypter, die ihm demonstrierten, dass die Sonne Apuliens tatsächlich Straußeneier ausbrüten konnte. Falkner aus England fragte er voll Wissensbegierde nach den Gründen für gewisse, in ihrer Heimat übliche Abrichtungsmethoden. Ebenso gründlich und kritisch befasste er sich mit speziellen Techniken, die ihm aus Spanien oder Arabien bekannt wurden. Die Monate des Kreuzzuges in Palästina (1228) nutzte der Kaiser auch intensiv zu Diskussionen mit den Fachleuten des Orients. Bei solchen Gelegenheiten hörte er offenbar von dem Brauch der Armenier, bestimmte Techniken bei der Abrichtung der Falken auf Kraniche anzuwenden. In jenen Tagen des Orientaufenthaltes sandten ihm einige islamische Herr-

Für sein Falkenbuch befragte Friedrich II. Experten von weit her.

Ein Ritter bei einem Bad während der Falkenjagd. Illustration aus Friedrichs II. Falkenbuch

scher sogar ihre kundigsten Falkner mit allen Arten von Vögeln; begierig ließ er sich in die unter ihnen verbreiteten Verfahren einweihen und die Anwendung der ihnen vertrauten Hilfsmittel und Geräte erklären.

Auf welche schriftlichen Vorlagen konnte Friedrich bei seinem Falkenbuch zurückgreifen? Das wenige, was in dem umfangreichen, um 1130 konzipierten Dialog des Adelard von Bath zur Falkenkunst in Friedrichs Buch Verwendung fand, gehörte zum damaligen Allgemeinwissen über Falknerei. Ähnlich verhält es sich mit den Berührungspunkten seines Werkes mit der damaligen Fachliteratur, die in lateinischer oder arabischer Sprache vorlag.[23] Diese Falkentraktate befassten sich vorwiegend mit den häufigen Krankheiten der Jagdvögel und ihrer Heilung, weniger grundsätzlich mit der Falknerei. Darüber hinaus sind vor allem zwei Abhandlungen zu nennen, die wohl im Umkreis König Rogers II. von Sizilien und seines Sohnes Wilhelm I. entstanden sind und wahrscheinlich auf Friedrichs Falkenbuch einwirkten: der sogenannte „Dancus rex" aus der Feder eines Anonymus und die kleine Schrift des Guillelmus Falconarius.[24] Beide Texte begegnen uns nämlich in einer ganzen Reihe von Handschriften zusammen mit zwei weiteren jagdkundlichen Schriften jener Zeit. Deren eine, der sogenannte Moamin, wurde auf Friedrichs Ersuchen aus dem Arabischen übersetzt, während die andere Arbeit mit dem Titel „De arte bersandi" von der Jagd auf Rotwild handelte und von einem Jäger am Hofe Kaiser Friedrichs verfasst wurde.[25] Vor allem diese vier Werke wirkten in unterschiedlichem Maße auf das große Falkenbuch ein, das in zwei Fassungen überliefert ist.

Wichtig ist vor allem die Vatikanische Handschrift, die durchgehend illuminiert ist und zahlreiche Miniaturen zur Falkenjagd und Vogelwelt enthält.[26] Beeindruckend ist in diesem Werk die lebensnahe Darstellung der Vögel und ihrer Umwelt: Naturgetreu werden die verschiedenen Vogelarten in ihrer spezifischen Umgebung wiedergege-

ben, während Landschaften eher traditionell und schematisch gemalt sind. Die dargestellten Falkner unterscheiden sich in ihrem Gesichtsausdruck kaum voneinander, allenfalls differenziert nach der jeweiligen Farbenpracht ihrer Kleidung. Diese Miniaturen unterstreichen den Eindruck, dass es sich bei dem Falkenbuch weniger um ein schöngeistiges Buch handelt, sondern vielmehr um ein Fachbuch, das belehren soll und dessen Anschaulichkeit Vorrang vor der Ästhetik hat. In ihrer Präzision übertreffen einige Bilder der Vatikanischen Handschrift sogar den Text selbst, indem sie dessen Informationsgehalt erweitern. Das Falkenbuch ist also nicht nur ein technisches Handbuch für Falkner, sondern gleichzeitig ein Lehrbuch der Ornithologie.

Das erste der sechs Bücher des kaiserlichen Falkenwerks ist vor allem der allgemeinen Vogelkunde gewidmet. Zunächst teilt Friedrich die Vögel in Wasser-, Land- und Sumpfvögel ein, sodann in raubende und nichtraubende. Schließlich behandelt er die unterschiedliche Nahrung der Vogelarten, die Wanderung der Zugvögel, die unterschiedliche Anatomie der Vögel, die Vermehrung der Vögel sowie deren Angriffs- und Verteidigungsformen. Im zweiten Buch beschreibt Friedrich zunächst den Gerfalken, den er besonders schätzt, da er größer und schneller ist als die anderen Falkenarten, darüber hinaus besonders selten und darum umso wertvoller war, ferner den Sakerfalken, den Wanderfalken sowie den Lannerfalken. Ist die eigentliche Jagd mit dem Falken bereits eine große Kunst, so ist es eine noch größere Kunst, dem Falken beizubringen, jedes Mal wieder zu den Menschen zurückzukehren. Dies ist der Hauptinhalt des dritten Buches. In den restlichen drei Büchern lehrt Friedrich die verschiedenen Jagdarten mit den jeweils dafür geeigneten Falken: die besonders noble Kranichjagd mit dem Gerfalken (4. Buch), die Reiherjagd mit dem Sakerfalken (5. Buch) und die Bruchbeize mit dem Wanderfalken (6. Buch). Klar und sachkundig, aber auch mit spürbarer persönlicher Anteilnahme schildert Friedrich die für jede von ihnen charakteristischen Bedingungen, Mühen und Risiken.

Friedrich II. ging selbst in politischen Krisenzeiten noch auf die Jagd.

Des Autors beharrliches Ringen um Logik des Aufbaues, inhaltliche Zuverlässigkeit und Vollständigkeit der Stoffbewältigung wird verständlich, wenn man den von ihm selbst formulierten hohen Anspruch an sein Unternehmen bedenkt. Die „Kunst mit Vögeln zu jagen", also die Beizjagd, ist für ihn eine Wissenschaft, ein Teilbereich der sieben scientiae mechanicae. Zu ihnen gehörten im Sinne Hugos von St. Viktor die nach dem Vorbild der artes liberales gegliederten technisch-handwerklichen Fächer, nämlich neben der Medizin und dem Ackerbau auch die Jagd (venatio).[27] Der hohe Rang der Beizjagd ergab sich für Friedrich aus der wissenschaftlichen Vorgehensweise, ohne die sich die ihr eigenen, besonderen Schwierigkeiten nicht lösen ließen. Eher am Rande brachte er daneben das Argument ins Spiel, dass sie vorwiegend von Adeligen betrieben werde, was zusätzlich für ihre außerordentliche Würde spreche.[28]

In der Zoologie des Mittelalters stellt Friedrichs Falkenbuch eines der wichtigsten Werke dar; es übertrifft die Zoologie des Aristoteles sogar an Präzision und Ausführlichkeit. In der Falknerei gilt das Falkenbuch als ein Pionierwerk, das bis heute gültig und auch nicht überholt ist.[29] Viele Verhaltensweisen der Vögel, die Friedrich beobachtet und beschrieben hat, wurden erst im 20. Jahrhundert von Konrad Lorenz und anderen Verhaltensforschern bestätigt und weiterentwickelt.[30] Aber dennoch hatte das Falkenbuch auf die Entwicklung der Naturwissenschaft des Spätmittelalters wenig Einfluss. Die große, enzyklopädisch angelegte Naturgeschichte des Albertus Magnus lief ihm den Rang ab und war auch weiter verbreitet.[31]

Kaiser Friedrich II. als Jäger

War Kaiser Friedrich II. auch ein aktiver Jäger? Inwieweit beruhten seine literarischen Aussagen zur Beizjagd und zu anderen Jagdarten auf praktischen Jagderfahrungen? Wie sehr Friedrich die Jagd als ein Mittel der Zerstreuung und Erholung schätzte, wird deutlich, wenn man beispielsweise seine im Registerfragment von 1239/40 überlieferten Mandate überprüft.[32] So fand er in jenen Monaten intensiver politischer Aktivität noch Zeit, von Oberitalien aus Anweisungen zur Bekämpfung der Wölfe und Füchse zu geben, die im königlichen Jagdrevier von Milazzo in der Nähe von Messina überhandnahmen und den übrigen Wildbestand gefährdeten. Ein wenig später erlassenes Mandat sicherte dem mit seinen Jägern in der Capitanata und um Melfi beschäftigten Jägermeister eine angemessene Bezahlung und Ausrüstung; ein anderes Mandat bemühte sich, die zur Jagd geeigneten Wälder in der Umgebung von Bari unter den Schutz des königlichen Forstbannes zu stellen. Eine scharfe Anordnung wurde ferner gegen jene Einwohner der Stadt Eboli erlassen, die verbotenerweise im nahe gelegenen Königsforst gejagt hatten.

Mit besonderer Aufmerksamkeit kümmerte sich der Kaiser auch um seine Jagdschlösser; er sorgte sich um ihre angemessene Ausstattung, ihren Unterhalt und ihre Instandsetzung.[33] In der Capitanata und in der Umgebung von Melfi, seinen besonders geliebten Jagdbezirken, standen sie ihm zahlreich zur Verfügung. Es handelte sich hier um Einrichtungen von unterschiedlichem, bisweilen bescheidenem Zuschnitt, vereinzelt aber auch um großartige Anlagen, zu denen ein stattliches Herrenhaus sowie eine ganze Reihe von Nebengebäuden, Stallungen und Scheunen gehörten; manchmal waren sie auch mit einem Tiergehege, einem Falkenhof oder einem Gestüt verbunden. Friedrichs Zeitgenossen registrierten selbstverständlich das starke kaiserliche Interesse für alles, was mit der Jagd zusammenhing. Ganz folgerichtig blieb auch der geistliche Tadel für seine Jagdpassion nicht aus, wie die bereits erwähnte Kritik aus der Umgebung des Papstes Gregor IX.[34] Wiederholt befahl der Kaiser auf seinen Reisen, ihm Hunde und Leoparden, Habichte und Sperber sowie vor allem Falken aus dem sizilischen Königreich nachzusenden. Zuweilen enthalten seine Mandate auch genaue Angaben darüber, unter welchen Umständen die angeforderten Tiere an ihn selbst oder etwa an seinen Sohn Enzio gelangen sollten.

Friedrichs Jagdleidenschaft war es schließlich, die seine einzige schwere militärische Niederlage verschuldete, und zwar am 18. Februar 1248 in Parma.[35] Mehrere Monate hatte der Kaiser die feindlich gesinnte Stadt belagert, doch in einem günstigen Moment gelang es den Bewohnern, zu einem Gegenschlag auszuholen und das kaiserliche Lager zu stürmen: Friedrich II. befand sich gerade zusammen mit seinem Sohn Manfred und anderen Getreuen auf der Falkenjagd. Nicht nur der wertvolle Kronschatz wurde erbeutet, sondern auch das Falkenbuch Friedrichs, das ein Mailänder Bürger namens Guilielmus Bottatius dem unbekannten Plünderer aus Parma abhandelte. Jener Bottatius schenkte es 1264/65 Karl von Anjou, der sich gerade anschickte, nach Italien aufzubrechen, um das staufische Erbe anzutreten.[36]

Die Beizjagd in der Stauferzeit

Die Beizjagd trat allgemein seit dem 12. Jahrhundert stark hervor, was nicht allein das berühmte Falkenbuch Friedrichs II., sondern auch eine Reihe weiterer Falkentraktate bezeugen. Diese starke Verbreitung von Schriften zur Beizjagd ist ein sichtbares Indiz dafür, dass gerade die Falknerei als höchste Jagdform der höfischen Gesellschaft eine zunehmende Bedeutung erlangte.[37] Sie wurde nicht nur am sizilischen Königshof, sondern an fast allen Fürstenhöfen Europas gepflegt, sodass sich ein lebhafter Handel mit Beizvögeln entwickelte, der vor allem von umherziehenden Falknern betrieben wurde.[38] Die Fürsten vieler Länder schickten ihre Händler und Falkner aus, um sich mit erlesenen Beizvögeln zu versorgen. Hauptausfuhrländer waren die Niederlande, Norwegen, Dänemark, Island und das Deutschordensland. Beizvögel bildeten wertvolle Geschenke, die Könige und Fürsten einander machten; mit Falken konnte man die Gunst mächtiger Herren, aber auch schöner Frauen gewinnen. Friedrich II. war an diesem Falkenhandel ebenfalls intensiv beteiligt und bemühte sich, vorzügliche Falken und Sperber für sein kaiserliches Jagdvergnügen zu erwerben. In seinen Mandaten ging es Friedrich auch um das Einfangen von jungen Sperbern und Falken in seinem Königreich sowie um die Beschaffung einer ausreichenden Zahl von Kranichen für die Falkenaufzucht.[39]

Die hohe Geltung der Beizjagd spiegelt sich in der Stauferzeit nicht nur in den Falkentraktaten und in historischen Quellen, die wir vom Kaiserhof in Sizilien und von anderen Fürstenhöfen besitzen, sondern auch in vielen dichterischen und bildlichen Zeugnissen jener Epoche. Jagdszenen mit Falken finden sich zusammen mit Darstellungen zur Jagd auf Rotwild in zahlreichen epischen und lyrischen Werken;[40] in den bildlichen Quellen werden die verschiedenen Formen der Jagd und die dazugehörigen Jagdutensilien detailliert dargestellt.[41] Eine Zeichnung aus Heiligenkreuz, die im frühen 13. Jahrhundert entstanden ist, stellt dem beschaulichen, kontemplativen Leben des Geistlichen, symbolisiert durch Buch und Taube, das aktive, kämpferische Leben des Ritters gegenüber: Der Ritter reitet stolz daher, wird von einem Jagdhund begleitet und trägt auf der Hand den Falken, der auch in anderen Darstellungen als Symbol des ritterlich-höfischen Lebens in Erscheinung tritt.[42] In den berühmten Miniaturen der Manessischen Liederhandschrift werden die verschiedenen Jagdarten in ihrer jeweiligen Ausprägung abgebildet: die Hirschjagd, die Schwarzwildjagd, die Bärenjagd und insbesondere die Beizjagd mit dem Falken oder dem Sperber.[43] Die Wände mancher Burggemächer und Patrizierhäuser waren offenbar schon im Hochmittelalter mit farbenprächtigen Jagdszenen geschmückt, doch

sind aus jener Epoche nur wenige Darstellungen erhalten geblieben. Erst aus dem Spätmittelalter sind zahlreiche Jagddarstellungen in Bildern, Miniaturen und Buchillustrationen überliefert, und selbst auf Grabmälern werden Ritter und Damen gern mit Falken und Hunden abgebildet.[44]

Bei der Beizjagd wurde zwischen der Jagd mit dem niederen und der mit dem hohen Flug unterschieden.[45] Die einfachere Jagd mit dem niederen Flug, die vorwiegend mit dem Habicht ausgeübt wurde, ist wahrscheinlich die ursprünglichere. Dort konnte man mit dem Habicht beträchtliche Beute machen, wenn man den Vogel auf niedrig über dem Boden streichendes Flugwild oder auf Hasen losließ. Weit kunstvoller und spannender war dagegen die Beizjagd mit hohem Flug; sie war keine Erwerbsjagd, sondern ein vornehmer Sport. Für diese Jagdart eigneten sich die schnellen Falkenarten, die auch im Falkenbuch Friedrichs II. ausführlich behandelt werden. Der Falke wurde auf hochfliegendes Beizwild geworfen, das er überstieg, um es von oben niederstoßend zu Boden zu bringen. Als günstigste Zeit für die Beizjagd galten Sommer und Herbst. Auf Reiher, das beliebteste Beizwild für die Jagd mit dem hohen Flug, wurde vor allem im Juni gejagt, wenn die jungen Reiher flügge geworden waren. Mit dem Falken auf der Faust zog die Jagdgesellschaft in der Regel hoch zu Ross hinaus zur Beizjagd, an der Herren und Damen in gleichem Maße beteiligt waren.

Das Gelände sollte möglichst eben und übersichtlich sein, damit man den Kampf am Himmel gut beobachten und schnell nachreiten konnte. Wenn sich geeignetes Beizwild zeigte, nahm man dem Falken die lederne Jagdkappe ab und drehte ihn dem Wild zu. Sobald er das Wild erspäht hatte, warf man ihn von der Faust und folgte so rasch wie möglich dem davonfliegenden Falken, der sich von oben auf sein Opfer stürzte und es tödlich verletzte. Im Galopp kam die ganze Gesellschaft nach und hatte die Augen gegen den Himmel gerichtet, um jede Phase des aufregenden Kampfes zu beobachten. Dabei achtete man häufig zu wenig auf das Gelände, sodass es zu bösen Stürzen kam; Maria von Burgund, die erste Gemahlin Kaiser Maximilians, verunglückte beispielsweise tödlich auf einer Reiherbeizjagd.[46] Sobald man beim Falken ankam, wurde ihm die Beute abgenommen und er wurde reichlich gefüttert. Wenn der Falke fehlgestoßen hatte, wurde er leicht verdrießlich und flog davon. Durch Schwingen des „Federspiels", einer speziellen Apparatur, und durch Pfeifen und Rufen wurde der Vogel herbeigelockt und festgesetzt, sodass ein neuer Flug begonnen werden konnte.

Das Abrichten der Beizvögel erforderte freilich große Geduld und Mühe, wie in den Falkentraktaten immer wieder betont wird. Sehr sorgsam musste auch die Wartung und Fütterung der Vögel durchgeführt werden, da sie sehr empfindlich waren. Große Fürstenhöfe und Königshöfe wie der sizilische Hof des Stauferkaisers hatten besondere Häuser für ihre Falken, die von den Falknern versorgt wurden.[47] Die an die Jagd gewöhnten Raubvögel litten oft unter der Gefangenschaft und der harten Dressur, und es stellten sich verschiedene Krankheiten ein. Die Falkentraktate und auch das Falkenbuch Friedrichs II. geben daher eine Unmenge von Heilmitteln und Heilrezepten an. Dies alles machte das Halten von Beizvögeln und Jagdfalken zu einem kostspieligen Vergnügen, das sich schon im Hochmittelalter nur reiche Herren und mächtige Fürsten leisten konnten.

In der Stauferzeit wurde die Falkenjagd zur höchsten Jagdform des Adels.

König Heinrich III. von England (1207–1272) war leidenschaftlicher Jäger.

DIE KÖNIGE VON ENGLAND: JAGDPASSION UND JAGDKRITIK

Richard von Ely, der Schatzmeister König Heinrichs II. von England (1154–1189), äußert sich um 1178 in dem berühmten Dialogus de scaccario („Dialog über das Schatzamt") positiv über die Wirkung der Jagd auf die Psyche der Könige: „In den Forsten sind ja auch die geheiligten Privatgemächer der Könige und ihre höchsten Freuden. Dahin kommen sie zur Jagd, ihrer Sorgen ledig, um sich an der Ruhe ein wenig zu erlaben. Dort können sie, fern von ernsten Geschäften und zugleich von den am Hof unvermeidlichen Umtrieben, sich im Genuss der freien Luft der Natur etwas erholen."[1] Wenig später fährt der Schatzmeister des Königs, der zugleich auch Bischof von London war, fort und erläutert die Einrichtung von Forsten: „Der Königsforst ist eine sichere Wohnstätte für die wild lebenden Tiere, nicht für alle, sondern nur für die Waldtiere, und nicht irgendwo, sondern an ganz bestimmten und dafür geeigneten Stellen."[2] Der königliche Forst war demnach einerseits ein waldbestandenes exklusives Jagdrevier des englischen Königs und andererseits ein Reservat für die bedrohte Tierwelt. Der Schatzmeister weist ferner darauf hin, dass der englische König vorwiegend in den waldreichen Grafschaften über Königsforste verfügt und dass zu diesen Forsten neben den Waldbeständen auch Weiden gehören und außerdem Wälder erfasst werden, die nicht zum Eigenbesitz des Herrschers oder zur Krondomäne gehören.

Verschiedene Quellen aus der Zeit um 1200 erwähnen, dass im hochmittelalterlichen England auch ausgedehnte Flussufer, die für Fischfang und Angelsport geeignet waren, zum Königsforst zählten und darüber hinaus sogar manchmal frisch gerodetes Land, das vom herrscherlichen Forst umschlossen war und von Bauern bestellt wurde, die auf Einzelhöfen oder in Dörfern lebten. Allein dem König war es im hochmittelalterlichen England erlaubt, Forste einzurichten und diese entweder in eigener Regie zu verwalten oder sie an Gefolgsleute zu vergeben, um sie zu belohnen. Die Forsten des englischen Königs legten sich somit im Hochmittelalter über den Grundbesitz von Adel, Freien und Kirchen, ja reichten weit über die Krondomäne, das königliche Hausgut, hinaus.[3] In der Zeit um 1178, als Richard von Ely seinen Traktat über das Schatzamt schrieb, hatte das englische Forstsystem einen Höhepunkt seiner Entwicklung erreicht: Etwa ein Drittel der Bodenfläche des Königreiches England war damals eingeforstet.[4] Ganze Grafschaften gehörten dazu, so Essex, Somerset, Devonshire und Huntingdonshire. In diesen Königsforsten stand dem König vor allem das exklusive Recht zu, Hochwild zu jagen, und selbst seinen Gästen zählte er die Stückzahl an Wild vor, die sie in genau umgrenzten Zonen und in einem bestimmten Zeitraum zur Strecke bringen durften. Tagten jedoch Fremde ohne Erlaubnis im königlichen Forst oder fischten in den Gewässern eines foresta regis, so begingen sie einen schlimmen Forstfrevel gegenüber dem König, der mit schweren Strafen darauf reagierte.

Die englische Forst- und Jagdentwicklung wurde in der zweiten Hälfte des 12. Jahrhunderts vor allem durch König Heinrich II. bestimmt, der selbst ein leidenschaftlicher Jäger war und oft tagelang durch seine Forstreviere streifte. Als Heinrich 1154 den englischen Königsthron bestieg, vereinigte er in seiner Hand eine erstaunliche Ländermasse.[5] Von seinem Vater Gottfried von Plantagenet hatte er die Grafschaften Anjou, Maine, Touraine, über seine Mutter das Herzogtum Normandie mit lehnsrechtlichen Ansprüchen auf die Bretagne geerbt. Seine spektakuläre Heirat mit der ehemaligen Gemahlin des französischen Königs, Eleonore von Aquitanien, hatte ihm die Herrschaft über das Herzogtum Aquitanien eingebracht, sodass fast der gesamte Westen Frankreichs von der Normandie bis zu den Pyrenäen unter seiner Kontrolle stand und daneben das bedeutende Königreich England in seiner Gewalt war. Neben Kaiser Friedrich Barbarossa, der seit 1152 im Deutschen Reich regierte, war Heinrich II. sicher-

Der englische König Heinrich II. herrschte über eine beachtliche Zahl an Ländern.

lich der zweitmächtigste Herrscher im damaligen Abendland.

Allerdings muss man einschränkend darauf hinweisen, dass es sich bei diesem „Angevinischen Reich“ Heinrichs II. in Wirklichkeit um eine heterogene Ansammlung unterschiedlich strukturierter Herrschaftsräume handelte, die in erster Linie nur durch die Person des Königs zusammengehalten wurden. Außerdem kam für die französischen Gebiete noch insofern die Besonderheit hinzu, dass sie alle unter der Lehnshoheit der französischen Krone standen, sodass König Heinrich als Herr dieser Gebiete zugleich Vasall des französischen Königs war. So ungewöhnlich wie die von ihm beherrschte Vielzahl von Ländern war auch die Persönlichkeit des englischen Königs. Begabt mit einem ausgeprägten Sinn für Macht, vereinigte er in seiner Person gleichermaßen die nüchterne Rationalität und kühle Routine des Verwaltungsfachmannes mit der ungezügelten Leidenschaft des Cholerikers, dessen plötzliche Wutausbrüche wie elementare Naturgewalten über seine Umgebung hereinbrachen und selbst mächtige Bischöfe erzittern ließen. In diesem Umfeld persönlicher Auseinandersetzungen spielte sich auch der heftige Konflikt zwischen König Heinrich und Thomas Becket ab, der ursprünglich ein Jagdgefährte und Freund, dann als Erzbischof von Canterbury aber ein selbstbewusster Gegner des Königs war.[6] Dazu kam bei Heinrich eine rastlose Energie, eine geradezu zwanghafte Abneigung gegen jede Art der Untätigkeit und Ruhe, die so weit gegangen sein soll, dass der König selbst in der Kirche glaubte, sich die Zeit durch nervöse Kritzeleien oder ständiges Geflüster mit seiner Umgebung verkürzen zu müssen. Diese Unruhe schlug sich in zahlreichen Reisen nieder, die König Heinrich mit seinem Hof durch sein Reich unternahm. Dabei wurden Freund und Feind immer erneut von der Schnelligkeit überrascht, mit der Heinrich in der Lage war, große Entfernungen zu überwinden.

Diese Rastlosigkeit und der schnelle Wechsel der jeweiligen Reiseziele strapazierten auch die

Nerven der mitreisenden Hofleute, sodass ein gestresster Teilnehmer die Hofhaltung Heinrichs als ein „wahres Abbild der Hölle" bezeichnet hat.[7] In diesem Rahmen muss man auch die zahlreichen Jagdausflüge des Königs sehen, der von einer großen Jagdleidenschaft getrieben war und weniger von dem Drang, die Jagd als königliches Ritual zu inszenieren. Wie verhält es sich dabei mit den Königsforsten und dem königlichen Jagdrecht? Auf der einen Seite wurden die Forsten des Königs positiv bewertet, wie bei dem erwähnten Schatzmeister Richard von Ely, und auf der anderen Seite waren sie ein Objekt heftiger Kritik.

Die Forst- und Jagdpolitik unter anglonormannischer Herrschaft

Der Sieg des normannischen Herzogs Wilhelm über seinen Gegner, König Harold, in der Schlacht bei Hastings 1066 und die sich anschließende Epoche der normannischen Könige[8] bedeuteten auch für die Forst- und Jagdpolitik Englands eine tiefe Zäsur. Der neue König Wilhelm nahm nach der Eroberung umfangreiche Einforstungen vor und verwüstete zu diesem Zweck ganze Dörfer, was sich dann im berühmten Domesday Book, dem Staatskataster von 1086, niederschlug. Mit Gewalt und unter dem Bruch des traditionellen angelsächsischen Rechts habe Wilhelm der Eroberer das herrscherliche Forstrecht, die Forsthoheit des Königs, im eroberten England eingeführt, wird im Anglo-Saxon Chronicle geklagt.[9] Das angelsächsische England kannte diese aus der allgemeinen Verwaltung ausgegliederten und durch ein spezielles Recht geschützten Forsten bisher nicht. König Knut der Große (1016–1035) hatte sich zwar einige Jagdreviere reserviert, doch griff dies nicht über das Krongut hinaus. Die Forsten an sich bildeten niemals das Objekt angelsächsischer Königsgesetzgebung, die immerhin bis ins 7. Jahrhundert zurückreichte.

Wilhelms I. Neuerung, das königliche Forstrecht, das nach dem Bericht des Anglo-Saxon Chronicle manchen Adeligen um sein Hab und Gut brachte, den Tieren des Forstes aber einen Freiheitsraum sicherte, stellte tatsächlich eine aus der Normandie importierte Institution dar: Der Eroberer praktizierte das Forstrecht des normannischen Herzogs nunmehr auch als König im eroberten England.[10] Der Nachweis für diese Übertragung lässt sich anhand einiger Indizien aus der Zeit des 10. und 11. Jahrhunderts erbringen; den kontinentalen Ursprung des englischen Forstrechts erkennt man vor allem an einigen Vorkommnissen in der Normandie aus der Zeit des frühen 11. Jahrhunderts. Als Richard II., der Herzog der Normandie, um 1000 die herzoglichen Rechte hinsichtlich der Wälder des Landes im Zuge einer Reorganisation in herrschaftliche Exklusivrechte umwandeln wollte, sah er sich plötzlich mit einer massiven Opposition der bäuerlichen Bevölkerung konfrontiert, die sich entschlossen gegen den Entzug von Gewohnheitsrechten auf Holzeinschlag, Eichelmast, Viehweide, Jagd und Fischfang zur Wehr setzte.[11] Durch eine geschickte Strategie konnte der Herzog jedoch den Aufstand unterdrücken, sodass ihm und seinen Nachfolgern die Jagdrechte, die Einkünfte von gerodetem Land und der Getreidezins als Nutzungs- und Verfügungsrechte im Bereich der herzoglichen Forsten erhalten blieben. Das Forstrecht der normannischen Herzöge war stark ausgeprägt und griff weit über den Bereich der herzoglichen Domänen hinaus. Es erstreckte sich sogar über kirchliche Besitzungen, die sich nicht innerhalb der herzoglichen Forste befanden.

Die umfangreichen Forsten der normannischen Herzöge wurden von Forstbeamten (forestarii) verwaltet, denen das Recht zukam, bei Vergabungen eingeforsteten Landes seitens des Herzogs gehört zu werden. Als Wilhelm der Eroberer einem Kloster Anteile an einem herzoglichen Forst schenken wollte, widersprach beispielsweise der zuständige Forstbeamte, woraufhin der Herzog in solchen Zorn geriet, dass er den pflichtbewussten Förster beinahe an Ort und Stelle erschlagen hätte.[12] Einzelheiten über die Organisation des normannischen Forstwesens in seiner Frühzeit sind uns zwar nur spärlich überliefert, doch genügen die wenigen Hinweise, um die Grundstruktur des normannischen Forstrechts erkennen zu können. Seit wann Herzöge begannen, innerhalb ihres Herrschaftsbereiches in Nordfrankreich ein Forst- und Jagdrecht im Sinne einer ausschließlichen Nutzung bestimmter Landesteile zu konstituieren, ist aber nur schwer erkennbar. Zweifellos griffen sie bei ihrer konsequenten Machtpolitik auf diese karolingische Einrichtung zurück und bedienten sich ihrer bei der Erweiterung ihrer Machtsphäre.

Kennzeichnend für die normannischen Verhältnisse ist eine Schenkungsurkunde Wilhelms des Eroberers für St. Etienne de Caen, welche aus der Zeit um 1071 stammt, also aus der Zeit nach der Eroberung Englands. Mit ihr wurden der Abtei eine Anzahl Wälder überlassen, die als silvae bezeichnet werden und auch nicht als Forsten Erwähnung finden konnten, weil die Jagd, die das Wesen eines Forstes ausmachte, ausdrücklich ausgenommen war. Diese hatte sich König Wilhelm mit den Worten „retentis in meo dominio cervis, capreolis et apris silvestribus“ dezidiert vorbehalten.[13] Hier finden wir namentlich jene Wildarten erwähnt, die zusammen mit dem Damwild zum integralen Bestandteil des englischen Forstbegriffes werden sollten: Hirsch, Reh und Wildschwein. Auch eine andere Urkunde aus einer etwas späteren Zeit ist für das normannisch-englische Forst- und Jagdrecht aufschlussreich. Im Jahre 1120 stellte König Heinrich I., der für die englische Forstentwicklung einflussreich war, in seiner Eigenschaft als Herzog der Normandie einem gewissen Roland d'Oissel ein Diplom aus, in dem er seinem Vasallen bestätigte, dass dieser wie schon früher in dem Königsforst von Rouvray die Jagd auf Hasen, Füchse, Katzen und Marder, also die Niederjagd, ausüben dürfe; die Jagd auf Hochwild blieb jedoch dem König vorbehalten.[14]

Ausführliche Nachrichten über das normannische Forst- und Jagdrecht liegen uns vor allem aus dem 12. Jahrhundert vor, als die englischen Könige weiterhin zugleich Herzöge der Normandie waren. Nach der „Summa de legibus Normaniae“ gehörte die Beaufsichtigung der Forsten zu den Aufgaben des Seneschalls, der alle drei Jahre eine Inspektion durchführte, um an Ort und Stelle nach dem Rechten zu sehen und Vergehen gegen die gesetzlichen Bestimmungen abzuurteilen; beim englischen Königshof gab es außerdem das Amt eines obersten Forstbeamten für die Normandie.[15] Neben diesen Ämtern bestand eine differenzierte Organisation höherer und niederer Forstbeamter, die die Forsten des gesamten Landes erfasste. Auch das forstliche Strafrecht der Normandie lässt zahlreiche Parallelen zur englischen Gesetzgebung erkennen; übereinstimmende Erscheinungen im normannischen und englischen Forstwesen sind daher sehr viel häufiger als Unterschiede.

Die Tatsache dieser fast gleichartigen Entwicklung unterstützt die Annahme, dass normannische Rechtsauffassungen den Ausgangspunkt für das englische Forst- und Jagdwesen bildeten. Ferner verdeutlichen die Zeugnisse aus den vorhergehenden Jahrhunderten, dass der ursprünglich fränkisch-karolingische Forstbegriff von den normannischen Herzögen aufgegriffen und weiterentwickelt wurde.[16] Als Wilhelm der Eroberer ihn in das englische Recht einführte und hier zu neuer Wirksamkeit brachte, schuf er damit also nicht etwas grundsätzlich Neues; seine Forst- und Jagdpolitik stellte die mit Entschlossenheit durchgeführte Anwendung normannischer Rechtsgrundsätze im eroberten England dar. Mit ihr wurde eine lange Periode englischer Forstgeschichte eingeleitet, die durch eine beispiellose Übersteigerung der Forst- und Jagdidee charakterisiert war.

Der englische Forstbegriff stimmt inhaltlich weitgehend mit dem deutschen überein, da beide das Schwergewicht auf das Jagd- bzw. Wildbannrecht legten.[17] Durch die Inforestation wurde in den unter Forstrecht gestellten Bezirken auch das Jagdwesen geregelt. Die Einführung dieser wichtigen Neuerung im englischen Forstbereich ging, wie auch die zeitgenössischen Geschichtsschreiber feststellten, in erster Linie auf Wilhelm den Eroberer zurück. Seit seinem spektakulären Regierungsantritt 1066 wurden Forsten in allen Teilen Englands errichtet, ohne dass sich die Könige bei der Einforstung auf bestimmte Gebiete beschränkten oder rechtliche Voraussetzungen respektierten. Man findet ebenso Kulturland und Dörfer wie bewaldetes Gelände als materielles Substrat der neuen Forsten. Auch die Besitzverhältnisse an Grund und Boden veränderten sich nicht, sodass sowohl Ländereien von Adeligen als auch Teile des königlichen Besitzes unter das Forstrecht fielen, ohne dass die Zugehörigkeit zum Krongut bereits für den Forstcharakter bestimmend war.

Maßgeblich für die rechtliche Neuordnung in England war das von den normannischen Königen beanspruchte ausschließliche Jagdrecht im gesamten Herrschaftsbereich. Wo auch immer die Könige an der jagdlichen Nutzung interessiert waren, errichteten sie neue Forsten und setzten ihre Wünsche entschlossen durch.[18] Nicht der Prozess der Inforestation selbst war es, der einen enormen Hass aller Bevölkerungsschichten gegen die Könige hervorrief, sondern vor allem die damit verknüpfte Einführung eines neuen Rechtes, durch das den Untertanen harte Lasten aufgebürdet wurden. Wilhelm der Eroberer ging bei der Errichtung eines neuen Forstes in Hampshire sogar so weit, ganze Dörfer niederzulegen und deren Bewohner zu vertreiben, um ein übersichtliches Forstterrain zu schaffen; diejenige Landbevölkerung, die weiterhin innerhalb eines Forstes wohnen durfte, hatte schwere Dienste zu leisten.[19] Den Bauern ging das Jagdrecht im Allgemeinen vollständig verloren, und nur einzelnen privilegierten Personen blieb es vorbehalten, innerhalb der Forsten eine genau festgelegte Anzahl Wild zu erlegen. Ein derartig strenges Forstrecht hatte England vor der normannischen Invasion nicht gekannt.

Die Ausgestaltung und Verfestigung des englischen Forst- und Jagdrechts fällt in die Zeit der Regierung Wilhelms I. und seiner Nachfolger. In der englischen Verfassungsgeschichte erscheint es als eine für die normannischen Könige kennzeichnende Einrichtung, die von fast allen Teilen der Bevölkerung gleichermaßen gehasst und bekämpft wurde. Wilhelm der Eroberer, der nach seinem Herrschaftsantritt das ganze Land systematisch durchdrang und seine Gefolgsleute mit konfiszierten Gütern versorgte, legte auch die Grundlagen des allgemeinen Forstwesens. Aus der Zeit dieses ersten normannischen Königs sind uns aber keine ausführlichen Gesetze oder Verwaltungsordnungen überliefert, obgleich solche sicherlich bestanden haben. Man ist deshalb bei der Rekonstruktion des anglonormannischen Forstwesens in dessen Frühzeit auf Urkunden und chronikalische Notizen angewiesen. Dieses Forstwesen ist in den größeren Rahmen des kontinentalen Lehnsrechts einzuordnen, das König Wilhelm I. als weitere Neuerung einführte und das als umfassendes Herrschafts- und Organisationsprinzip die Beziehungen zwischen König, Adel und Reichskirche auf eine neue Grundlage stellte.[20]

Als nach dem Tod König Wilhelms des Eroberers im Jahre 1087 sein Sohn Wilhelm II. Rufus König von England (1087–1100) wurde, war die normannische Herrschaft in England bereits gefestigt und auch das Forstwesen fest etabliert.[21] Im Jagdwesen nahm Wilhelm II., der bald in den Ruf eines brutalen Macht- und Finanzpolitikers kam, eine Klassifikation des Wildes in Rotwild, Wildschweine und Hasen vor. Gegenstand des Forstrechts waren außerdem Dam- und Rehwild, das weit verbreitet war. Bei Landschenkungen an Klöster und Abtei-

Im 12. Jahrhundert agierten die englischen Könige zugleich als Herzöge der Normandie. Buchmalerei aus den „Grandes Chroniques de France“

Wilhelm II. wurde bei einem Jagdausflug von einem Pfeil tödlich getroffen. Buchmalerei aus den „Grandes Chroniques de France“

en behielt sich der König die Jagd auf Hirsche und teilweise auch auf Wildschweine vor.[22] Als Strafe für ein gewildertes Stück Rotwild hatte bereits Wilhelm I. Blendung oder Kastration festgesetzt, was unter seinem Sohn weiterhin galt. Dabei darf wohl angenommen werden, dass dieses hohe Strafmaß für alle Fälle gedacht war, in denen in einem Forst gewildert worden war. Wilhelm II. ließ Wilddiebe manchmal sogar mit dem Tode bestrafen; außerdem war auf Wildfrevel die Einziehung des Vermögens gesetzt. Zu jener Zeit muss in England bereits eine entwickelte Verwaltungsorganisation für die Forsten[23] bestanden haben, die die Bevölkerung nicht weniger belastete als die Falkner und Jagdhundewärter, deren Inspektionsgänge zu lebhaften Klagen führten.

Wilhelm II. war offenbar ein passionierter Jäger, sodass sein Tod auf einem Jagdausflug nicht allzu sehr verwundert, wenn man von den näheren Umständen einmal absieht. Bei der Jagd im New Forest in Südengland wurde Wilhelm, der als König wenig beliebt war, am 2. August 1100 von einem Pfeil tödlich getroffen.[24] Ob es sich dabei um einen Unfall oder um ein Mordkomplott handelte, muss offenbleiben, da die Quellen über die näheren Umstände des tragischen Unfalls schweigen. Einige Indizien sowie das Verhalten seiner persönlichen Gegner geben allerdings Anlass, an einem normalen Jagdunfall zu zweifeln. Sein Nachfolger, König Heinrich I., setzte die rigorose Forstpolitik seines Vorgängers mit Entschiedenheit fort. Die Ergänzung des schon bestehenden strengen Forstrechts durch noch grausamere Bestimmungen entsprach dem Charakter des neuen Königs, der das in seinem Königsfreibrief gegebene Versprechen, alle von seinem Vorgänger neu eingeforsteten Bezirke wieder entforsten zu wollen, keineswegs zu halten gewillt war.

Während seiner Regierung scheint die Vorschrift ergangen zu sein, dass alle Hunde von Dorfbewohnern, die ihren Wohnsitz in der Nähe eines königlichen Forstes hatten, an den Beinen gelähmt werden mussten. Für sich selbst beanspruchte Heinrich I. das Recht, allein in ganz England die Hetzjagd auf Rotwild ausüben zu können. Nur wenige adelige Herren erhielten eine Konzession, durch die ihnen die Jagd in ihren eigenen Wäldern gestattet wurde.[25]

Das englische Jagdwesen unter Heinrich II.

Ein neuer Abschnitt der englischen Jagdgeschichte begann unter dem bereits erwähnten Heinrich II., der 1154 den englischen Königsthron bestieg und in seinem mächtigen Angevinischen Reich in der zweiten Hälfte des 12. Jahrhunderts die Jagd- und Forstverhältnisse bestimmte. Heinrich II. erneuerte die Forstverfassung seines Großvaters und setzte die rigorose englische Forstgesetzgebung mit Härte und Entschiedenheit fort. Es schien zwar zunächst so, als wenn er Vergehen gegen die Forstgesetze milder als Heinrich I. bestrafen wollte, aber während seiner langen Regierungszeit fand tatsächlich eine bedeutende Ausweitung der inforestierten Gebiete statt. Die gesetzlichen Bestimmungen, die vielfach schon zuvor gültig gewesen waren, aber nirgends eine klare Formulierung erfahren hatten, wurden in der Forstassise von 1176 aufgezeichnet und damit zugleich gefestigt.[26] Im gleichen Jahr verurteilte Heinrich II. vier Ritter wegen Mordes an einem königlichen Förster und seinem Gehilfen zum Tode; diese Tat war vermutlich weniger ein Racheakt an einigen missliebigen, jedoch unter königlichem Schutz stehenden Beamten, als ein Ausdruck der Empörung gegen die herrschende Form des Forstwesens.[27] Körperliche Misshandlungen der unbeliebten Forstbeamten scheinen keine Ausnahmen gewesen zu sein und wurden daher mit hohen Strafen geahndet. Aber die sich verstärkenden bitteren Klagen über die allzu harte Bestrafung von Forstvergehen zwangen den König zu einer Herabsetzung des Strafmaßes. Standen auf Verletzung des königlichen Forstrechts unter Heinrich I. noch Tod oder Verstümmelung, so hatten sich bis zum Regierungsantritt Heinrichs II. bereits einige Milderungen angebahnt.

König Richard I. Löwenherz nahm häufig selbst an Kreuzzügen teil.

Unter Heinrich III. erfolgte dann 1217 die endgültige Aufhebung dieser grausamen Strafpraxis: Niemand sollte fortan mehr mit Leib oder Leben für ein Jagdvergehen büßen müssen.[28] Eine Modifikation hatte das forstliche Strafsystem bereits unter König Richard I. Löwenherz erfahren, der sich als Kreuzfahrer lange Zeit außerhalb des Landes aufhielt, sich in jagdlicher Hinsicht wenig engagierte und seinem Charakter nach gegen übermäßig grausame Strafen eingestellt war. Zwar wurde das strenge Forstgesetz von 1184 im Jahre 1198 nochmals veröffentlicht, sodass die Strafen des Blendens und Entmannens formell noch immer fortbestanden, sie dürften aber zunehmend obsolet geworden sein. Ein zeitgenössischer Geschichtsschreiber weiß nämlich zu berichten, Richard Löwenherz habe Blenden, Kastrieren und Abhauen einer Hand als bisher übliche Strafen für unberechtigtes Jagen in einem Königsforst beseitigt und dafür Kerkerhaft gesetzt.[29] Somit findet man bereits damals die gleichen Strafen angedroht, die in der Charta de foresta des Jahres 1217 neben den Geldbußen genannt werden. Mit der Magna Charta von 1215 und der zwei fahre später erlassenen Charta de foresta fand jene Epoche der englischen Jagdgeschichte, die fast ausschließlich vom Forstbegriff geprägt war, ihren Abschluss.

Dieser allgemeine Trend zur Milderung der englischen Forstgesetze bis zum frühen 13. Jahrhundert wurde unter Heinrich II., der während seiner Regierungszeit zu einer strengen Forst- und Jagdgesetzgebung tendierte, zeitweilig unterbrochen.[30] Als passionierter Jäger war Heinrich persönlich an den Kronwäldern und an einem reichen Wildbestand in den königlichen Forsten interessiert. Die Jagd nahm bei diesem impulsiven König eine absolute Priorität ein,[31] sodass sich seine Hofgesellschaft oft ganz auf diese Vorliebe des Königs einstellen musste, was verständlicherweise den Unwillen von jagdunlustigen Hofleuten und Hofklerikern hervorrief. Vor diesem Hintergrund muss man die heftige Jagdkritik sehen, die sich im 12. Jahrhundert gerade im Umkreis von Heinrich II. erhob. Diese grundsätzliche Kritik an der Jagd entzündete sich an der außergewöhnlichen Jagdleidenschaft des Königs und an seinen zahlreichen Jagdausflügen, die die Geduld der Hofbeamten arg strapazierten.

Die Kritik der weltlichen Jagd

Die Kritik an der Jagd taucht nicht zufällig in den Schriften einiger prominenter Autoren auf, die alle dem Hof Heinrichs II. nahe standen oder mit der königlichen Forst- und Jagdpolitik in Berührung kamen.[32] Johannes von Salisbury (1115–1180), der bedeutendste unter ihnen, war 1148 in den Dienst des Erzbischofs Theobald von Canterbury getreten und dessen Sekretär geworden.[33] In Theobalds Auftrag reiste er mehrere Male nach Rom an die päpstliche Kurie und auch an verschiedene Fürstenhöfe; doch missfiel dem Gelehrten das Treiben an den Höfen, das ihn in die Niederungen des politischen Alltags versetzte. Er rieb sich ständig an seiner Umgebung und kritisierte das leichtsinnige Leben und die Vergnügungen des Hofes, weshalb er bei seinen Hofgenossen offenbar wenig gelitten war. Als er dann Streit mit seinem Gönner, dem Kanzler Thomas Becket, bekam und 1156 auch beim Herrscher selbst, bei Heinrich II., in Ungnade fiel und den Königshof für einige Zeit verlassen musste, wandte er sich wieder stärker seinen Studien zu und verfasste eine Reihe von Werken, von denen der „Policraticus“ am bekanntesten ist.[34]

In diesem 1159 abgeschlossenen Werk, das sich mit dem Hofleben und den Pflichten der Fürsten befasst, ist eine heftige Anklage der höfischen Jagd enthalten.[35] Johannes von Salisbury beschränkt sich in seiner Kritik nicht auf die Wiedergabe warnender Beispielerzählungen und auf moralische Argumente, sondern führt theologische und politische Gründe ins Feld, um den zeitgenössischen Fürsten und Königen ihren Anspruch und ihr Recht auf die Jagd streitig zu machen. Der geschichtskundige Theologe bringt in Erinnerung, dass die Geschichte der Kirche keinen Heiligen kenne, der jemals Jäger gewesen sei.[36] Das trifft auch zu, denn in mittelalterlichen Heiligenviten wird der Verzicht auf die Jagd als eine asketische Leistung gepriesen.

Johannes macht überdies geltend, dass sich weder antike Philosophen noch die Kirchenväter der Torheit des Jagens hingegeben hätten. Dennoch konzediert er, dass die Jägerei ein nützliches Handwerk sein könne, wenn sie standes- und funktionsgerecht ausgeübt werde. Die Jagd sei daher kein Mittel fürstlicher Selbstdarstellung, sondern eine

Möglichkeit der Nahrungsbeschaffung und deshalb ein bäuerliches Geschäft (rusticanum Studium). Dieses auszuüben komme somit den Bauern als den eigentlichen Trägern des Gemeinwesens zu; wenn dagegen geistliche und weltliche Herren als Inhaber öffentlicher Gewalt sich der Jagd hingäben, würden sie ihre persönliche Lust (privata voluptas) dem gemeinen Nutzen (publica utilitas) voranstellen. Es

Johannes von Salisbury kritisierte in seinem Werk „Policraticus" die Jagd.

komme daher einer Umkehrung der Ordnung gleich, wenn höhere Herren, die sich der Regierungstätigkeit widmen sollten, jagen würden oder umgekehrt ein Jäger die Aufgaben eines Herrschers wahrnehmen wolle. Alle diese Argumente sprächen eindeutig gegen eine Jagdausübung durch Könige, Fürsten und Adelige.[37]

Hart geht Johannes von Salisbury mit den Jagdpraktiken seiner Gegenwart ins Gericht, wobei sein Blick unverkennbar auf die ungleichen Jagdverhältnisse unter Heinrich II. fällt:[38] Diese richten sich gegen die Ordnung der Natur, wenn es nur darum geht, zahlreiches Wild zu erhalten. Obwohl das Wild doch ein Bestandteil der Natur sei und demjenigen gehöre, der sich seiner bemächtige, machten sich die Untertanen, die in England auf die Jagd gingen, der Majestätsbeleidigung schuldig. Damit das Wild frei herumlaufen könne, nehme man den Bauern das Saatland und den Siedlern ihr Neuland weg; das Zug- und Herdenvieh werde von den gemeinschaftlichen Weiden der Bauern vertrieben und ihre Bienenstöcke von den blühenden Wiesen ferngehalten. Gott habe es gut eingerichtet, dass wenigstens die Rossbremsen und Mücken das Wild ungestraft stechen könnten! Auch sei es eine ungerechte Pflicht der Untertanen, die durch die Gegend ziehenden Jäger bewirten zu müssen.

Solche kritischen Worte zur Jagd, die Johannes von Salisbury bei seinen Disputen am englischen Hof sicherlich häufig vorbrachte, trafen nicht auf die Zustimmung seiner höfischen Umgebung. Dass diese Kritik, die letztlich die Jagdpraxis und Forstgesetzgebung der englischen Könige ablehnte, bei Heinrich II., seinem höchsten Dienstherrn, auf wenig Wohlwollen stieß, darf angenommen werden. Möglicherweise haben diese mutigen Worte dem Autor die Ungnade des Herrschers eingebracht und seine zeitweilige Entfernung vom Hof verursacht, obwohl es dafür keine sicheren Beweise gibt. Manche Argumente Johannes' erinnern an Vorwürfe, die die Kirche schon seit Jahrhunderten gegen die Jagd und vor allem gegen die Jagdausübung durch Geistliche vorbrachte.[39] Einiges, was Johannes gegen die Jagd ins Feld führt, ist aber tatsächlich neu. So ist vor allem erstaunlich, dass sich ein hochmittelalterlicher Autor so entschieden gegen die weltliche Jagd richtet.[40] Neu ist auch der Rahmen der Kritik, die in eine Gesamtsicht der menschlichen Gesellschaft eingebettet ist, in der jeder seine ihm von Gott zugewiesene Aufgabe verrichten soll und sich nicht in standesfremde Geschäfte einzumischen hat. Ebenso stellt seine Kritik an den übertriebenen Ritualen der Jagd eine Neuerung dar, die nur vor dem Hintergrund der höfischen Jagdformen des 12. Jahrhunderts zu verstehen ist. Johannes macht sich darüber lustig, dass die Jäger ein seltsames Brimborium veranstalten, wenn sie einen Hirsch oder Eber erlegt haben, so als ob sie einen Feind besiegt hätten. Da-

Die Falkenjagd durfte nur vom Adel ausgeführt werden. Aus einem angelsächsischen Kalendarium aus dem 11. Jahrhundert

gegen würden die natürlichen Feinde der Menschen wie Wolf, Fuchs und Bär nicht ernsthaft genug gejagt und getötet. Heftig kritisiert er auch die Beizjagd: Die bescheidene Beute dieser Jagdart rechtfertige nicht den enormen finanziellen Aufwand, der mit der Beizjagd verbunden sei, womit offensichtlich die Falken und sonstigen Beizvögel gemeint sind.

Radolfus Niger (ca. 1146–1199), ein Schüler des Johannes von Salisbury, verurteilte in seiner Schrift „De re militari" ebenfalls die Jagd als unnütze und schädliche Zeitvergeudung.[41] Der Autor, der zum Freundeskreis des Erzbischofs Thomas Becket gehörte, diente zeitweise am englischen Königshof und hielt sich später in der Umgebung des Sohnes Heinrichs II. auf, bevor er schließlich Kanoniker in Lincoln wurde. Er argumentierte, dass die Prälaten und Fürsten die Tage und Energien, die sie mit den Albernheiten der Jagd vergeudeten, besser verwenden sollten, das Volk zu belehren und vernünftig zu regieren. Durch Jagd, Vogelfang und Fischen würden die weltlichen und geistlichen Großen nur ihre Pflichten und Aufgaben in der christlichen Gesellschaft vernachlässigen, wobei die Jagd in einen Zusammenhang mit unnützen Beschäftigungen wie Würfel- und Brettspielen gebracht wird. Nigellus von Longchamp, der damals ebenfalls in Canterbury wirkte, bezog in seiner Ständesatire „Speculum stultorum" (ca. 1180) die Jagdkritik vor allem auf Bischöfe und Kleriker, die Wälder mit Jagdhunden durchstreiften, mit Falken zur Beizjagd auszogen oder mit der Angelrute zum Fischen gingen; ihnen gehe die Verletzung eines Jagdhundes oft näher als der Tod eines Klerikers, und sie seien mehr am Gebell ihrer Hunde als am Gesang in der Kirche interessiert.[42]

Milder als Johannes von Salisbury und andere Jagdkritiker beurteilte Peter von Blois die Jagd.[43] Ein guter Kleriker treibe keine Falkenjagd; er konzentriere sich vielmehr auf das Studium geistlicher Bücher. Falkenjagd passe nicht zum Klerus, weil die Vögel des Himmels wie auch die Fische des Meeres dem Menschen nicht zur Lust, sondern zum Gebrauch, zu seiner Ernährung gegeben worden seien. Königen und Fürsten dagegen stehe die Jagd mit Falken durchaus zu: Regenten, die nicht fähig seien, sich durch Lektüre Trost und Erholung zu verschaffen, könnten bei der Beizjagd einen Ausgleich für die drückende Bürde ihres Amtes finden. Die Jagd, die Johannes von Salisbury als Verstoß gegen die natürliche Ordnung des Gemeinwesens brandmarkte, betrachtete Peter von Blois, der als Kanzler des Erzbischofs Richard von Canterbury fungierte, als Möglichkeit verdienter Erholung. In dieser Hinsicht stimmte er mit dem erwähnten Richard von Ely überein, der in seinem Dialogus de Scaccario die Jagd ebenfalls als ein Rekreationsmittel für stressgeplagte Könige und Fürsten beschrieben hatte.[44] Der Pariser Theologe Petrus Cantor (ca. 1130–1197) befürwortete das Jagdrecht des Königs aufgrund allgemeiner politischer Erwägungen: Nur dem König komme es als Zeichen seiner Würde zu, mit Falken zu jagen.[45] Falken würden in gewisser Hinsicht dieselbe Funktion erfüllen wie vornehme Gewänder; als Symbole königlicher Macht würden sie bei den Untertanen Ehrfurcht und Autoritätsgefühl erzeugen. Petrus Cantor billigte daher Jagen und Reiten als Inszenierungsformen, mit denen weltliche Herren ihre Herrschaftsansprüche zur Darstellung und Geltung bringen könnten.

Die Aussagen der genannten Autoren zur Jagd waren Versuche, Widersprüche zwischen adeliger Lebensform und kirchlicher Moral abzubauen und im Kontext der höfischen Kultur des Hochmittelalters auszugleichen. Dennoch blieb die sittliche Bewertung der Jagd auch im Spätmittelalter umstritten. Jakob Wimpfeling (1450–1528), Schlettstädter Handwerkersohn und Heidelberger Universitätslehrer der Theologie, charakterisierte die Jagd als barbarische Beschäftigung:[46] Sie zerstöre die Sitten, gefährde die Bildung, löse Rechtsstreitigkeiten aus und verursache der Landbevölkerung materiellen Schaden und psychischen Stress. Landadelige sollten sich deshalb überlegen, ob sie nicht lieber in die Stadt ziehen wollten, um das dumpfe, geistig ungeformte Leben auf dem Land hinter sich zu lassen. „Geselligkeit, edle Vergnügungen statt der rohen Jagd, Rechtlichkeit, Freiheit von der Hofluft" seien die bürgerlichen Gegenwerte, die einen Ortswechsel empfehlen würden.[47] Ressentiments gegen das Landleben im allgemeinen vermischen sich hier bei einem Geistlichen und Stubengelehrten mit der Abneigung gegen die Jagdausübung in freier Natur.

Frauen nahmen im Mittelalter
vor allem an der Beizjagd teil.
Fresko aus dem 12. Jahrhundert

FRAUEN UND JAGD IM MITTELALTER

Die Rolle der Frau bei der höfischen Jagd des Mittelalters wird kontrovers beurteilt. Während die eine Seite der Frau im Wesentlichen nur eine passive Zuschauerrolle zugesteht, hebt die andere Seite ihre aktive Beteiligung an einigen Jagdarten hervor. Diese Problematik ist zugleich eng mit der grundsätzlichen Frage verbunden, welchen Anteil die Frau im Hochmittelalter an der ritterlich-höfischen Kultur hatte. In den Werken der höfischen Literatur wird der Frau eine hohe Achtung entgegengebracht, und es finden sich viele Stellen, die überschwänglich die Schönheit, Vollkommenheit und Tugend der Frau loben.[1] Die Schönheit einer Frau ist nach Meinung vieler Minnesänger zugleich ein Ausdruck ihrer inneren Tugendhaftigkeit, sodass sie immer wieder den Gleichklang von guten Eigenschaften und weiblicher Schönheit hervorheben. Inwieweit entsprach dieses ideale Frauenbild der höfischen Dichtung, die die Frau in den Mittelpunkt rückte, der gesellschaftlichen Realität? Hat die höfische Frau in der Feudalgesellschaft der Stauferzeit tatsächlich einen solch prominenten Platz eingenommen, wie es uns die Minnesänger des Hochmittelalters und einige Literaturhistoriker der modernen Zeit suggerieren? In vielen Darstellungen zum Hochmittelalter wird die hochrangige Stellung der Frau in der Gesellschaft und ihre aktive Teilnahme am kulturellen Leben zwar häufig als eine feststehende Tatsache angenommen, doch stützt man sich dabei vorrangig auf die Aussagen der höfischen Literatur.

Anderer Meinung ist der Germanist Joachim Bumke, der das Frauenbild der höfischen Dichtung als eine dichterische Fiktion bezeichnet: „Die Vorstellung, dass die adligen Herren zu den Frauen verehrungsvoll aufblickten, weil sie ihnen ihre ritterlichen Fähigkeiten und damit ihr gesellschaftliches Ansehen verdankten, verkehrte das Verhältnis der Geschlechter, wie es in Wirklichkeit bestand, ins Gegenteil.“[2] Das poetische Idealbild der Frau war nach Bumke nicht auf die Möglichkeit der Selbstverwirklichung ausgerichtet, sondern der Frau kam vor allem die Aufgabe zu, den Mann bei seiner Entfaltung zu unterstützen und eine erzieherische Wirkung auf ihn auszuüben, und zwar „als Repräsentantin höfischer Tugend, als verehrter Gegenstand des ritterlichen Minnedienstes und als Ehefrau des nach Vorbildlichkeit strebenden Herrschers“.[3] Bei den festlichen Versammlungen seien den höfischen Damen in erster Linie repräsentative Aufgaben zugefallen: Sie schauten von den Zinnen herab, wenn die Ritter sich in Turnierkämpfen bewährten; sie beteiligten sich an höfischen Tänzen, führten unterhaltsame Gespräche und ließen sich von Herren in festlichen Kleidern zu Tisch führen. Auf den großen Hoffesten, von denen die Epiker in ihren Werken erzählen, wurde erst durch die Anwesenheit zahlreicher, festlich geschmückter Damen die gesellschaftliche Hochstimmung geschaffen, die mit dem mittelhochdeutschen Wort „vreude“ umschrieben wurde. Hartmann von Aue schildert diese Situation im „Iwein“ folgendermaßen: „Auch wurde ihnen dort am Hof in jeder Beziehung ein Wunschleben geboten: viele Mädchen und Frauen, die schönsten aus allen Ländern, machten ihnen das Hoffest und ihr Leben dort angenehm.“[4]

Beim ritterlichen Turnier waren die Frauen tatsächlich nur Zuschauer, die ihre männlichen Favoriten lediglich durch Zurufe und kleine Geschenke aufmunterten.[5] Wie aber verhielt sich die Frau bei der Jagd, die ebenfalls ein wesentliches Element der ritterlich-höfischen Kultur darstellte? Beteiligten sich die adeligen Frauen im Hoch- und Spätmittelalter aktiv an der Jagd, oder spielten sie auch hier nur eine passive Rolle wie beim ritterlichen Turnier? Über die Rolle der Frau bei der höfischen Jagd sind in der Forschung unterschiedliche Auffassungen vorhanden, was sowohl die Literaturwissenschaftler als auch die Kulturhistoriker betrifft. Die Teilnahme der Damen an der mittelalterlichen Beizjagd ist im Allgemeinen wenig umstritten, aber die Ernsthaftigkeit dieser Jagdausübung wird gelegentlich in Frage gestellt, wenn auf den Spielcharakter und die Kostenträchtigkeit der weiblichen Beizjagd hingewiesen wird. Dieser Eindruck verstärkt sich

Diese Miniatur des Wernherr von Teufen zeigt ihn selbst mit einer Dame bei einem Jagdausritt mit Falken.

manchmal durch die Auffassung, dass Frauen nur mit kleinen Beizvögeln wie dem Baumfalken oder Merlin gejagt hätten.[6]

Dass Frauen jedoch im Mittelalter die Hetzjagd aktiv ausgeübt hätten, wird zumeist bezweifelt. Ein Grund dafür ist offenbar die Deutung der Hetzjagd zu Pferd als Training für den Reiterkampf und als militärische Übung, wodurch diese Jagdart als rein männliche Angelegenheit erscheint. Dementsprechend wird den Frauen in der Regel eine rein passive Rolle bei der Hetzjagd zugewiesen. Sind Frauen bei Hetzjagden auf Hirsche oder Wildschweine aber tatsächlich bezeugt? Werden sie nur als Zuschauerinnen oder als Gäste beim abschließenden höfischen Festmahl gesehen? Begründet wird die Anwesenheit der Damen bei der Hetzjagd manchmal auch mit dem hohen Sozialprestige dieser Jagdform im Hochmittelalter: Wo es um höfische Geselligkeit und um die Darstellung von Adel und Rittertum ging, durfte die Frauenwelt als schmückendes Element der höfischen Festgesellschaft nicht fehlen. Eine Folge dieses weit verbreiteten Erklärungsmodells ist die Tatsache, dass Frauen bei der Jagd ebenso wie beim Turnier nicht als aktive Trägerinnen der höfischen Kultur gewertet werden. Sie werden in gewisser Hinsicht nur als dekoratives Beiwerk einer von Adel und Rittertum getragenen, männlichen Hofkultur betrachtet,[7] sodass eine Beteiligung der Damen bei der Hetzjagd gar nicht erst in den Blick kommt. Ferner ist zu bedenken, dass die Erforschung der höfischen Jagd des Mittelalters im 19. und 20. Jahrhundert aus der Perspektive von Wissenschaftlern wahrgenommen wurde, die die weitgehend männlich geprägte Jägerschaft ihrer Gegenwart vor Augen hatten, in der Jägerinnen eine Ausnahme darstellten.[8]

Die Aktivität der Frauen bei der Beizjagd

In der jagdhistorischen Forschung besteht weitgehend Übereinstimmung darüber, dass adelige Frauen seit dem Hochmittelalter aktiv an der Beizjagd beteiligt waren.[9] Zeugnisse zur Beteiligung von Frauen an der Beizjagd finden sich nämlich in zahlreichen schriftlichen und bildlichen Quellen des Hoch- und Spätmittelalters. Eine Fundgrube für Darstellungen zur Beizjagd und zu anderen Jagdarten sind Buchminiaturen und illuminierte Prachtausgaben von Büchern, die sich speziell oder nur am Rande mit mittelalterlichen Jagdformen beschäftigen.[10] Viele Texte sind mit Miniaturen, bunten Initialen und Marginalillustrationen ausgeschmückt, die neben alltäglichen Lebenssituationen auch exklusive Jagdszenen bringen. Solche Alltagsdarstellungen haben in geistlichen Texten oft keinen speziellen Textbezug, sind aber aufschlussreiche Quellen für das allgemeine Leben verschiedener Stände und Gruppen. Im Hinblick auf die Jagd können Gebets- und Andachtsbücher, die mit Miniaturen zur Jagd ausgeschmückt sind, aufschlussreiche Quellen sein. Psalter und Stundenbücher beginnen in der Regel mit einem Kalender, der die kirchlichen Feiertage und die Namenstage der Heiligen festhält; jeder Monat ist häufig mit einer zur Jahreszeit passenden Miniatur versehen.[11] Für diese Kalenderillustrationen entwickelten sich allmählich feststehende Themen, sodass z. B. die Monate Mai und Juni häufig mit Beizjagdszenen und Ausritten in die freie Natur bebildert waren.

Für die Beizjagd und andere Jagdformen des Hochmittelalters sind vor allem drei Quellen aus dem 13. und 14. Jahrhundert ergiebig. Erstens das Falkenbuch Friedrichs II. „De arte venandi cum avibus" in der Vatikanischen Handschrift, das mit zahlreichen Miniaturen zur Beizjagd, zur Aufzucht der Falken und zur Vogelwelt ausgestattet ist und in der Zeit zwischen 1258 und 1266 entstand.[12] Eine zweite Quelle ist der sogenannte Queen Mary's Psalter, bei dem es sich um eine illustrierte lateinische Handschrift aus England vom Anfang des 14. Jahrhunderts handelt. Der Queen Mary's Psalter enthält Miniaturen zu Szenen aus dem Alten Testament und bebilderte Kalenderblätter sowie zahlreiche Psalmen und Gebete.[13] Das Besondere an dieser Handschrift sind viele Tintenzeichnungen, welche die unteren Seitenränder der Texte schmücken: weltliche Szenen, Tierdarstellungen und Bilder aus dem Alltagsleben, die einen Einblick in die Zeit um 1300 gewähren. Gezeigt werden Menschen beim Reiten, Schwertkampf, Ringen, Tanzen, Bogenschießen, Reisen und nicht zuletzt die verschiedenen Formen der englischen Jagd um 1300. Eine dritte Quelle ist die Manesse-Liederhandschrift, die eine in Zürich zusammengestellte Sammlung mittelalterlicher Minnelieder und Sprüche enthält. Sie wurde um 1310 fertig gestellt und durch Nachträge bis gegen 1330 ergänzt.[14] Sie enthält mehr als 6000 Strophen von Dichtern aus der Zeit von 1160 bis gegen 1330, die mit ihren Wappen jeweils in einer Miniatur abgebildet sind. Diese Autorenbilder, die keine authentischen Portraits vermitteln, zeigen den jeweiligen Dichter in einer charakteristischen Tätigkeit oder als Verkörperung einer zentralen Aussage seiner Dichtung. In diesen Bildern werden bunte Szenen aus dem ritterlichen Leben festgehalten: Darstellungen von Ritterkämpfen, Turnieren, Jagdausflügen, Musikveranstaltungen und sonstigen Ausdrucksformen des adeligen Lebens.

Durch eine sorgfältige Interpretation des vielfältigen Schrift- und Bildmaterials lassen sich neue Einsichten zur Beizjagd der Frauen gewinnen. Dazu kommen weitere Quellen, die Aussagen zur Beteiligung von Frauen an der Beizjagd ermöglichen, wie beispielsweise Siegel. Im 12. und 13. Jahrhundert ließen sich hochadelige Frauen manchmal auf ihren Siegeln bei der Beizjagd darstellen.[15] Ein Siegel von 1170 bildet z. B. die Gräfin Elisabeth von Flandern mit einem Falken auf der linken Faust ab, und ein Siegel vom Jahr 1248 zeigt die reitende Sophia, Landgräfin von Thüringen und Hessen, wie sie einen Falken auf einen Vogel wirft, den ihr Hund aufgescheucht hat.[16] Auch bei den Siegeln hochadeliger Frauen aus dem Rheinland wurde die beizjagende Herrin und Fürstin im 13. Jahrhundert zu einem Hauptmotiv der Frauensiegel. Dies darf sicherlich in dem Sinne interpretiert werden, dass adelige Frauen

Die Handschrift „Queen Mary's Psalter" zeigt Illustrationen von Frauen bei der Jagd.

Die Darstellung von Frauen bei der Reiherbeize in „Queen Mary's Psalter“ zeugt von deren Jagdleidenschaft.

damals zunehmend die Beizjagd ausübten. Königin Maria von Ungarn, Landgräfin Anna von Hessen und Markgräfin Anna von Brandenburg waren offenbar leidenschaftliche Beizjägerinnen.

Bianca Maria Sforza (1472–1510), Herzogin von Mailand und zweite Gemahlin Maximilians, verunglückte auf der Beizjagd. Obwohl sie vermutlich schwanger war, begab sie sich auf die Reiherbeize; der Sattelgurt riss, sie stürzte, geriet unter das Pferd und zog sich innere Verletzungen zu, denen sie Wochen später erlag.[17] Frauen waren auch als Falkenmeisterinnen beschäftigt: Am Hof der Königin Elisabeth von England hatte im späten 16. Jahrhundert eine Dame, Mary von Canterbury, das Amt einer Oberfalkenmeisterin (chief falconer) inne.[18]

Die vornehmste Art der mittelalterlichen Beizjagd war die Reiherbeize im hohen Flug mit dem kostbaren Gerfalken; sie galt als königlicher Sport und wurde besonders beim Hochadel gepflegt. Im Queen Mary's Psalter (ca. 1300) ist die Reiherbeize viermal dargestellt, zweimal mit Männern und zweimal mit Frauen.[19] Das erste der beiden Frauenbilder zeigt zwei nebeneinander stehende Damen: Beide tragen einen Beizvogel auf der durch einen Jagdhandschuh geschützten, linken Faust; vor ihnen läuft ein Jagdhund vom Brackentyp. Der Beizvogel der einen Dame trägt eine Haube und verhält sich abwartend; seine Trägerin zeigt mit der linken Hand auf den vorstehenden Hund und gibt ihm den Befehl, das Flugwild aufzuscheuchen. Auf der anderen Zeichnung sind Damen mit zwei Hunden zu sehen. Die eine Dame hat ihren Beizvogel gerade geworfen und hält die behandschuhte linke Faust noch erhoben, während die andere mit einem flatternden Schal wiederum einen Schritt weiter ist; sie hat ihren Beizvogel bereits geworfen und wartet auf seine Rückkehr. Diese beizjagenden Damen sind gleich gekleidet und tragen bequeme, weitgeschnittene Unterkleider. Eine spezielle Jägerkleidung ist zwar nicht erkennbar, die Kleidung ist aber der Jagd angemessen und gewährt den Frauen genügend Bewegungsfreiheit. Diese und andere Darstellungen der Reiher- und Entenbeize im Queen Mary's Psalter heben einige wichtige Aspekte der höfischen Beizjagd hervor: Jagdleidenschaft, Vergnügen und sportliche Betätigung.

In der Minnedichtung und auf Miniaturen stellt die Beizjagd im Hochmittelalter gleichermaßen auch ein beliebtes erotisches Motiv dar. Im deutschsprachigen Minnesang repräsentiert der Falke in besonderem Maße die Minne. Im Lied des Kürenbergers „Ich zöch mir einen Falken“ (ca. 1160) steht das Bild eines entflogenen Falken stellvertretend für die Sehnsucht der verlassenen Dame nach dem fernen Geliebten. In einem anderen Lied des Kürenbergers symbolisiert der Falke die begehrte Dame selbst, wenn es dort heißt: „Frauen und Falken, die lassen sich leicht zähmen; wer sie richtig lockt – so kommen sie dem Mann entgegen.“[20] Die Minnesymbolik spiegelt sich auch an mehreren Stellen in der Manesse-Liederhandschrift. Unter Miniaturen, die Personen mit Beizvögeln darstellen, sind Abbildungen ohne Frauen eindeutig reine Jagdszenen, während diejenigen mit Frauen erotische Bezüge erkennen lassen. Das beste Beispiel dafür ist das Portrait des Herrn Werner von Teufen; diese Miniatur zeigt den Dichter und eine Dame beim Ausritt.[21] Beide reiten im Spreizsitz auf Pferden, die im langsamen Gang dahin schreiten. Die Kopfbedeckung der Dame weist auf eine verheiratete Frau hin; auf der erhobenen linken Faust hält sie mit einem Falknerhandschuh einen großen Beizvogel. Ihr Begleiter lässt keinerlei Attribute der Falknerei erkennen, sein Interesse richtet sich allein auf die Dame. Er hat die Zügel seines Pferdes losgelassen, die Hände auf ihre Schultern gelegt und scheint sie an sich ziehen zu wollen. Die Reiterin neigt ihm ihr Haupt zu, biegt aber gleichzeitig ihren Körper zurück, um das Gleichgewicht zu halten. Diese Reaktion ist nötig, da ihre Hände durch Beizvogel und Zügel voll beansprucht sind.

Diese Miniatur ist als eine Liebesallegorie zu deuten. Der als Falke interpretierte Beizvogel, der Umarmungsversuch des Mannes und andere Verhaltensformen sind, allesamt Zeichen der Minne. Das Fehlen von Jagdbegleitern, Hunden und Anzeichen einer Beute lassen Bezüge zur Jagd in den Hintergrund treten. Infolgedessen wird die von Werner von Teufen begleitete Dame als der „Minne Falknerin" gedeutet, die den liebenden Dichter festhält. Die Minnesymbolik dieser und ähnlicher Beizjagddarstellungen weist darauf hin, dass Jagdausflüge im Mittelalter für Liebespaare tatsächlich eine Gelegenheit waren, einander näher zu kommen. Daher sind Jagdszenen mit erotischen Anklängen nicht ausschließlich symbolisch, sondern auch als Abbildung der Praxis zu sehen, welche das Vergnügen der Jagd mit dem der Liebe verknüpfte. Paare waren bei der Jagd zwar nie allein, da eine Jagdgesellschaft gewöhnlich aus mehreren Personen bestand, die gemeinschaftlich die Freuden der Beizjagd genossen. Die Bewegung im weiten, freien Gelände gab jedoch Gelegenheit zu Körper- und Blickkontakten sowie zu intimen Gesprächen, wie sie innerhalb der engen Grenzen von Burg und höfischer Umgebung nicht möglich und aufgrund der Anstandsregeln gerade für junge Frauen auch nicht zuträglich waren.

Das Abbild einer solchen Jagdgesellschaft gewährt das Monatsblatt August im Stundenbuch Tres Riehes Heures des Duc de Berry (um 1416).[22] Diese Miniatur zeigt eine fünfköpfige Gesellschaft auf dem Weg zur Beizjagd; Jagdrevier ist eine Flussniederung am Waldrand. In der Mitte reitet eine einzelne Person, offenbar eine Frau, auf einem Schimmel. Vor und hinter ihr reiten zwei Paare jeweils zu zweit auf einem Pferd. Die Dame auf dem Schimmel und die beiden Herren haben ihre Beizvögel auf der linken Faust. Die anderen beiden Damen sitzen im Seitsitz hinter ihren Partnern und halten sich mit beiden Händen an ihnen fest, während ein Falkner mit zwei Falken vorangeht. Diese Abbildung vermittelt hervorragend die körperliche Nähe zwischen Mann und Frau sowie die Atmosphäre der Intimität, zu der eine Jagdpartie Gelegenheit gab. Bei diesen und ähnlichen Beizjagdbildern treten die an der Jagd beteiligten Frauen insgesamt als aktive Beizjägerinnen hervor, die häufig zugleich in enger Beziehung zu Männern und als Repräsentantinnen des adeligen Standes erscheinen. Dementsprechend waren drei Motive in erster Linie für adelige Frauen maßgeblich, um an einer Beizjagd teilzunehmen: das Jagdvergnügen an sich, die Pflege von Beziehungen und die Standesrepräsentation.

Die Beteiligung der Frauen an der Hetzjagd

In der Jagdliteratur herrscht im Allgemeinen die Auffassung vor, dass im Mittelalter Frauen zwar die Beizjagd ausübten, die berittene Hetzjagd mit abgerichteten Hunden jedoch allein den Männern vorbehalten war. Eine neuere Arbeit von Katharina Fietze zum Verhältnis von Frauen und Jagdsport im Mittelalter kann jedoch zeigen, dass diese Auffassung nur partiell richtig ist und die Frauen im Mittelalter auch an Hetzjagden teilgenommen haben.[23] Etliche adelige Frauen und Fürstinnen, welche die Hetzjagd in ihren verschiedenen Formen aktiv ausübten, sind namentlich überliefert.

In England war während des Spätmittelalters die Hetzjagd bei den Damen des Königshauses sehr beliebt.[24] Königin Isabella (1292–1358), die Gemahlin Edwards II. von England, hatte ihre eigene Meute von hervorragenden Jagdhunden. Königin Philippa von Hainault (1314–1369), Gemahlin König Edwards III. von England, renkte sich bei einem Jagdunfall ihre Schulter aus. Königin Anna von Böhmen führte im 14. Jahrhundert eigens den Seitsattel ein, um bei der Jagd besser im Seitsitz reiten zu können. Königin Elisabeth I. (1553–1603) war ebenfalls eine begeisterte Jägerin und ritt noch drei Jahre vor ihrem Tod jeden zweiten Tag auf die Jagd. Maria Stuart (1542–1587), Königin von Schottland und

Erzrivalin von Elisabeth, hatte einst einen schweren Jagdunfall, bei dem sie fast überritten wurde. Diese Reihe jagdtreibender Königinnen und hochadeliger Damen in England, die um etliche Beispiele aus anderen Ländern erweitert werden könnte, zeigt uns, dass die meisten hetzjagenden Frauen, die namentlich bekannt sind, aus fürstlichen und königlichen Geschlechtern stammten. Man muss aber davon ausgehen, dass in Wirklichkeit weitaus mehr Frauen die Hetzjagd betrieben haben. Schließlich war die höfische Kultur auch Vorbild für den niederen Adel und das Patriziat. Jedoch bleiben die Jagdaktivitäten von Frauen des niederen Adels oft unerwähnt, da sich der Blick der Geschichtsschreiber zumeist auf die Aktivitäten von Königinnen und Fürstinnen richtete. Einblicke in die Hetzjagdausübung adeliger Frauen erhält man durch das Bildmaterial einiger Handschriften. Der Queen Mary's Psalter zeigt in achtzehn Federzeichnungen verschiedene Formen und Phasen der Hetzjagd. Auf zwei Abbildungen erscheinen auch Frauen, die sich zu Pferd an der Jagd beteiligen oder als Jägerinnen auftreten.[25] Dargestellt ist auf dem einen Bild eine Bogenschützin beim Erlegen eines Zehnenders; auf dem anderen Bild flieht der aufgescheuchte Hirsch in eine offene, baumlose Landschaft, wo ihn die Bogenschützin erwartet. Weitere Methoden der Hirschjagd sind in zehn Randminiaturen des englischen Stundenbuchs Taymouth Hours (ca. 1325–1350) dargestellt: Gezeigt wird die Jagd mit Pfeil und Bogen vom Pferd aus, mit Pfeil und Bogen vom Boden aus oder mit dem Windhund.[26] In all diesen Abbildungen sind Frauen in verschiedenen Positionen und mit unterschiedlicher Aufgabenverteilung an der Hirschjagd beteiligt. Interessant an dieser Hirschjagdserie ist weniger die Anzahl der gejagten Tiere, sondern die verschiedenen Techniken, die Frauen bei der Hirschjagd anwenden können.

Die Taymouth Hours enthalten außerdem eine Serie von sechs Randminiaturen, die Frauen bei der Jagd auf einen Keiler zeigen.

Wiederum werden die aufeinander folgenden Jagdphasen als Bildergeschichte erzählt.[27] Hier zeigt sich der Kontrast zwischen dem beengten Dasein innerhalb der Burgmauern und der ungehinderten freien Bewegung berittener Jägerinnen in der Natur. Interessant sind auch einige Darstellungen, die Frauen bei der Kaninchenjagd, also einer Jagd auf Niederwild, vorführen; zwei Zeichnungen im Queen Mary's Psalter zeigen Frauen bei der Wildkaninchenjagd mit ihren verschiedenen Methoden. Das analysierte Bildmaterial aus dem 14. und 15. Jahrhundert stellt insgesamt Frauen bei der Hetzjagd auf Rotwild, Schwarzwild und Niederwild mit unterschiedlichen Formen und Techniken dar. Ebenso wie beim Beizjagdmotiv treten auch hier die Aspekte des Jagdvergnügens, der Standesrepräsentation und der erotischen Beziehung hervor; letztere vor allem auf einigen Wandteppichen mit der Darstellung von Hirschjagden.

Die Untersuchungen von Katharina Fietze und anderen Autoren haben insgesamt ergeben, dass Frauen anders als beim Turnier bei der höfischen Jagd des Mittelalters eine aktive Rolle spielten; sie waren dabei mehr als nur passive Zuschauerinnen, eine angenehme Gesellschaft oder zierendes Beiwerk einer höfischen Kulisse.[28] Frauen übten sowohl die Beizjagd als auch die Hetzjagd auf Wildtiere wie Hirsch, Wildschwein, Fuchs und Kaninchen aus. Bei der Anwendung der verschiedenen Jagdtechniken bewegten sie sich sportlich und wurden offenbar den Anforderungen der Jagd weitgehend gerecht. Die Zugehörigkeit zum Adel war wie bei den Männern der höfischen Gesellschaft auch bei den Frauen eine Grundvoraussetzung für die privilegierte Jagdausübung. Die Jagdteilnahme bedeutete auch für die Frauen Standesrepräsentation und Selbstinszenierung; ferner diente sie ihnen als Forum der Geselligkeit und der gesellschaftlichen Kontakte. Die Jagdausübung in der freien Natur gab den adeligen Frauen außerdem Gelegenheit, in einem gesellschaftlich akzeptierten Rahmen erotische Kontakte zu pflegen oder neu zu knüpfen. Adelige Frauen, die erwiesenermaßen an den verschiedenen Formen der höfischen Jagd beteiligt waren, erweisen sich somit in dieser Hinsicht als aktive Trägerinnen der höfischen Kultur des Hoch- und Spätmittelalters. Sie vertraten die verschiedenen Aspekte der Jagd in eigener Person und waren „keineswegs bloß unbeteiligte Zuschauerinnen, die zur Bewunderung oder Erbauung der Männer mit auf die Jagd ritten".[29] Um diese neuen Erkenntnisse zu erhärten, sind aber noch weitere Untersuchungen an jagdhistorisch relevanten Quellen des Mittelalters notwendig.

Adelige Frauen als Jägerinnen

Jagdausübende Frauen des Adels sind vor allem aus der Zeit des ausgehenden Mittelalters und der Renaissance bekannt, als die schriftlichen Quellen bereits reichlicher fließen. Eine leidenschaftliche Jägerin war die Gräfin Anna von Katzenelnbogen, die Gemahlin des 1479 gestorbenen Grafen Philipp von Katzenelnbogen. Als Anna, die Tochter eines Grafen von Württemberg, 1422 in das Haus Katzenelnbogen einheiratete, brachte sie eine Mitgift in die Ehe, wie sie für die damalige Zeit außergewöhnlich war. Sie belief sich neben einer kostbaren Brautausstattung auf 32 000 Gulden und betrug damit das Achtfache der bis dahin üblichen Mitgiften von 4000 Gulden.[30] Wie sehr es der Bräutigam Graf Philipp verstand, seinen ererbten und erheirateten Reichtum noch weiter zu vermehren, ergibt sich daraus, dass er 1457 seiner Tochter Anna bei ihrer Heirat mit Landgraf Heinrich III. von Hessen 52 000 Gulden und damit die höchste Brautgabe zuwandte, die jemals ein mittelalterlicher hessischer Landgraf erheiratet hat.[31] Die Grafschaft Katzenelnbogen stieg im Laufe des 15. Jahrhunderts zweifellos zu einem der reichsten und bedeutendsten Territorien im mittelrheinischen Raum auf und entfaltete auch ein vielfältiges kulturelles Leben, an dem sowohl die Gräfin Anna als auch ihr Gemahl Philipp intensiv beteiligt waren.

Zu den gemeinsamen Interessen des Ehepaares, das nur in der Anfangszeit harmonisch zusammenlebte, gehörte die Jagd in ihren vielfältigen Formen. Wie weit und in welcher Weise sich allerdings diese beiderseitige Vorliebe auf die unglückliche, schließlich ganz zerstörte Ehe ausgewirkt hat, vermag man schwer zu beurteilen. Dennoch sind gemeinsame Jagden beider Ehegatten wiederholt und zudem noch zu einer Zeit festzustellen, als die übrigen ehelichen Beziehungen sich fast gänzlich aufgelöst hatten. Es sei hier auf die Beteiligung der Gräfin an der Rheinfelser Winterjagd von 1457/58 verwiesen,[32] die umso bemerkenswerter ist, als damals die Trennung beider Ehegatten schon ausgesprochen war. Aus dieser Tatsache ist aber auch ein Urteil über die Intensität der jagdlichen Leidenschaft der Gräfin möglich, denn ihre Teilnahme an einer Wildschweinjagd und zudem mitten in der Winterzeit darf als ungewöhnlich gelten. Diese Feststellung basiert aber nicht nur auf diesem Jagdereignis, denn gemeinsame Jagdausflüge sind aus den Jahren 1425 und 1435 ebenfalls erwähnt. Aufschlussreich sind vor allem die Kellereirechnungen des Schlosses Lichtenberg, das der Gräfin als Wohnsitz zugewiesen worden war.[33] Sie erweisen durch die auffallende Häufung von verschiedenen Nachrichten, dass

Die Gräfin Anna von Katzenelnbogen ging selbst im Winter auf die Jagd.

Anna sich damals intensiv mit der Beizjagd und anderen Formen der Jagd beschäftigt hat. Hierbei wurde sie in der Hauptsache von dem Vogler Klaus unterstützt; aber auch die Falkner Graf Johanns und Graf Philipps haben mit ihr zusammen Jagdausflüge unternommen. Aus dieser Jagdpassion der Gräfin erklären sich auch die häufigen Schenkungen von Jagdhunden, die ihr von vielen Seiten zugingen; außerdem verfügte Anna offenbar über eine Anzahl eigener Beizvögel. Im Rahmen dieser ausgeprägten Jagdinteressen der Gräfin ist auch die Nachricht einzuordnen, dass ihr 1444 nicht nur zwei Käuze, sondern auch ein Bär auf ihre Burg gebracht worden sind; für eine Dame nicht gerade gewohnte Geschenke, die jedoch anscheinend ihren besonderen Neigungen zu Jagd und Tierwelt entsprachen.

Die Jagd hatte am Hof des Grafen Philipp, ihres Gemahls, eine weit über das Übliche hinausgehende Bedeutung. Die Zahl seiner Jäger und Jagden, seiner Falken und Hunde und die beträchtlichen Ausgaben, die in der Grafschaft Katzenelnbogen für die Jagd aufgebracht wurden, zeigen eine Liebe zum Weidwerk, die selbst enorme Aufwendungen für das Jagdvergnügen beider Eheleute nicht gescheut hat. Neben der Jagd spielten auch die anderen Elemente der höfischen Kultur bei den Grafen von Katzenelnbogen eine wichtige Rolle.[34] Neben der stolzen Architektur zahlreicher Burganlagen des Geschlechts verdienen vor allem die großzügig geschaffenen Malereien des Bornicher Altars und der Stiftskirche in St. Goar genannt zu werden. Eine Kostbarkeit nach Inhalt und Ausstattung war auch die Katzenelnbogener Bibliothek; deren Inventare weisen nämlich neben der üblichen spätmittelalterlichen Unterhaltungs- und Erbauungsliteratur auch die großen Werke der mittelhochdeutschen Dichtung auf. Dazu passen die eingehenden Nachrichten über ihre ausgedehnten Fahrten und Reisen sowie ihre Turniere, Jagden und Hoffeste. Die Katzenelnbogener Grafen pflegten an ihrem Hof auch großzügig Dichtung und Musik, sodass sie bei den spätmittelalterlichen Dichtern und Sängern einen guten

Viele adelige Frauen jagten ebenso gerne wie ihre Ehemänner oder Väter. Gemälde aus dem 16. Jahrhundert

Ruf hatten. An diesen kulturellen Aktivitäten der Grafen von Katzenelnbogen waren auch die Frauen stark beteiligt.

Im benachbarten Frankreich treten jagdausübende Frauen im Spätmittelalter ebenfalls hervor, wie z. B. in der Person der Anne de Beaujeu (1461–1522), die Frankreich von 1483 bis 1491 für ihren unmündigen Bruder, den späteren König Karl VIII. regierte.[35] Obgleich ihr Vater Ludwig XI. die Jagdrechte des Adels beschränkt hatte, war er selbst ein leidenschaftlicher Jäger gewesen. Sein Seneschall war Gaston Phébus, der Autor des berühmten Jagdbuches. Anne liebte, soweit man dies erkennen kann, vor allem die gefährliche Jagd auf Wildschweine und Wölfe. Jacques de Brézé, Seneschall der Normandie, verfasste etliche Gedichte zum Lob seiner Königin, in denen er sie als exzellente Hundezüchterin beschrieb. Ihr Lieblingshund und Zuchtrüde, ein weißer Jagdhund namens Souillard, war ein Geschenk Brézés. Anne bildete auch andere Damen in ihrer höfischen Umgebung in der Jagdkunst aus. Eine ihrer besten Schülerinnen war Diane de Poitiers (1499-1565), die Mätresse König Heinrichs II. von Frankreich.[36] Schwiegervater der verheirateten Dame war wiederum Jacques Brézé, Annes Seneschall und Betreuer des Jagdhundes Souillard. Diane war nicht nur eine begehrte Frau, sondern auch eine ausgezeichnete Reiterin und Jägerin. Ihr Schloss Château d'Anet war mit Hundezwingern, Pferdeställen, Vogelkäfigen, also mit allen Einrichtungen für die Hetz- und Beizjagd versehen. Nachdem ihr Liebhaber, König Heinrich II., 1559 bei einem Turnier ums Leben gekommen war, zog sich Diane auf ihr prächtiges Jagdschloss zurück. Nach dem Tod Heinrichs II. folgte ihm seine Gemahlin Katharina von Medici als Königin auf den Thron; auch Katharina verbrachte viel Zeit mit Reiten und großartigen Jagdausflügen. Sie hatte ihren Gatten bei der Hetzjagd oft begleitet und setzte nach seinem Tod die königliche Jagdpraxis im gleichen Stil fort. Sie ritt manchmal in Begleitung etlicher Damen und bis zu 500 Herren zur Jagd.[37]

Margarete (1480–1530), Tochter Kaiser Maximilians I. und seiner Gemahlin Maria von Burgund, erbte ihre Jagdleidenschaft offenbar von ihren jagdbegeisterten Eltern. Schon im Kindesalter mit dem zukünftigen König Karl VIII. von Frankreich verlobt, kam sie in jungen Jahren an den französischen Hof.[38] Dort kümmerte sich die erwähnte jagdbegeisterte Anne de Beaujeu, damals Regentin ihres unmündigen Bruders, acht Jahre lang um Margaretes Erziehung. Letztlich vereitelte Anne jedoch die ursprünglich geplante Hochzeit mit Karl, sodass Margarete Juan von Spanien ehelichte. Am spanischen Hof teilte sie die Jagdleidenschaft ihrer Schwiegermutter Königin Isabella von Kastilien. Diese hatte es als Zehnjährige abgelehnt, gemäß der Etikette für Prinzessinnen einen Esel zu reiten; stattdessen hatte sie viele Tage auf dem Rücken eines Rassepferdes verbracht. Margarete wurde bald eine geschickte Jägerin, die zunächst Hasen und Hirsche, später aber auch Wildschweine erlegte. Nach dem Tod ihres Gatten Juan verließ sie 1497 Spanien und heiratete Herzog Philipp von Savoyen. Als dieser nach dreijähriger Ehe gestorben war, begab sich Margarete in die Niederlande, wo ihr Vater Maximilian I. sie 1507 als Statthalterin für ihren unmündigen Neffen, den späteren Karl V., einsetzte. Sie pflegte weiterhin intensiv den Jagdsport und konnte Wildschweine und Hirsche eigenhändig ausnehmen und zerlegen, Ihre Hofdamen mussten in der Lage sein, ein Pferd ohne die übliche Hilfe von Dienern zu besteigen. Im Angedenken an ihre Eltern Maria und Maximilian ließ Margarete nach den Entwürfen eines Raffaelschülers prächtige Gobelins mit Jagdmotiven anfertigen.[39]

Diese Beispiele belegen, dass Frauen des Hochadels in West- und Mitteleuropa mehr als nur passive Zuschauerinnen bei den verschiedenen Jagdformen waren. Sie waren auch mehr als nur Begleiterinnen ihrer jagdbegeisterten Väter, Ehemänner und Brüder. Sie jagten, wenn sie passionierte Jägerinnen waren, zum Teil in eigener Regie und setzten in einigen Fällen sogar die von ihren Vätern oder Ehemännern begründeten Jagdtraditionen nach deren Tod eigenständig fort. Adelige Frauen nahmen nicht nur an der Beizjagd, sondern auch an der Hetzjagd, sei es die Parforcejagd oder die Pirschjagd, aktiv teil – anders als oft behauptet wurde. Die ausgeprägten Jagdinteressen der weiblichen Mitglieder des englischen Königshauses erinnern noch heute an die Jagdaktivitäten ihrer königlichen und hochadeligen Vorfahren in England und auf dem europäischen Kontinent.

Cy deuise comment on doit chascier et prendre le loup.

Et quant le veneur ! vouldra chas cier le loup. il doit echar ner les loups par ceste ma niere. Premierement il doit re garder un biau buysson. a une lieue ou demie pres daultres ! granz forestz. ou il ayt biau tritre de leuriers et belle place a lenuiron. et pave dedanz. et

la doit tuer un cheual. ou un buef ou autre beste grosse. et prendre les quatre membres cuisses et espaules. et les porter et non pas trahiner es grans forestz par les quatre parties du buysson. Et quant chascun de ces quatre compaignons se iront es forests la ou chascun doit faire son trahin. si doiuent abatre leur char. et lier a la queue de leurs cheuaulx. et trayner par les voyes et car

Gaston Phébus Jagdbuch „La livre de la chasse" ist reich illustriert.

JAGDBÜCHER UND JAGDLITERATUR IM SPÄTMITTELALTER

Im „Alexanderroman" Ulrichs von Etzenbach, einem Huldigungsgedicht für König Ottokar II. von Böhmen, das in der Zeit um 1280 entstanden ist, wird in einer kleinen Szene eine Jagd beschrieben.[1] Der Held, dessen Heer in Zelten vor einer Stadt lagert, reitet zur Falkenbeize aus und wird dabei von der Stadt aus beobachtet. Die allgemeine Szenerie wird ausführlich geschildert, doch von der eigentlichen Jagd werden nur Umrisse skizziert: Alexander gibt seinen Falknern den Befehl, dass sie mit ihm zur Jagd ausreiten sollen; daraufhin holen diese die jagdbereiten Vögel aus den Zelten. Bei der Beizjagd werden dann einige Reiher und Enten erbeutet; detaillierte Angaben zum Jagdvorgang fehlen weitgehend. Wer eine Beschreibungsvielfalt und Erzählgenauigkeit im modernen Sinne erwartet, kommt nicht auf seine Kosten; er muss sich mit formelhaften Wendungen begnügen, wo er genauere, realistische Angaben bevorzugen würde. Auch viele andere Jagdszenen in der deutschen Epik des Hochmittelalters vermitteln in der Regel ein ähnliches Bild: Sie skizzieren meist nur einen allgemeinen Handlungsrahmen, bringen aber darüber hinaus wenig Einzelheiten.[2]

Hier stellt sich grundsätzlich die Frage, inwieweit literarische Jagddarstellungen bei der Erforschung der höfischen Jagd des Mittelalters herangezogen werden können. Welchen Realitätsgehalt kann man dichterischen Jagdszenen zubilligen? Zur Frage nach dem historischen Zeugniswert literarischer Texte hat der Germanist Joachim Bumke in seinen Studien zur höfischen Kultur in dem Sinne Stellung bezogen, dass man übertriebene Bedenken bei der Auswertung poetischer Zeugnisse beiseiteschieben müsse, weil „wichtige Aspekte sowohl der Gesellschaftsgeschichte als auch der Literaturgeschichte im hohen Mittelalter verborgen blieben, sofern man die Auswertung von ästhetisch strukturierten Texten ablehnt."[3] Der Germanist Helmut Brackert nimmt bei diesem Problem dagegen eine relativ skeptische Haltung ein und betont, dass man den Zeugniswert literarischer Texte niemals direkt zu einer Ebene der Realität in Beziehung setzen könne; dem Realgeschehen der Jagd dürfe man daher in den Jagdszenen literarischer Werke kein übertriebenes Gewicht beimessen.[4] Poetische Texte würden sich zwar häufig mit der Jagd beschäftigen und stimmungsvolle Jagdszenen präsentieren, doch geschehe dies in einer Weise, die andere Darstellungsabsichten erkennen lasse als die realistische Abbildung des tatsächlichen Jagdbetriebs. Unter diesen Bedingungen ergebe sich für den Jagdhistoriker die Notwendigkeit, die Fiktionalität der poetischen Darstellung zu durchdringen und dann jeweils zu entscheiden, welche Teile er ohne Bedenken als wirklichkeitsnah akzeptieren könne. Dabei sind nach Brackert drei Ebenen zu unterscheiden:[5] Erstens die Ebene der höfischen Sachkultur, die sich auf die Praxis der Jagd richtet; zweitens die Ebene des höfischen Norm- und Regelsystems, die mit den in den Dichtwerken geschilderten Jagdvorgängen zusammenhängt; drittens die literarische Ebene selbst, bei der die höfische Jagd in dem Funktionszusammenhang des jeweiligen Werkes eingebunden ist. Diese drei Ebenen müssen außerdem in ihrer wechselseitigen Verschränkung gesehen werden.

Die Hetzjagd auf den Hirsch, die im Mittelpunkt der höfischen Jagd steht, wird in den literarischen Werken in unterschiedlicher Ausführlichkeit und Genauigkeit geschildert. Die Jagdszenen beginnen in der Regel bereits mit der eigentlichen Hetzjagd, ohne dass das vorhergehende Aufspüren des Hirsches, das unabdingbar dazu gehört, dargestellt wird.[6] Die Jagd selbst wird in ihrem Handlungsablauf meist nur knapp angedeutet: Berittene Jäger und schnelle Jagdhunde hetzen einen Hirsch, der vor ihnen herflieht; viele andere Handlungen, die sich bei der Hetzjagd abspielen, werden häufig nicht so beschrieben, wie sie wirklich vonstattengehen. Manche Momente, die die Jagd zu einer individuellen Jagd machen könnten, bleiben ganz beiseite; alle Nebenumstände, wie z. B. das Ausse-

In Heinrich von Veldekes „Eneit" ist die Beschreibung der Jagd noch recht realitätsfern.

hen und das langjährige Training der Hunde, finden häufig keine Erwähnung, obwohl diese Faktoren für die erfolgreiche Durchführung einer Jagd von entscheidender Bedeutung sind. Diese Bemerkungen zur Hetzjagd gelten größtenteils auch für die andersartige Jagdform der Pirschjagd. Auch hier findet man in der Regel in poetischen Texten nur einige signifikante Elemente, die auf diese Jagdart hindeuten. Selbst eine relativ genau geschilderte Jagd wie die des Ascanius in Heinrich von Veldekes „Eneit" bleibt noch äußerst formelhaft und realitätsfern.[7] Der entscheidende Unterschied der Pirschjagd gegenüber der Hetzjagd kommt dabei nicht zur Darstellung, nämlich die Tatsache, dass das Wild von Treibern aufgestöbert und auf schussbereite Jäger zugetrieben wurde, die mit Pfeil und Bogen oder mit Armbrüsten ausgerüstet waren. Die meist nur angeschossenen Tiere konnten dann durch die Hunde verfolgt und schnell zur Strecke gebracht werden.

Die Besonderheit der Ascanius-Passage, die bei aller Formelhaftigkeit doch den genannten Jagdverlauf skizziert und in ihren wesentlichen Grundzügen mit den Darstellungen der Pirschjagd in den spätmittelalterlichen Jagdbüchern übereinstimmt, wird deutlich, wenn man sie mit anderen literarischen Pirschjagdschilderungen vergleicht. Denn diese geben niemals den geschlossenen Jagdverlauf wieder, deuten ihn vielmehr nur an durch einige wenige Detailhinweise. So wird etwa im „Nibelungenlied" in einer fantasievollen Ausgestaltung der Pirschjagd die Jägerkleidung Siegfrieds kurz beschrieben, im Übrigen die geplante Jagd im Odenwald als „birsen" charakterisiert, ohne dass dieser Kennzeichnung weitere detaillierte Schilderungsakzente folgen; gerade die Spezifika der Pirschjagd werden nicht näher erläutert.[8] In Heinrich von Veldekes „Eneit" liegt die Szene, in der Dido und Eneas zur Jagd ausreiten, auf der gleichen Ebene.[9] Dido will ausreiten, um mit Eneas zusammen eine Jagd durchzuführen. Sie gibt entsprechende Befehle an ihre Jägermeister und trifft sich mit Eneas und seiner Jagdgesellschaft vor dem Tor; über das eigentliche Jagdgeschehen werden aber keine näheren Angaben gemacht. Dagegen werden vielerlei Dinge erwähnt, die den Lesern zeigen, wie diese Jagd und ihre Protagonisten gewertet werden sollen. Die Jagdherrin präsentiert sich vor allem in ihrer herrscherlichen Funktion und übergeht Einwände der Untergebenen, die gegen die vorgesehene Durchführung sprechen. Die Jagd dient demnach in erster Linie der öffentlichen Inszenierung von Macht und Glanz einer Herrscherin, nicht der detaillierten Schilderung einer Jagd.

Jagdtraktate und Jagdbücher

Anders als die Werke der Dichtung geben die Jagdtraktate und Jagdbücher des Hoch- und Spätmittelalters zuverlässige Informationen zur Ausrüstung und Durchführung der verschiedenen Jagdarten. Jagdtraktate werden die auf allen Gebieten der Jagd verfassten Schriften genannt, die lehrhaften Charakter tragen.[10] Die frühesten jagddidaktischen Werke findet man, von wenigen Ausnahmen abgesehen, im 12. Jahrhundert, sodass zwischen der antiken Jagdliteratur mit ihren Hauptautoren

Xenophon, Flavius Arrian und Oppian eine Lücke von rund neun Jahrhunderten klafft. Einen Hauptteil der Jagdtraktate nehmen die Schriften über die Beizjagd und die Haltung von Beizvögeln ein, die fast ein Jahrhundert früher als die anderen Abhandlungen einsetzen.[11] Der älteste bisher bekannte Traktat aus dieser Gruppe behandelt unter dem Titel „De arte bersandi" die Pirschjagd auf Rotwild und ist im frühen 13. Jahrhundert entstanden; er ist damit ein wichtiges Zeugnis für das frühe deutsche Jagdbrauchtum.[12] Der von einem deutschen Ritter namens Guicennans verfasste, nur als Fragment erhaltene Text steht mit der Jägerschaft am Hofe Kaiser Friedrichs II. in Zusammenhang und liefert wichtige Informationen zur Pirschjagd im 13. Jahrhundert. Diese wurde damals als eine Drückjagd mit Schusswaffen betrieben, wobei man Hunde zur Vorsuche sowie berittene Treiber und Schützen zu Fuß einsetzte. Ergänzt wird dieses Bild der Pirschjagd durch Angaben über die Kleidung der Jäger und ihre Ausrüstung: der Spieß als Abwehrwaffe, das Horn und die mit mancherlei Utensilien gefüllte Jagdtasche. Als Angriffswaffe dient die Armbrust; in ihrer Begleitung findet man den Köcher zusammen mit dem Pfeil für Rotwild und den Bolzen für Vögel. Von besonderem jagdgeschichtlichen Interesse ist ferner die Erwähnung der Bracke als der zur Pirsch gebrauchten Hunderasse.

In die Zeit des 13. Jahrhunderts gehört auch das größte spanische Jagdwerk des Mittelalters, „El Libro de la Monteria", das wahrscheinlich auf König Alfons X. zurückgeht.[13] Einen Höhepunkt in der Entwicklung der mittelalterlichen Jagdliteratur bilden dann zwei französische, die Jagd insgesamt behandelnde Werke des 14. Jahrhunderts: „Les Livres du Roy Modus et de la Royne Ratio" von Henri de Ferrières[14] und „Le livre de la chasse" von Gaston Phébus.[15] Im Vergleich zu diesen beiden Werken, die exemplarisch behandelt werden sollen, nehmen sich die deutschen Jagdbücher des Spätmittelalters bescheiden aus. Die „Lehre von den Zeichen des Hirsches" ist hier neben der „Deutschen Habichtslehre" als das wichtigste deutsche Jagdwerk anzusehen.[16] Es bietet grundlegende Anweisungen zur Unterscheidung der Geschlechter beim Rotwild und zur Bestimmung der einzelnen Tiere aufgrund aller hinterlassenen Zeichen, wozu vor allem die Fährten und Losungen gehören. Hier tritt ein bereits im 13. Jahrhundert, aber mit Sicherheit in der ersten Hälfte des 14. Jahrhunderts voll entwickelter, jagdlicher Erfahrungsschatz in Erscheinung, der zunächst mündlich tradiert und dann an der Wende vom 14. zum 15. Jahrhundert schriftlich fixiert wurde. Erwähnenswert sind in diesem Zusammenhang einige Übersetzungen zu Teilen des „Opus ruralium commodorum" von Petrus de Crescentiis, das Anweisungen zum Fang wilder Tiere, zum Vogelfang und Wissenswertes über Wildgehege und Fasane enthält.[17] Das älteste, jedoch ursprünglich in französischer Sprache geschriebene Jagdbuch ist in England „L'art de Vénerie de Guillaume Twiti". Es stammt aus der Feder von William Twici oder Twiti, einem Jäger am Hof von König Edward II. (1307–1327), und wurde später unter dem Titel „The Art of Hunting" bekannt.[18] Der Verfasser schildert in diesem Traktat die Jagd auf Hasen, Wölfe und Füchse mit Hunden, ferner allgemein die Jagd auf Rot- und Schwarzwild. Ein weiteres Jagdbuch aus dem spätmittelalterlichen England ist „The Master of Game" von Edward Plantagenet, dem zweiten Herzog von York.[19] Das Werk entstand zwischen 1406 und 1413, als Plantagenet sich wegen einer Verschwörung in Haft befand und offenbar viel Zeit zum Nachdenken über die verschiedenen Jagdformen hatte. Es handelt sich in der Hauptsache um eine Übertragung ausgewählter Passagen aus Gastons „Livre de la chasse" ins Mittelenglische. Jagdformen und Jagdtechniken, die in England nicht ausgeübt wurden, ließ Plantagenet aus, fügte aber das hinzu, was für die englischen Jagdverhältnisse wichtig war. Das als „Boke of St. Albans" bekannte mittelenglische Jagdbuch, das 1486 gedruckt wurde, wird im Allgemeinen der Priorin Juliana Berners zugeschrieben.[20]

Die aus dem 12. und 13. Jahrhundert überlieferten Handschriften zur Jagd behandeln, wie sich aus dieser Übersicht ergibt, vorwiegend die Beizjagd, die mit dem berühmten Werk Friedrichs II. „De arte venandi cum avibus" sicherlich einen Höhepunkt erreichte.[21] Schriften über die weit verbreitete Hetzjagd tauchen dagegen, von Ausnahmen abgesehen, vor allem seit dem 14. Jahrhundert auf. Etliche Jagdbücher wurden über die Landesgrenzen hinaus rezipiert, sodass eine differenzierte, überregional verwendete Jagdterminologie entstand.[22]

Die populärsten jagdkundlichen Handschriften wurden gegen Ende des 15. Jahrhunderts gedruckt und auf diese Weise noch weiter verbreitet. Das Jagdschrifttum enthält insgesamt Angaben über vielfältige Jagdformen und Jagdtechniken, über das Blasen des Jagdhorns und über Jagdkommandos, über Jagdhunde und Beutetiere sowie über das weidgerechte Zerlegen und Verteilen der Beute.

Jagdkommandos und Jagdrufe wurden teils der französischen Sprache entlehnt, teils hatten sie einen regionalen Bezug. Es gibt eine breite Palette von Tierbezeichnungen, die je nach Alter und Geschlecht der unterschiedlichen Tierarten variieren. Verhalten und Lebensräume der Tiere werden mit erstaunlicher Sachkenntnis beschrieben, außerdem die Krankheiten von Jagdhunden und Beutetieren eingehend besprochen. Es wird aber auch allgemein der Nutzen und Schaden bestimmter Jagdmethoden diskutiert und abgewogen, verknüpft mit moralischen Argumenten; etliche Manuskripte sind mit bunten Jagdszenen und anschaulichen Lehrbildern zu den einzelnen Jagdtechniken ausgestattet. Der didaktische Charakter der Jagdbücher kommt vor allem darin zum Ausdruck, dass der Stoff häufig in

Im „opus ruralium commodorum“ von Petrus de Crescentiis steht Wissenswertes zur Wildhege.

Frageform oder als Lehrgespräch zwischen Jagdmeistern und Schülern erörtert wird. Eine zentrale Stellung im Jagdschrifttum des Spätmittelalters nehmen zweifellos die französischen Jagdbücher ein.[23] Dies hängt sicherlich damit zusammen, dass sich seit dem Hochmittelalter der Mittelpunkt der ritterlich-höfischen Kultur und damit auch der höfischen Jagdformen in Frankreich befand. Zu den bedeutendsten französischen Jagdbüchern des Spätmittelalters gehören die Werke von Gaston Phébus und Henri de Ferrières, die im Folgenden exemplarisch behandelt werden sollen.

Das Jagdbuch des Henri de Ferrières

Das Jagdbuch Henri de Ferrières, „Le livre de Chasse“, findet sich in dem größeren Werk „Les Livres du Roy Modus et de la Royne Ratio“, das in der Zeit zwischen 1354 und 1377 von dem Angehörigen einer bedeutenden Familie der Normandie in Prosa abgefasst wurde und das im Mittelalter eine weite Verbreitung fand.[24] Man kennt etwa 33, teils mit Miniaturen versehene Handschriften aus dem 14. und 15. Jahrhundert sowie sechs gedruckte Ausgaben zwischen 1486 und 1560. Die Bücher des Königs Modus (Maß) und der Königin Ratio (Vernunft) bestehen aus zwei Teilen: Le Livre des déduits und Le Songe de pestilence. Le Livre des déduits, d.h. Le Livre de chasse (Jagdbuch), beginnt mit einem Loblied auf Modus und Ratio. Es folgt das Jagdbuch im eigentlichen Sinne: Eine Abhandlung über die Kunst des Bogenschießens, einige Kapitel über die Falkenjagd und die Beizjagd, ein Streitgespräch zwischen zwei Damen über den Vorzug der Jagd mit Falken gegenüber der Jagd mit Hunden in Form eines längeren Gedichts und schließlich eine Abhandlung über den Vogelfang mit Schlingen und Netzen. Die sprechenden Personen sind das personifizierte Maß und die personifizierte Vernunft, die auf die Erde geschickt werden, um die Menschen zu lehren, nach den Regeln Gottes vernünftig zu leben. Eine wichtige Rolle spielt dabei die Jagd, die die Menschen vom Müßiggang als Ursache allen Lasters abhalten kann und die deswegen von König Modus den Menschen in der richtigen Weise beigebracht werden soll. Königin Ratio stellt dazu in allegorischen Abschnitten moralische Überlegungen zu Tieren und Vögeln an. Der zweite Teil des Gesamtwerkes, Le Songe de pestilence, schildert die Klagen des Königs Modus und der Königin Ratio über die Sünden und die Bosheit der Menschen, die auf ethische Grundsätze keinen Wert legen, obwohl ihnen Gott eine so große Macht verliehen hat, dass ein jeder, der an sie glaubt, in das Paradies eingehen wird.[25] Gott hört ihre Klagen und beschließt, drei Engel auf die Erde zu senden, die sich über den Zustand der Welt informieren sollen. Diese besuchen die Repräsentanten der drei Stände und hören sich ihre Klagen an. Diese Aussagen vermitteln uns eine Fülle von kulturgeschichtlich interessanten Einzelheiten über das Leben der unterschiedlichen Stände im 14. Jahrhundert, das den Rahmen des spätmittelalterlichen Jagdwesens bildet. Als Gott von den Engeln erfährt, dass die Klagen der Menschen berechtigt sind, ermächtigt er die Königin Ratio, den Menschenverführer Satan anzuklagen, der sich vor Gott wegen seiner Freveltaten verantworten soll. Das Streitgespräch, das sich zwischen Ratio und Satan entwickelt, ist eigenartig und schwer zu verstehen. Gott bestraft die Menschen mit den Geißeln des Kriegs und der Pest; zwischen den Tugenden (vertus) und den Lastern (vices) bricht ein Krieg aus, dessen Beschreibung von Zeit zu Zeit durch eine Liebesepisode unterbrochen wird. Der Verfasser erzählt uns schließlich von den unglücklichen Ereignissen während der Herrschaft des französischen Königs Karl V. (1364–1380) und von der allmählichen Wiederaufrichtung des Landes.

Wer war der Verfasser dieses kulturgeschichtlich aufschlussreichen Werkes, dessen erster Teil, das eigentliche Jagdbuch, hier am meisten interessiert? Die Erwähnung verschiedener Orte und die Sprache, die mit normannischen Eigentümlichkeiten durchsetzt ist, zeigen uns ohne jeden Zweifel, dass er ein Normanne war. Der Verfasser, Henri de Ferrières, gehörte einer der berühmtesten Adelsfamilien der Normandie an, die unter ihren Mitgliedern auch die Dichter Raoul und Gilles zählte.[26] Das Geschlecht Ferrières, Eigentümer des großen Waldes von Breteuil, nahm sogar an königlichen Jagden teil. Der Sitz der Familie befand sich in St. Hilaire inmitten der Vizegrafschaft von Orbec; der mächtige Hügel des Schlosses, das zur Zeit der normannisch-englischen Kriege im 14. Jahrhundert zerstört wurde, ist noch heute westlich der Kirche vorhanden. Henri de Ferrières, der Verfasser des Jagdbuches, war offenbar ein angesehener und einflussreicher Burgherr, von dem einige Urkunden zwischen 1358 und 1377 erhalten sind. Sein Jagdbuch und sein Werk „Le Songe de pestilence" sind nach der großen Pest von 1348/49 begonnen und spätestens 1377 beendet worden. Als „Livre de Chasse" werden im Allgemeinen diejenigen Passagen des ersten Teils, des „Livre des Deduits" zusammengefasst, die sich mit der Jagdtechnik befassen, wobei meistens das Loblied auf Roy Modus und Royne, Ratio, das Gedicht über die Vorzüge von Beizjagd und Hetzjagd sowie alle allegorischen Abschnitte ausgelassen werden. König Modus lehrt im „Livre de Chasse" seinen Schülern von Grund auf alles, was sie, im Hinblick auf ein Leben ohne verderblichen Müßiggang, von der Jagd wissen sollen:[27] „In der Zeit, in der König Modus alle Arten der Jagd lehrte, sagte er zu seinen Schülern: ‚Die Jagd ist für alle, die sich ihr mit Mäßigung widmen, eine sehr unterhaltsame und gleichzeitig nützliche Beschäftigung. Die Reichen meiden durch die Jagd den Müßiggang, ein sehr verderbliches Laster und Ursache allen Übels, und die Armen können durch sie Geld verdienen. Doch an erster Stelle muss man Gott dienen, denn niemand darf seines Vergnügens wegen den vergessen, ohne den nichts geschehen kann. Deshalb soll man zuerst an ihn denken. Sagt mir jetzt, welche Jagden es sind, die ihr erlernen wollt!' Einer seiner Schüler fragte ihn: ‚Edler Herr, welches sind die schönsten Jagden von allen, die ihr genannt habt?' Modus antwortete: ‚Alle Menschen haben weder dieselben Wünsche noch denselben Geschmack; deshalb hat unser Gott mehrere, verschiedene Jagden angeordnet, damit ein jeder die auswählen kann, die seinem Geschmack und seinem Stand am meisten entsprechen; denn die einen sind für die Reichen und die anderen für die Armen bestimmt."

In Henri de Ferrières Jagdbuch des König Modus lehrt dieser seinen Schülern die Jagd.

Im ersten Abschnitt des Jagdbuches nimmt die Hirschjagd den weitaus größten Teil ein – ein Hinweis darauf, dass die Jagd auf den Hirsch im Mittelpunkt der adeligen Jagd steht. Dabei wird all das ausführlich behandelt, was einen Jäger zu einem erfolgreichen Vertreter seines Standes macht. Zunächst befasst man sich mit der Jagdzeit. Als ein Schüler fragt, in welcher Zeit man den Hirsch jagen soll, antwortet König Modus, dass diese Zeit zwischen dem 3. Mai und dem 14. September liegt.[28] Der Zeitpunkt, an dem die Hirsche das beste Wildpret darstellen, ist etwa mit dem Fest der hl. Magdalena (22. Juli) gegeben, also in einer Zeit, in der die Hirsche ihr Geweih fegen. Anschließend wird die Frage nach dem Umfang der Hundemeute bei einer Hirschjagd erörtert.

Die Textstruktur lässt deutlich erkennen, dass es Henri de Ferrières darauf ankam, ein didaktisches Lehrbuch zu erstellen, in dem er das jagdliche Wissen seiner Zeit in übersichtlicher Form darbieten konnte. Dabei war es ihm auch um die Vermittlung wissenschaftlicher Erkenntnisse im jagdlichen Umfeld zu tun. Als ein Schüler fragt, warum Hirsche ihr Geweih abwerfen und fegen, antwortet Modus: „Alle Dinge im Leben sind abhängig von der Wärme der Sonne, denn die Sonnenwärme fördert alles Leben, was wir im Winter beobachten, wenn die Sonne uns nicht völlig anschaut: deshalb sehen wir, wenn es friert und kalt ist, dass sich die Lebenskraft der Bäume und Gräser in den Wurzeln sammelt, und folglich welken die Blätter und fallen ab. Ebenso sammelt sich die Lebenskraft der Tiere in den Wurzeln, sozusagen im Herzen und in der Leber, wo sich das Blut sammelt, das die Kraft und das Leben aufrecht hält. Aus demselben Grund werfen die Hirsche alle Jahre im Winter ihr Geweih ab, denn die Lebenskraft, die es auf dem Haupte gehalten hat, ist erschöpft."[29]

König Modus beginnt sein Lehrbuch der Jagd mit den „roten Tieren", dem Hirsch, der Hinde, dem Damwild, dem Rehwild und dem Hasen, und widmet sich anschließend den „schwarzen Tieren", wozu er den Keiler, die Bache, den Wolf, den Fuchs und den Fischotter zählt. Dann erklärt er, wie man Tiere im Wald mit Netzen in einer Hecke aus abgehauenen Sträuchern fängt, und zwar speziell das Schwarzwild, die Wölfe und die Hirsche. Eingeschoben sind längere Passagen über einige Hundekrankheiten und die Möglichkeiten ihrer Behandlung. Kernstück des ersten Teils, der sich mit den „roten Tieren" befasst, ist zweifellos die Hirschjagd, die auch innerhalb des Gesamtwerks des Henri de Ferrières den ersten Platz einnimmt. Behandelt wird alles, was zu einer Hetzjagd auf Rotwild gehört und was ein guter Hirschjäger wissen muss. Als ein Schüler fragt, was man alles für die Hetzjagd erlernen muss, antwortet König Modus: „Ein jeder, der die Hetzjagd erlernen will, soll die zwölf Kapitel der Hetzjagd kennen:[30]

1. Die Ausdrücke, deren man sich bedient, wenn man von der Hetzjagd spricht.
2. Die Zeichen, an denen man einen großen Hirsch erkennt.
3. Wie man auf Vorsuche gehen soll.
4. Wie man den Hirsch bestätigt.
5. Wie man mit Hilfe des Leithundes den Hirsch ausmachen soll.
6. Wie man die Hunde hetzen lassen soll.
7. Wie man den Hirsch jagen soll.
8. Wie man juchen und ins Horn stoßen soll.
9. Wie man den Hirsch aus der Decke schlagen soll.
10. Wie man den Hirsch zerwirken soll.
11. Wie man für die Hunde die Curée machen soll.
12. Wie man für den Leithund das Recht macht.

Im zweiten Kapitel werden die fünf Zeichen erklärt, mit deren Hilfe die Güte und das Alter des Hirsches eingeschätzt werden kann, ohne dass ihn der Jäger selbst zu Gesicht bekommt: Die Fährten, die Losung, die Fegestellen, das Bett und die Himmelszeichen. Erstaunlich ist dabei die genaue Beobachtung der einzelnen Zeichen sowie die eingesetzten Lernmethoden. Im dritten und vierten Kapitel werden die vier verschiedenen Arten der Vorsuche und des Bestätigens, d. h. des Aufspürens des Wildes gelehrt. Dabei wird Schritt für Schritt jede Handlung beschrieben und auch eingehend begründet, sodass ein Leitfaden für den Unterricht entsteht. Wie sehr sich in der Jagd des Mittelalters handwerkliches Können, detailliertes und von Jägergeneration zu Jägergeneration tradiertes Wissen und höfisch-gesellige Aspekte mischen, zeigt sich an der sich anschließenden Zusammenkunft der Berufsjäger mit den höfischen Jägern: Über die Vorsuche wird Bericht erstattet, sodass die eigentliche Hetzjagd mit Pferden und Hunden beginnen kann.

Diese exemplarisch vorgestellten Kapitel des Jagdbuches zeigen, wie sehr sich Henri de Ferrières mit allen Aspekten der Jagd seiner Zeit beschäftigt, wie genau er das Verhalten der Wildtiere und ihrer Lebensräume beobachtet und welches Detailwissen er von der praktischen Durchführung der Jagd besitzt, denn nur so konnte er derart viele praktische Hinweise zum Jagdbetrieb geben.[31] Ferner wird deutlich, dass das Jagen im 14. Jahrhundert in modern anmutender Weise ganzheitlich und eingebettet in die Umwelt gesehen wird. Außerdem enthalten spätmittelalterliche Jagdbücher ein ganzes Kompendium an naturwissenschaftlichem Wissen, an Erkenntnissen aus der Naturbeobachtung und an konkreten Jagdtechniken. Dazu kommen moralische Erwägungen, die die Königin Ratio z. B. am Ende des Hirschjagdkapitels zur Verderbtheit der Menschen und zur Notwendigkeit seiner Umkehr äußert. Der Autor will demnach nicht nur über die Jagd belehren, sondern auch Anleitungen zu einem gottgefälligen Leben im Allgemeinen bieten. So hat er mit Bedacht eine Grundtugend des Mittelalters, die Mäßigung (Modus), ins Zentrum seiner Überlegungen gerückt und ihr in der Person des Königs Modus die Hauptrolle im „Livre de Chasse" zugeteilt. Unterstützt wird das richtige Maß durch die Vernunft in Person der Königin Ratio: Beide sollen dafür sorgen, dass durch jagdliches Handeln die vollendete Gestalt der Schöpfung Gottes in hellem Licht erscheint.[32] Zugleich soll die Jagd in ihrer Idealgestalt und nach höfischen Regeln ausgeübt werden, Natur und Kultur miteinander verbinden und den Menschen in weiser Einsicht und in maßvoller Teilhabe an Natur und Kultur näher zu Gott führen.

Das höfische Jagdbuch des Gaston Phébus

Neben dem Jagdbuch des Henri de Ferrières ist das des Gaston Phébus sicherlich das bedeutendste Jagdbuch des Spätmittelalters. Gaston Phébus (oder: Fébus), Graf von Foix, schrieb sein „Livre de chasse" zwischen 1519 und 1389 in ausgezeichnetem, durch normannisch-picardische Ausdrücke gefärbtem Französisch. Es ist das Werk eines in der Praxis geschulten, aktiven Jägers, und darin liegt auch sein außerordentlicher Wert.[33] Die Grafschaft Foix entspricht ungefähr dem heutigen Departement Ariège im südlichen Frankreich am Fuße der Pyrenäen; hier war Gaston III. (geboren am 30. April 1331), genannt Phébus, schon mit sechzehn Jahren Inhaber der Herrschaft. Gaston war als Graf von Foix Vasall des französischen Königs, aber als Vicomte von Béarn relativ unabhängig, da er die Lehnshoheit des englischen Königs und Herzogs von Guyenne aufgekündigt hatte.[34] Gastons Herrschaftsbereich befand sich demnach in der Mitte des 14. Jahrhunderts, als der Hundertjährige Krieg zwischen Frankreich und England sich im Anfangsstadium dahinzog, in einer heiklen Lage zwischen zwei Machtblöcken. Fehlende Macht suchte Gaston durch Geschicklichkeit und List auszugleichen.

Zunächst stellte er sich entschlossen auf die Seite des französischen Königs Philipp VI., der ihn voll Dankbarkeit zum Generalleutnant des Languedoc ernannte.[35] Gaston festigte seine Stellung durch die Heirat mit Agnes, der Schwester König Karls von Navarra, seines unberechenbaren Nachbarn, der auf französischer Seite stand. Als 1352 König Johann II., der Nachfolger Philipps VI., den Grafen von Armagnac, einen Feind des Grafen von Foix, im Streit um Béarn unterstützte, wechselte Gaston sofort die Fronten und bekämpfte 27 Jahre hindurch den Grafen von Armagnac. Zwischendurch unternahm er einen Kriegszug in den hohen Norden und beteiligte sich im Deutschordensland Preußen an Grenzkämpfen im Baltikum.[36] Die Unruhen im südlichen Frankreich hielten an, als die Engländer in die Grafschaft Bigorre eindrangen und Béarn bedrohten. Noch einmal wechselte Gaston das Lager und stellte sich auf die Seite des französischen Königs; 1379 aber schloss er endlich Frieden mit Armagnac.

Von Anfang an war die Lage von Agnes, der Gräfin von Foix, schwierig, da sie zwischen ihrem Gatten Gaston und ihrem Bruder Karl von Navarra stand. Nach der Entzweiung der Eheleute lebte Agnes mit dem Sohn Gaston bei ihrem Bruder und ließ ihren Gatten allein in Orthez zurück. Allerdings dürfte dies Gaston III. nicht sonderlich gestört haben, da er sich mit einer Vielzahl von Mätressen und Bastarden umgab und ein sinnenfrohes Le-

In Gaston Phébus Jagdbuch wird auch die Hundepflege eingehend beschrieben.

ben führte, bis eines Tages Gaston der Jüngere in Orthez auftauchte. Karl von Navarra hatte seinem Neffen ein weißes Pulver mitgegeben, angeblich ein Aphrodisiakum, das in Gaston Phébus das Verlangen nach Agnes wiedererwecken sollte. Dieser Plan wurde jedoch an Phébus verraten, der sich des Pulvers bemächtigte und davon einem seiner Windhunde zu fressen gab. Kaum hatte dieser das Pulver geschluckt, fiel er auf den Rücken und verendete. Rasend vor Wut warf der Vater den Sohn ins Gefängnis, der daraufhin in einen Hungerstreik trat. Voll Zorn über dieses Verhalten erwürgte Phébus eigenhändig seinen Sohn.[37]

Ohne rechtmäßigen Erben und voll Reue über seine Tat schrieb Gaston sein „Livre des Oraisons" (Buch der Gebete), das zu den hervorragendsten Werken der damaligen Literatur gehört. Doch selbst im Alter von 50 Jahren, als er sein Jagdbuch schrieb, verzichtete er neben seinen Jagdaktivitäten nicht auf seine kriegerischen Ambitionen. Er zog gegen den Duc de Berry und gegen die Flamen, um seinem Freund, dem Herzog Philipp dem Kühnen von Burgund, zu helfen. Im Alter gab er jedoch endlich die kriegerischen Aktivitäten auf und widmete sich nur noch der Jagd. 1390 vermachte er seine Herrschaft dem französischen König, bevor er ein Jahr später mit 60 Jahren starb. Einer der bedeutendsten Chronisten jener Zeit, Jean Froissart (ca. 1337–1404), hielt sich in den Jahren 1388 und 1389 längere Zeit am Hof des Gaston Phébus auf, sodass wir einen gründlichen Einblick in das Leben am Hofe des Grafen erhalten.[38] Voll Enthusiasmus berichtet Froissart von seinem Gastgeber: „Ich habe viele Ritter, Könige, Prinzen und andere mehr gesehen, aber keiner hatte so schöne Gliedmaßen, so schöne Formen, eine schöne Figur und ein so schönes, lebhaftes, lachendes Gesicht und blaue Augen, die sich liebevoll auf alle Dinge senkten.“[39]

Gaston Phébus hielt seine Tafel stets freigebig für Gäste offen. Umgeben von Rittern und Damen legte er Wert auf Luxus und höfische Vornehmheit. Spielleute sorgten für Musik und Tanz, Truchsesse und zahlreiche Diener bedienten die großartige Tafel.

Daneben verbrachte Gaston viel Zeit mit Jagdvorbereitungen und Jagdzügen, denn die Jagd war für ihn offensichtlich eine wichtige Betätigung und eine Leidenschaft, der er sich ausgiebig hingab.[40] Über Geistliche und Kaufleute, die ihre körperliche Ertüchtigung allzu sehr vernachlässigten, machte er sich mehrmals lustig. Freilich verwaltete er sein Herrschaftsgebiet mit Ernst und Sorgfalt; zwölf Ratgeber unterstützten ihn dabei und führten korrekt die Verwaltungsakten und Rechnungsbücher. Er richtete eine ordentliche Strafgerichtsbarkeit ein, ersparte seinem Land die Schrecken des Krieges und sorgte sich um seine Untertanen. Sein berühmtes Jagdbuch (Livre de Chasse) schrieb Gaston im Alter von 50 Jahren zwischen dem 1. Mai 1387 und dem Jahr 1389, als der Text wahrscheinlich abgeschlossen war. Es ist die ausgereifte Arbeit eines erfahrenen Jägers, der seine Jagdkunst vortrefflich beherrschte; durch ihn erhalten wir Kenntnis von allen Gebieten und Methoden der Jagd des 14. Jahrhunderts.

Im Prolog zu seinem Werk, das sich aus vier Büchern zusammensetzt, stellt Gaston sich als Graf von Foix und Herr von Béarn seinen Lesern vor.[41] Er betont, dass er zu allen Zeiten drei Dinge besonders genossen habe: das Waffenhandwerk, die Liebe und die Jagd. Was die zwei ersten Dinge angehe, so gebe es auf diesen Gebieten gewiss größere Meister, als er es sei; er wolle sich deshalb auch nicht darüber auslassen. Aber auf dem Gebiet der Jagd gebe es keinen Meister über ihm, so eitel dies auch klingen möge. Daher wolle er in seinem Werk vor allem von dem Wild reden, das man in seiner Heimat bejage, nicht aber von Löwen, Leoparden und Büffeln in fremden Ländern. Das Buch habe er begonnen, um jedem Leser zu beweisen, dass die Jagd viel Gutes bewirke. Erstens entkäme man mit ihrer Hilfe den sieben Todsünden, zweitens reite man mit größerer Freude und Leichtigkeit durch das Land, das man dabei auch besser kennen lerne. Wer jagt, vermeidet den Müßiggang, der aller Laster Anfang sei. Ein guter Jäger kann gar nicht müßig sein oder auf schlechte Gedanken kommen und infolgedessen

Der französische Graf Gaston Phébus verarbeitete eigene Jagderlebnisse in seinem Buch.

auch nichts Böses tun. Denn wenn er am nächsten Tag seiner Leidenschaft nachgehen will, gelten seine letzten Gedanken auf dem Nachtlager bereits der kommenden Jagd. Am Morgen muss der Jäger dann zeitig aufstehen und sorgfältig alles vorbereiten. Von Anfang der Jagd bis zu deren Ende am Abend gibt es ständig etwas zu tun; ein guter Jäger ist also dauernd in Bewegung und sorgt sich gleichzeitig um die Pferde und Hunde.

Gaston will zeigen, dass der Jäger mehr Freude am Leben hat als andere Leute: Wenn er zeitig aufsteht, genießt er die Frische des Morgens, die klare Luft und den Gesang der Vögel. Wenn im Laufe des Tages ein starker Hirsch aufgespürt, erlegt und hirschgerecht zerwirkt worden ist, dann kann der Jäger sich von Herzen freuen und zufrieden zum Schloss zurückkehren, wo er sich nach einem guten Essen und einem verdienten Trunk zur Ruhe begeben kann. Jäger erfreuen sich sehr am Leben, und wenn sie sterben, gehen sie ins Paradies ein. Auch leben sie nach seiner Überzeugung länger, da sie bei Speise und Trank Maß halten. Sie bewegen sich viel zu Fuß oder zu Pferde, schwitzen dabei schlechte Säfte aus und sind folglich gesund. Deshalb rät Gaston allen Menschen, welchen Standes sie auch seien, sich ausgiebig dem Weidwerk zu widmen. Niemals habe er einen Menschen, der diesen Rat befolgt habe, kennengelernt, der nicht alle guten Eigenschaften in sich vereinigt habe.

Das umfangreiche Werk, das sich nach diesem Prolog mit vielen Formen und Methoden der Jagd befasst und mit zahlreichen Lehrbildern ausgestattet ist, kann hier nur in seinen Grundzügen skizziert werden.[42] Das erste Buch (Kapitel 1–14) bringt einen Überblick über das jagdbare Wild und stellt dabei das Rotwild in den Mittelpunkt. Gaston behandelt dessen Naturgeschichte und schildert Verhaltensweise und Lebensformen der Tiere in ihren verschiedenen Altersstufen. Der Beschreibung des Rotwildes folgen ähnlich detailreiche Ausführungen zum Schalenwild in den Bergen, zum Reh, Hasen, Kaninchen, Bären, Schwarzwild, Wolf und Fuchs, ferner zu Dachs, Fischotter und Wildkatze. Als hervorragender Jäger liebt Gaston natürlich auch die Hunde, denen er sich im zweiten Buch (Kapitel 15-17) in aller Ausführlichkeit widmet. Von ihren unterschiedlichen Eigenschaften wird gesprochen, aber auch von den einzelnen Hunderassen und ihrem Aussehen. Ausführlich werden die Krankheiten der Hunde behandelt und gegen Ende des Buches auch Verhaltensregeln für die richtige Dressur und Pflege dieser Tiere vorgelegt.

Das dritte Buch (Kapitel 28–59) befasst sich mit der Parforcejagd. Die präzisen Ausführungen über das Aufspüren des Wildes lassen erkennen, dass Gaston diese Aufgaben oft selbst übernommen hat. Bei der Beschreibung von Hetzjagd, Erlegung und Aufbrechen des jagdbaren Wildes folgt er jener Reihung, die er bereits im ersten Buch gewählt hat. Es fällt auf, dass er die kleineren Kapitel über den Fischotter, den Dachs, das Kaninchen und die Wildkatze relativ kurz gehalten hat. Das vierte Buch (Kapitel 60–85) ist ausschließlich der Fangjagd und der Jagd mit der Armbrust bzw. dem Handbogen gewidmet. Hier kommen demnach jagdtechnische Aspekte zur Sprache, die ausführlich erörtert werden. In den Schlusssätzen gibt sich Gaston sehr bescheiden und bittet den Herzog von Burgund, dem das Buch gewidmet ist, um Verbesserungsvorschläge und um Ergänzungen, falls größere Lücken aufgetreten seien.

Gastons „Livre de Chasse" wurde zu einem Bestseller der spätmittelalterlichen Jagdliteratur.[43] Auch wenn das Buch von seinem Vorgängerwerk, dem bereits um 1375 entstandenen Jagdbuch des Henri de Ferrières beeinflusst wurde, ist das Buch doch ein originelles, aus der Jagdpraxis geschriebenes Werk. Bereits seit seinem Erscheinen war der beachtliche publizistische Erfolg dieses Buches vorgegeben, was in der Epoche des Spätmittelalters, in der die Jagd eine enorme Rolle in Gesellschaft und Kultur spielte, nicht verwunderlich war. Die Popularität dieses Buches ging auch bald über die Grenzen Frankreichs hinaus und war vor allem in England außergewöhnlich groß. Die Vielzahl der Abschriften und die hohe Qualität der darin enthaltenen Bilder sind ein klarer Beweis für die Beliebtheit des Werkes. Die 44 erhalten gebliebenen Handschriften stammen größtenteils aus dem 15. Jahrhundert, bevor der Buchdruck dem Werk neue Auflagen und eine noch größere Verbreitung bescherte.[44] In der Frühen Neuzeit traten dann neue Jagdbücher und gelehrte Jagdtraktate im breiten Strom der europäischen Jagdliteratur hervor.[45]

JAGDRECHT, WILDBANN UND LANDESHERRSCHAFT

Seit dem 12. Jahrhundert gehörte der Wildbann zu denjenigen Herrschaftsrechten, auf denen die entstehenden Territorien des Deutschen Reiches ihre Landesherrschaft aufbauten. Neben dem Markt-, Münz- und Gerichtsregal sowie anderen Gerechtsamen war der Forst- und Wildbann sowie das damit verbundene herrschaftliche Jagdrecht ein wichtiger Baustein der sich herausbildenden Territorien.[1] Die weltlichen und geistlichen Landesherren, die domini terrae, bemühten sich im 13. und 14. Jahrhundert mit unterschiedlichem Erfolg, einerseits ihre Herrschaftsgebiete nach außen zu vergrößern und andererseits ihre Herrschaftsrechte im Innenbereich zu verdichten. Wie das Wildbannrecht im Einzelnen in die Hand der Landesherren gelangt ist, ist weitgehend ungeklärt. Man wird wohl neben königlichen Verleihungen auch zahlreiche Usurpationen im 12. und 13. Jahrhundert anzunehmen haben, was mit der unterschiedlichen Stärke der Königsgewalt in den einzelnen Reichsteilen zusammenhing. Außerdem versuchten die Landesherren, ihren Machtbereich auf die markgenossenschaftlichen Wälder der Dorfgemeinden auszudehnen, wodurch das Jagdrecht der Bauern entweder völlig beseitigt oder so weit beschränkt wurde, dass ihnen nur die Jagd auf Niederwild verblieb.

In welchem Maße der Wildbann zu einem wesentlichen Fundament einer entstehenden Landesherrschaft wurde, hing jeweils von der Herrschaftsstruktur eines Territoriums ab. Für die Grafen von Württemberg, die erst allmählich von bescheidenen Anfängen zu Herren eines starken Territoriums aufstiegen, war der Wildbann ein wichtiges Instrument beim Aufbau ihrer Landesherrschaft im territorial zersplitterten südwestdeutschen Raum.[2] Der landesherrliche Forst kommt in Württemberg hauptsächlich in zwei Ausprägungen vor. Als Jagdbezirk, in welchem dem Inhaber das Recht auf die hohe Jagd zusteht, ist der Forst ein Hoheitsbezirk; in diesem Hoheitsrecht ist auch die Befugnis eingeschlossen, Anordnungen über die niedere Jagd zu treffen. Das Hoheitsrecht selbst und der Bezirk, in dem es ausgeübt wird, heißen in den Quellen bis ins 15. Jahrhundert in der Regel Wildbann. Erst danach wird diese Bezeichnung allgemein durch Forst ersetzt. Daneben erscheint der landesherrliche Forst aber auch als Nutzungsbezirk, aus welchem dem Inhaber bestimmte Einkünfte zufließen, wie z. B. Erlöse aus der Eichelmast. Die landesherrlichen Forsten als Hoheitsbezirke lassen sich häufig auf königliche Bannbezirke zurückführen, die seit der Stauferzeit in die Hand der Grafen bzw. seit 1495 der Herzöge von Württemberg gelangt sind.[3] Soweit bei den landesherrlichen Forsten nicht direkte Nachfolge oder ein Privileg vorliegt, ist an Usurpation oder Nachahmung zu denken.

Als im Zuge der Rezeption des römischen Rechts die Bedeutung der Regalien von vielen landesherrlichen Juristen stark betont wurde, um die Macht ihrer Fürsten im ganzen Territorium weiter auszudehnen und zu konsolidieren,[4] verloren im 15. und 16. Jahrhundert viele Bauern auch die Reste ihres Jagdrechtes. Die Machtfülle, die dem Landesherrn als Gerichtsherrn oder als Obermärker zustand, ermöglichte es ihm außerdem, die Nutzungsrechte der Bauern an der Allmende zu beschränken und ihnen das Recht der Jagd zu entziehen. Selbst der niedere Adel musste sich der Zugriffe der Landesherren erwehren, die ihr Jagdrecht auch auf die Besitzungen des landsässigen Adels ausdehnen wollten. Der Widerstand der Landstände hatte aber den Erfolg, dass meist nur die hohe Jagd den Landesherren vorbehalten wurde, während die adeligen Grundherren sich die niedere Jagd bewahren konnten.

Zu welchen Ergebnissen führte diese jagdrechtliche Entwicklung des Spätmittelalters? Welche regionalen Unterschiede lassen sich feststellen?

Der Wildbann verstärkte die Unterschiede zwischen Herrschern und Bauern.

Die jagdrechtlichen Verhältnisse waren in den meisten Territorien des Deutschen Reiches seit dem 15. Jahrhundert durch die Regalität der Jagd geprägt, d. h. durch die Vorherrschaft des landesherrlichen Jagdrechts. Zwar setzte sich der spätmittelalterliche Streit um das Jagdrecht auch zu Beginn der Neuzeit fort, doch entschied sich diese Auseinandersetzung in der Regel zugunsten der Landesherren. Neben diesem nur partiell bestrittenen Jagdregal besaßen die Landesherren eine weitere jagdliche Kompetenz: die Gesetzgebung und Gerichtsbarkeit in allen Angelegenheiten des Jagdwesens, was im Allgemeinen als Jagdhoheit bezeichnet wird.

In den meisten Territorien war demnach das Jagdregal in der Regel die geltende Rechtsform der Jagd. Am Beispiel des Herzogtums Bayern[5] lässt sich aufzeigen, dass die Regalität der Jagd zwar die allgemeine Grundlage der jagdrechtlichen Verhältnisse war, die konkrete Ausgestaltung aber von den unterschiedlichen verfassungsrechtlichen Voraussetzungen abhing. In Bayern, wo der Adel im Spätmittelalter landsässig wurde, hatte der Landesherr Mühe, sein Jagdregal überall durchzusetzen. Hier gab es die Institution der Gnadenjagd, die der Herzog aus politischen Erwägungen an adelige Herren vergab. Diese Gnadenjagden unterstanden natürlich weiterhin der landesherrlichen Jagdhoheit und unterlagen häufig noch zusätzlichen Beschränkungen zugunsten des Landesherrn. So konnte sich dieser die „Vorjagd" reservieren, d.h. er durfte zu Beginn der jeweiligen Jagdsaison einige Tage lang vor dem Inhaber des betreffenden Reviers die Jagd ausüben, wodurch er den ungeschmälerten Wildbestand zur Verfügung hatte. Der Landesherr konnte

Im Herzogtum Bayern fiel es den Landesherren schwer, ihr Jagdregal durchzusetzen. Kupferstich aus dem 16. Jahrhundert

Der Herzog von Masowien (rechts) verzichtete auf seine Jagdrechte im Kulmer Land.

auch allein die „stille Jagd" verleihen, bei der ausschließlich mit Netzen, Schlingen und Fallen, also ohne Hunde, Treiber und Gewehre gejagt werden durfte. Ferner konnte der Landesherr eine Einteilung der jagdbaren Tiere in Hoch- und Niederwild vornehmen, wobei er meistens nur das Recht der niederen Jagd auslieh.

Die Einteilung des Wildes in Hoch- und Niederwild ist in Bayern wie auch in anderen Territorien wahrscheinlich beim Streit um die Regalität der Jagd entstanden und ermöglichte einen Kompromiss zwischen den starken Landständen und den Ansprüchen des Herzogs: hohe Jagd für den Fürsten und niedere Jagd für den landsässigen Adel.[6] Auch die anderen jagdlichen Teilrechte wie die erwähnte Vorjagd oder die Mitjagd des Landesherrn waren Resultate der starken Rivalität um die Jagdrechte und ermöglichten es, das Jagdrecht dem jeweiligen sozialen Status des Inhabers anzupassen. Besonders deutlich tritt dieser Aspekt des Jagdrechts beim Institut der Jagdfolge hervor. Bei der Jagdfolge handelt es sich um das Recht, ein angeschossenes Tier, das dem eigenen Jagdbezirk entflieht, auch über die Grenze hinaus zu verfolgen und im Revier des Nachbarn endgültig zu erlegen.[7] Im Zuge der Einschränkung des Jagdrechts wurde die Befugnis zur Jagdfolge beschnitten und der jagdrechtlichen Hierarchie angepasst. In der Regel übte der Landesherr die Jagdfolge im ganzen Territorium aus, gestattete sie seinen Landsassen ihm selbst gegenüber aber nicht. Die Jagdfolge zwischen benachbarten Landesherren war häufig umstritten; vielfach erlaubte der Ranghöhere dem Rangniederen die Jagdfolge nicht, nahm sie aber für sich selbst in Anspruch.

Was das Wildbannrecht im Gebiet des Deutschen Ordens in Preußen betraf, so verlief hier die Entwicklung anders als in den meisten Territorien. In Preußen besaß der Orden von Anfang an als Inhaber der landesherrlichen Gewalt das volle Jagdrecht.[8] Bevor er dem Ruf Herzog Konrads von Masowien zu folgen bereit war, hatte er sich nach allen Seiten abgesichert und die besten Voraussetzungen für den Aufbau einer eigenen Landesherrschaft gelegt, wozu auch das Jagdrecht gehörte. Im Kruschwitzer Vertrag von 1230 verzichtete Konrad von Masowien auf alle seine Jagdrechte im Kulmer Land (omnes venationes quarumcumque ferarum).[9] In der Kulmer Handfeste von 1233 behielt sich der Orden ausdrücklich Inseln und Biber in der Weichsel vor, selbst wenn sie in der den Städten Kulm und Thorn zugebilligten Nutzungszone lagen. Außer auf Wildschweine, Bären und Rotwild durften die Bürger ansonsten ihr volles Jagdrecht ausüben, hatten aber dem Orden von jedem erlegten Tier die rechte

Schulter abzuliefern. In der Bestätigung der Handfeste von 1251 reservierte sich der Orden erneut die Biber in der Weichsel und anderen Gewässern sowie die Jagd auf Wildschweine, Bären und Rotwild. Die Jagd galt im Spätmittelalter unbestritten als Regalrecht des Deutschen Ordens, der sich in seinem Territorium grundsätzlich die hohe Jagd vorbehielt.[10]

Im Spätmittelalter und besonders seit dem 15. Jahrhundert versuchten die Landesherren auch im übrigen Reichsgebiet, das Jagdrecht mit der Begründung des Regalcharakters völlig in ihre Gewalt zu bringen, selbst wenn der niedere Adel Widerstand leistete. Sie bedienten sich dabei der Argumentation, der Landesherr sei Eigentümer seines Territoriums und habe damit an dem Wild das alleinige Aneignungsrecht. Die Stände wehrten sich teilweise mit Erfolg gegen die Entwicklung, dass nun ihr Jagdrecht, wenn es überhaupt weiter geduldet wurde, als eine aus dem Jagdregal abgeleitete Kompetenz galt und sie dafür einen Rechtstitel, etwa den des jahrhundertelangen Besitzes, vorweisen mussten. Wurde das Jagdrecht nicht ständig ausgeübt, so fiel es leicht an den Landesherrn zurück. Überwiegend verblieb dem Adel die niedere Jagd auf bestimmte Wildarten, während dem Landesherrn die hohe Jagd auf Rot- und Schwarzwild Vorbehalten war. Ausnahmen von dieser generellen Entwicklung waren möglich und sind auch bei verschiedenen Territorien zu finden. Unabhängig davon hatten die Landesherren in vielen Gegenden das Recht der Vorjagd.[11] In einer Zeit, in der die ersten Jagdordnungen und Vorschriften über Schonzeiten auftauchten, bedeutete das Recht der Vorjagd in der Regel die ausschließliche Jagdbefugnis während der jagdfreien Perioden. Unabhängig von dem Jagdregal, aber ungefähr gleichzeitig, entwickelte sich die Jagdhoheit als das Recht, die Jagd generell zu regeln und zu beaufsichtigen, was eine Fülle von Jagdgesetzen und landesherrlichen Jagdordnungen zur Folge hatte.

Jagdrecht und landesherrliche Jagdordnungen

Während der Wildbann ursprünglich nur für bestimmte Reviere galt und jedes Mal besonders verhängt werden musste, leiteten die Landesherren aus dem Jagdregal das Recht ab, das Jagdwesen in ihrem ganzen Land durch Verordnungen zu regeln. Zu den ältesten Forst- und Jagdordnungen gehören die brandenburgische Waldordnung von 1531, das kursächsische Jagdmandat von 1571, die württembergische Jagdordnung von 1588 und die braunschweigische von 1590.[12] Solche Forst- und Jagdordnungen regelten auch Angelegenheiten, die mit der Jagd wenig zu tun hatten, wie z. B. das Recht, den Pferde- und Viehschnitt zu verleihen oder die Abdeckerei zu gestatten. Häufig griffen diese Verordnungen tief in den Privatbesitz und das bäuerliche Wirtschaftsleben ein. So konnte das Roden, das Grasschneiden und das Ausheben junger Obstbäume verboten werden; die Waldbesitzer durften keine Dickungen beseitigen, in denen das Wild gerne stand, und der Jagdberechtigte durfte keine Schneisen zum Aufstellen der Netze und Tücher anlegen.

Insbesondere leiteten die Fürsten aus dem Jagdregal für sich allein das Aneignungsrecht auf alle wildlebenden Tiere ab. Diese Ansprüche ihrer Landesherren mussten spitzfindige Juristen mit oft waghalsigen Rechtsargumenten stützen; immer wieder wurde im landesherrlichen Schrifttum das Streben nach der vollen Jagdhoheit auch entschuldigt und als eine weise Maßnahme zum Wohle der Untertanen hingestellt. Friedrich Stisser schrieb z. B. 1737: „Nächst diesem allen erfordert auch das Wohlseyn eines Landes, dass die Freyheit zu jagen in der Republic so viel immer möglich eingeschrencket werde. Denn gleich wie dadurch die Unterthanen von ihren Handthierungen abgehalten werden, sich dem Müßiggange und Schwelgen ergeben, a) die Wild-Bahnen verwüstet, b) viel Unheil, Streit und Zanck angerichtet, c) auch sonst zu Morden und allerhand Lastern Gelegenheit gegeben wird; d) also kann ein Landes-Herr diesem allen durch die, vermöge seines hohen regalischen Rechts, ihm zustehende Gewalt entgegen gehen, und dem gemeinen Wesen zum besten darunter hinreichende Verfassungen machen."[13]

Die Bemühungen der Landesherren um Ausweitung ihrer Jagdrechte hatten unterschiedlichen Erfolg. Wo der Landesherr nicht mit Gewalt vorzugehen wagte, kam es zu Kompromissen mit den noch jagdberechtigten Untertanen. Herzog Heinrich Julius von Braunschweig erwarb vom Grafen Stolberg-Wernigerode 1593 das Recht, am Brocken nach Belieben auf Hirsche, Rehe, Sauen, Bären und Wölfe zu jagen. Als Entgelt für dieses auf 15 Jahre bemessene Jagdausübungsrecht zahlte der Herzog 23 000 Taler und sollte jährlich außerdem 12 fette Ochsen, 30 gemästete Schweine und 20 Rehe liefern. Billiger gab George von Haugwitz 1552 die Hirsch-, Reh- und Wildschweinjagd an die Kurfürsten von Sachsen ab: Er erhielt eine jährliche Rente von 100 Gulden.[14] Am entschiedensten wehrten sich der alte Adel und die hohe Geistlichkeit gegen die jagdlichen Ansprüche der Landesherren. Die Reichsritterschaft beschwerte sich 1561 und 1578 erfolgreich beim Kaiser über die Verletzung ihres Jagdrechtes durch die Fürsten. Später gelang es aber in der Regel den Fürsten, ihr angemaßtes Jagdrecht gegenüber den Landständen durchzusetzen. Durch ein Urteil von 1752 stellte sich auch das Reichskammergericht auf den Standpunkt, dass das Jagdrecht zu den Regalien zählte.[15]

Wie langwierig der Weg zur Erlangung der landesherrlichen Jagdhoheit in einigen Territorien war, lässt sich am Beispiel der schwäbischen Grafschaft Zollern aufzeigen. Vom Ende des 13. Jahrhunderts an mehrten sich im südwestdeutschen Raum Neugründungen und Ausdehnungen schon bestehender Wildbänne durch mächtige Territorialherren. Trotz des starken Anwachsens der landesherrlichen Wildbänne gab es bis zur Mitte des 15. Jahrhunderts noch weite Räume, die unter keinem speziellen Wildbann standen. Im Wesentlichen waren es Gebiete, die entweder von kleineren Adelsgeschlechtern bejagt wurden oder als abgelegene Räume galten, die für die herrschaftliche Jagd wenig attraktiv waren. Adelsgeschlechter, die über kein geschlossenes Territorium verfügten, sondern nur verstreute Herrschaftskomplexe aufwiesen, scheinen erst relativ spät in den Besitz von Wildbännen gekommen zu sein. Kennzeichnendes Beispiel dafür ist die

Im Spätmittelalter versuchten die Landesherren, das alleinige Jagdrecht zu beanspruchen. Jagdszene vor Schloss Hartenfels. Gemälde von Lucas Cranach aus dem 16. Jahrhundert

Grafschaft Zollern, die durch häufige Aufteilungen des Grafschaftsbesitzes unter mehrere Familienmitglieder während des 14. und 15. Jahrhunderts zu keinem kompakten Herrschaftsgebiet gekommen war. Dieser verstreute Grafschaftsbesitz war offenbar ein wesentlicher Grund dafür, dass Zollern erst seit dem 16. Jahrhundert über eine landesherrliche Jagdhoheit verfügte.[16]

Normative Gestalt fand das Jagd- und Forstregal auch im südwestdeutschen Raum in zahlreichen Jagd- und Forstordnungen.[17] Zum Teil enthielten auch die seit dem späten 15. Jahrhundert aufkommenden Landesordnungen bereits wichtige jagdrechtliche Bestimmungen. Die Jagd- und Forstordnungen, die vor allem seit dem 16. Jahrhundert in vielen Territorien auftauchten, wiesen vor allem drei Elemente auf: 1. Administrative Bestimmungen über die Verwaltungen der landesherrlichen Wälder und Jagden; 2. Gebote und Verbote zum Schutz des gesamten Wald- und Wildbestandes und der Waldnutzungs- und Jagdrechte sowie 3. Bestimmungen über Jagdgerechtigkeiten.[18] Im Gegensatz zum Herzogtum Württemberg, das bereits zwischen 1514 und 1519 eine Forstordnung erlassen hatte, erschienen die ersten jagdrechtlichen Verordnungen in der Grafschaft Zollern erst in einer Landesordnung von 1550.[19] Die älteste überlieferte Forstordnung von Zollern, der hauptsächlich die Jagd- und waldrechtlichen Bestimmungen der Landesordnungen zu Grunde lagen, wurde sogar noch später, und zwar 1623 abgefasst. Die entscheidende Änderung der Jagdrechtsverhältnisse in Zollern wurde aber durch die Landesordnung von 1550 herbeigeführt. Dieser unter der Regierung des tatkräftigen Jos Niklaus II. durchgeführte Ausbau der landesherrlichen Jagdhoheit hing eng mit der Festigung der Landesherrschaft in der Grafschaft Zollern zusammen.

Welche Hauptelemente sind in der zollerischen Forst- und Jagdordnung von 1623 enthalten?[20] Die Forst- und Jagdbediensteten werden angewiesen, zukünftig ihren Dienst nach dieser Forstordnung und ihren persönlichen Instruktionen zu versehen (Titel 1: Bestallung des Jägermeisters und anderer Jagdbediensteter). Im Titel 2 (Von Forst, Weidwerk und Fischen) werden zu den bereits dargestellten Aufgaben der Bediensteten noch weitere hinzugefügt. Diese werden verpflichtet, ihren Wohnsitz innerhalb des Territoriums einzunehmen und die Grafschaft nur mit fürstlicher Genehmigung zu verlassen. Der 6. Titel (Weidwerk) gibt einige jagdrechtliche Bestimmungen der früheren Landesordnungen wieder. Wie in der Landesordnung heißt

Burg Hohenzollern in Baden-Württemberg

es jetzt: „Unser Befehl und Mainung ist auch, dass keiner in unseren Wäldern keinerlei Waidwerk üben noch gebrauchen soll" – also das Jagdverbot für alle bäuerlichen Untertanen.[21] Dabei wird kein Unterschied gemacht, ob Wildereidelikte in den fürstlichen Wäldern oder im sonstigen Grafschaftsgebiet begangen wurden.

Im Titel 8 (Von gefallenem Wildpret, Häuten und Gefall) ist ein Relikt des ehemals allgemeinen freien Raubtierfanges enthalten. Die Jägermeister werden nämlich angewiesen, neben den selbst erlegten Wildtieren auch Luchs-, Wolf- und Otterbälge der Untertanen nach Hechingen zu liefern. Ganz im Sinne fürstlichen Machtanspruchs ist Titel 9 (Von Freyer Bürsch) gehalten: Von dem Bestehen einer Freien Pürsch auf dem Gebiet seiner Grafschaft habe der Fürst weder Kenntnis noch habe er als Herr seiner leibeigenen Untertanen eine solche je gestattet. Jeder Untertan, der die Freie Pürsch aufsuche, solle daher gebührlich bestraft werden. Ein Nachsatz bestimmt, dass die Jagd- und Forstordnung alle Jahre beim Jahrgericht neben den anderen Statuten öffentlich vorzulesen und in jedem Gericht zu publizieren sei. Der zollerische Landesherr behielt sich und seinen Nachkommen also vor, die Ordnung jederzeit zu ändern, was bei den Jagd- und Forstordnungen des 17. und 18. Jahrhundert auch tatsächlich geschah.[22]

Die entscheidende Änderung der Jagdrechtsverhältnisse in der Grafschaft Zollern war also durch die Landesordnung von 1550 vollzogen worden, in der den bäuerlichen Untertanen allgemein die Jagdausübung untersagt wurde. Die landesherrliche Jagdhoheit war jedoch durch dieses Jagdverbot noch nicht endgültig gefestigt, da der benachbarte Adel nach alter Gewohnheit in der Grafschaft Zollern die adelige „Freie Pürsch" ausübte. Den Grafen von Zollern gelang es erst allmählich auf teils gütlichem, teil gewaltsamem Weg, den benachbarten Adel von der Jagdausübung innerhalb der Grafschaft Zollern abzuhalten.[23] Genauso konsequent wie gegenüber dem Adel bauten die Zollerngrafen ihre Jagdhoheit auch gegenüber den eigenen Untertanen aus und drängten deren Erinnerung an ein freies Jagdrecht in früherer Zeit entschlossen zurück. Trotz harter Maßnahmen und hoher Strafen für Wilderei konnte die Überzeugung der Untertanen von ihrem Recht

Graf Philipp Wilhelm von Katzenelnbogen gehörte zu einem der reichsten Adelsgeschlechter.

auf die Freie Pürsch nicht ohne weiteres überwunden werden, sodass es noch im frühen 18. Jahrhundert zu einem langen Prozess der Untertanen gegen ihren Landesherrn vor dem Reichskammergericht kam. Erst durch ein Urteil von 1768 wurde die fürstliche Jagdhoheit in der Grafschaft Hohenzollern-Hechingen endgültig bestätigt.[24] In anderen Territorien, wie vor allem in dem benachbarten Herzogtum Württemberg, war das landesherrliche Jagdregal jedoch seit dem 15. Jahrhundert bereits gefestigt und allgemein anerkannt.

Landesherrliche Jägerei und Jagdorganisation

Wie war das landesherrliche Jagdwesen seit dem Spätmittelalter organisiert? Welche Personen und Bedienstete waren in den einzelnen Territorien mit der Jägerei befasst? Ein Blick auf die Jagdverhältnisse in der mittelrheinischen Grafschaft Katzenelnbogen während des 15. Jahrhunderts kann uns einige aufschlussreiche Einsichten vermitteln. Aufgrund einer guten Überlieferung, die vor allem auf zahlreichen Rechnungen beruht, sind wir in der Lage, die Jagdverhältnisse einer spätmittelalterlichen Landesherrschaft exemplarisch zu betrachten.[25] Die Rechnungen und Rechenschaftsberichte der Katzenelnbogener Verwaltung sind hervorragende Quellen zur Wirtschafts- und Kulturgeschichte und erfassen auch die Alltagspraxis des landesherrlichen Jagdwesens. Diese Quellen beleuchten die Jagdverhältnisse im Gebiet der Nieder- und Obergrafschaft Katzenelnbogen und konzentrieren sich in zeitlicher Hinsicht auf die Jahre von 1424 bis 1477. Im Mittelpunkt stehen die letzten Katzenelnbogener Grafen Johann III. (1403–1444) und Philipp d.Ä. (1444–1479) mit ihren Jägern, Falknern und zahlreichen Jagdbediensteten.

Die mächtigen Grafen von Katzenelnbogen,[26] die zu den reichsten Adelsgeschlechtern im Deutschen Reich gehörten, und ihre Berufsjäger führten ein unruhiges Leben im Sattel. Von Burg zu Burg, von Hof zu Hof können wir ihren Ritt innerhalb des Katzenelnbogener Territoriums detailliert verfolgen. Lichtenberg im Odenwald, Zwingenberg und Auerbach an der Bergstraße, Darmstadt in zentraler Lage, Rumelsheim über der Aar und das benachbarte Burgschwalbach, Hadamar und Driedorf auf dem Westerwald sowie die Hauptburgen am Rhein, Braubach und Rheinfels, waren die Etappen eines Weges, den die Grafen und Jäger immer wieder durcheilten. In diesem Burgenkranz waren Darmstadt und Lichtenberg sicherlich bevorzugte Aufenthaltsorte, Rheinfels aber wichtiger Mittelpunkt. Soweit überhaupt von einer Residenz der Grafen von Katzenelnbogen gesprochen werden kann, ist Rheinfels als solche anzusehen, wenn es auch in jagdlicher Hinsicht hinter Darmstadt zurücktrat. Freilich erschloss Rheinfels als Ausgangspunkt der großen gräflichen Hochwildjagden in den Wäldern des Hunsrücks sowie als Standort bei den Sauhetzen in den Weiseler Forsten zwei der besten Jagdreviere der Niedergrafschaft. Dies lässt sich anhand der gut dokumentierten Herbst- und Winterjagden des Jahres 1457/58 verdeutlichen.[27]

Nachdem Graf Philipp bereits Ende August mit seinem Falkner Kreuz einige Tage bei Rheinfels auf der Beizjagd verbracht hatte, zog er hier im September eine größere Zahl von Jägern für die Herbstjagden bei Pfalzfeld und Weisel zusammen. Am 26. September fand sich der Jäger Schmer mit der Hundemeute auf der Burg ein, ihm folgte zwei Tage später der Jägermeister Kompe mit sechs weiteren Jägern, und am 29. September erschien auch Graf Philipp, um die Michaelisjagd zu eröffnen. Vier Wochen später fand eine ähnliche Jagdkampagne statt, zu der wiederum verschiedene Jäger mit ihrer Begleitung nach Rheinfels gerufen wurden. Diese Veranstaltungen waren aber nur das Vorspiel zu den großen Sauhetzen im Dezember und Januar, zu denen Graf Philipp fast die gesamte Jägerschaft nach Rheinfels rief. Die eigentliche Jagd begann am 8. Dezember und dauerte mit wenigen Unterbrechungen bis gegen Mitte des Monats, wurde nach Weihnachten wiederaufgenommen und bis Mitte Januar fortgesetzt, wenn auch der Graf zwischendurch einige Tage abwesend war. Insgesamt war es offensichtlich eine gesellschaftlich hervorragende Veranstaltung, da selbst die Gräfin für einige Tage an der spannenden Sauhatz teilnahm.

Im Bereich der Niedergrafschaft ermöglichten auch die Wälder bei Braubach und Ems ausgezeichnete Jagden in ihren verschiedenen Formen. Wenn auch der Graf nicht ununterbrochen an ihnen teilnahm, so lagen Jäger, Pferde und Hunde doch in großer Zahl die ganze Zeit über in den Jagdorten, wie aus den erhaltenen Rechnungen klar hervorgeht. Neben der Schwarzwildjagd boten die Braubacher und Emser Wälder auch vorzügliche Hasel- und Steinhuhnreviere. So hielt sich der Vogler Klaus im März des Jahres 1458 mehrere Wochen lang dort auf, um Haselhühner zu fangen; im November beizte der Jäger Kranich mit dem Habicht auf Hühner, und kurz darauf erschien der Vogler Klaus mit seinem Knecht, um Steinhühner zu jagen. Diese Nachrichten verdeutlichen die wichtige Stellung der Beizjagd neben der gräflichen Jagd auf Rot- und Schwarzwild.

Die Reviere der Obergrafschaft Katzenelnbogen standen denen der Niedergrafschaft keineswegs nach.[28] Hinsichtlich der Niederjagd waren sie ihnen sogar überlegen und infolgedessen die besten Beizreviere der gesamten Grafschaft, wie aus den Rechnungen ersichtlich wird. Als regelmäßig gejagtes Hochwild ist auch hier das Wildschwein an erster Stelle zu nennen, doch daneben hatte die Jagd auf Hirsche und Rehe ebenfalls eine gewisse Bedeutung. In diesen Revieren gab es sogar eine Wildhege, für deren Durchführung ein besonderer Knecht zuständig war. Über die Niederjagd im Gebiet der Obergrafschaft sind wir besonders gut unterrichtet. Neben Hasen, Rebhühnern, Enten und Wasserhühnern wurden bereits 1454 wilde Fasanen gejagt; für die damalige Zeit ein seltenes und kostbares Wild, das manchmal direkt zum gräflichen Hof geschickt wurde. Man erfährt außerdem von Fuchs- und Dachsjagden und einem über die ganze Grafschaft ausgedehnten Otternfang.

Auffällig ist die starke Stellung der Beizjagd unter den verschiedenen Jagdarten der Grafschaft Katzenelnbogen. Dies erstaunt aber nicht, wenn man bedenkt, dass die Falknerei auch im Spätmittelalter an den Fürstenhöfen teilweise höher bewertet wurde als das eigentliche Weidwerk.[29] Sie wurde als Kunst betrachtet und auch so betrieben und der Falkner zu den Künstlern gerechnet. Deshalb ist es nicht außergewöhnlich, dass die Kosten beim Besuch fremder Falkner auf Burg Rheinfels unter den Ausgaben für Künstler und verwandte Personen erscheinen.

Das hohe Ansehen, das die Falknerei sowohl am Katzenelnbogener Hof als auch an den meisten anderen Fürstenhöfen des 15. Jahrhunderts genoss, erklärt die lebhaften Beziehungen zwischen den Fürsten und Herren, wenn es um den Austausch von Beizvögeln und Hunden ging. Falken und Habichte wurden auch von den Katzenelnbogener Grafen gern verschenkt und gekauft; der Bezug von Beizvögeln und speziellen Hunden aus dem fernen Ordensland Preußen ist daher nicht verwunderlich.[30] Die Verwendung der Falken und Habichte diente aber neben den Schaubeizen überwiegend der echten Beize, bei der Hasen, Feldhühner, Enten und nutzbares Niederwild von Berufsfalknern gejagt wurden.

Die Grafschaft Katzenelnbogen verfügte über die besten Jagdreviere. Kupferstich aus dem 17. Jahrhundert

Die Berufsjäger der Grafschaft Katzenelnbogen waren viel unterwegs.

Was lässt sich über die Jägerschaft der Grafschaft Katzenelnbogen im 15. Jahrhundert sagen? Welche Aufgaben und Pflichten erfüllte sie? Die Berufsjäger, die allein mit der Ausübung der Jagd beschäftigt waren, sind damals von den Holzförstern, deren Aufgabe Pflege und Schutz der Wälder war, meistens getrennt.[31] Während die Förster in ihren Forstrevieren wohnten, waren die Jäger, wie bereits geschildert wurde, ständig unterwegs. Sie waren in der Regel beritten und wurden von ihren Jagd- und Hundeknechten begleitet. Im persönlichen Dienst ihrer gräflichen Herren stehend, waren sie durch Beruf und Stellung im Gebiet der Grafschaft offenbar so bekannt, dass sie in den Rechnungen meist nur mit Kurznamen ohne weitere Angaben aufgeführt werden. Ein Teil der Jäger wurde jährlich neu verpflichtet, und zwar vor allem alle Jägermeister und solche Weidmänner, die von auswärts in den Dienst der gräflichen Herrschaft getreten waren; ein anderer Teil diente anscheinend lebenslänglich, da man von besonderen Neuverpflichtungen nichts hört. Beide Gruppen erhielten einen jährlichen Sold, der sich nach der jeweiligen Rangstufe richtete und aus Geld und Naturalien bestand. Die Jägermeister bekamen 10 Gulden, die Jäger 8, die Vogler 7 und die Jagdknechte nur 3 Gulden Jahreslohn, wobei jedoch kleinere Schwankungen vorkommen konnten. Der Naturallohn, der nicht exakt zu ermitteln ist, scheint in erster Linie in Korn ausgezahlt worden zu sein. Dazu kam freie Verpflegung und eine Ausrüstung, zu der vor allem die Ausstattung mit Jagdpferden gehörte. Den Unterhalt der Pferde und die Kosten für Hufbeschlag, Sattel- und Riemenwerk mussten die gräflichen Wirtschaftsbeamten tragen; zu ihnen zählten Landschreiber, Kellner, Vögte und Schultheißen der Landesherrschaft.

Die Jäger wurden von der Grafschaft Katzenelnbogen vollständig eingekleidet, wie aus den bezahlten Rechnungen für ihre Sommer- und Winterkleidung hervorgeht. Diese war demnach unterschiedlich nach jeweiliger Hauptjahreszeit gestaltet, aber ansonsten einheitlich für alle Jäger. Die Verpflegung der Berufsjäger erfolgte gleichfalls auf Kosten der Grafen und wurde vom jeweiligen herrschaftlichen Wirtschaftsbeamten durchgeführt. Sie bestand aus zwei Mahlzeiten pro Tag und dem zugehörigen Brot, ferner aus etwas Wein. Die Grafen sorgten aber nicht nur für Kleidung und Verpflegung ihrer Jäger, sondern auch für die Pflege von verwundeten oder kranken Jagdbediensteten, wie die Rechnungen von herrschaftlichen Burgen zeigen. Trotz der relativ geringen Löhnung waren die Jäger also keineswegs schlecht gestellt, da sie nicht nur vollständig unterhalten, sondern ihnen auch alle übrigen Auslagen ersetzt wurden. Dazu kamen besondere Wein- und Brotgeschenke bei bestimmten Gelegenheiten, beträchtliche Botenlöhne beim Überbringen von Falken, Hunden und Jagdwaffen an befreundete Herren und schließlich das Jägerrecht, d. h. ein Anteil am erlegten Wild. Die gesicherte Position der gräflichen Berufsjäger entspricht insgesamt der hervorragenden Bedeutung, die man im Spätmittelalter der Jagdkultur am Hof der reichen Grafen von Katzenelnbogen beimaß.[32] Auch die benachbarten Fürsten benötigten zum Bejagen ihrer umfangreichen Jagdreviere ein zahlreiches Personal an Jägern, das sich dann später im Zeitalter des Barocks noch weiter vermehrte, als die großen Prunk- und Schaujagden aufkamen.

Herrschaftliche Jagd und bäuerliche Bevölkerung

Weitgehend ausgeschlossen von der Jagd waren bereits während des Spätmittelalters in den meisten Territorien die Bauern. Anfangs war ihnen noch in gewissem Umfang die niedere Jagd gestattet, indem sie Hasen oder Füchse fangen durften, doch auch dieses bescheidene Jagdausübungsrecht hörte immer mehr auf.[33] Durch die Ausbreitung der Forstbanngebiete und die wachsende Macht des Adels war das Jagdrecht der Bauern seit dem frühen Hochmittelalter immer stärker beschnitten worden. Mit der Einbeziehung des größten Teils der bäuerlichen Bevölkerung in den Machtbereich der Grundherrschaften wurde die Jagd zunehmend zu einer Angelegenheit des Adels und der Fürsten. Dieser faktischen Ausschließung der bäuerlichen Bevölkerung von der Jagd folgten im 12. Jahrhundert rechtliche Jagdverbote, die im Unterschied zu früher nicht auf bestimmte Forsten zielten, sondern einen allgemeinen Bezug hatten.[34] Deutlich wird diese Ausgrenzung vor allem in dem Landfrieden Friedrich Barbarossas von 1152, in dem ein allgemeines Verbot von Jagdnetzen und Schlingen zum Tierfang erlassen wird.[35] Diese Bestimmung kann sich nur auf die bäuerliche Bevölkerung beziehen, zumal die ausdrücklich genannten Jagdgeräte in erster Linie von den Bauern benutzt wurden. Im Sinne der Abgrenzung der adeligen Herrenschicht von den bäuerlichen Hintersassen war es folgerichtig, dass derselbe Landfriede den Bauern auch das Tragen von Lanze und Schwert verbot.

Im 13. Jahrhundert folgten dann landesherrliche Jagdverbote, die offensichtlich ebenfalls auf die Netz- und Schlingenjagd der Bauern im dörflichen Bereich abzielten.[36] So werden im bayerischen Landfrieden von 1244 Fallensteller, Schlingenfänger und Habichtdiebe sowie nächtliche Jäger für friedlos erklärt.[37] Auch der Trierer Erzbischof bedrohte in der Zeit um 1220 diejenigen, die mit einer Schlinge angetroffen wurden, mit dem Verlust ihres Daumens, während ansonsten in dieser Quelle nur Geldstrafen für Wilderer genannt werden.[38] Eine Verschärfung der landesherrlichen Jagdverbote für die bäuerliche Bevölkerung trat dann seit dem 15. Jahrhundert ein,

Die Benachteiligung der Bauern führte schließlich zu den großen Bauernkriegen.

als sich die landesherrliche Rechtsauffassung immer mehr durchsetzte, das Jagdrecht gehöre zu den Regalien, die den Landesherren zuständen. Jetzt betrachtete der Landesherr jegliche Jagdausübung in seinem Territorium, die nicht von ihm gestattet war, als einen Angriff auf seine fürstlichen Rechte.

Im Herrschaftsbereich der Reichsabtei St. Gallen ließ z. B. die älteste Landesordnung von 1468 das Jagdthema noch gänzlich unerwähnt; in der redigierten Fassung von 1473 wird das Rotwild aber bereits gebannt, während in der 1498 erlassenen Landesordnung sogar Wildschweine, Hasen, Dachse und Vögel einbezogen werden.[39] In der Bayerischen Landesordnung von 1516 findet sich die noch Jahrhunderte fortbestehende Regelung, dass allen nicht patrizischen Bürgern, dem gemeinen Volk und insbesondere der bäuerlichen Bevölkerung die Jagd auf Hasen, Füchse und Vogelwild untersagt ist.[40] Mit diesen Jagdverboten erreichte die rechtliche Ausgrenzung der Bauern aus dem Jagdbetrieb ihren Höhepunkt.

Die Gegenreaktion der Bauern wird in der im Umfeld der Bauernaufstände des Spätmittelalters und des großen Bauernkrieges von 1525 immer wieder erhobenen Forderung nach freier Jagdausübung sichtbar.[41]

Die Belastungen der Bauern aufgrund der wachsenden Macht des Adels wurden besonders durch Jagdfrondienste erschwert.

Diese Verschärfung der Jagdkonflikte zu Beginn des 16. Jahrhunderts wird verständlicher, wenn man die Belastungen der Bauern durch die herrschaftliche Jagd bedenkt, die im Laufe der Zeit gewachsen waren. Hier sind vor allem die Jagdfrondienste der Bauern zu nennen, die größtenteils ungemessen waren, da sich Termine und Dauer von Jagdzügen nicht genau vorhersagen ließen.[42] Zu den Fronen zählte die Pflicht, die Jäger zu beherbergen und sie mitsamt ihren zahlreichen Hunden zu verpflegen, ferner bei dem Transport der zur Jagd notwendigen Geräte und Netze sowie beim Abtransport des erlegten Wildes Hilfestellung zu leisten. In den geistlichen Grundherrschaften, in denen sich die Jagdausübung auf den Vogt konzentrierte, beanspruchte dieser mit seinen Jägern ein Herbergsrecht auf den grundherrlichen Meierhöfen, wozu auch die Hufenbauern einen Beitrag zu leisten hatten. Im Spätmittelalter dehnten viele Landesherren dieses Herbergs- und Gastungsrecht der herrschaftlichen Jäger auf den Wirtschaftshöfen geistlicher Grundherren über Gebühr aus, sodass die Jagdfronen zu einer drückenden Belastung der hörigen Hufenbauern wurden.

Im 15. Jahrhundert werden die bäuerlichen Jagdfrondienste auffallend häufig erwähnt; sie haben sich im Zuge der flächenbezogenen Zwing- und Bannherrschaft auf sämtliche Einwohner des Dorfes verlagert.[43] Bei der Durchsicht der ländlichen Rechtsquellen in verschiedenen Regionen gewinnt man den Eindruck, dass die skizzierten Jagdfrondienste in unterschiedlichem Maße auf der dörflichen Bevölkerung gelastet haben, je nach Intensität der herrschaftlichen Jagdausübung und nach Lage der einzelnen Dörfer. Die Situation hat sich anscheinend erst im 16. Jahrhundert verschärft, als an die Stelle kleiner Jägergruppen größere landesherrliche Jagdgesellschaften traten, die auf die fürstliche Repräsentation ausgerichtet waren und nicht nur mehr Verpflegung benötigten, sondern auch zusätzliche Treiberdienste verlangten.[44]

Viel belastender als die Jagdfrondienste waren für die bäuerliche Bevölkerung offenbar die von dem Wild angerichteten Flurschäden. Sie scheinen erst im Verlauf des 15. Jahrhunderts stark zugenommen zu haben, da die Quellen aus den Jahrhunderten davor diese Wildschäden nur selten erwähnen. Es gab in früheren Zeiten offenbar vernünftige Regelungen, die den Bauern erlaubten, ihre Äcker durch Zäune und Hecken vor allzu großem Wildfraß zu schützen und eingedrungenes Wild mit Hunden zu vertreiben. Die geschilderte Intensivierung der adeligen Jagdausübung und die Hervorhebung des landesherrlichen Jagdrechts seit dem 15. Jahrhundert führte aber nicht nur zu einer Verschärfung des Jagdrechts, sondern auch zu dem Verbot, das Wild beim Äsen auf den bäuerlichen Feldern zu stören.[45] Was die Bauern besonders erzürnte, waren nicht nur die von den stark vermehrten Wildbeständen an Hirschen, Rehen und Wildschweinen verursachten Ernteverluste, sondern auch der Zwang, ohnmächtig dem Treiben der Wildtiere zusehen zu müssen. Die Bauern waren durch landesherrliche Erlasse nämlich verpflichtet, ihre Hunde, die als bestes Mittel bei dem Verjagen des Wildes galten, dadurch lahmzulegen, dass man ihnen schwere Holzpflöcke um den Hals legte, sodass ihre Beweglichkeit sehr gehemmt war. Die Empörung der bäuerlichen Bevölkerung über die durch zu hohe Wildbestände verursachten Wildschäden hielt während der ganzen Neuzeit bis zur Aufhebung der herrschaftlichen Jagdprivilegien in der Mitte des 19. Jahrhunderts an und war ein Dauerthema in der kontroversen Diskussion um eine Reform des Jagdrechts.[46]

Die Vorstellung von der exklusiven Jagdausübung durch Adel und fürstliche Landesherrschaft bedarf allerdings einer Einschränkung, wenn man den Blick auf einige Marken mit bäuerlichem Jagdrecht und insbesondere auf die sogenannten Freien Pürschen in Südwestdeutschland richtet, in denen in größeren Bezirken das Jagdrecht prinzipiell allen Einwohnern zustand. Die starke territoriale Zersplitterung in den Freipürschgebieten an Neckar und Donau führte dazu, dass sich die bäuerlichen und bürgerlichen Pürschgenossen des am Ende des 15. Jahrhunderts stärker werdenden Zugriffs benachbarter Landesherren erwehren konnten, wobei sie ihre Position teilweise durch kaiserliche Privilegien absicherten.[47] Die großräumigen Pürschgebiete waren für die Bewohner der benachbarten Dörfer sicherlich nicht nur wegen der freien Jagdausübung attraktiv, sondern auch wegen des damit verbundenen Wegfalls der Jagdfrondienste und der besseren Chancen, mögliche Wildschäden zu verhüten.

KAISER MAXIMILIAN I.: DES REICHES ERZJÄGERMEISTER

Die populäre Gestalt Kaiser Maximilians I. (1459–1519) ist in der historischen Erinnerung eng mit der Bezeichnung „der letzte Ritter“ verbunden. Welche Aussage wird mit diesem Beinamen, der aus dem 19. Jahrhundert stammt, getroffen? Im spannungsreichen Leben Maximilians I. waren offenbar Elemente vorhanden, die auf eine besondere Hochschätzung der traditionellen ritterlich-höfischen Kultur hinweisen. Diese erfuhr im ausgehenden Mittelalter eine Erneuerung und Neubelebung, sodass man von einer „Ritterrenaissance“ gesprochen hat.[1] Maximilian war tatsächlich ein engagierter und geschickter Turnierkämpfer, der sich nicht mit dem Zuschauen begnügte, sondern sich selbst voll Begeisterung an den Turnierkämpfen beteiligte, mehrmals verwundet wurde und siegreich aus einigen spektakulären Zweikämpfen hervorging. Er hat auch selbst an der Verfeinerung der verschiedenen Turnierformen mit ihren speziellen Rüstungen und Techniken mitgewirkt und durch Innovationen gefördert, wobei er sogar einen eigenen Turniermeister beschäftigte. Diese Turnierformen und Maximilians Besuche auf Turnieren in den Jahren 1497, 1498 und 1511 werden im Turnierbuch des Hans Burgkmair detailliert beschrieben.[2]

Maximilian war aber nicht nur ein glänzender Turnierritter, sondern außerdem ein großer Jäger mit hohem Anspruch. Mit Stolz erzählte er von seinen Erlebnissen und Erfolgen auf seinen zahlreichen Jagdausflügen und ließ diese ebenfalls in eigenen Büchern und Bildern festhalten; auch führte er ein Jagdbuch, dem er seine Naturerlebnisse und Abenteuer anvertraute. Er nannte sich selbst den „großen Waidmann“ oder „des Heiligen Römischen Reiches oberster Jägermeister“. Wie ist dieser Anspruch zu verstehen? Welche Bedeutung hatte die Jagd am Hof Maximilians I.? Das Bild dieses Habsburger Kaisers an der Wende vom Mittelalter zur Neuzeit unterlag zu allen Zeiten einander widersprechenden Deutungen und Wertungen.[3] Die Zeitgenossen haben ihn teils hoch gerühmt, teils auch geschmäht. Das von ihm aufgebaute habsburgische Weltreich, das er seinem Enkel Karl V. übergeben konnte, erregte nicht nur Bewunderung, sondern auch Neid und Misstrauen. Der Kaiser selber verstand es, sich durch die damaligen Medien, durch

Kaiser Maximilian I. wurde auch als „letzter Ritter“ bezeichnet. Illustration aus dem „Theuerdank“

Porträt Kaiser Maximilians I. von Albrecht Dürer aus dem 16. Jahrhundert

Text und Bild, in ein helles Licht zu setzen. Große Maler wie Dürer und Holbein machten das Bild des Kaisers mit seinen zwar nicht schönen, aber markanten Zügen populär. Dieses positive Maximilianbild geriet im 19. Jahrhundert in die scharfe Kritik einiger Historiker, die vor allem die Misserfolge des Kaisers hervorhoben. Man kritisierte seinen angeblich sprunghaften, unsteten Charakter, der keinen dauerhaften Gesamtplan für das Reich entwickelt habe und nur vom Erbglück des Habsburgerhauses emporgetragen worden sei. Man wollte ihm bestenfalls konzedieren, dass er ein interessanter Mensch und ein Mann mit ungewöhnlichen Begabungen gewesen sei. Erst die neuere Geschichtsforschung ist der Person Maximilians wieder gerechter geworden und hat seine Verdienste im politischen und kulturellen Leben neu gewichtet. Freilich werden in der Beurteilung dieses Kaisers die Widersprüche nie ganz ausgeräumt werden können.

Entscheidend wurde Maximilian durch seinen Kontakt mit der burgundischen Hofkultur geprägt, nachdem er 1477 Maria von Burgund, die Erbin der reichen burgundischen Länder, geheiratet hatte.[4] In Burgund und in den Niederlanden vollendete er seine sprachliche, politische und charakterliche Bildung, hier wurde er ein Förderer der Künste und Freund adeliger Lebensformen, die in Hoffesten, Turnieren und nicht zuletzt in einer differenzierten Jagdkultur ihren Ausdruck fanden. Die jahrelangen Feldzüge im burgundischen Raum machten ihn außerdem zum Kriegsmann und ritterlichen Kämpfer, der vor keiner kriegerischen Auseinandersetzung zurückwich. Eine Politik der Ehre und des Schwertes schien dem künftigen König und Kaiser des Deutschen Reiches gerecht und angemessen zu sein. Der straff geordnete burgundische Fürstenstaat bot ihm außerdem Anregungen für moderne Formen der Staatlichkeit und Verwaltung. Erst das Erlebnis der burgundischen Kultur weckte auch die hohen künstlerischen und literarischen Begabungen des jungen Fürsten. Er war geblendet von der Pracht des burgundischen Hofes, vom feierlichen Zeremoniell, vom Ritterorden des Goldenen Vlieses, von den Turnierkämpfen und den vielfältigen Formen der höfischen Jagd. Es war daher kein außergewöhnlicher Zufall, dass seine junge Frau Maria 1482, wenige Jahre nach der Vermählung, auf der Falkenjagd tödlich verunglückte. Die literarische Tätigkeit am Hof und die reichen Schätze der Bibliotheken boten Maximilian viele Anregungen, die noch lange nachwirkten und ihn zu eigenen Dichtungen und literarischen Werken inspirierten.[5]

Jagdbücher und literarische Zeugnisse Maximilians I.

Hauptzeugnisse für die Vorstellungen Maximilians I. und seine Jagdauffassung sind seine autobiographischen Schriften. Das Versepos „Theuerdank“, dessen Grundidee auf Maximilian zurückgeht, aber von seinem Schreiber Marx Treitzsauerwein ausgeführt wurde, berichtet ausführlich von der Werbung Maximilians um Maria von Burgund und den vielen Gefahren, Strapazen und Abenteuern, die er auf seiner langen Brautfahrt an den burgundischen Hof zu bestehen hatte.[6] Von den 88 Abenteuern, die Maximilian auf seiner Fahrt erlebte, stehen 34 in Zusammenhang mit Jagderlebnissen. Dies zeigt unverkennbar, welch hohe Bedeutung der junge König der ritterlich-höfischen Jagd und ihren vielfältigen Gestaltungsformen beimaß. Maximilian war in der Tat ein leidenschaftlicher Jäger, der viele Jagdzüge organisierte und sich selbst „der große Weidmann“ nannte. Das edle Weidwerk bedeutete für ihn aber nicht nur bloßes Vergnügen und Entspannung; er sah darin vor allem ein Mittel zur körperlichen Ertüchtigung und zur Erprobung des persönlichen Mutes, wie es in vielen Fürstenspiegeln propagiert wurde.

Der „Weißkunig“ stellt eine dichterisch ausgeschmückte Biografie Maximilians dar, die ebenfalls von seinem Schreiber Marx Treitzsauerwein nach Angaben des Kaisers abgefasst wurde;[7] sie schildert ausführlich die bedeutsame Rolle, die der Jagd bei der Erziehung des jungen Maximilian zukam. An einer herausgehobenen Stelle wird vom Schreiber ausdrücklich vermerkt, dass „kein König gelebt habe, der ein solcher Jäger gewesen sei und auch künftig nicht sein werde; denn er war kein Jäger aus Gewohnheit oder Hoffahrt, sondern ein Jäger aus seiner angeborenen Natur und königlichem Gemüt.“[8] Der Habsburgerkönig sah demnach in der Jagd ähnlich wie viele seiner adeligen Standesgenossen eine charakterliche Übung, bei der ritterliche Tugenden wie Tapferkeit, Mut und Ausdauer trainiert wurden. In der Argumentation wird auch die enge Beziehung von Jagd und Krieg herausgestellt und die Jagd als Übung für den Krieg gesehen. Auf seinen vielen Feldzügen habe der König sich daher, soweit es ihm die Zeit erlaubte, immer nebenbei der Jagd gewidmet und seine Tüchtigkeit in beiden Bereichen, in Krieg und Jagd, unter Beweis gestellt. Maximilian habe sich, wie im Weißkunig unterstrichen wird, sowohl um das ritterliche Kriegsvolk als auch um seine Jäger stets gekümmert, wobei er selbst sowohl als hervorragender Feldherr als auch als meisterlicher Jäger hervorgetreten sei. „Dieser junge Weißkunig ist gewesen ein vortrefflicher Jäger, Falkner, Kriegsmann und Heerführer. Er hat mit den vier Haupttugenden, die ein König haben soll, alle Könige übertroffen."[9] In Jagd und Krieg konnte dementsprechend ein junger König am besten seine ritterlichen Tugenden unter Beweis stellen, was Maximilian auch für seine Person zur Maxime erhob.

Diese Doppelfunktion als Jäger und Feldherr zieht sich wie ein roter Faden durch die literarischen Äußerungen und bildnerischen Darstellungen des Künstlerkreises um Maximilian I.[10] Die in den Werken und ebenso in Bildern angesprochene Metapher vom vollkommenen Weidmann, der gleichzeitig als der edle, tugendhafte Held das Böse bekämpft, hat seine Wurzeln in der ritterlichen Weltsicht des späten Mittelalters. Man findet sie aber auch, in das realpolitische Leben umgesetzt, in Macchiavellis „Principe" von 1535, wenn dort gesagt wird, dass die Jagd im Frieden das Mittel sei, sich auf den Krieg körperlich und geistig vorzubereiten.[11] Es handelt sich also um ein ideologisches Allgemeingut jener Epoche, das in Politik, Gesellschaft und Kultur argumentativ benutzt wurde. Aber kein anderer Herrscher und König hat wie Maximilian diese Jagdsymbolik so in den Mittelpunkt seiner Weltsicht gestellt und sie immer wieder an herausragender Stelle verwendet.

Das „Geheime Jagdbuch", ein weiteres Werk Maximilians, das auf eigenhändigen Aufzeichnungen beruht, geht ebenfalls auf die hohe Bedeutung der Jagd für Könige, Fürsten und Adelige ein.[12] Neben dem Erholungscharakter der Jagd wird besonders der nahe Kontakt zum Volk hervorgehoben, der dem Herrscher auf Jagden vermittelt werde. Es heißt dort: „Du sollst dich ewig freuen der großen Lust der

In Maximilians Biographie „Weißkunig" wird sein angeborenes Jagdgeschick beschrieben.

Weidmannschaft, deren du mehr hast als alle Könige und Fürsten zu deiner Gesundheit und Erholung; auch zum Tröste deiner Untertanen, weil du ihnen dadurch bekannt werden kannst; auch der Arme wie der Reiche, der Reiche wie der Arme täglich bei diesem Weidwerk Zugang zu dir hat, sodass sie sich ihrer Not zu beklagen und sie vorzubringen vermögen. Du ihnen auch solche benennen magst mit Lust, indem du im Genüsse der Weidmannschaft den Bitten der Armen Abhilfe gewähren kannst. Dazu sollst du allzeit deinen Sekretär und etliche Räte mit dir auf solche Weidmannschaft nehmen, damit du den gemeinen Mann, der dich besucht und zu dir kommt, abfertigen kannst. Was du dann besser am Weidwerk als in Häusern tun kannst."[13]

Es lag Maximilian auch sehr daran, genau aufzuzeichnen, welches Wild in den einzelnen Revieren zu jagen war und auf welche Weise die besten Jagdergebnisse erreicht werden konnten. Deshalb gab er den Auftrag, seine Jagdgebiete genau zu erkunden und alles jagdlich Bedeutsame festzuhalten.

Dieses „Gejaidpuech“ sollte nach seinen Plänen drei Teile umfassen.[14] Im Jahre 1500 entstand der erste Teil, der die Hirsch- und Gamsjagden in den sechzehn Gerichten des Tiroler Ober- und Unterinntals enthielt. Der oberste Forstmeister des Landes Tirol, Karl von Spaur, erhielt den Auftrag zur Abfassung dieses Abschnittes und erledigte diese Aufgabe mit Hilfe des Schreibers der Jagdkanzlei, Wolfgang Hohenleiter. Diese beiden Bediensteten besichtigten alle landesfürstlichen Reviere und notierten in ihren Aufzeichnungen genau, wo der Wildbestand am reichsten und wie das Wild am besten zu bejagen war. Dieser Teil des „Gejaidpueches“ blieb in der Originalhandschrift erhalten und ist in der Handschriftenabteilung der königlichen Bibliothek zugänglich. Der zweite Teil, der die Beschreibung der Hirsch-, Reh-, Bären-, Wildschwein- und Gamsjagden in den übrigen Bezirken Tirols sowie im Gericht Feldkirch umfassen sollte, fehlt, und es ist fraglich, ob er überhaupt jemals geschrieben wurde. Der dritte Teil umfasst schließlich die Wildbannbezirke und Jagdreviere in Nieder- und Oberösterreich, in der Steiermark, in Kärnten, in Krain und in der Grafschaft Cilli. Dieser Teil wurde vom obersten Jägermeister der niederösterreichischen Lande, Wilhelm von Greyß, verfasst; er entstand nach dem Jahre 1515 und ist nur in einer ungefähr vierzig Jahre später angefertigten Abschrift erhalten geblieben.

Neben diesen Büchern, die in Maximilians Auftrag geschrieben wurden, verdienen jene persönlichen Aufzeichnungen besondere Beachtung, die von ihm als „Geheimes Jagdbuch“ bezeichnet wurden. Sie geben einen guten Einblick in die verschiedenen Formen der Jagdausübung um 1500; er selbst nennt diese Anweisungen eine Ordnung des Jagens, Beizens und Fischens. Ferner enthält dieses Jagdbuch interessante Angaben über Reviere bei Augsburg, Mindelheim, Günzburg und Kaufbeuren.

Kaiser Maximilian I. (unten mittig) nimmt an einer Hirschjagd des Kürfürsten Friedrich III. teil. Gemälde aus dem 16. Jahrhundert

Vielleicht können sie als Konzept für ein Jagdbuch der Markgrafschaft Burgau, die Maximilian als Jagdbezirk besonders schätzte, angesehen werden.[15] Außer den bisher genannten Schriften müssen noch weitere Aufzeichnungen Kaiser Maximilians erwähnt werden: Es sind dies bruchstückhafte Notizen unter dem Titel „Gärtnerey, Falknerey, Jägerey, Kellerey". Der Großteil dieses Manuskripts ist dem Weidwerk gewidmet, und zwar in Form eines Jagdnotizbuches für den persönlichen Gebrauch des Kaisers und seiner Nachfolger, als Anleitung zur Ausübung der Jagd in Tirol, wo der Kaiser sich am besten auskannte. So warnt er z. B. vor besonderen Gefahren einzelner Steige und erteilt Ratschläge für die Unterkünfte.[16]

Jagdarten und Jagdmethoden

Unter den verschiedenen Jagdarten begeisterte sich Maximilian I. besonders für die Gämsenjagd, die spezifische Jagddisziplin der Alpenregion. Es ist daher bezeichnend, dass sich 15 der 34 Jagdabenteuer des Theuerdank auf die Erlebnisse bei dieser Jagd beziehen.[17] Maximilian empfand offensichtlich die Gämsenjagd für sich selbst als besondere sportliche Ertüchtigung und zugleich als Vergnügen. Im Weißkunig wird gerühmt, dass er alle seine Gämsenjäger übertraf, zugleich aber im Klettern äußerst vorsichtig war und keinen Schwindel kannte. Gamsjagden waren auch als Schaujagden für die fürstlichen Damen und Gäste des Habsburger Hofes sehr begehrt. Allerdings waren dafür nur wenige Gamsreviere geeignet: die Martinswand bei Innsbruck, die Umgebung des Plansees und die Gegend beim Achensee. Nachdem die Damen aus der Ferne die Geschicklichkeit der Jäger bewundert hatten, gab es in der Regel ein großartiges Festmahl mit Musik und Tanz. Öfters lud Maximilian auch ausdrücklich Botschafter und Gäste zur Gamsjagd in ausgewählten Jagdregionen der Alpen ein.

Aus dem Geheimen Jagdbuch erfahren wir, was der Jäger an Ausrüstung für die Gamsjagd benötigte.[18] Aus diesen persönlichen Aufzeichnungen des Kaisers ersieht man auch, wie sehr Maximilian an alle Kleinigkeiten, die für das Gelingen der Jagd und das Wohlbefinden des Jägers wichtig waren, gedacht hat. So empfiehlt er Wams und Hose in grauer und grüner Farbe, wobei jedoch das Wams nicht buschige Ärmel haben soll; ferner gehört zur Kleidung ein kurzer Leibrock mit ausgeschnittenen Ärmeln, damit der Jäger genügend Bewegungsfreiheit behält. Zur Jagd empfiehlt er auch die Mitnahme von wollenen Socken, damit bei Schneefeldern im Gebirge Socken über Schuhe und Hosen angelegt werden können. Für das Klettern im Feld sind vor allem gute Fußeisen mit Zacken erforderlich, aber auch eine „Hirnhaube, die du dir allezeit in einem Weidsacke nachtragen lassen sollst, damit du, wenn du im Gebirge gehst und die Hunde das Geröll in Lauf setzen, gegen einen Schlag gesichert bist. Desgleichen ein gutes Seil."[19] Es fällt auf, dass Maximilian auf den verschiedenen Darstellungen immer wieder dieselbe, hier beschriebene Kleidung und auch die Steigeisen an den Füßen trägt. Auf keinem Bild ist jedoch zu sehen, dass er vom Seil oder von der Hirnhaube, deren Mitnahme er empfiehlt, Gebrauch macht.

Als kundiger Jäger hatte Maximilian bereits lange die Erfahrung gemacht, dass man zur Jagd morgens zeitig aufbrechen muss. Er gibt daher den Ratschlag: „Wenn du auf die Jagd willst oder auf Gämsen, so musst du in der Regel um drei Uhr auf sein, damit du vorher Messe hörst und etwas zu dir nimmst."[20] Ebenso ist die Mitnahme ausreichender Verpflegung dringend notwendig. „Du sollst dir auch allzeit eine kleine Butte mit Gebratenem, Früchten, Käse, Brot und gutem Wein nachtragen lassen, damit du entweder nach der Jagd oder wenn du auf den Trieb wartest, einen Imbiss nehmen kannst. Desgleichen sollst du einen Saum mit Brot und Wein für deine Leute mitführen." Ergänzend enthält das Fischereibuch die Anweisung, dass bei einzelnen Jagden die nötigen Fische für die Mahlzeiten aus den das Jagdgebiet durchfließenden Bächen gefischt werden können.

Wie die Gamsjagd konkret vor sich ging, ist am besten aus den verschiedenen beigegebenen Bildern zu ersehen. Von Jagdknechten und besonders abgerichteten Gamshunden wurden die Gämsen von ihren Standplätzen aufgetrieben und in jene Felsabstürze und Bergwände gehetzt, wo die Jäger sie am günstigsten erreichen konnten. Um ein Ausweichen zu verhindern und das Wild sicher zu den gewünschten Einstandplätzen zu jagen, wurden

Im Gamsrevier an der Martinsjagd begab sich der Kaiser beim Jagen in Lebensgefahr.

weitere Hunde und sogenannte Abwehrer postiert. Ob das Gamswild den Berg hinauf oder hinab gehetzt wurde, hing von den örtlichen Gegebenheiten ab und insbesondere davon, wo die für die Bejagung günstigsten Plätze gelegen waren. Es war aber jeweils darauf zu achten, dass weder Jäger noch Hunde durch die gejagte Gams oder herabrollende Steine gefährdet wurden. Im Jagdnotizbuch gibt Maximilian außerdem den Rat, kein Gamswild in zu steilen Wänden hochzutreiben, weil dadurch sowohl Trophäen als auch das Wildbret leiden.

Aus einigen Andeutungen Maximilians ist klar ersichtlich, dass der Mittelpunkt seiner jagdlichen Betätigung in den Alpen bei Innsbruck lag. Mit besonderer Vorliebe hat sich der Kaiser in den Bergen Tirols aufgehalten, um hier seiner Jagdpassion nachzugehen. Wie nicht anders zu erwarten, kümmerte er sich auch um die Wildhege.[21] So legte er seinem Nachfolger besonders das Revier Gleirsch im Hinterautal im Karwendel für die Gämsen ans Herz, denn es sei „die recht Mutter von Innsbruck und Fragenstein aus, die dir die viel Gämsen Ziegeln zu allen Gejaiden“. Maximilian verwendete bei seinen Jagden vor allem die Armbrust. Da er die Gamsjagd im Sommer und im Winter ausübte, benutzte er zweierlei Ausführungen der Armbrust, „nämlich im Winter die hörnerne Armbrust, der Kälte wegen; aber sonst den stählernen Bogen“. Im Gebrauch der Armbrust entwickelte er demnach eine besondere Fertigkeit.

Neben der Gamsjagd war die Jagd auf Bären eine große Attraktion in den damaligen Jagdgebieten der Alpen, sodass Maximilian I. diese Jagdart gern seinen Gästen vorführte. Im Juni 1501 hielt sich der Habsburger Herrscher längere Zeit im Achental auf; spanische und venezianische Gesandte, welche zu dieser Zeit nach Innsbruck kamen, mussten sich, um mit ihm verhandeln zu können, dorthin begeben.[22]

Am St. Veitstag, dem 15. Juni, wurden sie feierlich mit all ihrem Gefolge an den Achensee geführt; dort ließ Maximilian zu Ehren seiner Gäste eine große Hirsch- und Bärenjagd veranstalten, zu der zwölf Knechte aus einem benachbarten Dorf als Treiber geholt wurden. Die Wirte von Achenkirch, Buchau und Jenbach lieferten Brot, Wein und Essig. Da man aber weder genügend Fleisch noch Hühner bekommen konnte, wurden vorwiegend Fische zubereitet und verzehrt. Im Theuerdank beziehen sich drei Abschnitte allein auf die Bärenjagd, die sicherlich am meisten Mut und Kühnheit erforderte. Wie oft Maximilian selbst einen Bären erlegte, ist aus den Aufzeichnungen nicht zu erkennen.

Im Jagdnotizbuch des Kaisers sind aber eingehende Anweisungen für die Bärenjagd überliefert.[23] Maximilian stellt einleitend fest, dass in vielen seiner Jagdreviere das ganze Jahr hindurch Bären zu finden seien. Aber da der Bär ein Wanderer und kein Standwild sei, könne er keine festen Standorte angeben. Er empfiehlt, den ganzen Sommer bereits an die Bären zu denken; im Herbst sollen dann die Hirten Acht geben, ob sie irgendwo Bären sehen. In den Aufzeichnungen findet sich daher die Anweisung: „Die Hirten sollen ihre Beobachtungen den Bärenjägern mitteilen und diesen bei der Verfolgung der Fährte helfen.“ Wenn aber ein Bär gemeldet worden ist, sollen sofort die nötigen Vorbereitungen für die Jagd getroffen werden. Dazu lauten die Anweisungen:[24] „Besetze die Höhen und Seiten, damit er nirgends durchkommt. So verzweifelt er und wird erzürnt. Wo der günstigste Platz ist, da muss du dich mit einigen Armbrustschützen aufstellen. Sie haben ihn zu schießen und zu verwunden. So magst du ihm dann mit dem Spieß den Fang geben, und immer sollst du einen haben, der dir den Spieß nachträgt und einen, der die Steige weiß." Besonders hebt Maximilian hervor, dass der Fangstoß dem landesherrlichen Jagdherrn Vorbehalten ist. Er weist aber zugleich auf die Gefahren hin, indem er ausführt: „Alsdann hüte dich, dass er dich nicht kratze oder beiße, und wenn du schießt (wohl mit der Armbrust), sollst du immer die zwei Jäger mit den

Im Jagdnotizbuch des Kaisers hielt dieser Anweisungen für die Bärenjagd fest. Illustration aus dem „Theuerdank"

Im „Tiroler Jagdbuch“ schreibt Maximilian über die einzelnen Phasen der Hirschjagd.

Kaiser Maximilian ging mit Spür- und Hetzhunden auf die Jagd. Bildteppich aus dem 16. Jahrhundert

Spießen hinter dir haben." Dies natürlich deshalb, damit im Notfall der eine Begleiter ihn beschützen, der andere ihm den Spieß reichen kann.

Neben der Gämsen- und Bärenjagd war die Hirschjagd selbstverständlich diejenige Jagddisziplin, die im Mittelpunkt der jagdlichen Aktivitäten des Kaisers stand, wie dies auch bei anderen Fürstenhöfen jener Epoche der Fall war. Die Hirschjagd in den habsburgischen Ländern unterschied sich natürlich nicht grundsätzlich von den Jagdmethoden, wie sie auch anderswo im Spätmittelalter bei der Jagd auf Hirsche üblich waren. Besonders anschaulich zeigt eine Darstellung im Tiroler Jagdbuch den Ablauf einer Hirschjagd in ihren einzelnen Phasen.[25] Oben rechts steht der Leithund mit seinem Führer; für diesen Vertrauensposten wurden nur die erfahrenen Jäger und die besten Leithunde gewählt. Aufgabe des Leithundes war es, die Fährte des starken Hirsches zu früher Morgenstunde zu verfolgen, bis dieser endlich zur Flucht gebracht werden konnte. Hier übernehmen die eigentlichen Hetzhunde, von denen drei Gruppen zu je drei Stück bereitstehen, die weitere Verfolgung. In der Bildmitte setzt der flüchtige Hirsch, vom Reiter getrieben, gerade über einen Bach, wo er am anderen Ufer von zwei Windhunden erwartet wird, die ihre Hetzjagd beginnen. Im Vordergrund des Bildes haben schließlich vier Hunde einen Hirsch im Bach gestellt. Nun kommt der Weidmann zu Pferde (er ist zweifellos als Maximilian zu verstehen), um den Hirsch mit der Armbrust zu erlegen.

Das Tiroler Jagdbuch Maximilians beschreibt insgesamt 154 Hirschreviere.[26] Obwohl nicht erwähnt wird, wie groß damals die Wilddichte war und wie viel Wild erlegt wurde, so sind diese Angaben doch äußerst aufschlussreich. Es geht aus ihnen hervor, dass zu Maximilians Zeiten ganz Tirol von Rotwild besiedelt war, während dieses vier Jahrhunderte später auf wenige Reviere nördlich des Inns zurückgedrängt war. Um den Wildbestand zu halten, hat bereits Maximilian in bestimmten Gebieten die Hirsche besonders geschützt.

Das vielseitige Interesse Maximilians für alle Jagdarten führte selbstverständlich dazu, dass er sich auch der Beizjagd annahm. Seine Begeisterung für die Kunst der Falknerei war so groß, dass er keine Mühen scheute, um in Jagdreviere zu gelangen, wo genügend Reiher, Enten und Kraniche vorhanden waren. Daneben ließ er Reiher und Enten unter hohen Kosten an bestimmten Plätzen hegen, wofür er sogar spezielles Personal anstellte. An seinem Hof beschäftigte er die beachtliche Zahl von fünfzehn Falkenmeistern und mehr als sechzig Falkenknechte; diese waren auf die besten Beizreviere im Umkreis von Wien und im südostdeutschen Raum verteilt.[27] Die für die Beize benötigten Falken bezog er aus Russland, Preußen und anderen Ländern, wie im Weißkunig berichtet wird. Aus Maximilians Schrift über die Falknerei ersieht man, dass Falken aus Rhodos für den hohen Gegenwert von einem Zentner Kupfer gekauft wurden. Von der Insel Zypern, die damals unter der Herrschaft von Venedig stand, gelangten jährlich zwölf Sakerfalken als Geschenk nach Österreich. Ebenso sandte der Hochmeister des Deutschritterordens in Preußen als Dank für den Schutz seines Ordens zwölf erlesene Falken. Gerfalken bezog Kaiser Maximilian mit Vorliebe über die Falkner von Brabant aus Dänemark und Norwegen.[28]

Organisation des Jagd- und Forstwesens

Die Jagdbegeisterung Maximilians I. fand ihren Ausdruck in einer planmäßigen Organisation des Jagd- und Forstwesens. An der Spitze des Jagdwesens standen Oberjägermeister, denen jeweils ein zahlreiches Personal unterstellt war. Dem Oberjägermeister in Tirol, der seinen Sitz in Innsbruck hatte, unterstand das Jagdwesen in Tirol, Vorarlberg, in den verschiedenen Herrschaften in Schwaben, in der Markgrafschaft Burgau und in den habsburgischen Besitzungen am Oberrhein. Der Oberjägermeister am Wiener Hof beaufsichtigte die Jägerei im Herzogtum Ober und Unter der Enns, im Fürstentum Steyer, Kärnten und der Grafschaft Cilli. Zum Jagd- und Forstpersonal Maximilians gehörten insgesamt 14 Forstmeister, 105 Forstknechte und weitere Bedienstete in den weiträumigen Jagd- und Forstbezirken.[29] Für Maximilians Hofjagden waren speziell zwei Meisterjäger, 30 Jägerknechte und mehr als 1500 Jagdhunde bereitgestellt. Um Meisterjäger werden zu können, war eine dreijährige Lehrzeit erforderlich. Dazu kam noch ein umfangreiches Jagdpersonal mit Sonderaufgaben, wie der Gebirgsmeister, der Murmeltiermeister, ein Bärenknecht, ein Otterjäger, zwei Gamsjäger und etliche Hundeknechte. Der Murmeltiermeister durfte gemäß der Instruktion von 1515 jährlich nur zwanzig lebende Murmeltiere fangen und nicht mehr als vierzig töten.[30] Der Gebirgsmeister hatte die Verantwortung für die Erhaltung der Wege und Pfade in den Gämsen- und Hirschrevieren und für die Meute der Gamshunde. Für die Bauern, die er als seine Gehilfen engagierte, erhielt er neben seinem Sold noch eine Pauschale. Außerdem bekam er jährlich das Geld für den Ankauf eines Pferdes, das er jeweils drei Monate zum Salzführen für die Sulzen benötigte.

Mit welchen Mitteln wurden nun die Aufwendungen für diese zahlreichen Jagdbediensteten, Jagdhunde und Utensilien für die verschiedenen Jagdarten bestritten? Die Kosten wurden zum größten Teil auf Außenstehende abgewälzt: Etliche Klöster, Stifte und Gemeinden waren verpflichtet, für den Unterhalt des umfangreichen Jagdpersonals zu sorgen, wobei der Oberjägermeister jeweils die Unterbringung und Verköstigung überwachte.[31] In Tirol musste der Meisterjäger samt seinem Personal und seinen Hunden das halbe Jahr in den Klöstern Wilten und Stams, das andere halbe Jahr von den übrigen Klöstern des Inn- und Etschtales verköstigt oder durch Geldzahlungen entschädigt werden. In Niederösterreich fiel diese Aufgabe den Stiften Melk, Zwettl, Lilienfeld und Klosterneuburg zu. Die habsburgischen Landesherren beanspruchten das Recht der Verköstigung von Jägern, Pferden und Hunden sowie deren Beherbergung schon seit Beginn des Spätmittelalters in zunehmendem Maße. Gegen diese drückende Last der sogenannten Jägermahlzeiten (Jägeratz) und der Hundeverpflegung (Hundelege) wurden in den habsburgischen Ländern wie in den benachbarten Territorien immer wieder heftige Klagen vorgebracht. Im Laufe der Zeit wur-

Im „Privilegium maius“ wird Maximilian zum Erzjägermeister des Reiches erklärt.

de dann eine Ablösung durch verschiedene Naturalleistungen wie die Lieferung von Jagdhunden, Falken und Habichten üblich; schließlich wurde das Jägermahlzeitgeld als eine Steuer von den Prälaten und Pfarrherren eingezogen. Daneben gab es in Tirol eine ähnliche Abgabe der Bauern, wie z. B. das sogenannte Forstfutter im Pustertal, das als Entgelt für die Kosten der Bekämpfung der Raubtiere betrachtet wurde.[32]

Im Hinblick auf die allgemeine Jagdordnung war schon unter Herzog Friedrich IV. im Jahre 1414 das erste Jagdmandat für Tirol erlassen worden.[33] Demnach nahm der Tiroler Landesfürst für ganz Tirol das Jagdrecht auf Hirsch, Reh, Gams und Bär für sich in Anspruch; lediglich einige alte Rechte des Adels und einiger anderer Personengruppen ließ er unangetastet. Maximilian I. erließ dann während seiner Regierungszeit ebenfalls eine Reihe von Vorschriften und Dienstanweisungen für sein Forst- und Jagdpersonal. Die Einfriedung von Grundstücken mit Zäunen wurde überall dort untersagt, wo dadurch Wildwechsel behindert wurden. Ansonsten durften Zäune zum Schutz der bebauten Felder errichtet werden, mussten allerdings vom Herbst bis zum Frühjahr geöffnet sein, weil in dieser Zeit keine Schäden am Saatgut angerichtet werden konnten. In den Jagdvorschriften der Jahre 1491 und 1492 gestattete Maximilian außerdem die Hundehaltung zur Sicherung von Getreidefeldern und Gärten, aber nur unter der Bedingung, dass den Hunden Knüppel angehängt wurden; so konnten sie das Wild im Nahbereich verjagen, aber nicht weiter verfolgen. In der Zeit vom 16. Oktober bis 22. Februar mussten die Hunde jedoch angekettet werden. Im Gegensatz zur Hohen Jagd, die dem Landesherrn und dem Adel vorbehalten war, durften die eingesessenen Unter-

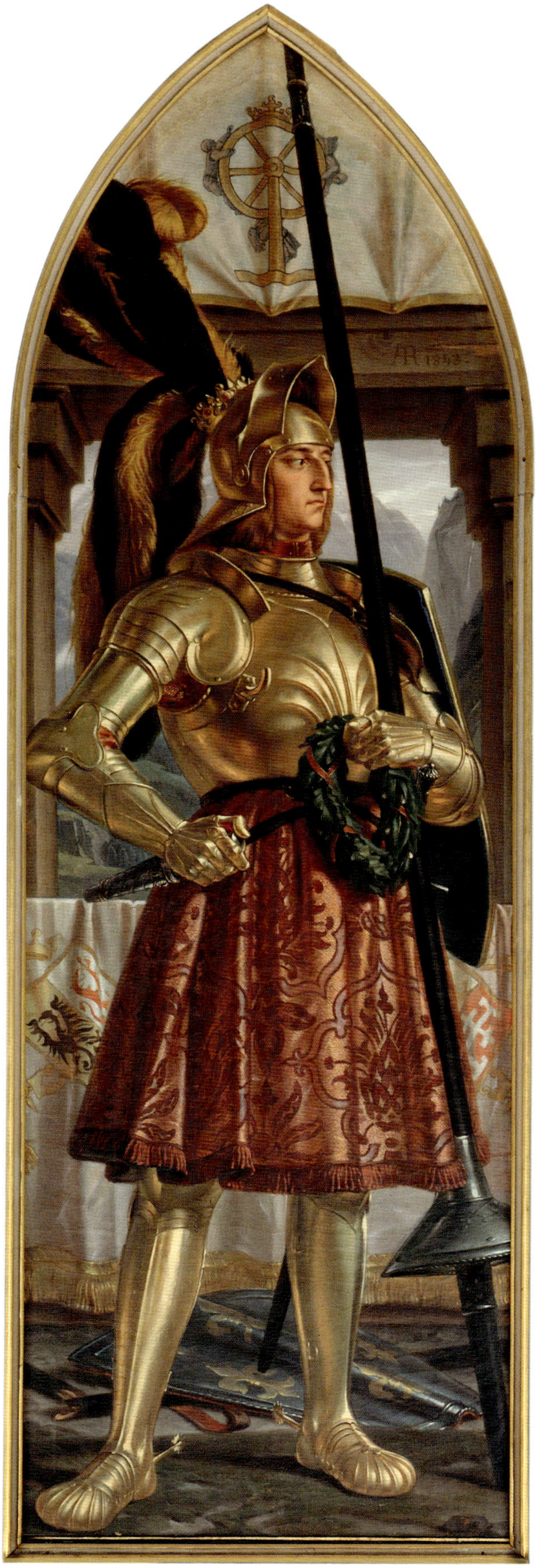

Maximilian I. nutzte die Jagd auch politisch zur Machtdemonstration.

tanen nur die Niedere Jagd, das sogenannte Raisgejaid, ausüben. Darunter war die Jagd auf Hasen und unbedeutende Kleintiere und Vögel zu verstehen. Diese Niedere Jagd konnte gebietsweise auf den sogenannten Hofzaun beschränkt sein; dies bedeutete eine für die Höfe reservierte Jagd auf Hasen, Füchse und Rebhühner.[34]

Jagd, Reichspolitik und höfische Kultur

Kaiser Maximilian I. war nicht nur ein aktiver, leidenschaftlicher Jäger, sondern benutzte die Jagd ebenso wie seine königlichen Vorgänger auch zur öffentlichen Demonstration seiner persönlichen Stärke und Überlegenheit. Als er 1496 mit dem Mailänder Herzogspaar bei Mals im Vintschgau zusammentraf, trieb er die Gämsen so durch die Felsen, dass einigen Zuschauern schwarz vor Augen wurde. Zu den bekanntesten dieser Unternehmungen gehört die Hofjagd vom 24. Juli 1497 auf der Herzogswiese bei Stams, wo neben den Herzögen von Sachsen und Bayern, den Bischöfen von Augsburg, Brixen und Gurk auch die Gesandten des Papstes, des Sultans und der Stadt Venedig anwesend waren.[35] Worum es Maximilian bei solchen Inszenierungen ging, schreibt er in einem Brief vom 8. März 1495 an Erzherzog Sigismund von Tirol: Er hoffe, dass seine Jagdhörner und das wilde Weidgeschrei in der ganzen Christenheit gehört würden und bis zu den Türken dringen könnten. Politisch ging es in diesen Jahren einerseits um die kaiserliche Oberhoheit im Reich und in Italien und andererseits um die Realisierung der Lieblingsidee des Kaisers, einen Kreuzzug gegen die Türken durchzuführen. Zu den Friedensverhandlungen mit dem französischen Gesandten Kardinal Rohan im Oktober 1501 zog Maximilian als Jäger in Trient ein, mit Jagdhorn und Hundeleine; vor ihm wurde ein Wagen mit der Jagdbeute, einem Bären und einem Hirschen, geführt.[36] Schaujagden kamen bei Maximilian nicht nur bei bestimmten politischen Ereignissen vor, sondern wurden auch im Nahbereich des Hofes inszeniert. Ein beliebter Ort für jagdliche Demonstrationen war die Martinswand bei Innsbruck, da man hier vom gegenüberliegenden Schloss Martinsbühl das jagdliche Treiben bequem verfolgen konnte.

Aber nicht nur zur Verstärkung politischer Machtansprüche wurde von Maximilian I. das Bild der Jagd immer wieder herangezogen; in der Zeit nach 1510 wurde die Jagdmetapher auch zur Betonung realer politischer Konzepte verwendet. 1512 ließ der Kaiser Abschriften der Hausprivilegien durch die Stadt Wien anfertigen, darunter auch vom Privilegium Maius, einem aus mehreren Urkunden bestehenden Komplex, mit dem Herzog Rudolph IV. sich im 14. Jahrhundert einige Vorrechte im Reichsverband sichern wollte.[37] Neben dem Titel eines Erzherzogs legte sich Rudolph IV. damals auch den eines Erzjägermeisters des Reiches (Sacri Romani Imperii Archymagister Venatorum) zu, auf den er als Herzog von Kärnten anders als im Fall des erzherzoglichen Titels zumindest einen gewissen Anspruch hatte. Er verwendete ihn auch auf seinem Siegel von 1359, musste aber bereits ein Jahr später dieses auf Anordnung Kaiser Karls IV. vernichten und auf beide Titel verzichten. Das 1512 für Maximilian ausgestellte Dokument enthält auf der Vorderseite auch einen Bezug auf Maximilian als Erzjägermeister des Reiches, was man durchaus als bewusste politische Aussage werten kann.[38]

Seit der Zeit um 1510 verstärkten sich die Bemühungen Kaiser Maximilians, seinen Ländern und insbesondere dem Kernland Österreich eine besondere Stellung innerhalb des Reichsverbandes zu geben.[39] In diesem Kontext ist auch seine Intention zu sehen, eine Kurwürde für Tirol zu erlangen oder für sich oder seinen Enkel den Titel eines Reichsmarschalls, dem die Reichsverteidigung und damit das Heeresaufgebot zugestanden hätte, zu schaffen. Maximilian sah sich vor die Aufgabe gestellt, divergierende Länder und Landschaften zusammenzuführen und zu einigen. Seine daraus erwachsenen zahlreichen Pläne sind wegen ihrer Fülle bisher noch nicht vollständig erfasst, aber es lässt sich erkennen, dass in diesem Zusammenhang auch die Hoffnung, für Österreich einen königlichen Rang zu erreichen, gehegt wurde. In den Rahmen dieser Pläne scheint auch die Wiederaufnahme des Titels eines Reichsjägermeisters durch Kaiser Maximilian I. zu gehören.

Wie sehr die Jagd für Maximilian ein wesentlicher Teil seiner Idealvorstellung eines Herrschers war, dafür ist ein Abschnitt im „Geheimen Jagdbuch“ besonders aufschlussreich; der hier genannte „König von Österreich“ ist wahrscheinlich sein Enkel, Karl V. Es ist gewissermaßen ein Fürstenspiegel in der Aufmachung einer Jagdunterweisung: „Du König von Österreich, mit deinen zum Haus Österreich gehörenden Erblanden, sollst dich ewig freuen der großen Lust der Weidmannschaft, deren du mehr hast als alle Könige und Fürsten.“[40]

Zu den bleibenden Leistungen Maximilians I. gehören sicherlich nicht seine nur geringen Erfolge in Krieg und Reichspolitik, sondern in erster Linie seine noch heute lebendigen kulturellen Leistungen. In der langen Reihe der deutschen Könige und Kaiser gibt es keinen, der als Kunstfreund, Kulturförderer und schöpferischer Künstler so hervorgetreten ist wie Maximilian. Im Rahmen der ritterlich-höfischen Kultur, die unter Maximilian zu einer Spätblüte gelangte, ist auch seine Vorliebe für das traditionelle Rittertum und das edle Weidwerk einzuordnen.[41] Er war in der Tat ein geschickter Kämpfer im ritterlichen Turnier und zugleich ein begeisterter Jäger, der sich selbst den „großen Weidmann“ nannte. Ursache für das weit verbreitete Bild vom „letzten Ritter“ und vom „Erzjägermeister des Reiches“ ist auch die publikumswirksame Selbstdarstellung im Blick auf die Nachwelt, die Maximilian intensiv betrieben hat. In seinen autobiographischen Werken ließ er seine eigene Lebensgeschichte als eine Folge von Turnieren, Jagdabenteuern und ritterlichen Kriegszügen darstellen und dem „Gedächtnis“ der nachkommenden Generationen anvertrauen.[42] Dem widerspricht keineswegs, dass Maximilian, bei all seiner Traditionsliebe, offen für neue Entwicklungen im Militär- und Jagdwesen war und dass er humanistische Gelehrte und Literaten an seinen Hof zog. Neben den Turnier-, Jagd- und Fischereibüchern stehen die „Zeugbücher“, die sich besonders mit der neuen Artillerie beschäftigen.[43]

Rittertum, Jagdpassion, Humanismus und Renaissance vereinen sich in der widersprüchlichen, aber äußerst anregenden Persönlichkeit Maximilians I. Im Hinblick auf die Begründung des großen Habsburgerreiches durch Maximilian darf man dem Urteil von Hermann Wiesflecker zustimmen, „dass hier eine Persönlichkeit von außergewöhnlicher politischer Gestaltungskraft eine weltgeschichtliche Wende von langer Nachwirkung eingeleitet hat“.[44]

DIE JAGD IN DER NEUZEIT

Jagd auf Sauen und Füchse vor dem Schloss Schwetzingen, Gemälde aus dem 18. Jahrhundert

HERRSCHAFTLICHE JAGD UND BÄUERLICHE LAST

Im Bauernkrieg von 1525 geriet die Jagd neben anderen Konfliktpunkten in den Mittelpunkt der Auseinandersetzungen zwischen Herren und Bauern. In den berühmten „Zwölf Artikeln" der oberschwäbischen Bauern beklagt der vierte Artikel die Wildschäden und fordert unter Berufung auf die göttliche Schöpfungsordnung auch die freie Jagdausübung.[1] Wie kam es zu diesen Jagdbeschwerden und zur Forderung nach Freigabe der Jagd? Wildschäden und Jagdkonflikte spielten bereits im 15. und frühen 16. Jahrhundert bei zahlreichen Bauernaufständen und ländlichen Revolten eine beachtliche Rolle. Im Salzburger Aufstand von 1462 verlangten die Bauern, vom herrschaftlichen Wild in Zukunft nicht mehr „beschwert" zu werden.[2] Hans Böheim, der 1476 im fränkischen Niklashausen eine Massenbewegung entfachte, predigte seinen Zuhörern, ihm sei von Gott offenbart worden, dass die Jagd allen Christen gemein sein solle, den Armen und den Reichen, dem Bauern und dem Fürsten.[3]

In den Aufständen des „Bundschuh" und des „Armen Konrad" im südwestdeutschen Raum gewannen dann die Jagdbeschwerden der Bauern weiter an Bedeutung. So gehörten die Forderungen nach Freigabe der Jagd 1502 zu den Hauptzielen des Bundschuh.[4] Einige Jahre später wurde die Freiheit der Jagd erneut verlangt, und daneben auch die Begrenzung der Jagdfronen gefordert. Der württembergische „Arme Konrad", ein Bauernaufstand von 1514, richtete sich gegen die Misswirtschaft in Verwaltung und Rechtswesen des Herzogtums Württemberg und besonders gegen die Wildschäden, die durch die ungezügelte Jagdlust Herzog Ulrichs entstanden waren.[5] Die Beschwerdeschrift der Gemeinde Metzingen zeichnet ein anschauliches Bild der Verhältnisse, wie sie offenbar in vielen Dörfern anzutreffen waren:[6] Der Wildschaden ist der schlimmste Übelstand, gegen den die Untertanen fast machtlos rebellieren. Obwohl die Bauern ihre Felder sogar nachts bewachen, sind die Wildschäden immens, da man bei der Abwehr des Wildes keine Hunde benutzen darf. Zum Schaden durch das Wild kommen die Verluste durch den Übermut der Jäger, denn die adeligen Herren reiten quer durch Felder und Getreideflächen. Die Bauern müssen die Jagdhunde des Herzogs aufziehen, während ihre eigenen Hunde durch umgebundene dicke Holzstäbe am freien Laufe gehindert werden, damit sie das gefräßige Wild nicht von den Feldern vertreiben können. Wie in Metzingen gehörten auch in vielen anderen Orten Württembergs die Wildschäden, die Übergriffe der Forstbeamten und die Ausdehnung des herzoglichen Jagdrechtes zu den Hauptpunkten der bäuerlichen Beschwerden.

Der Bauernaufstand des Bundschuh 1514 forderte vor allem die Freigabe der Jagd.

Bauernkrieg und Jagdbeschwerden

Die Reihe der Bauernaufstände kulminierte in dem großen Bauernkrieg, der 1524 im südlichen Schwarzwald ausbrach und sich im Jahre 1525 über weite Gebiete Süd- und Mitteldeutschlands ausbreitete: Vom Elsass bis Tirol, von der Schweiz bis Thüringen erhoben sich die Bauern gegen ihre Herren und Obrigkeiten. In ihren zahlreichen „Artikeln" forderten die Bauern vor allem das Recht auf freie Pfarrerwahl, die Abschaffung der Leibeigenschaft und die Begrenzung der Fronen; ferner beklagten sie sich überall über zu hohe Abgaben, über die Verschärfung des Strafrechts und die Verminderung ihrer Allmenderechte.[7] Neben diesen zentralen Punkten tauchten an vielen Orten auch Beschwerden und Forderungen auf, die einen Bezug zur Jagd und ihren Begleiterscheinungen hatten. Welche konkreten Beschwerden und Klagen über die Jagdverhältnisse finden sich in den Schriftzeugnissen des Bauernkrieges? An vorderster Stelle wird der Wildschaden genannt, wie z. B. bei den Bauern in der Umgebung von Nürnberg: Diese haben das Wild immer wieder in großen Rudeln auf ihren Feldern gesehen, wo es „Samen und Frucht" fresse und zertrete; am Tage, wenn man eigentlich arbeiten müsse, und in der Nacht, wenn andere Leute schliefen, müssten sie ihre Felder gegen das Wild bewachen und schützen.[8] Häufig finden sich auch Klagen über die Jagddienste, wie etwa bei den Bauern im Klettgau, die den Herren bei der Jagd zeitaufwändige Treiberdienste leisten mussten.[9] Die Beschränkung der Freiheit, eigene Hunde halten zu dürfen, ist vielen Bauern eine lästige Schikane. Die Schwarzwälder Bauern müssen ihren Hunden z. B. „Bengel" umbinden, um sie am freien Lauf zu hindern und sie dadurch unfähig machen, das Wild von den Feldern zu verjagen.[10] Ferner beschwert man sich über die verhältnismäßig hohen Strafen für Jagdvergehen. So klagen die Nürnberger Bauern darüber, dass schon geringfügige Vergehen gegen das Wild mit Folterung, Blendung oder Verkrüppelung bestraft werden.[11]

Die aus den Beschwerden folgenden Forderungen gipfeln oft in dem Wunsch nach völliger oder partieller Freigabe der Jagd. Entweder verlangte man das unbeschränkte Jagdrecht für alle, oder man gab sich mit dem Recht zufrieden, zur Verhütung des Wildschadens auf den eigenen Feldern jagen zu dürfen. Insgesamt sind die Forderungen der Bauern, wie sie vor allem in den erwähnten „Zwölf Artikeln" der oberschwäbischen Bauern zum Ausdruck kamen, keineswegs radikal.[12] Ihr wichtigstes Anliegen war offenbar die Verhinderung der Wildschäden, die an vielen Orten zu Ertragsverlusten der Bauern geführt hatten. Über die Dichte des Wildbestandes besitzen wir aus dem frühen 16. Jahrhundert zwar keine exakten Angaben, doch lässt die Häufigkeit der bäuerlichen Klagen einen relativ starken Wildbestand in vielen Regionen vermuten. Die Jagdbeschwerden sind aber auch Ausdruck des gesteigerten Selbstbewusstseins der Bauern am Vorabend des Bauernkrieges und des bäuerlichen Widerstandes gegen die zunehmenden Ansprüche der Grundherren. Die Jagdforderungen der Bauern in den Auf-

Das wichtigste Anliegen der Bauernaufstände war die Verhinderung des Wildschadens.

Die Landesfürsten reagierten auf die Bauernkriege mit geringen Zugeständnissen.

standsgebieten sind somit eine Antwort der Bauern auf das Vordringen der Landesherren im Jagdrecht und zugleich eine Folge des Aufstiegs von Untertanen, die das Herrenrecht der Jagd und die damit verbundenen Wildschäden nicht mehr länger ertragen wollen.

Die Reaktion der Landesfürsten und der angegriffenen Herren auf die Klagen und Forderungen der Bauern wird sichtbar an den gegen Ende des Bauernkrieges abgeschlossenen Verträgen. Im Ortenauer Vertrag wurde beispielsweise festgelegt, dass die Herren das Jagdrecht voll behielten, die Bauern sich aber gegen Wildschäden schützen durften.[13] Damit wurden auf dem Gebiet der Jagd relativ geringe Zugeständnisse eingeräumt – ein Hinweis auf die Bedeutung der Jagdrechte auf herrschaftlicher Seite.

Im Herrschaftsbereich der Reichsstadt Memmingen gestattete der Memminger Rat den Bauern zwar ebenfalls die Jagd auf den Feldern zur Verhütung des Wildschadens, verbot aber die Benutzung verschiedener Jagdgeräte, die nur der Herrschaft allein zustanden.[14] Im Solothurner Gebiet wurde die Jagd auf Raub- und Niederwild freigegeben, die Hochwildjagd aber den Herren vorbehalten.[15] Viele Verträge, die im Verlauf des Bauernkrieges von den Herren abgeschlossen wurden, waren offenbar taktische Zugeständnisse, um Zeit zu gewinnen. Man wollte die eigenen Kräfte sammeln, um die Bauernhaufen bei passender Gelegenheit schlagen und auflösen zu können.

Die vernichtende Niederlage der Bauern besiegelte dann tatsächlich das Schicksal vieler Forderungen und Verträge: Die siegreichen Herren taten nach Beendigung des Bauernkrieges alles, um die Zustände vor den Aufständen wiederherzustellen. Die Folge der bäuerlichen Niederlage war daher eine Verfestigung der rechtlichen Verhältnisse und auch des Jagdrechts. Mit dem Bauernkrieg war damit der Versuch gescheitert, die Jagdprivilegien der Landesherren und des Adels wenn nicht abzuschaffen, so doch in ihren Auswirkungen zu mildern.

Landesherrliches Jagdregal

Wie aber stand es im Allgemeinen um die Jagd im 16. Jahrhundert? Die jagdrechtlichen Verhältnisse waren in dieser Epoche durch die Dominanz des landesherrlichen über das grundherrliche Jagdrecht gekennzeichnet. In den größeren Territorien des Reiches setzte sich in der Regel das Jagdregal der Landesherren durch und drängte das Jagdrecht der Landstände und Grundherren zurück.[16] Die Regalität der Jagd, d. h. das Recht der Landesherren auf die Jagd und insbesondere auf die hohe Jagd, wurde größtenteils anerkannt.[17]

Selbst diejenigen Rechtsgelehrten, die sich theoretisch gegen die Regalität aussprachen, mussten einräumen, dass das Jagdregal sich in der Praxis durchgesetzt hatte. Die Beweislast für die Legitimität eines grundherrlichen Jagdrechts lag jetzt bei dessen Inhaber. Konnte dieser Beweis nicht erbracht werden, zog der Landesherr das umstrittene Jagdrecht an sich und schlug es seinen landesherrlichen Rechten zu.

Im südwestdeutschen Raum war das Jagdregal in der Regel die geltende Rechtsform der Jagd, wie z. B. in den Kurfürstentümern Mainz und Pfalz, in den Herzogtümern Pfalz-Zweibrücken und Württemberg sowie in den badischen Markgrafschaften.[18] Am Beispiel des Herzogtums Württemberg lässt sich aufzeigen, wie die Regalität der Jagd die Grundlage eines abgestuften jagdrechtlichen Systems war.

Im Herzogtum Württemberg war das Jagdregal im 16. Jahrhundert weitgehend anerkannt. Es gründete sich auf die unzweideutige Belehnung des

Bei der „niederen“ Jagd durften hauptsächlich Rebhühner oder Hasen gejagt werden.

Kaisers, der 1495 Württemberg zum Herzogtum erhoben und es mit allen Regalien einschließlich des Wildbannes ausgestattet hatte.[19] Ein weiterer Grund für die unbestrittene Anerkennung des landesherrlichen Jagdregals lag in der Verfassung des Landes, in der das ständische Element zwar ausgeprägt war, doch einen stark bürgerlichen Charakter trug. Die Landstände der Prälaten, Städte und Ämter hatten in Württemberg eine mächtige Position, stellten aber hinsichtlich des Jagdrechtes keine Konkurrenten dar.

Der Adel gehörte im 16. Jahrhundert der württembergischen Landschaft nicht mehr an, seitdem er reichsfrei geworden war, und übte ein dem Herzog gleichrangiges Jagdrecht aus: Ein kaiserliches Privileg von 1559 verlieh der schwäbischen Reichsritterschaft das uneingeschränkte Jagdrecht.[20] Außerdem besaßen die Adeligen oft sogenannte „Gnadenjagden", die ihnen der Herzog in bestimmten Bezirken auf Zeit gewährte. So hatten im 16. und 17. Jahrhundert die angesehenen Herren von Berlichingen, von Gemmingen und von Sturmfeder württembergische Gnadenjagden inne.[21] Diese Gnadenjagden unterstanden natürlich der landesherrlichen Jagdhoheit und unterlagen häufig noch zusätzlichen Beschränkungen zugunsten des Landesherren. So konnte dieser sich etwa die „Vorjagd" reservieren, d. h. er durfte zu Beginn der Jagdsaison für eine bestimmte Anzahl von Tagen vor dem Inhaber des betreffenden Reviers die Jagd ausüben, sodass er in diesem Zeitraum auch einen starken Wildbestand vorfand. Der Landesherr konnte auch nur die „stille Jagd" verleihen, bei der nur mit Netzen und Fallen, also ohne Hunde und Treiber gejagt werden durfte. Ferner konnte sich der Landesherr die Einteilung in „hohes" und „niederes" Wild zunutze machen, indem er oft nur das Recht der niederen Jagd auslieh.[22] Zur hohen Jagd gehörten Rot- und Schwarzwild, Auerhahn, Hasel- und Birkwild, Fasan, Schwan und Raubvögel; zur niederen Jagd zählten vor allem Hasen, Füchse, Dachse, Rebhühner und Enten.

Die Einteilung des Wildes in Hoch- und Niederwild ist wahrscheinlich im Kontext der Konflikte um die Regalität der Jagd entstanden und ermöglichte jagdrechtliche Kompromisse, sodass z. B. die hohe Jagd den Fürsten, die niedere Jagd den Adeligen vorbehalten war.

Freie Pürschen als Ausnahme

Wie aber stand es mit dem Jagdrecht der Bürger und Bauern im 16. und 17. Jahrhundert? Die bäuerlichen und bürgerlichen Untertanen waren aufgrund des Jagdregals in der Regel von der Jagd ausgeschlossen, doch gab es einige Ausnahmen. Die Patrizier der vier bayerischen Städte München, Landshut, Ingolstadt und Straubing durften z. B. die niedere Jagd im Bereich ihrer Städte ausüben.[23] In Koblenz war es einigen vornehmen Bürgern aufgrund einer besonderen Gnade des Trierer Kurfürsten erlaubt, auf die Jagd zu gehen.[24] Diese Ausnahmen bestätigen die Rolle des Jagdrechts als Attribut privilegierter Personengruppen: Ihr Jagdrecht war ein Privileg, das lediglich auf Gunst und Gnade des Landesherrn beruhte. Die wichtigste Ausnahme war jedoch die sogenannte Freie Pürsch. Was muss man unter dieser Bezeichnung verstehen? Als Freie Pürsch wurden Räume benannt, in denen das Jagdrecht nicht allein herrschaftlichen Bedürfnissen diente, sondern einer Mehrheit, bzw. der Gesamtheit der mündigen Einwohner zustand. Ausgeschlossen von diesem Jagdrecht waren zumeist Untertanen ohne Grundbesitz und randständische Gruppen. Freie Pürschen gab es im 16. Jahrhundert vor allem im südwestdeutschen Raum, und zwar an der Donau nahe bei Ulm, am oberen Neckar und im südlichen Schwarzwald. Außerdem besaßen einige südwestdeutsche Reichsstädte wie Rottweil, Heilbronn und Gmünd eine Freie Pürsch.[25]

Wann sind diese Jagdreviere entstanden? Über den Ursprung der Freien Pürsch können nur Vermutungen angestellt werden.[26] Zweifellos handelt es sich nicht um Relikte eines freien Jagdrechts des Frühmittelalters, wie einige Jagdhistoriker behauptet haben. Genaue Untersuchungen der einzelnen Freien Pürschen zeigen vielmehr, dass sie verschiedenen historischen Bedingungen ihre Entstehung verdanken.[27] So konnte die Reaktion auf Einforstungsbestrebungen eines Landesherren zur Ausbildung von Jagdbezirken und einer Freien Pürsch führen, oder der Landesherr benutzte die Freie Pürsch als Waffe gegen den ritterschaftlichen Adel und als Vehikel seiner vordringenden Landeshoheit. Schließlich konnten eine starke territoriale Zersplitterung, wie sie in Südwestdeutschland vorhanden war, und eine unklare Grenzführung die allgemeine Jagdfreiheit als die praktisch einzig mögliche Rechtsform erscheinen lassen, wobei sich infolge des eifersüchtigen Streits vieler Herrschaften den Untertanen Freiräume eröffneten. Obwohl die Freie Pürsch im Gegensatz zum Jagdregal stand, gaben in den meisten Freipürschbezirken die Herrschaftsträger ebenfalls den Ton an. Um die jagdliche Ordnung aufrechtzuerhalten, traten die in der Freien Pürsch begüterten Fürsten, Ritter, Klöster und Städte als „Pürschstände" zusammen und erließen gemeinsam „Pürschordnungen" für die jeweiligen Jagdbezirke.[28]

Die Jagd als Ausdrucksform adeliger Lebensführung

Welche Bedeutung hatte die Jagd für den Adel im Rahmen seiner Kultur und Lebensgestaltung? Weshalb hielt der Adel so lange und so hartnäckig an seinem Jagdrecht fest, das erst in der Mitte des 19. Jahrhunderts aufgehoben wurde? Die Jagd war zweifellos jahrhundertelang eine wichtige Ausdrucksform adeliger Kultur und Mentalität.[29] Die hohe Wertschätzung der Jagd erkennt man besonders bei dem österreichischen Adeligen Wolf Helmhard von Hohberg, der sich 1682 in seinem berühmten Buch „Georgica curiosa", einem zur Hausväterliteratur zählenden Werk, ausführlich mit der Jagd befasste.[30] Er entstammte einem niederösterreichischen Adelsgeschlecht, das im 16. und 17. Jahrhundert lange Zeit im Dienst der habsburgischen Kaiser stand.[31] Die Familie von Hohberg war ursprünglich in Niederschlesien beheimatet, von wo aus eine Nebenlinie zu Anfang des 16. Jahrhunderts nach Niederösterreich abwanderte und Mitglied des österreichischen Ritterstandes wurde. Wolf Helmhard von Hohberg wurde im Jahre 1612 auf Schloss Langenfeld bei Krems geboren, war 1632 in ein kaiserliches Regiment eingetreten und stand hier fast zehn Jahre im Dienst der Habsburger.[32] Danach übernahm er das Gut Süßenbach und gewann 1650 außerdem das bescheidene Landgut Oberthumeritz hinzu. In seinem Werk „Georgica curiosa" stützte er sich in seinen Darlegungen neben seiner eigenen Erfahrung auf die Kenntnis der reichhaltigen Agrarliteratur der europäischen Völker und Regionen, wie er im Vorwort mit der Nennung verschiedener Autoren andeutet. Innerhalb dieses umfangreichen Werkes, das sich aus zwölf Büchern zusammensetzt, beschäftigt er sich im 12. Buch ausführlich mit der Jagd, dem „Weidwerk".[33] In dieser Anordnung zeigt sich bereits die zentrale Stellung der Jagd im adeligen Leben, wie Hohberg sie einschätzte. Denn obwohl die Jagd nicht mehr direkt zum Gebiet der Landwirtschaft gehörte und im 17. Jahrhundert nur noch einen kleinen Beitrag zum adeligen Haushalt leistete, stellte sie doch ein wesentliches Element der adeligen Lebensordnung dar und beanspruchte einen großen Teil der Zeit vieler adeliger Herren und Fürsten.

„Es ist", so beginnt Hohberg seine Ausführungen zur Jagd, „das Jagen eine tapfere und ritterliche Übung, und dem Adel gleichsam ein Praeludium belli, darinnen sie lernen, ein wildes Tier mit List und Geschwindigkeit anfallen, bestreiten und fällen, zu Fuß oder zu Pferde ihre Waffen und Gewehre geschicklich brauchen, Kälte, Hitze, Regen und Ungewitter sowohl als der Sonne heiße Strahlen ertragen und dulden, Hunger, Durst und Abmattungen zu erleiden, die Gegend und Nachbarschaft von schädlichen reißenden Tieren zu erledigen. Darum ist die Jagd von großen und berühmten Potentaten allezeit geliebt und getrieben worden; denn sie ist eine Gemütserquickung, eine Schwermutsvertreibung, eine Feindin des Müßiggangs und aller daraus entspringenden Laster, eine Ernährerin der Gesundheit, Übung des Leibs, Vorspiel und Spiegel des Krieges und eine gute und reiche Küchenmeisterin, die unsere Tafeln mit herrlichen Speisen versorgt."[34] In dieser Vorrede werden einige Hauptaspekte angesprochen, die für die Hochschätzung der Jagd bei Rittern, Fürsten und Königen lange Zeit maßgeblich waren. Die Jagd ist demnach eine ritterliche Beschäftigung, die allein dem Adel, nicht aber dem gewöhnlichen Volk zusteht. Sie ist zudem mit dem Attribut der Tapferkeit ausgezeichnet, womit auf den Kanon der ritterlichen Tugenden, der Leitwerte des mittelalterlichen Adels angespielt wird. Die Tapferkeit gehört zusammen mit der Gerechtig-

In dem Buch „Georgica curiosa" schrieb Wolf Helmhard von Hohberg ausführlich über die Jagd.

GEORGICA
CURIOSA oder
Adeliches Land
Leben
Herren von Hoh
berg.
Erster Theil

keit, der Weisheit und dem Maßhalten zu den vier Haupttugenden des hochmittelalterlichen Rittertums.[35] Dieser Tugendkatalog wurzelte seit dem 11. Jahrhundert in den Vorstellungen vom miles christianus und prägte auch die Ethik des europäischen Adels während des 16. und 17. Jahrhunderts.[36]

Die Jagd ist nach Hohberg also ein praeludium belli, ein Vorspiel des Krieges, da sie die Waffengeschicklichkeit zu Fuß und zu Pferd fördert und den Adeligen für die Situation des Krieges körperlich trainiert. Dieser wird auf der Jagd gegen Kälte und Hitze, Regen und Unwetter abgehärtet und muss sich im Kampf mit wilden Tieren bewähren. Bei diesen Kämpfen mit Wildtieren geht es offenbar vor allem um die Jagd auf Hirsche und Wildschweine, welche zu den beliebtesten Jagdobjekten gehörten und damals als „edles" Wild fast überall dem Adel vorbehalten waren. Mit der These von der Jagd als Vorschule des Krieges greift Hohberg natürlich Vorstellungen auf, die bereits von antiken und mittelalterlichen Autoren vertreten wurden.[37] Auch zu Beginn der Neuzeit wurde die Jagd als kriegerische Übung noch hoch bewertet, sodass Machiavelli es in seiner berühmten Schrift „Il Principe" zu den militärischen Pflichten eines Fürsten zählte, „stets der Jagd (zu) obliegen und so seinen Körper an Be-

Die Jagd auf „edles Wild" war fast überall dem Adel vorbehalten. Gemälde aus dem 17. Jahrhundert

schwerden (zu) gewöhnen, dabei auch das Gelände (zu) erforschen".[38]

Die Jagd diente den Königen und Herrschern neben ihren militärischen Zwecken auch als Erholung – zur „Gemütserquickung" und „Schwermutsvertreibung", wie Hohberg sagt. Dieser Aspekt der Jagd als Lohn für harte Regierungstätigkeit geht ebenfalls auf eine lange Tradition zurück und wird hier erneut in Bezug auf Kaiser Ferdinand II. aufgegriffen. Hohberg resümiert schließlich in dem Sinne, „dass wohl die Jagd eine königliche Übung und Zeitvertreib ist, darin sich der Leib an Mühe und Arbeit, das Leben an mancherlei Gefahren, und die Faust an den Sieg gewöhnt, wie man denn an allen hohen und großen Höfen sehen kann, dass solche Potentaten nicht allein das Weidwerk lieben und üben, sondern auch diejenigen werthalten, die sich wohl darauf verstehen und mit Vorteil damit wissen umzugehen".[39]

Die Jagd dient jedoch auch der Versittlichung des Jägers und seiner Charakterbildung, denn sie ist, wie Hohberg betont, eine „Feindin des Müßiggangs und aller daraus entspringenden Laster". Durch jagdliche Betätigung kann der Adelige demnach Untugenden und Laster, wie Faulheit, Feigheit und Ausschweifung vermeiden und sich ganz auf die Ausbildung guter Charaktereigenschaften konzentrieren. Das Weidwerk ist schließlich auch ein Mittel zur Bereicherung der Tafel, womit Wolf von Hohberg auf den wirtschaftlichen Nutzen der Jagd hinweist. Angesichts der oft eintönigen Ernährungslage zu gewissen Jahreszeiten in damaliger Zeit stellte die Bereitstellung von frischem Wildfleisch sicherlich eine willkommene Nahrungsbereicherung im adeligen Haushalt dar.

Bei der Durchführung einer „weidgerechten" Jagd müssen nach Hohberg einige Grundsätze und Bedingungen bedacht werden.[40] Die Jagden müssen erstens zu rechter Zeit stattfinden, d. h. die Jäger sollen das christliche Feiertagsgebot einhalten und an Sonn- und Festtagen keine Jagd ansetzen. Außerdem dürfen durch die Jagd keine Amtsgeschäfte vernachlässigt und auch keine Gottesdienste versäumt werden. Bei der Abhaltung von Jagden ist zweitens darauf zu achten, dass die Mitmenschen und Nachbarn dadurch nicht allzu sehr belästigt werden und vor allem die Felder der Bauern keine Beschädigung erleiden. Den Untertanen muss zudem gestattet werden, ihre Äcker durch Zäune genügend abzusichern und so gegen Wildschäden zu schützen; ferner soll vermieden werden, dass „die armen Untertanen mit Haltung und Ernährung gar zu vieler Jagdhunde ausgesaugt und belastet" werden. Hier spielt Hohberg offenbar auf das Phänomen an, dass im 17. Jahrhundert in der bäuerlichen Bevölkerung einiger österreichischer Länder ein großer Unwille über die durch zu große Wildbestände verursachten Wildschäden entstanden war und dies sogar zu Bauernaufständen geführt hatte.[41] Die von den Untertanen geforderten Jagdfronen und die Belastung mit der Haltung herrschaftlicher Jagdhunde hatten in vielen Gegenden zusätzlich für Konfliktstoff gesorgt und die Abneigung der Bauern gegen die adeligen Jagdprivilegien weiter verstärkt. Gegen diese Missbräuche der herrschaftlichen Jagd wendet sich Hohberg und distanziert sich ausdrücklich von „unbilligen, unchristlichen Jägern".

Weidmännische Jägerei

Welche Eigenschaften und Charakterzüge verlangt Hohberg von den guten Jägern? Welche Grundsätze der Jagdethik sollen gelten? Ein guter Jäger muss nach Hohberg über eine hervorragende körperliche, geistige, charakterliche und berufliche Qualifikation verfügen, wenn er seinen vielfältigen Aufgaben gerecht werden will.[42] Zu den körperlichen Anforderungen eines geübten Jägers gehören Eigenschaften wie Reaktionsfähigkeit und Ausdauer, Abhärtung gegen Hitze und Kälte, ferner Schnelligkeit und Kraft; zu seinen geistigen Merkmalen zählen Tugenden wie Wachsamkeit, Geduld und Weitblick. Ein exzellenter Jäger benötigt vor allem eine vielseitige berufliche Ausbildung, wozu Erfahrung im Umgang mit Jagdhunden und Pferden, Vertrautheit mit verschiedenen Waffen und Gewehren sowie Treffsicherheit beim Schießen gehören. Da bei der Jagd Unfälle und Verletzungen vorkommen, muss der Jäger auch über Grundkenntnisse bei der Behandlung von Wunden verfügen, wobei ihm die Kenntnis verschiedener Heilkräuter von Nutzen sein kann. In charakterlicher Hinsicht muss ein Jäger mannhaft und stark sein, eine natürliche Abneigung gegen allerlei Laster wie „Fluchen, Saufen, Spielen und Huren" besitzen und vor allem gottesfürchtig sein – eine Tugend, die man allerdings, wie Hohberg freimütig gesteht, unter Jägern selten antrifft. Gute Jäger sind sich ihrer sozialen Verantwortung gegenüber ihren Mitmenschen bewusst, weshalb sie den Feldern der Bauern keinen unnötigen Schaden zufügen. Mit der Forderung, „hirschgerecht zu sein", wird außerdem eine enge Beziehung zur Tierwelt und ein faires Verhalten gegenüber dem bejagten Wild verlangt. Hinweise auf eine passende Jägerkleidung schließen diesen Normenkatalog für den vollkommenen Jäger ab.

In einem speziellen Abschnitt befasst sich Hohberg auch mit der „Aasjägerei", dem „unweidmännischen Jagen", und entwirft dort das Kontrastbild eines schlechten Jägers.[43] Dieser verstößt gegen wichtige Prinzipien und Normen der weidmännischen Jagd, indem er einige Grundsätze missachtet, die sich auf die Jagdzeit, die Jagdtechnik und die Jagdmethoden beziehen. Es ist z. B. unweidmännisch, eine Jagd auf bestimmte Wildtiere während vorgeschriebener Schonzeiten abzuhalten; auch müssen die Tragzeiten der einzelnen Muttertiere respektiert werden. Auf die Schonzeiten der verschiedenen Wildtierarten wird in landesherrlichen Jägerordnungen hingewiesen, von denen Hohberg in seinem Werk die österreichische Jägerordnung von 1675 exemplarisch abdruckt.[44] Während der Jagd muss die Verhältnismäßigkeit der eingesetzten Mittel beachtet werden, sodass bei der Hasenjagd nicht zu viele Hunde eingesetzt werden. Außerdem ist es z. B. unweidmännisch, Dachse aus ihrem Bau mittels Ausräucherung zu vertreiben und dann abzuschießen. Zur Aasjägerei zählt ferner das Auslegen von Giftködern und die Benutzung von vergifteten Pfeilen; auch sollen keine gefährlichen Selbstschussanlagen installiert werden, da sie eine Gefahr für Mensch und Tier darstellen. Unweidmännisch ist auch das Aufstellen von Fallen und Baummechanismen, wodurch Wildtiere grausam gehängt und erdrosselt werden.

Viele dieser von Hohberg aufgeführten Normen betreffen die Jagdregeln, die sich im Laufe des Mittelalters und der frühen Neuzeit allmählich entwickelten und die noch heute zum Kanon der weidgerechten Jägerei gehören.[45] Es sind vor allem drei Aspekte der weidgerechten Jagd, die hier angesprochen werden. Erstens wird von einem geübten Jäger eine Qualifikation gefordert, die seinem Aufgabenfeld angemessen ist; dazu gehören die jagdliche Erfahrung, die Beherrschung der Jagdmethoden und die Treffsicherheit im Schießen. Vortreffliche Jäger sind außerdem mit einer standesgemäßen Kleidung ausgestattet und beherrschen die üblichen Gebräuche beim Aufspüren, Erlegen und Zerteilen der Wildtiere. Zweitens wird von einem vollkommenen Jäger erwartet, dass er genügend Rücksicht auf seine Mitmenschen nimmt; der Schutz der bäuerlichen Äcker und die Vermeidung von Wildschäden zählen dabei zu den Hauptforderungen. Drittens wird von einer weidmännischen Jagd erwartet, dass sie ausreichend Rücksicht auf die Tierwelt nimmt, die Schonzeit für die einzelnen Wildtierarten respektiert und auf grausame Jagdmethoden verzichtet.

Wie stellt sich Wolf von Hohberg zum Jagdprivileg des Adels und zum Ausschluss der gewöhnlichen Untertanen von der Jagdausübung? Die dezidiert adelige Auffassung der Jagd kommt bei Hohberg vor allem dort zum Ausdruck, wo er sich mit der Frage auseinandersetzt, ob die Jagd ein adeliges Vorrecht bleiben soll und ob sie von den gemeinen Untertanen – hierzu rechnet er in erster Linie die bäuerliche Bevölkerung – im Allgemeinen nicht ausgeübt werden darf.[46] Es ist für ihn beinahe selbstverständlich, dass den bäuerlichen und stadtbürgerlichen Untertanen die Jagd verboten sein soll. Dafür nennt er mehrere Gründe, die auf folgende Argumentation hinauslaufen: Die Untertanen sollen durch Müßiggang nicht die Lust an der alltäglichen Handarbeit verlieren und so „allerlei Sünde und Laster treiben". Die nichtadelige Bevölkerung muss vor allem ihren berufsspezifischen Aufgaben nachgehen, worin sie ihre ganze Erfüllung findet, d. h. die Bauern sollen sich um Ackerbau und Viehzucht und die Handwerker um ihre jeweiligen Gewerbe kümmern. Nichtstandesgemäße Tätigkeiten wie Jagen, Vogelfang und Fischen würden sie von ihren eigentlichen Aufgaben abhalten und dadurch „dem gemeinen Nutzen Schaden bringen". Die Standesnorm gebot demnach dem Adel das „edle" Weidwerk und verwehrte zugleich den Untertanen die jagdliche Beteiligung.

Aber nicht allein das Standesrecht, sondern auch die moralische Pflicht gebot dem Adel und der fürstlichen Obrigkeit, die Untertanen von der Jagd auszuschließen. Patriarchalische Überlegungen legten es den Herren sogar nahe, ihre Untergebenen von der Jagd fernzuhalten und sie so vor allen Gefahren zu schützen. Nach Hohbergs Meinung konnte der zur Jagd notwendige Gewehrbesitz dazu führen, dass „solche zum Bösen geneigten müßigen Leute sich zu Morden und anderen verbotenen Stücken vom Teufel verführen ließen".[47] Da der Müßiggang sowieso nichts Gutes mit sich bringe, „würden die Leute die Lust zur Arbeit verlieren" und „zu ihrem eigenen Verderben allerlei Sünde und Laster treiben". Auch sollen die Untertanen davor bewahrt werden, wegen des Jagdrechts in „viel Zank und Händel", in „Aufruhr und Schlägereien" verwickelt zu werden. Der Aspekt der landesväterlichen Sorge um die moralischen Gefahren einer freien Jagdausübung durch alle Untertanen wird hier offen angesprochen. Der Ausschluss der Untertanen von der Jagd wurde auch in den landesherrlichen Jagdordnungen strikt eingehalten. So gab die österreichische Jägerordnung von 1675 die Anweisung, dass die Jagd „keinen unädeligen und gemeinen Personen, sonderlich keinen Bauern" überlassen werden dürfte.[48] Auch bei einzelnen Jagden sollen die Wildtiere nicht durch gemeine Untertanen, sondern allein durch Berufsjäger der adeligen Jagdherren abgeschossen werden. Für den Wildbestand hätte die allgemeine Freigabe der Jagd nach Hohberg katastrophale Folgen: Da die Schonzeiten sicherlich keine Beachtung fänden, würden ganze Wildarten ausgerottet werden; dies aber müsse man nach Möglichkeit verhindern.

Für die Fürsten und den Adel ist die Jagd nach Ansicht Hohbergs eine gerechte Entschädigung für die entbehrungsreiche Regierungstätigkeit. Es sei „nicht unbillig, dass die Obrigkeit, weil sie ohnedies

Laut von Hohberg sollten Bauern sich um den Ackerbau kümmern und nicht jagen.

Die Bauern waren auch für die Aufzucht und Unterhaltung der Jagdhunde zuständig.

ein schweres Amt und manche schwere Last ertragen und dulden muss, auch ein wenig Ergötzlichkeit habe, damit sie sich erlustigen und die Bitterkeit des Regierstandes versüßen könne."[49] Das Vergnügen der Jagd sollte demnach einen Ausgleich für das schwere Geschäft des Regierens darstellen – ein Gedanke, der schon im Hochmittelalter immer wieder von den Jagdliebhabern vorgebracht wurde. Der Adel könne zudem das Jagdrecht ordnungsgemäß ausüben, da nur er über genügend Mittel verfüge, um die hohen Kosten der Jagd bestreiten zu können. Schließlich stehe das adelige Standesvorrecht der Jagdausübung im Einklang mit der von Gott gesetzten Ordnung: Hohberg betont ausdrücklich, dass dem obrigkeitlichen Verbot der allgemeinen Jagd umso mehr gehorcht werden müsse, als Widerstand gegen die Obrigkeit auch Widerstand gegen Gott bedeute. Andere Schriftsteller kamen zum gleichen Ergebnis, indem sie die Regalität der Jagd und die damit verbundene Ausschließung der Untertanen direkt als den im Alten Testament offenbarten Willen Gottes interpretierten.[50]

Ähnliche Vorstellungen über die weidmännische Jagd wie bei Wolf von Hohberg finden sich bei anderen Zeitgenossen, wie z. B. bei Martin Strasser, der 1624 ein „Buch von allerlei Jägerei und Weidmannschaften" schrieb[51]; hier spiegelt sich die oberdeutsche Jagd und ihr Brauchtum zu Anfang des 17. Jahrhunderts. Anders als bei Hohberg wird der Begriff der weidmännischen Jagd bei Strasser aber wesentlich enger gefasst und umschließt nur wenig allgemeine Aspekte der Jagdethik. Nach Strasser waren für das Weidmännische vor allem zwei Kriterien maßgeblich: Eine Handlung, die ein solches Attribut verdiente, musste erstens Ausdruck echten Könnens und Wissens vom Jagdbetrieb sein und zweitens dem Jäger Nutzen bringen. Fehlte eines dieser zwei Merkmale, waren die erforderlichen Voraussetzungen für eine weidmännische Leistung nicht gegeben. Diese Kriterien für die ethische Beurteilung der Jagd machen deutlich, dass der Begriff des Weidmännischen stark eingeengt war, das heißt sich fast ausschließlich auf den jagenden Menschen bezog. Bei Strasser kommt weder eine Beziehung zum Wild noch eine Verhaltensvorschrift gegenüber den von der Jagd betroffenen Mitmenschen ins Spiel, und was als weidmännisch galt, wird vornehmlich durch Fakten, nicht aber durch Verhaltensformen mit ethisch-verpflichtendem Charakter bestimmt. Basis dieses Denkens war die Anschauung, dass die Jagd mehr als ein Handwerk, nämlich eine Kunst war, und dass der Jäger ein Spezialist im Sinne der ars venatoria, ein Meister der Jagdkunst, sein sollte. In diesem Sinne hatte Kaiser Friedrich II., wie bereits erwähnt, von der Beizjagd als einer „ars venandi cum avibus" gesprochen und das jagdliche Wissen und Können hervorgehoben.[52] Es zeugte von großer weidmännischer Leistung, wenn ein Jäger durch seine Haltung jagdliches Können unter Beweis stellte und zugleich ein hohes Maß an Nutzen für die Menschen bewirkte. Eine umfangreiche Jagdbeute, die aufgrund der guten Organisation einer Jagd erzielt worden war, galt daher als weidmännisch. Die Fallenjagd wurde dagegen von Strasser nicht aus Rücksichtnahme gegenüber der Tierwelt, sondern allein deswegen als unweidmännisch verworfen, weil Fallen und Fangeinrichtungen von jedem einfachen Bauern ebenso gestellt werden konnten wie von einem gelernten Jäger.

Wie beurteilten die jagdausübenden Vertreter des Adels während dieser Epoche die Jagd? Welche Rolle spielte die Jagd im Selbstverständnis des Adels? In den Hauschroniken und Familienbüchern einzelner Adelsgeschlechter stößt man immer wieder auf Stellen, die sich mit der Jagd beschäftigen.[53] Das Familienbuch der Herren von Eptingen, das hier exemplarisch genannt werden kann, befasst sich auch mit der Jagd, die als Element der adeligen Lebensform erscheint. Dieses Eptinger Familienbuch vereinigt in sich eine Reihe unterschiedlicher Schriftstücke einer oberrheinischen Adelsfamilie aus der zweiten Hälfte des 15. Jahrhunderts, die 1621 von einem Schreiber im Auftrag der Herren von Eptingen zusammengestellt wurden.[54] Neben einer Schilderung der Pilgerfahrt des Hans Bernhard von Eptingen vom Jahr 1460 ins Heilige Land, einem Bericht über die Burgunderkriege und Notizen zu Turnierveranstaltungen findet man auch ein aufschlussreiches Kapitel über die Jagd:[55] Ludwig von Eptingen schreibt hier über die Regeln und Gebräuche der adeligen Jagd, über die Konservierung von Wildfleisch und über die unterschiedlichen Lebensräume einzelner Wildarten. Zahlreiche Hinweise zur Jagd erhält man auch aus den Adelschroniken dieser Zeit, wie aus der Chronik der schwäbischen Herren von Zimmern oder aus der Hauschronik der Truchsessen von Waldburg, die in der Zeit um 1530 abgefasst wurde.[56] Die Jagd war demnach ein wesentlicher Bestandteil des adeligen Landlebens und gehörte zusammen mit Turnieren, Pilgerfahrten und Hoffesten zu den wichtigen Ausdrucksformen der Adelskultur.

Die Jagdfronen der Untertanen

Inwieweit wurde die bäuerliche Bevölkerung, die von der Jagd des Adels ausgeschlossen war, von den Lasten der Jagdausübung betroffen? Welche tatsächliche Bedeutung hatten die Jagdfronen, über die in den Beschwerdebriefen des Bauernkrieges geklagt wurde? Das Recht auf Jagdfronen war seiner Herkunft nach kein Bestandteil oder Ausfluss des Jagdrechts, sondern hatte die gleiche Rechtsquelle wie die anderen Fronen der abhängigen Bevölkerung. Die Jagdherren beanspruchten die Jagdfronen daher nicht in dieser Eigenschaft, sondern als Grund-, Gerichts- oder Landesherren.[57] In den Gebieten, in denen die Regalität der Jagd dominierte, bedeutete dies, dass nur der Landesherr Jagdfronen beanspruchen konnte, es sei denn, andere Herren konnten ebenfalls entsprechende Rechtstitel nachweisen. Die Jagdfronen umfassten vor allem die Verpflegung der Jäger, die Aufzucht und Unterhaltung von Jagdhunden sowie Dienste bei der Jagd selbst. Die „Jägeratzung" war eine Verpflichtung, die besonders Klöstern und einzelnen leistungsstarken Bauernhöfen, aber auch ganzen Gemeinden auferlegt war. Sie bedeutete, dass der Jagdherr, sein Jagdpersonal und die bei der Jagd verwendeten Pferde und Hunde während eines Jagdzuges beherbergt und verköstigt werden mussten.

Da das Jagdpersonal der Landesfürsten und der Grundherren oft sehr umfangreich war, war die Belastung der ländlichen Bevölkerung durch Jägeratzung stellenweise sehr erheblich. In der württembergischen Jägerordnung von 1556 war z. B. genau vorgeschrieben, wie viel Brote, Fleisch und Wein pro

Mann und Tag bereitzustellen waren.[58] Wenn die Verpflegung aus organisatorischen Gründen nicht bei den Pflichtigen selbst stattfinden konnte, wurden ihnen Wirtshausrechnungen präsentiert. Aus solchen Rechnungen ist ersichtlich, dass Oberjägermeister, Oberjäger, Jägerknechte und Hundejungen mit einer abgestuften Skala von Geldbeträgen entlohnt wurden.[59] Diese beträchtlichen Kosten wurden durch Missbräuche weiter gesteigert: Oft wurde über die vielen fremden Gäste geklagt, die die Jäger bei ihren Jagdkampagnen mitbrachten; besonders das ortsansässige und gar nicht atzungsberechtigte Forstpersonal nutzte die Gelegenheit und ließ sich manchmal tagelang ausgiebig bewirten. Beliebt waren bei den Landesherren und ihrem umfangreichen Jagdpersonal auch die Klöster und ländlichen Klosterhöfe als Stationen des Aufenthalts bei Jagdzügen. Da die Klöster am besten ausgestattet und am ehesten auf die Versorgung eingestellt waren, traf sie häufig die Wahl des Herrschers. Jagdkampagnen innerhalb des landesherrlichen Territoriums wurden in der frühen Neuzeit allmählich zu einem Hauptgrund der fürstlichen Reisen, nachdem sich im Laufe der Zeit feste Residenzen der Fürsten herausgebildet hatten. Da der Fürst nicht in jedem Jahr in jedem atzungspflichtigen Kloster einkehren konnte, ließ er sein Jagdpersonal das ihm Zustehende in Anspruch nehmen. Die landesfürstlichen Jäger nutzten dann die Verpflegungsdienste der Klöster und ihrer hörigen Bauern oft in unverschämtem Maße aus. Noch auf dem Höhepunkt der landesherrlichen Jägerei war die Naturalverpflegung praktischer als die Geldabgabe, denn nur so ließ sich das Atzungsrecht ungeachtet aller Beschwerden den jeweiligen Erfordernissen und Bedürfnissen anpassen. Man war dabei nicht an fixierte Geldbeträge gebunden, und die Naturalverpflegung ließ sich in der Regel eher zum Schaden der Untertanen missbrauchen.

Neben der zeitweise bedrückenden Jägeratzung gab es die dauernde Belastung durch die „Hundelege". Was war damals darunter zu verstehen? Gemeint ist damit auf der einen Seite die Aufzucht eines Teils der herrschaftlichen Jagdhunde, auf der anderen Seite die Verpflegung und Unterbringung der ausgewachsenen Hunde. Die zu dieser Fron verpflichteten Bauern mussten dafür sorgen, dass die Hunde ordentlich gefüttert und in stets dienstfertigem Stand gehalten wurden – eine Belastung, die für die einfachen bäuerlichen Haushalte nicht gering war, da pro Tag „2 Pfund Brot" für die Fütterung eines Hundes notwendig waren.[60] Die Abwälzung der Jagdkosten auf die Untertanen ersieht man aus einer Berechnung der württembergischen Rentkammer von 1794 daran, dass 35 am herzoglichen Hof verpflegte Jagdhunde jährlich 39 420 Pfund Brot verbrauchten, was einem durchschnittlichen Tagesverbrauch von gut drei Pfund pro Hund entspricht.[61] Diese Menge erschien der Rentkammer zu groß, und zur Kostenersparung schlug sie vor, dass einige der Hunde auf das Land verlegt werden sollten. Dort, in den Dörfern und Bauernbetrieben, wurde bereits der Großteil der herzoglichen Jagdhunde versorgt. Ein Bericht aller Forstämter, der 1761 vorgelegt wurde, stellte fest, dass es bereits 1386 Hunde waren[62]: eine erstaunliche Zahl, die sowohl auf den Umfang der herzoglichen Jagd als auch auf das Ausmaß der Untertanenbelastung durch die Hundelege hinweist.

Bedrückender als die Hundelege wurde von den jagdfronpflichtigen Bauern aber im Allgemeinen diejenige Leistung empfunden, die sie mit ihrer Arbeitskraft zu erbringen hatten, nämlich die Hand- und Spanndienste, die beim eigentlichen Jagdbetrieb anfielen.[63] Das Jagdzeug musste hergerichtet, transportiert und aufgebaut werden; Wagen, Zugtiere und Reitpferde mussten gestellt sowie Botengänge erledigt werden. Ferner musste man Treiberketten bilden, Hunde heranführen und die erlegten Tiere abtransportieren, nachdem man bereits vorher Waldwege angelegt, Hecken errichtet und Zäune repariert hatte. Man benutzte die Fronpflichtigen demnach zu vielerlei Aufgaben im Umfeld der Jagd und zu Tätigkeiten, die von den herrschaftlichen Jägern aufgrund ihrer höheren Standesehre nicht vorgenommen wurden. Der Jagdbetrieb dieser Zeit war insgesamt äußerst personalintensiv, sodass eine große Zahl von Arbeitskräften dafür erforderlich war. In der Regel waren die Jagdfronen ungemessen, das heißt der Jagdherr konnte sie beliebig oft und beliebig lange in Anspruch nehmen, ohne auf die Bedürfnisse der Pflichtigen allzu viel Rücksicht nehmen zu müssen. Oft beklagten sich Gemeinden und einzelne Bauern über das Übermaß an Forderungen, und häufig beschwerte man sich darüber, dass man an Sonn- und Feiertagen, aber auch in der Erntezeit zur Jagd gerufen wurde. Es konnte vorkommen, dass die Bauern erst bei der Ernte ihrer Fronherren helfen mussten und dann, wenn sie sich intensiver mit ihren eigenen Feldern beschäftigen wollten, zur Jagdfron aufgefordert wurden.

Im Jahre 1665 sah sich der württembergische Herzog Eberhard genötigt, dagegen vorzugehen, dass die Fröner bei kaltem Wetter, hohem Schnee oder starkem Regen oft zwei, drei oder mehr Tage bei der Jagddurchführung in den Wäldern liegen und fern von ihren Häusern sein mussten; er ordnete daher an, dass die Untertanen spätestens am zweiten Tag zu entlassen seien.[64] Dies war aber nur ein spezieller Gnadenakt, denn im Allgemeinen konnte von einer spürbaren Entlastung der Pflichtigen nicht die Rede sein. Im Gegenteil: Die personal- und materialmäßige Intensivierung der herrschaftlichen Jagd während des 17. und 18. Jahrhunderts ging trotz zahlreicher Beschwerden zu Lasten der Untertanen. Dauerte die Jagd und damit der Dienst im 16. Jahrhundert meistens nur einen Tag und wurden dabei nur drei oder vier Wagen eingesetzt, so konnte die Jagd im 18. Jahrhundert mehrere Wochen währen, wobei dreißig oder vierzig Wagen und entsprechend viel Zugvieh benötigt wurden. Wie groß der Bedarf an Jagdfronen war, ersieht man aus der Tatsache, dass im Herzogtum Württemberg von den Oberforstämtern genau Buch geführt wurde, wie viele Menschen und Tiere zu Leistungen herangezogen werden konnten. Für das Jahr 1769 wurden z. B. 40 269 Mann, 7339 Pferde und 12 065 Ochsengespanne als jagdfronpflichtig gemeldet.[65]

Wildschäden und Wildhege

Neben den Jagdfronen waren die Schäden, die den Bauern durch einen übermäßigen Wildreichtum entstanden, jahrhundertelang ein Anlass zu heftigen Klagen. Schon in den Bauernaufständen und im Bauernkrieg von 1525 gehörten die Wildschäden, wie bereits erwähnt, zu denjenigen Jagdlasten, über die man sich am häufigsten beschwerte. Voraussetzung für den Erfolg der herrschaftlichen Jagd war das Vorhandensein eines genügend großen Wildbestandes. Die hohen Abschusszahlen von Hirschen und Wildschweinen bei landesherrlichen Jagden lassen darauf schließen, dass in vielen Regionen tatsächlich ein hoher Wildbestand vorhanden war, sodass die Klagen der Bauern über Wildschäden berechtigt erscheinen. Obwohl selbstverständlich keine exakten Angaben über den Umfang des Wildes in bestimmten Bezirken vorliegen, gibt es doch für einige Territorien verschiedene Daten, die einen Eindruck von der Größe des Wildbestandes vermitteln können. Aus dem Herzogtum Württemberg erhält man z. B. aus dem 16., 17. und 18. Jahrhundert einige Angaben, die vom herzoglichen Forst- und Jagdpersonal aufgrund von Beobachtungen geliefert wurden. Im Tübinger Forst war gemäß diesen Angaben eine derartige Wilddichte vorhanden, dass im Jahr 1758 auf 100 ha 9 Stück Rotwild und im Jahr 1764 auf die gleiche Forstfläche 8,7 Stück Rotwild kamen.[66]

Um zu verdeutlichen, dass diese Zahlen zur Wilddichte bei Rotwild einen äußerst starken, ja viel zu großen Wildbestand kennzeichnen, sei erwähnt, was im 19. und 20. Jahrhundert von jagd- und forst-

Die Wildschäden waren eine der Hauptlasten der bäuerlichen Bevölkerung. Aquarell aus dem 19. Jahrhundert

wirtschaftlich versierten Fachleuten für einen vernünftigen Wildbestand gehalten wurde. Als das Maximum, welches ein günstiges und jagdlich gut verwaltetes Terrain verträgt, ohne dass namhafte Kulturschäden entstehen und intensive Winterfütterung nötig wird, wurden Ende des 19. Jahrhunderts vier Stück Rotwild auf 100 ha angesehen.[67] Dieser Vergleich verdeutlicht, dass die Wilddichte im Tübinger Forst des 18. Jahrhunderts zwei- bis dreifach höher als „normal" war. Diese Zahlen aus Württemberg lassen sich zwar nicht ohne weiteres auf andere Territorien übertragen, aber bei gleicher Intensität der herrschaftlichen Jagd und bei ähnlich hohen Abschusszahlen in anderen Gebieten darf man annehmen, dass die Wilddichte dort im 18. Jahrhundert ähnlich hoch war.

Die Jagdherren sahen es als ihr ureigenes Recht an, diese außerordentlich hohen Wildbestände zu unterhalten, das Wild also zu hegen und für seine Vermehrung zu sorgen. Dies betrachteten sie als direkten Ausfluss ihres Jagdrechtes, das Wildhege als Mittel für die Bereitstellung von reichlich Wild erlaubte. Im Konkurrenzkampf um die höchsten Wildbestände wurden Wildfütterungen und Salzlecken, die besonders vom Rotwild aufgesucht wurden, mit Vorliebe vor allem an den Jagdgrenzen angelegt, um das benachbarte Wild in das eigene Revier zu locken, das eigene Wild aber vom Wechsel abzuhalten.[68] Auch hier nahmen die Landesherren aufgrund ihres Jagdregals oft das Recht in Anspruch, anderen Jagdberechtigten das Aufstellen von Futtertrögen und Salzlecken zu verbieten, damit genügend Wild in das eigene Revier gelockt wurde.

Der Hege des Wildes dienten auch zahlreiche polizeiliche Vorschriften, die von den Landesherren erlassen wurden. Besondere Aufmerksamkeit zogen die Hunde der Untertanen auf sich, und es finden sich in fast allen Jagd- und Forstordnungen jener Zeit Bestimmungen, welche die Bewegungsfreiheit der Hunde einschränkten. Damit diese das Wild nicht hetzen konnten, musste ihnen häufig ein Vorderlauf gelähmt oder eiserne Ketten, als „Bengel" bezeichnete Holzknüppel oder hölzerne Kreuze angehängt werden. Als die Jagd auf Niederwild im Laufe der Zeit beliebter wurde, verschärfte man auch die Bestimmungen zu dessen Schutz. In Württemberg durften die Hunde danach nicht mehr frei herumlaufen, sondern mussten alle an der Leine geführt werden.[69] Da diese Maßnahme offenbar noch nicht die gewünschte Wirkung zeigte, versuchte man die Zahl der Hunde planmäßig zu reduzieren. So sollte eine jährliche Musterung aller Hunde durch das Forstpersonal dafür sorgen, dass alle kranken, schwachen und überhaupt alle „unnötigen" Hunde beseitigt würden. Diese Dezimierung der Hunde diente offensichtlich der Verbesserung der herzoglichen Jagd, aber nicht primär dem öffentlichen Wohl. Die Verschleierung der wahren landesherrlichen Absicht war notwendig wegen des zu erwartenden Unmuts der Untertanen, die emotional an ihren Hunden hingen und für die die Hunde zum alltäglichen Leben und Arbeiten gehörten.

Der wichtigste Bestandteil der Wildhege war die Sicherung der Nahrungsbasis des Wildes. Eichen, Buchen und wilde Obstbäume wurden besonders geschützt, damit die für das Wild notwendige Menge an Baumfrüchten, nämlich Eicheln, Bucheckern, Nüsse und Wildobst, gesichert war.[70] Der Besitzer des Waldes, dem dort in der Regel nicht das Jagdrecht zustand, durfte die Grundstruktur des Waldes nicht zum Schaden der Jagd ändern, d. h. er durfte ohne Zustimmung des Jagdherren nicht beliebig fruchttragende Bäume fällen. Die Früchte selbst durfte sich der Waldbesitzer nur in dem Maße aneignen, als der Bedarf des Wildes gesichert war. Diese Regelungen basierten auf der Auffassung, dass die Jagd nicht ohne wilde Tiere bestehen könne und diese nicht ohne die Waldfrüchte. Die Beschränkungen, denen die Waldnutzung unterlag, mussten vor allem die bäuerliche Bevölkerung empfindlich treffen, denn den ländlichen Gemeinden gehörten oft große Wälder. Da die Waldfrüchte nicht während des ganzen Jahres zur Verfügung standen, war das Wild bei der Nahrungssuche auf die Pflanzen selbst, auf Bäume, Büsche und Sträucher angewiesen. Ein gewisser Schaden am Baumbestand ist zwar für jeden mit Wild besetzten Wald natürlich, doch bei den hohen Wildbeständen der frühen Neuzeit musste dieser Wildfraß ein erhebliches Ausmaß annehmen.

Selbst bei den intensiven Hegemaßnahmen der damaligen Jäger und Förster reichten die Wälder allein nicht aus, um die Wildmassen zu versorgen. Die Tiere waren daher gezwungen, sich ihr Futter auch auf Äckern und Wiesen, in Gärten und Weinbergen der Dörfer zu suchen. Die allmähliche Verminderung der Waldflächen im Zuge des Landesausbaus und der fortschreitenden Kultivierung des Bodens wirkte sich außerdem noch verschärfend aus, da die Einengung des Lebensraums bei gleichbleibender Zahl des Wildes einer weiteren Erhöhung des Wildbestandes gleichkam. Eine Kette bitterer Beschwerden über den zunehmenden Wildschaden zieht sich daher vom Bauernkrieg des frühen 16. Jahrhunderts bis ins 19. Jahrhundert; überall klagte man über den Wildschaden, der durch eine allzu starke Wildhege entstand.[71] Neben den Waldschäden durch Tierverbiss an Bäumen und Pflanzen waren es vor allem die landwirtschaftlichen Schäden auf den Äckern, die durch das Rot-, Dam- und Rehwild verursacht wurden und den Unwillen der Bauern erregten.[72] Junge Saaten wurden zertreten, Rübenäcker angefressen, Getreide durch Lagerstellen geschädigt sowie die Pflanzen entlang breit ausgetretener Wildwechsel niedergewalzt. Zu erwähnen sind in diesem Zusammenhang auch die Hasen, die die Rinde von Obstbäumen benagten und Gemüsebeete abfraßen, ferner die Füchse, die das Geflügel dezimierten sowie das Federvieh, das die Saaten, Obstgärten und Weinberge heimsuchte.

Von den Jagdherren und dem Jagdpersonal wurde der Wildschaden auf den Feldern nicht als Übel, sondern als unvermeidliche Konsequenz eines an ihren jagdlichen Ansprüchen gemessenen Wildbestandes angesehen. Im Kontext dieser Anschauung gab es in der Regel keinen Schadenersatz für die verwüsteten Äcker und Felder. Zwar wurde die Ersatzpflicht für den Wildschaden von den Juristen für den Fall gefordert, dass eine übermäßige Hege auf den Feldern zu viel Schaden bewirke, doch war dieser Grundsatz eher dazu angetan, die Jagdherren in ihrer Zahlungsunwilligkeit zu bestärken, denn wer von ihnen meinte schon, einen zu großen Wildbestand zu hegen. Dass die Untertanen ihren Besitz vor dem Wild schützen durften, war nicht selbstverständlich, sondern bedurfte der Erlaubnis des Jagdherren, wo die Regalität der Jagd herrschte, also des Landesherren. Er verband die Genehmigung zumeist mit erheblichen Auflagen, da er die Hege und damit sein Jagdglück durch allzu starke Gegenmaßnahmen beeinträchtigt gesehen hätte. Den Bauern wurde zwar häufig gestattet, ihre Felder mit Zäunen zu umgeben, doch durften diese nur eine geringe Höhe haben; ein Überspringen der Zäune durch das Rotwild sollte also gar nicht ernsthaft verhindert werden. Die einzige wirklich erfolgversprechende Maßnahme gegen den Wildschaden wäre die Reduzierung des Wildbestandes gewesen, doch dazu waren weder die Landesherren noch die Jäger bereit. Das Jagd- und Forstpersonal boykottierte zudem die Befehle zu höheren Abschüssen aufgrund vorgebrachter Wildschadensklagen und tat das, was man für den wirklichen Willen des Fürsten hielt: Man ließ das Wild leben, damit der Landesherr bald wieder ein prächtiges Jagdfest veranstalten konnte.

Der hohe Wildbestand richtete großen Schaden auf den Feldern der Bauern an. Gemälde von Peter Paul Rubens aus dem 17. Jahrhundert

Besonders unter Ludwig XVI. wurden prächtige Hofjagden veranstaltet. Gemälde aus dem 18. Jahrhundert

DIE JAGD ALS FÜRSTLICHES SPEKTAKEL IM ZEITALTER DES ABSOLUTISMUS

Am kurpfälzischen Hof in Schwetzingen bei Mannheim fand unter Kurfürst Carl Theodor im November 1779 eine großartige Jagdveranstaltung statt, von der der Schauspieler August Wilhelm Iffland in einem Brief an seinen Vater vom 26. November 1779 begeistert berichtete:[1] „Ich habe auch bei Schwetzingen neulich eine masquierte Jagd gesehen, die sehr prächtig war. Sie kostete 50 000 Gulden. Aus dem Heidelberger Thore hat der Officier die Zahl der Kutschen auf 1000 angegeben. Gerüste waren für 9000 Menschen gebauet. Stellen Sie sich die herrliche Chaussee mit Bäumen besetzt nach Schwetzingen vor, der ganze Weg eine Kette von Kutschen aus Speyer, Heidelberg, Mainz, sogar Frankfurt und Hanau, aus Worms, Darmstadt und Mannheim. Der Platz selbst war eine völlige Ebene, auf welcher man Berge auf Leinwand aufgespannt hatte, in der Tat ein ganz neuer Anblick für mich. Berge, Schlösser, Brücken, Terrassen in der Größe, in welcher man sie natürlich sieht, in freier Luft gemalt zu sehen. Die Gemälde in einem halben Mond gemalt, die Gerüste in einem anderen, machten einen geschlossenen Zirkel aus. Die Schweine, Füchse, Dachse und Hasen wurden oben aus einem Pförtgen aus den gemalten Bergen herausgelassen und wenn sie sich in den Wegen, die von Brettern gemacht waren, häuften, fielen oft fünfzig, sechzig herunter, dass die Erde krachte. Die meisten wurden von den Damen und Herren, Kurfürst und Kurfürstin erschossen; was nach ein Uhr noch übrig war, wurde gefangen... Das Blasen von Extraposten in Mannheim den Tag vorher und der Lärm von Jagdhörnern, Musik, Kutschen und betrunkenen Leuten die Nacht vor der Jagd war unglaublich. So geht das alle Tage ..."

Jagdveranstaltungen dieses Ausmaßes dienten in erster Linie der Befriedigung des Repräsentationsbedürfnisses, wie es an den absolutistischen Fürstenhöfen der damaligen Epoche üblich war. Jagdfeste und Vergnügungen jeder Art waren Bestandteile des höfischen Lebens und Gegenstand des öffentlichen Interesses. Gerade im territorial zersplitterten Deutschland bestand ein starkes Bedürfnis der einzelnen Höfe nach Demonstration von Macht und Rang durch glanzvolle Festivitäten. Gesandte hatten den Auftrag, ihren Höfen den Ablauf der Lustbarkeiten genauestens zu schildern, wenn möglich sogar mit Angabe der Kosten des Spektakels. Ähnliche Jagdveranstaltungen wie in Schwetzingen fanden daher an vielen Fürstenhöfen statt. Bekannt ist auch das große Jagdfest, das der württembergische König Friedrich am 9. November 1812 in der Nähe von Bebenhausen prunkvoll inszenierte und das von dem Schriftsteller Friedrich von Matthisson unter dem Titel „Das Dianenfest bei Bebenhausen" beschrieben wurde.[2] Seine Schilderung dieses detailliert geplanten, mit verschwenderischer Pracht ausgestatteten Jagdfestes lässt erkennen, wie we-

Diana-Statue aus Piemont aus dem 18. Jahrhundert

nig es sich um Jagd, aber umso mehr um Inszenierung handelte. Enorme Wildmassen wurden demnach in eine Naturarena getrieben, von der Tribüne schauten geladene Gäste zu, der König befand sich auf einem Schießstand und tötete ein Wildschwein und einen Hirsch nach dem anderen. Nach Vollendung dieses Schauspielaktes besichtigte man die erlegte Wildstrecke und speiste in einem eigens errichteten „Dianentempel" zu Mittag. Danach erfreute man sich an einer Sauhatz, bei der die Wildschweine den Jägern zugetrieben wurden. Die gesamte Strecke betrug schließlich 823 Stück Wild.[3]

Das Jagdfest bei Bebenhausen war eine der letzten großen Prunkjagden, bei denen mit Eleganz und Großartigkeit, aufwändiger Kulisse und mächtiger Jagdmusik an die Hauptperiode der herrschaftlichen Jagd im Zeitalter von Barock und Absolutismus erinnert wurde. Diese herrschaftlichen Jagden waren von Grundsätzen geprägt, die vor allem das Vergnügen des obersten Jagdherrn, des Landesfürsten und seiner Hofgesellschaft garantieren sollten. Bei diesen Prunkjagden trat deutlich die Tendenz hervor, das jagdliche Risiko völlig auszuschalten und ein möglichst großes Vergnügen bei der Tötung des Wildes zu gewährleisten. Diese Entwicklung erreichte im 18. Jahrhundert ihren Höhepunkt in einigen Jagdformen, die man zweifellos als Exzesse bezeichnen muss und die mit der älteren Jagd nichts mehr gemein hatten.[4] Bei der „Wasserjagd" wurde das Wild beispielsweise von der Meute durch vorgegebene, mit Hecken und Zäunen begrenzte Fluchtwege in Seen oder Flüsse gehetzt. Von Schiffen oder künstlichen Inseln aus wurde dann auf die Tiere geschossen; Tiere, die das Ufer lebend erreichten, wurden dort von den Jägern mühelos erlegt. Bei der Sprengjagd wurde das Wild gezwungen, von schroffen Höhen oder künstlich errichteten Laufbühnen in die Tiefe zu springen; schlug das Wild auf den Boden auf, war es entweder tot oder wurde von den Jägern getötet.

Eine noch größere Perversion stellten „Kampfjagden" dar, bei denen Tiere gegeneinander gehetzt wurden, um sich zu zerfleischen.[5] Zum Ergötzen der Hofgesellschaft kämpften in Schlosshöfen etwa Bären mit Hunden, Hirsche mit Wölfen; auch exotische Tiere wie Löwen und Tiger wurden eingesetzt, um die Spannung der Zuschauer zu erhöhen. Äußerst beliebt war auch das „Fuchsprellen", das an vielen Höfen betrieben wurde. Mit einem vom Jagdpersonal oder von Mitgliedern der Hofgesellschaft gehaltenen Netz oder Tuch wurden die darauf gesetzten Füchse so lange emporgeschleudert, bis sie verendeten. Selbst die Damen der Hofgesellschaft scheuten sich häufig nicht, bei dieser Tierquälerei mitzumachen. Anlässe für die pomphaften Jagden und Jagdspiele waren oft höfische Feste wie Hochzeiten, Namenstage oder Geburtstagsfeiern. So wurde der Geburtstag Herzog Karl Eugens von Württemberg 1763 zwei Wochen lang gefeiert. Einer der Höhepunkte dieser Festreihe war die Prunkjagd bei Degerloch, bei der über 5000 Stück Wild durch einen künstlichen See getrieben wurden.[6] Es stellt sich die Frage, welche Veränderungen im 17. und 18. Jahrhundert im Jagdwesen eingetreten sind, sodass es schließlich zu diesen exzessiven Formen der herrschaftlichen Jagd kam. Die von Wolf Helmhard von Hohberg um 1682 in seinem Jagdbuch beschriebene Jägerei skizziert offenbar eine Jagd, die bereits damals größtenteils der Vergangenheit angehörte.

Der Wandel der Jagd in der Frühen Neuzeit

Der Wandel der Jagd und der bei der Jagd benutzten Waffen vollzog sich auf dem Hintergrund der allgemeinen Veränderungen in Gesellschaft und Kriegswesen. Durch die Erfindung des Schießgewehrs und seines Einsatzes in den neuzeitlichen Armeen wandelte sich nicht nur die Kriegstechnik, sondern auch das Jagdwesen. Die Zeit der ritterlichen Heere war endgültig vorbei, neue Formen der Kriegführung entwickelten sich im Zeitalter der Landsknechte und der Feldkanonen.[7] Die bei Hohberg noch vertretene Meinung, die Jagd sei für den Adel ein Praeludium belli, eine ritterliche Übung und eine Vorschule des Krieges, in der man Waffengeschicklichkeit und Kriegstüchtigkeit erlerne,[8] war offensichtlich anachronistisch und die Wiedergabe eines beliebten Topos; denn die ritterlichen Heere, für deren Angehörige die Jagd den Wert einer militärischen Ausbildung hatte, gehörten einer bereits vergangenen Zeit an. Der adelige Offizier und der fürstliche Feldherr der neuzeitlichen Armeen brauchten andere Fähigkeiten als der ritterliche Reiter, der sich militärisch trainierte, wenn er zu Pferd einen fliehenden Hirsch mit dem Pfeil erlegte oder einem Wildschwein den Sauspieß ins Herz stieß.

Aber nicht allein der Krieg, sondern auch die Jagd hatte sich in der neuen Zeit grundlegend gewandelt. Sie spielte zwar in der Erziehung der jungen Adeligen weiterhin eine wichtige Rolle, doch hatte sie ihre kriegerische Zwecksetzung verloren. Die Jagd gehörte jetzt zum höfischen und adeligen Leben wie Reiterei und Tanz. In dem 1656 erschienenen und lange Zeit die Grundlage der fürstlichen Erziehung bildenden „Fürstenstaat" von Seckendorff wird das Jagdwesen durchaus ausführlich geschildert, doch steht dabei das Jagdrecht im Vordergrund des Interesses, da der Fürst gerade auf diesem Gebiet über solides Wissen verfügen musste.[9] Die Jägerei selbst wird dagegen als eine vielfältige Kunst und Erfahrungswissenschaft eingestuft, die vor allem die Jagdbediensteten und professionellen Jäger beherrschen sollen, nicht aber der fürstliche Jagdherr. Dem Fürsten bot der Jagdbetrieb der frühen Neuzeit, also die bei der Verfolgung und Erlegung des Wildes angewandten Methoden, auch kaum noch die Möglichkeit, seine Gesundheit zu pflegen, seine körperliche Geschicklichkeit zu trainieren und ritterliche Taten zu vollbringen. Nahkämpfe mit wehrhaften Jagdtieren fanden in der Regel nicht mehr statt, und die Jagd war keineswegs mehr ein Spiegel des wirklichen Krieges.

Die Saufeder verlor mit der Erfindung des Feuergewehrs zunehmend an Bedeutung.

Mit dem Aufkommen des Feuergewehrs traten seit der frühen Neuzeit alle anderen Jagdwaffen mehr und mehr in den Hintergrund.[10] Der schwere Speer erhielt sich zwar noch längere Zeit als Saufeder bei der Jagd auf Wildschweine, doch verlor auch er allmählich an Bedeutung. Das Auflaufenlassen der Sauen auf die Feder galt seit dem Mittelalter als ritterliche Kunst, die auch die hohen Standespersonen manchmal übten; es sollte aber immer ein zweiter Mann zur Stelle sein, der zu Hilfe kam, wenn der Stoß des Fürsten missglückte. Der Bär, der zuweilen auch noch mit der blanken Waffe angegriffen wurde, schlug die Feder häufig beiseite und streckte den dann Waffenlosen nieder. Gelegentlich versuchte man sich durch Kühnheit hervorzutun und ein Schwein mit dem Degen abzufangen. Die Berufsjäger gaben häufig den von den Hunden gehaltenen Sauen mit dem Jagdmesser den Fang hinter dem Blatt, wobei sie dem Schwein auf den Rücken springen und sich mit der linken Hand am Kamm festhalten mussten. Saßen sie erst oben, so war die Sache weiter nicht gefährlich, denn das Wildschwein kann den Kopf seitwärts nicht so weit drehen, dass der Keiler seinen Reiter stoßen kann. Mit dem Genickfänger, einem kurzen Dolch, wurden das Kahlwild und die kleineren Hirsche abgefangen. Aus dem Jagdschwert entwickelte sich allmählich der Hirschfänger, mit dem die jagdbaren Hirsche den Fang hinter dem Blatt erhielten. Mit dem Aufkommen der reinen Schießjagd wurde der Hirschfänger mehr und mehr zu einer Art Galanteriedegen; er gehörte aber unerlässlich zum vorschriftsmäßigen Anzug der Jäger.

Die Feuergewehre wurden in einigen Landschaften schon frühzeitig bei der Jagd verwendet. Landgraf Wilhelm von Hessen bestellte sich 1501 drei Paar Feuerrohre und gab an, er hätte nie mit der Armbrust geschossen; Landgraf Ludwig von Hessen wollte 1572 sogar 100 Feuerrohre in seinem Besitz haben.[11] Anfangs waren die Feuergewehre noch recht schwer und unzuverlässig, sodass die meisten Jäger, wie beispielsweise Kaiser Maximilian I., noch die Armbrust bevorzugten. Diese wurde daher noch bis in das 17. Jahrhundert hinein vielfach auf der Jagd eingesetzt. Bei den ältesten Gewehren erfolgte die Entzündung des Pulvers durch ein Stückchen Schwamm, das am primitiven Hahn angebracht wurde. Als man den Hahn dann durch eine Feder vorschnellen lassen konnte, entstand das Schnapphahngewehr, nach dem die Landsknechte benannt wurden.

Eine wesentliche Verbesserung der Feuerwaffe war das Radschloss: Bei ihm kam ein Eisenrad an der Pulverpfanne durch den vorschnellenden Hahn zur Umdrehung und riss mit seinem rauen Rand Funken aus dem Schwefelkies des Hahns. Jetzt war der Schritt nicht mehr weit zum Feuersteingewehr, das in der Mitte des 17. Jahrhunderts aufkam und sich bis in das 19. Jahrhundert hinein behauptete.[12] Die alten Steinschlossgewehre, bei denen das auf

Mit den neuen Jagdwaffen veränderte sich auch die Jagd in der frühen Neuzeit. Gemälde aus dem 17. Jahrhundert

die Pfanne geschüttete Pulver die Ladung durch das Zündloch zur Explosion brachte, waren empfindliche und wenig zuverlässige Waffen. Einen großen Fortschritt brachte die 1807 erfolgte Erfindung des durch Schlag entzündbaren Zündpulvers; sie führte zur Konstruktion des Perkussionsgewehres. Bei ihm erhob sich über dem Zündloch ein Zündröhrchen, auf das ein kupfernes, mit Zündmasse gefülltes Hütchen geschoben wurde. Der Schlag des metallenen Hahnes auf das Zündhütchen reichte aus zur Entzündung der Ladung. Erst jetzt war das Schießgewehr bei jedem Wetter brauchbar.

Die alten gelernten Jäger gingen verständlicherweise nur mit Misstrauen an die Feuergewehre heran. Die Büchsen waren anfangs schwer und unhandlich, bei nebligem Wetter wurde das Pulver auf der Pfanne trotz des Pfannendeckels feucht und entzündete sich nicht; bei Regenwetter war es häufig nicht möglich, einen gezielten Schuss abzufeuern. Besonders lange war die Schrotflinte verfemt, mit der viel Wild nur angeschossen wurde, wie die alten Jäger beklagten. Einige Fürsten verboten die Schrotflinte zuerst überhaupt und gestatteten ihre Verwendung nur in Ausnahmefällen, wie beim Abschuss von Flugwild.

Der Wandel der Jagd und die Abkehr von den ritterlichen Jagdformen des Hochmittelalters zeigte sich am deutlichsten bei der Weiterentwicklung der Fangjagd.[13] Bei der Fangjagd wurde das Hochwild, wozu vor allem die Hirsche gehörten, von der Hundemeute so lange gehetzt, bis es sich erschöpft stellte und von dem berittenen Jäger mit Pfeil, Spieß oder Schwert getötet werden konnte. Ursprünglich als Überlandjagd betrieben, wobei dem Wild eine Chance des Entkommens gelassen wurde, entstand im Laufe der Zeit die Gewohnheit, den möglichen Fluchtweg der Tiere einzuengen, rund um das Jagdgebiet Seile, Netze und Tücher zu spannen sowie Treiberketten aufzustellen. Die mit dem Leithund nach sorgfältiger Vorsuche aufgespürten Hirsche wurden gesprengt und die Jagdhunde auf ihren Fährten gelöst. Von drei Seiten umschloss die Treiberwehr das Jagdfeld, um mit den Hunden das Wild zu der offenen Seite hin zu treiben, an der bei Rotwildjagden auf einem freien Platz der Jagdherr und sein Gefolge, durch Schirme verdeckt, Aufstellung genommen hatten. Hinter ihnen waren Fangnetze aufgespannt, in die das Wild geriet und abgefangen werden konnte.

Als sich im ausgehenden 16. Jahrhundert das Feuergewehr, dessen Gebrauch lange Zeit als unweidmännisch gegolten hatte, als Jagdwaffe durchzusetzen begann, entwickelten sich aus der Fangjagd die sogenannten eingerichteten oder eingestellten Jagden.[14] Da der rasche und sichere Erfolg der Feuerwaffen die Dauer der einzelnen Jagd sehr verkürzte, das Jagdvergnügen aber keinesfalls eine Minderung erleiden sollte, half man sich durch die Herbeischaffung größerer Wildmengen. Das jeweils zu bejagende Gebiet wurde vergrößert, das darin sich aufhaltende Wild von starken Jagdmannschaften zusammengetrieben und dann mit aufgespannten Tüchern an der Flucht gehindert. Die Treiber mussten das Wild nach dem Standort des Jagdherrn treiben, wo es von ihm erlegt werden konnte. Von allen widrigen Zufällen gelöst, handelte es sich hier also um das Abschießen eingesperrten Wildes. Die Vorbereitung solcher eingestellten Jagden nahm natürlich viel Zeit in Anspruch und machte die Mithilfe vieler Untertanen als Treiber notwendig. Die Erlegung des Wildes durch Abschuss ging dagegen relativ schnell vonstatten, sodass man möglichst viel Wild herbeitrieb, um das Jagdvergnügen zu verlängern. Durch die Vorsuche und durch Beobachtungen beim Zusammentreiben stellte man fest, was an Wild vorhanden war, und konnte dem Jagdherrn darüber genaue Meldung machen.

Aus solchen Jagden entwickelten sich dann die großen Hauptjagden,[15] die in der zweiten Hälfte des 18. Jahrhunderts zu den berüchtigt gewordenen ‚Massenmorden' an Wildtieren führten. Die Vorbereitungen für solche großen Jagden traf an den Fürstenhöfen der Oberjägermeister: Er suchte den Platz aus, an dem das Abschießen stattfinden sollte, und gab die nötigen Anweisungen an die Jäger. Wochenlang war die Jägerei des gesamten landesfürstlichen Territoriums in höchster Erregung und eifriger Vorbereitung; die für die Jagd in Frage kommenden Waldteile wurden für alle Nutznießer gesperrt und vor allem das Weiden streng verboten. Die erste Arbeit leisteten die Besuchsjäger mit dem Leithund; sie mussten feststellen, wo das meiste Wild stand. Ihre Meldungen gingen sofort an den Leiter der Jagd, der ganz in der Nähe des abzutreibenden

Gemälde einer eingestellten Jagd in Spanien von König Philipp IV. aus dem 17. Jahrhundert

Waldes mit seinem Stab Quartier nahm. Die Bauern der ganzen Gegend wurden rücksichtslos aufgeboten und in Gruppen eingeteilt, deren Führer ein Jagdbeamter war. Die Jäger mussten die frondienstleistenden Bauern dauernd beaufsichtigen und dafür sorgen, dass keiner entwich. In langen Reihen setzten sich die Treiber von den Waldrändern her in Bewegung, um das Wild allmählich dem Abschussplatz des Jagdherrn zuzutreiben.

Im 18. Jahrhundert wurden diese eingestellten Jagden überall nach dem Vorbild der größten Fürstenhöfe systematisch durchgeführt und mit mächtigem Pomp organisiert. Hatten den Fürsten früher noch 100 bis 200 Stück zusammengetriebenen Wildes genügt, so wollten sie jetzt nach Möglichkeit mehrere hundert Stück in abgesperrten Jagdbezirken haben. Erledigt wurde davon nur ein relativ geringer Teil, da das stolze Vorführen des Wildes genauso wichtig war wie die eigentliche Jagdausübung. Das Schauspiel wurde von einem dekorativ geschmückten Schießstand, dem „Jagdschirm" aus verfolgt, der als eine Art Pavillon fungierte, „worin die zur Jagd begierige Herrschaft mit allen anwesenden Kavalieren, Damen und anderen Frauenzimmern das getriebene und vorgejagt ankommende Wild mit besonderen Freuden erwarten und daselbst nicht nur durch unterschiedliches Geschoss groß und klein Wildpret fällen und erledigen, sondern auch nach beendigter Jagd, zumal bei Anwesenheit fremder Herrschaft, öfters herrliche Jagdbankette und Gastereien prächtig ausrichten lassen", wie es in einer zeitgenössischen Quelle heißt.[16]

Neben der eingestellten Jagd entfaltete sich seit Anfang des 18. Jahrhunderts auch die Parforcejagd; sie wurde als „französische Jagd" den in Deutschland üblichen Arten der Jagd auf Hochwild gegenübergestellt.[17] In Frankreich hatte sich die Parforcejagd, die dem in Deutschland früher üblichen Überlandreiten ähnlich war, besonders unter Ludwig XIV. zu einem mit großem Prunk und feierlichem Zeremoniell verbundenen königlichen Vergnügen entwickelt. Die Versuche, die französischen Hofsitten einzuführen, machten auch die Parforcejagd im deutschen Bereich bekannter. Seit Anfang des 18. Jahrhunderts wollten auch die deutschen Fürsten als ergebene Nachahmer Frankreichs dieselben Jagdformen praktizieren wie die französischen Könige und adeligen Jagdherren. Neben Frankreich galt England als Musterland für die Parforcejagd. Dort war aber der Fuchs zum Hauptjagdwild geworden, sodass die Fuchsjagden beim englischen Adel lange Zeit äußerst beliebt waren.[18] Den Hirsch jagten die Engländer meistens nur in Parks mit vielen Schneisen, auf denen Reiter und Hunde ihn besser sehen konnten, was die Jagd erleichterte. In den deutschen Gegenden wurde die Parforcejagd aber vorwiegend in freier Wildbahn durchgeführt.

Wie verhielt es sich mit der Jagd beim niederen Adel? Neben der eingestellten Jagd gab es die Treibjagd, die sich ebenfalls aus der älteren Fangjagd entwickelt hatte. Sie galt in erster Linie dem Niederwild, das im Mittelalter nur wenig das Interesse der hohen Herren gefunden hatte. Mit dem Aufkommen des Feuergewehres gewann das Niederwild jedoch an Bedeutung, weil es, in Massen zusammengetrieben, ein bequemes Schießen auf lebende Ziele ermöglichte. Da dem Landadel die Voraussetzungen für die prunkvollen Hof- und Fürstenjagden fehlten, verschaffte er sich sein Jagdvergnügen vor allem durch diese Niederwildjagden. Der niedere Adel war aber nicht allein auf seine eigenen relativ bescheidenen Jagden angewiesen. Als Mitglieder oder Gäste der Fürstenhöfe partizipierten die Adeligen am fürstlichen Aufwand, der sowohl bei den eingestellten Jagden als auch bei der Parforcejagd entfaltet wurde. Beide Jagdarten hatten durch den enormen Aufwand an Personal, Pferden, Hunden und Sachmaterial und dem zur Schau gestellten Prunk den ursprünglichen Charakter des Weidwerks verloren. Die eigentliche Jagdtätigkeit war zur Aufgabe des zahlreichen Jagdpersonals und der Hundemeute geworden, während die herrschaftlichen Jäger ihnen mit ihrer Begleitung nur folgten, um die gestellten und an jeder weiteren Flucht gehinderten Tiere zu töten.

Die Jagd war aber nicht nur der glänzende Bestandteil höfischer Feste oder kulminierte allein in großen Prunkjagden. Bei vielen Adeligen, ob hoch oder niedrig, bildete sie einen beträchtlichen Teil des Alltags und war nicht nur ihr wichtigstes Vergnügen, sondern oft genug ihre einzige Beschäftigung. Friedrich der Große, der eine Ausnahme darstellte und wenig an der Jagd interessiert war, kritisierte in seinem „Antimachiavell", dass „die meisten Könige und Fürsten ... dreiviertel ihrer Lebenszeit" auf der Jagd verbrächten.[19] Die Jagd war damals zweifellos der Hauptgegenstand des Interesses in der Adelsgesellschaft, und Jagderlebnisse waren der bevorzugte Gesprächsstoff bei Festen und Alltagsbegegnungen. Oft wurden tagebuchartige Aufzeichnungen über die erzielten Strecken gemacht, und dieses „Schieß-Register" verdeutlichte, dass nicht selten Tag für Tag und Woche für Woche gejagt wurde.[20] Diese täglichen Jagden waren oft sogenannte Pürsche, bei denen der Jagdherr in kleiner Gesellschaft das Revier durchstreifte. Aber auch bei dieser Art der Jagdausübung wurde die eigentliche weidmännische Arbeit vom Jagdpersonal geleistet, das solche Jagdunternehmungen durch vorbereitende Feststellungen über Aufenthaltsorte und bevorzugte Wechsel des Wildes erst möglich machte. Dass auch diese dem weidmännischen Ideal näherkommenden Jagden nur Zeitvertreib und kaum mehr „tapfere und ritterliche Übungen" im Sinne des Wolf von Hohberg waren,[21] veranschaulichen die Beschäftigungen, mit denen man sich ersatzweise oder auch zur Abwechslung befasste, nämlich mit Kegeln, Scheibenschießen, Musik oder Tanz.

Die Jagd und der jahreszeitliche Naturverlauf bestimmten die Aufenthaltsorte und den Lebensrhythmus vieler Fürsten und Adeligen in einem starken Maße. Den Kurfürsten von der Pfalz stand das Schloss Schwetzingen während der Jagdzeiten regelmäßig als Aufenthaltsort zur Verfügung. Nachdem das Schloss in den Besitz der Kurfürsten gelangt war, diente es schon unter Friedrich dem Siegreichen (1425–1476) dem kurpfälzischen Hof als Hauptstation bei den turnusmäßig durchgeführten Jagden.[22] Herzog Karl Eugen von Württemberg (1737–1793) pflegte alle Jahre mit großer Regelmäßigkeit zur Zeit der Hirschbrunst nach Grafeneck zu reisen, um hier Hirschjagden durchzuführen und kapitale Hirsche zu erlegen.[23]

Selbst im 19. Jahrhundert war es für viele Adelige und Fürsten nicht üblich, während der Jagdsaison zu verreisen – es sei denn, man war zu einer Jagd eingeladen. Graf Franz von Erbach verbrachte die Sommermonate normalerweise in seinem Jagdschloss zu Eulbach, das mit zahlreichen Hirsch- und Rehgeweihen ausgeschmückt war.[24] Im deutschen Kaiserreich wurden unter Wilhelm II. in den Herbstmonaten regelmäßig großartige Jagden in bevorzugten Revieren und Staatsforsten durchgeführt, an denen der Adel und große Teile des Hohenzollernhofes beteiligt waren.[25]

Das Jagdwesen am Hof der Kurfürsten von der Pfalz

Zur Illustration der höfischen Jagd des 18. Jahrhunderts ist es angebracht, ein Fürstentum und dessen Jagdverhältnisse exemplarisch zu betrachten. Die Kurpfalz, die ihren herrschaftlichen Mittelpunkt in der Residenzstadt Heidelberg hatte, eignet sich hervorragend für diesen Zweck, weil die Jagd am kurpfälzischen Hof lange Zeit eine wichtige Rolle spielte und die kurpfälzischen Jagdsitten in die Nachbarregionen ausstrahlten.[26] Das bekannte Lied vom „Jäger aus Kurpfalz“ erinnert zutreffend an die besondere Bedeutung, die das Jagdwesen am glänzenden Hof der Pfälzer Kurfürsten einst einnahm.

„Zur Sommers-Zeit pflegen sich die grossen Herren gemeiniglich auf ihre Lust-Schlösser und Jagt-Häuser zu begeben und daselbst mit Jagten und allerhand Arten der Lustbarkeiten zu divertieren. Es sind hieselbst gemeiniglich manche strenge Ceremonien, die man in den Residentien bey Hofe verspührt, verbannet, und man spühret allenthalben mehr Freyheit und ungezwungenes Wesen.“ Mit diesen Worten beginnt Julius Bernhard von Rohr, ein aufmerksamer Beobachter des höfischen Lebens im 18. Jahrhundert, in seinen „Ceremonielwissenschaften vor die grossen Herren“ die Darstellung der zeitgenössischen höfischen Jagdsitten.[27] Unter den von Rohr angesprochenen „Divertissements“ dominierten am kurpfälzischen Hof im 18. Jahrhundert die bereits erwähnte Jagd, auch „deutsche Jagd“ genannt, und die aus Frankreich übernommene Parforcejagd, die nach ihrer Herkunft auch als „französische Jägerey“ bezeichnet wurde.

Das Jagdwesen der Kurpfalz hatte sich wie in anderen Fürstentümern des Deutschen Reiches im Laufe der frühneuzeitlichen Epoche stark verändert. Von den kurpfälzischen Fürsten des 16. Jahrhunderts ist in jagdhistorischer Hinsicht besonders Pfalzgraf Johann Casimir (1543–1592) zu erwähnen, der vermutlich das Urbild des „Jägers aus Kurpfalz“ abgegeben hat.[28] Er war sicherlich einer der größten Jagdliebhaber in der langen Reihe der Kurpfälzer Fürsten und Jäger; aus dem Hause Simmern der Wittelsbacher Linie stammend, war Johann Casimir nach dem Tod des kunstsinnigen Kurfürsten Ottheinrich 1559 an die Regierung gelangt. Von seiner Mutter Maria von Brandenburg erbte er offenbar die Jagdleidenschaft, von der er sein Leben lang geprägt war. In seinen Jagdtagebüchern notierte er mit peinlicher Genauigkeit 22 Jahre lang seine Erfolge und Erlebnisse auf seinen zahlreichen Jagdzügen. Diese in pfälzischer Mundart abgefassten Aufzeichnungen geben aufschlussreiche Einblicke in die artenreiche Tierwelt zwischen Kaiserslautern und Heidelberg, zwischen Neuschloß im Ried und Germersheim bei Speyer. Außer Rotwild, Schwarzwild und Rehwild wird von Reihern, Enten, Kranichen, Wildgänsen, Eulen, Trappen, Schwänen, Auerwild, Wachteln, Schnepfen und vielen anderen Wildarten berichtet.[29]

Als jagdliche Stützpunkte dienten Johann Casimir in den Anfangsjahren seiner Regierung vorwiegend das Neuschloß im Lampertheimer Riedwald südlich von Lorsch, das Schloss Friedrichsbühl in der Pfalzgemeinde Bellheim, der Einsiedlerhof westlich von Kaiserslautern und der Hof Wersau in der Rheinebene bei Speyer. Ende der siebziger Jahre wird dann häufig das Schloss Friedeiheim bei Bad Dürkheim erwähnt, das Johann Casimir mit Zustimmung seines Vaters erbauen ließ und für seine Jagdzüge nutzte. Erst in späteren Jahren, als Johann Casimir anstelle des minderjährigen Pfalzgrafen Friedrich die Kurpfalz verwaltete, unternahm er Jagdzüge vornehmlich von Heidelberg aus. Die Jagd spielte im Leben dieses kurpfälzischen Fürsten offenbar eine herausragende Rolle, wenn man seine Aufzeichnungen aufmerksam liest. Fast gewinnt man den Eindruck, als sei am kurpfälzischen Hof zur damaligen Zeit nur die Jagd und nichts anderes getrieben worden. Da neben dem eigentlichen Tagebuch auch noch die Schießregister erhalten sind, in denen der Pfalzgraf vermerkt hat, was er selbst erlegte und was somit als sein persönlicher Jagderfolg gelten darf,[30] ist es leicht möglich festzustellen, wie viel Stück Wild er im Laufe der Jahre zur Strecke bringen konnte und welche Tierarten er bevorzugte.

Den tagebuchartigen Aufzeichnungen ist zunächst zu entnehmen, dass das Hauptziel seiner Jagdzüge darin bestand, möglichst viel Wild zu erlegen. Auswahlkriterien nach Alter oder Zahl des Wildes sind im Allgemeinen nicht erkennbar, ebenso wenig eine bewusste Suche nach hervorragenden Trophäen. Notiert wird ausdrücklich, wenn

Johann Casimir einmal besonderes Jagdglück hatte, so zum Beispiel, als er einmal drei Wildgänse oder ein anderes Mal sogar drei Kraniche mit einem Schuss erlegte, was vor allem der Wirkung der neuen breitstreuenden Entenflinten zuzuschreiben war. Einige Abnormitäten wurden dagegen aufmerksam wahrgenommen: so Rehböcke mit außergewöhnlichem Gehörn oder Hirsche mit zahlreichen Stangen und Enden. Johann Casimir glänzte als Jäger noch nicht wie die Pfalzgrafen des 18. Jahrhunderts durch Großjagden und immense Abschusszahlen. Er jagte vielmehr allein oder mit nur kleinem Gefolge, mehrere Tage lang und oft bis tief in die Nacht hinein. Bei diesen Unternehmungen waren Ausdauer, Kraft und Geschicklichkeit wichtige Voraussetzungen für den jagdlichen Erfolg, der unterschiedlich ausfiel. Auffällig ist besonders die Volksnähe dieses Pfalzgrafen, der bei seinen Jagdzügen immer wieder in engen Kontakt zu seinen Untertanen gelangte. Sein Nachfolger Friedrich IV. (1574–1610) offenbarte ebenfalls einen starken Hang zu Jagd, Reiten, Ritterspiel und Hoffesten, weniger aber zum Schreiben und zur Verwaltungstätigkeit. Sein Tage- und Ausgabenbuch zeigt, dass ernsthafte Politik ihn kaum interessierte.[31] Hatte er sich einmal in die Kanzlei begeben, vermerkte er lakonisch, er habe im Rat „geschwitzt" oder er habe sich in mehreren Ratssitzungen die Zeit verdorben. Kaum eine Woche verging dagegen, ohne dass er mit der Armbrust oder der Büchse geschossen hätte sowie auf die Jagd gegangen wäre. Durchschnittlich ging der Kurfürst pro Jahr etwa 55 Mal auf die Jagd, hetzte in drei Jahren zehn Hirsche, vierzehn Wildschweine, drei Rehe und dreizehn Hasen, pirschte drei Dachse und elf Füchse und beizte sechzehn Reiher und elf Enten. Neben der Hatz und der Pirsch liebte Friedrich die Beizjagd, bei der ihn manchmal auch seine Gemahlin Louisa von Oranien begleitete. Außerdem hielt sich der Kurfürst in seinem Tierpark im Heidelberger Schlossgraben gezähmte Hirsche.

Wenn Friedrich auf die Jagd ging, wurde er in den Dörfern zumeist höflich empfangen, erlebte jedoch manchmal böse Überraschungen. Dies geschah im Herbst 1603 anlässlich einer Hasenjagd, als es zwischen dem Kurfürsten und dem Rohrbacher Bauern Hans Eysengrein zu einer dramati-

Aus Wut über die Wildschäden übte ein Bauer einen Attentatsversuch auf den pfälzischen Kurfürsten Friedrich IV. aus.

Wasserjagd in Frankreich zu Ehren von Paul I. von Russland und Maria Feodorowna. Gemälde aus dem 18. Jahrhundert

schen Auseinandersetzung kam.[32] Dieser hatte sich darüber empört, dass der Kurfürst bei seinen Jagden ungefragt über seinen Acker ritt, weshalb er sich in Heidelberg ein langes Messer besorgte. Mit diesem durchschnitt er die im Feld aufgestellten Jagdtücher und Leinen und lauerte danach dem Kurfürsten auf. Als die Jagdgesellschaft am 12. September 1603 nachmittags über seinen Rübenacker hetzte, trat Eysengrein aus seinem Versteck hervor und fragte nach dem Kurfürsten. Als man ihm den Fürsten gezeigt hatte, rannte er grimmig auf ihn zu, fiel dessen Pferd in die Zügel und schalt den Kurfürsten, dass er mit seiner Jagdgesellschaft seinen Acker verderbe. Darauf forderte er diesen auf, vom Pferd herabzusteigen und es ihm zu überlassen. Gleichzeitig bekräftigte er seine Forderung, indem er mit seinem Haumesser zu einem gewaltigen Streich auf Friedrich ausholte. Dieser zog die Pistole und schoss, traf den Angreifer aber nicht. In letzter Sekunde ritt ein anderer Jäger dazwischen, fing den von Eysengrein dem Kurfürsten zugedachten Hieb ab und konnte den Bauern zu Boden schlagen. Nachdem der Attentäter überwältigt war, kamen auch andere Jagdbegleiter hinzu und klärten die gefährliche Situation. Der Kurfürst ließ Eysengrein dann zwischen die Pferde binden und nahm ihn mit nach Heidelberg. Dort warf man den Bauern ins Gefängnis, verhörte und folterte ihn, worauf er ein freimütiges Geständnis ablegte. Man ließ ihn, um nicht zu viel Aufsehen zu erregen, heimlich auf die Burg Lindenfels im Odenwald bringen, von wo er entweder ausgebrochen oder elendig im Gefängnisturm der Burg verschmachtet ist. Die Art und Weise, wie man den Rohrbacher Bauern aus dem Verkehr zog, lässt den Schluss zu, dass der Vorfall von hoher Seite bewusst heruntergespielt wurde. Man darf also vermuten, dass damals eine tiefe Missstimmung unter der Landbevölkerung herrschte, die durch die ungezügelten Jagdzüge des Kurfürsten entstanden war. Hinzu kamen die umfangreichen Jagdfronen wie Bereitstellung der Jagdgeräte, Unterhalt der Jagdstationen, Aufnahme der Jagdhunde, Leistung von Spann- und Treiberdiensten sowie der durch das herrschaftliche Wild angerichtete Schaden auf den Feldern. All dies gab Anlass zur Empörung und ständiger Unzufriedenheit der Bauern.

Die Kurfürsten Casimir und Friedrich IV. betrieben die Jagd noch weitgehend auf traditionelle Art und Weise. Ständig im Sattel zu sitzen, das Wild bei Wind und Wetter aufzuspüren und unter großen

Strapazen für Reiter und Pferde zu Tode zu hetzen, dabei letztlich nur eine bescheidene Anzahl von Wild zur Strecke zu bringen, entsprach noch stark der Mentalität mittelalterlicher Jäger und nicht dem Geist eines neuzeitlichen Territorialherren. Schon Friedrich V., der glücklose ‚Winterkönig', fand an dieser Art der Jagd offenbar keinen Gefallen mehr, weshalb er bald nach seinem Regierungsantritt im Jahre 1614 einen Großteil des väterlichen Jagdpersonals entließ. Der Dreißigjährige Krieg und seine schlimmen Folgen ließen dann die landesfürstliche Jagd längere Zeit zurückstehen, da man große Mühe auf die Beseitigung der Kriegsfolgen und die Wiederbebauung der wüsten Felder verwandte.

Grundlegende Wandlungen erlebte dann die kurpfälzische Jagd während des 18. Jahrhunderts im Zeitalter des Absolutismus. Statt das Wild in kräftezehrenden Hetzjagden bis zur Erschöpfung zu verfolgen, wie dies die Pfalzgrafen im 16. Jahrhundert getan hatten, bevorzugte der höfische Jäger im 18. Jahrhundert auch in der Kurpfalz die körperlich weniger strapaziöse, dafür aber umso repräsentativere eingestellte Jagd.[33] Der Kurfürst hetzte jetzt nicht mehr selbst, sondern ließ das Wild durch seine Jäger und seine Untertanen in großer Zahl aus den Wäldern zusammentreiben, um es bequem und publikumswirksam vom sicheren Jagdstand aus zu erlegen. Mit einem enormen Aufwand an Menschen und Jagdzeug umstellte man in der Kurpfalz bei den eingestellten Jagden Terrains mit Zäunen aus Tüchern und Netzen und konzentrierte sodann das Wild durch Treiberketten auf kleinstem Raum in einem umzäunten Platz. Dort war ein Schießstand aufgebaut, der sogenannte Jagdschirm, unter dem sich der kurpfälzische Jagdherr und seine adelige Hofgesellschaft versammelten. Der Ort, an welchem das Wild erlegt werden sollte, wurde von kurpfälzischen Hofmalern durch prunkvolle Dekorationen mit großem Aufwand künstlerisch ausgestaltet. Insbesondere der Einsprung des Wildes in den Laufgang zum Schießstand wurde häufig durch Kulissen in Form pompöser Scheinarchitektur betont.

Kurfürst Carl Philippe (1661–1742), der im Streit mit den Heidelberger Bürgern die kurfürstliche Haupt- und Residenzstadt 1720 nach Mannheim verlegte,[34] knüpfte an die Tradition der leidenschaftlichen Kurpfälzer Jäger an. Im Stil seiner Zeit versuchte er eingestellten Jagden auch dadurch einen höheren Glanz zu verleihen, dass er sie zu großen Prunkjagden ausweitete: große Jagdspektakel, bei denen die Jagd mit einem höfischen Fest verbunden war. Ein Zyklus von insgesamt 16 großformatigen Ölbildern im Schwetzinger Schloss zeigt die breite Palette solcher Prunkjagden.[35] Kurfürst Carl Theodor (1724–1799) setzte die Kurpfälzer Jagdtradition fort, wenngleich mit anderen Akzenten und mit weniger Intensität als seine Frau Elisabeth Augusta.[36] In den ersten Regierungsjahren war seine Jagdbegeisterung noch so groß, dass er fast täglich auf die Jagd ging. Mehrtägige Jagdpartien auf das Hochwild, auf Hirsche und Wildschweine, stellten damals keine Seltenheit dar. Bevorzugte Jagdgebiete waren die Rheinebene, das Neustädter Tal und der Odenwald; aber auch andere Landesteile waren Objekte fürstlicher Jagdlust in Form von eingestellten Jagden oder Parforcejagden.

Die Ausgaben für das Jagdwesen erreichten in der damaligen Kurpfalz eine enorme Höhe. Kostenberechnungen zum Kurpfälzer Hof um 1776 haben ergeben, dass allein 12 164 Gulden an Gehältern auf die Jägerei entfielen; dazu kamen noch 6000 Gulden an Sachkosten für den Unterhalt der Jagdhäuser und des Jagdzeugs.[37] Dieser beträchtliche finanzielle Aufwand setzte der Jagdbegeisterung des Kurfürsten gewisse Grenzen, sodass er sich Ende der 1760er Jahre entschloss, die Parforcejagd, welche er besonders gefördert hatte, wieder aufzugeben. Schon vorher hatte er die nicht weniger teure Beizjagd, die er von seinem Vorgänger Carl Philipp übernommen hatte, abgeschafft und in diesem Zusammenhang 21 Falkenmeister samt ihren Gehilfen entlassen. Neben den enormen Kosten waren es aber auch gesundheitliche Probleme, die den Kurfürsten zur Reduzierung der Jagdausgaben veranlassten. Mehrere schwere Stürze sollen ihm ebenfalls den Spaß an den Jagdpartien vermindert haben. Es wurden aber weiterhin aus Anlass von Geburtstagsfesten oder beim Besuch hoher Staatsgäste großartige Prunkjagden arrangiert, zu denen von Musik und jubelndem Volk umrahmte An- und Abfahrten ebenso gehörten wie imposante Jagdstände.[38]

Für die Organisation der kurpfälzischen Jagden war der Obristjägermeisterstab zuständig, der mit dem Obristjäger- und Obristforstmeisteramt eine Behörde bildete.[39] Sie war verantwortlich für das gesamte kurpfälzische Jagd- und Forstwesen und damit auch für die Pflege der Jagdgebiete in den vierzehn Oberämtern der Pfalz. Ferner hatte sich diese Behörde auch mit rechtlichen Angelegenheiten zu befassen, wie der Regulierung von Wildschäden, dem Aufspüren von Wilddiebstahl, der Verpachtung von Jagden und der Bearbeitung von Beschwerden. Zur eigentlichen Hofjägerei zählten zahlreiche Pirsch-, Zeug- und Fasanenmeister, Aufseher über die bevorzugten Jagddistrikte sowie etliche Hilfsknechte. Darüber hinaus gab es ein eigenes Ressort, das für die Jagdschiffe und die Wasserjagden zuständig war. Wasserjagden waren in der Kurpfalz besonders beliebt und erregten in der höfischen Welt eine große Aufmerksamkeit. Für solche Jagdspektakel war das Neckartal am Fuße des Dilsberg als Naturkulisse besonders gut geeignet, sodass eine Reihe von Prunkjagden hier stattfand. Vor allem Hirsche wurden bei diesen Jagden von den Bergen in den Neckar hineingetrieben und dort vom Jagdschirm des Hauptschiffes aus erlegt.

Eine am 13. August 1764 am Neckar durchgeführte Prunkjagd schilderte der päpstliche Gesandte Prälat Garampi mit großer Aufmerksamkeit für alle Details.[40] Angesichts des gewaltigen Aufwands und der hohen Kosten, die dieses Jagdspektakel verschlang, beruhigte der Prälat sein Gewissen damit, dass das erlegte Wild am Ende der Jagd teils an die Jäger, teils an bestimmte Klöster vergeben wurde. Man erzählte, dass der Kurfürst für das Jagdfest die enorme Summe von 20 000 Gulden verausgabt habe; auch seien 300 Bauern drei Wochen lang damit beschäftigt gewesen, die für diese Jagd erforderlichen zahlreichen Hirsche zusammenzutreiben. Nicht weniger Aufsehen erregte eine Wasserjagd, welche der Verwalter des Heidelberger Oberamts im Elsenztal bei Neckargemünd am 15. Juli 1788 für Carl Theodor inszenierte, als dieser sich wieder längere Zeit in der Rheinpfalz aufhielt.[41] Tausende von Zuschauern wohnten diesem großen Spektakel bei. Erst abends trat die höfische Gesellschaft die Heimreise an, und bevor wieder die Schiffe bestiegen wurden, dankte man dem Kurfürsten mit Hochrufen für das großartige Fest.

Die Jagdfronen der Untertanen für derartige Prunkjagden erreichten eine außergewöhnliche Dimension. So berechnete der kurpfälzische Hofkammerrat die zu den Jagden jährlich geforderten Fronen für das Jahr 1777 auf insgesamt 100 000 Handfröner und 60 000 Stück Vieh,[42] wobei zu bedenken ist, dass sich diese Zahlen vor allem auf die ausgewiesenen Jagdgebiete konzentrierten, deren Bewohner besonders hart betroffen waren. Gegen diese Bedrückungen nahmen die Widerstände der bäuerlichen Bevölkerung im ausgehenden 18. Jahrhundert immer größere Ausmaße an. Sie äußerten sich darin, dass insbesondere dann, wenn die großen Jagden mit der Erntezeit zusammenfielen, von den Dörfern nicht die kräftigsten Fröner als Jagdhelfer geschickt wurden, sondern untüchtige Leute, Frauen und Kinder. Klagen gab es ferner über das rüde Benehmen der kurfürstlichen Jäger gegenüber den zum Frondienst herangezogenen Untertanen. Man machte den Jägern stellenweise den Vorwurf, dass sie mit den jagdfronleistenden Bauern tyrannisch umgingen, sie wie Hunde behandelten und bei Widerreden verprügelten.

Hauptärgernis der kurpfälzischen Jagd war jedoch der Wildschaden auf Feldern und Fluren, der durch die Überhege des Wildes entstand. Der Wildschaden war beträchtlich, die Schutzmaßnahmen, welche die Bauern dagegen ergreifen durften, wenig effektiv.[43] Gestattet wurden den Dorfgemeinden allenfalls Feldumzäunungen sowie die zeitweilige Vertreibung des Wildes durch Feldhüter und Hunde. Die Feldhüter durften mit ihren Waffen und Stöcken lediglich Lärm verursachen, aber keineswegs das Wild töten, und die Hunde mussten „gebengelt" werden, d.h. sie hatten an Ketten befestigte Knüppel zu schleppen, die sie am Hetzen und Verfolgen des Wildes hinderten. Die Wildzäune durften in der Kurpfalz nicht zu hoch, die Pfosten oben nicht zu spitz sein, damit das Wild, das infolge der Überhege des Waldes auf zusätzliche Feldnahrung angewiesen war, nicht völlig von den Feldern der Bauern ferngehalten wurde oder sich beim Überspringen der Zäune verletzen konnte. Vor den immer lauter werdenden Klagen und Beschwerden seiner Untertanen konnte der Kurfürst auf Dauer seine Ohren nicht völlig verschließen, sodass er allmählich mehr Verständnis für die Bauern aufbrachte, wenn sie den Wildschaden durch Selbsthilfe verringerten. Aufforderungen des Kurfürsten zu mehr Abschüssen wurden jedoch nur zögerlich befolgt, weil das Forstpersonal zugleich gute Wildbestände garantieren musste. In diesem Dilemma trieben Jäger und Förster das Wild manchmal von einem Jagdbezirk in den nächsten, um auf diese Weise die von oben angeordnete Verminderung des Wildbestandes vorzutäuschen, zugleich aber die von ihnen erwarteten Jagderfolge sicherzustellen.

Die finanzielle Belastung der Untertanen durch die herrschaftliche Jagd der Fürsten wurde durch den Bau von luxuriösen Jagdschlössern zusätzlich gesteigert. Der Bau von Jagdschlössern setzte vor allem seit Beginn des 16. Jahrhunderts in verstärktem Maße ein. Sie wurden in Wald- und wildreichen Gegenden errichtet und dienten der Bequemlichkeit der höfischen Gesellschaft, die auch auf der Jagd keine der gewohnten Annehmlichkeiten entbehren wollte. Für die fürstlichen Jäger wurde der Bau von luxuriösen Jagdschlössern zu einer Prestigesache, zu einem Wettbewerb der Prunksucht.[44] Das bekannteste Beispiel ist in Südwestdeutschland wahrscheinlich das Jagdschloss Karlsruhe, das Markgraf Karl Wilhelm von Baden-Durlach seit 1715 in Nachbarschaft zum kurpfälzischen Territorium bauen und zum Nukleus einer Stadt werden ließ.[45] Im Nachbarfürstentum Württemberg wurden im Laufe der Zeit neben den der ordentlichen Hofhaltung dienenden Schlössern noch sechs weitere eigens für die Jagd erbaut, so in Grafeneck, Einsiedel, Kirbach, Hohenaurach, Waldenbuch und Solitude.[46] In der Kurpfalz dienten die Schlösser Schwetzingen, Hirschbühel und Friedrichsbühel ganz oder teilweise der Jagd. Das Jagdschloss in Schwetzingen wurde im 18. Jahrhundert wegen seiner günstigen Lage zur ständigen Sommerresidenz der Pfälzer Kurfürsten ausgebaut.[47] Von der herausragenden Stellung des Schwetzinger Schlosses im kurpfälzischen Jagdwesen zeugte der einzigartige Zyklus von sechzehn Jagdbildern, der dort aufgehängt wurde.[48] Herzog Karl II. von Pfalz-Zweibrücken (1775–1795) ließ das Jagdschloss Karlsberg errichten, dessen Bau und Ausstattung mit Menagerien für exotische Tiere sowie Marställen und Zwingern für 1500 Pferde und 800 Hunde nicht weniger als 14 Millionen Gulden gekostet haben soll.[49]

Das Jagdschloss in Schwetzingen hatte eine besonders gute Lage für die Jagd.

Die wirtschaftliche Bedeutung der herrschaftlichen Jagd

Die hohe Wertschätzung der Jagd durch Fürsten und Adelige wirft die interessante Frage auf, in welchem Ausmaß die herrschaftliche Jagd eine wirtschaftliche Bedeutung hatte. Waren es ökonomische Motive, die Fürsten und adelige Herren im 18. Jahrhundert zur Jagdausübung veranlassten? Für Wolf von Hohberg war die Jagd „eine gute und reiche Küchenmeisterin, die unsere Tafeln mit herrlichen Speisen versorget", wie er 1682 in seinem Jagdbuch ausführte.[50] Offensichtlich spielte demnach der Bedarf der herrschaftlichen Küchen an Wildfleisch eine wichtige Rolle. Wie hoch der Verbrauch an Wildfleisch in den Hofküchen tatsächlich war, lässt sich nur schwer feststellen. Der Fleischbedarf war sicherlich groß, da nicht nur die herrschaftliche Tafel versorgt werden musste, sondern auch das gesamte Hofpersonal, das fast immer freie Kost als Naturallohn genoss. In eigens dazu erlassenen Ordnungen wurden z. B. im Herzogtum Württemberg, dessen Jagderträge und Jagdkosten Hans Wilhelm Eckardt exemplarisch untersucht hat,[51] die Lieferung von Wildbret aus den Forsten an den Hof detailliert geregelt. Das Rot- und Schwarzwild deckte demnach rund 23 Prozent des Fleischbedarfs am württembergischen Hof;[52] zusammen mit dem Hasen- und Geflügelfleisch stellte es sicherlich ein Viertel des Verbrauchs an Fleisch zur Verfügung. War der alltägliche Bedarf an Küchenwild für die etwa 300 Personen, die täglich am Hof zu versorgen waren, schon beträchtlich, so wuchs er noch bei festlichen Gelegenheiten ganz erheblich. Neben dem Bedarf an Küchenwild war der an Deputatwild zu decken; die Mitglieder der fürstlichen Familie, aber auch die Bediensteten der Forst- und Jagdverwaltung hatten Anspruch auf eine regelmäßige Wildzuteilung.

Neben dem Fleisch fiel bei der Verwertung der Wildbeute eine Reihe von wirtschaftlich wichtigen Nebenprodukten ab.[53] Die Häute von Rotwild wurden von Handschuhmachern und Sattlern verwendet, die Schwarte der Wildschweine für Schuhsohlen gebraucht. Von Hutmachern und Kürschnern wurden Hasenfelle und Fuchsbälge nachgefragt, während die wertvollen Pelze von Edelmardern und

Die Geweihe der erlegten Hirsche wurden in den Jagdschlössern (hier in Moritzburg) ausgestellt.

Ottern meistens nicht verkauft wurden, sondern im Besitz der Herrschaft verblieben. Die Prachtexemplare der Hirschgeweihe wurden von den Jagdherren in der Regel ebenfalls einbehalten und zierten als Trophäen die Geweihsammlungen in vielen Jagdschlössern. Die Geweihe kleinerer Hirsche, aber auch die jährlich abgeworfenen Hirschstangen wurden dagegen zu Messergriffen und anderen Gebrauchsartikeln verarbeitet. Neben der Eigennutzung der Jagd durch die Verwertung der Beute konnte die Verpachtung treten, wenn die Entfernung des betreffenden Jagdreviers von der Residenz des Jagdherrn so groß war, dass sowohl das Jagdvergnügen als auch die wirtschaftliche Nutzung durch die langen Reise- und Transportwege beeinträchtigt wurden. Als Pächter kamen selbstverständlich nur ‚Personen von Stand' in Frage, zu denen im späten 18. Jahrhundert auch Angehörige des hohen Bürgertums gezählt werden konnten, keinesfalls aber einfache Handwerker und Bauern.

Welche Erträge ergaben sich im 18. Jahrhundert insgesamt bei den Jagdherren aus ihren Jagdrevieren? Für das Herzogtum Württemberg kann auf eine Zusammenstellung aller vorhandenen Nachrichten über erlegtes Wild zurückgegriffen werden, sodass sich die Höhe des finanziellen Wertes der württembergischen Jagd im 18. Jahrhundert abschätzen lässt. Nach Berechnungen von Eckardt erreichte der jährliche Ertrag der Jagd im Herzogtum Württemberg rund 35 000 fl.[54] Welche Kosten stehen diesem Gesamtertrag nun gegenüber? Um die Kosten richtig abschätzen zu können, ist zunächst ein Blick auf das Jagd- und Forstpersonal zu werfen. Dabei ist zu differenzieren zwischen der Hofjägerei, die in der Residenz stationiert war und dem Landesherrn bei jeder Jagd zur Verfügung stand, und dem Personal, das die Forste und Reviere im ganzen Territorium betreute. Neben der Hofjägerei mit insgesamt 27 Personen – vom Obristjägermeister über die Jagdjunker bis zu den Jägerburschen – gab es 1797 das umfangreiche Jagd- und Forstpersonal im ganzen Land, das aus 15 adeligen Oberforstmeistern und 299 bürgerlichen Forstmeistern, Jägern und Jägerknechten bestand. Während die höchsten Ämter mit erheblichen Zuwendungen dotiert waren, war die Besoldung der mittleren und niederen Bediensteten relativ dürftig. Für die Personalkosten muss man nach Eckardt eine Summe von etwa 77 800 fl. ansetzen,[55] womit aber noch längst nicht alle Kosten der herrschaftlichen Jagd erfasst sind. Hinzu kommen die Aufwendungen für den Unterhalt der Jagdschlösser und den Bedarf an Waffen und Munition, ferner die Kosten für Wildfütterung, Jagdfeste und Tiergärten in einer Höhe von 22 700 fl., sodass sich ein jährlicher Gesamtaufwand für die herrschaftliche Jagd von rund 100 000 fl. ergibt.[56] Den jährlichen Einnahmen aus der Jagd von 35 000 fl. standen demnach im Herzogtum Württemberg im späten 18. Jahrhundert die beträchtlichen Ausgaben von 100 000 fl. gegenüber, sodass fast zwei Drittel der Gesamtbilanz der Jagd aus Verlusten bestand. Ein Vergleich mit der Markgrafschaft Ansbach zeigt, dass Württemberg und seine Jagdbilanz kein extremes Beispiel darstellen. Im Fürstentum Ansbach wurden nach neueren Berechnungen in der Mitte des 18. Jahrhunderts rund 40 000 fl. für herrschaftliche Jagdzwecke ausgegeben, wovon nur 29 Prozent durch Einnahmen aus der Jagd gedeckt wurden.[57] Adelige Jagdbetriebe ohne fürstlichen Prunk konnten jedoch durchaus einen beträchtlichen Gewinn verbuchen, wie das Beispiel der Herren von Rechberg zeigt. In der nahe bei Ulm gelegenen Herrschaft Weißenstein erzielten die Rechberger von 1791 bis 1800 bei Einnahmen von 2755 fl. und Ausgaben von 564 fl. ei nen Überschuss von 2191 fl.[58]

Der wirtschaftliche Nutzen war für die Fürsten im Zeitalter des Absolutismus offenbar nur eine erfreuliche Begleiterscheinung der Jagd, aber letzthin kein entscheidendes Kriterium der Jagdausübung. Den Fürsten war nichts zu teuer, wenn es darum ging, großartige Jagdzüge und Jagdfeste zu veranstalten, die einen repräsentativen Wert besaßen und den Glanz des Hofes vermehrten. So beeindruckend die Zahlen über den Jagdaufwand auch sind, geben sie doch nur einen Teil der tatsächlichen Kosten wieder. Das Defizit im herrschaftlichen Jagdetat wurde nämlich aus den allgemeinen Staatseinnahmen und den Steuern der Untertanen gedeckt, sodass man von einer indirekten Finanzierung der Jagd durch die Untertanen sprechen kann. Berücksichtigt werden muss in dieser Gesamtbilanz auch ein weiterer direkter Beitrag der Landbevölkerung zur Jagd, der sich schwer in Geld berechnen lässt: Die Bauern hatten Jagddienste zu leisten, Jäger und Hunde zu verpflegen und den Wildschaden zu erdulden.

Frauen werden bei Beschreibungen der Jagd häufig vernachlässigt. Fotografie aus dem 19. Jahrhundert

FRAUEN UND JAGD IM WANDEL DER NEUZEIT

Das Bild von der Stellung der Frau im Jagdwesen wird noch immer wesentlich von den Vorstellungen einer männlich geprägten Jägerschaft beeinflusst, wie sie im 20. Jahrhundert auch tatsächlich vorhanden war. Bis vor wenigen Jahrzehnten spielten die Frauen eine nur marginale Rolle im Jagdwesen, sodass selbst in seriösen Büchern über Jagd und Jäger in der Regel nur die männliche Bezeichnung vorkam. Seit einiger Zeit hat sich dies jedoch geändert und der Anteil der Frauen unter den Jagdscheininhabern nimmt ständig zu. Es ist aber immer noch schwierig, genaue Daten über den Frauenanteil im Jagdwesen zu erhalten. Gemäß den Statistiken der Obersten Jagdbehörde in Bayern wurden von 1968 bis 1992 zwischen 1,5 und 2,7 Prozent der Jagdscheine von Frauen erworben. Der Prozentsatz der weiblichen Jagdberechtigten, also derjenigen, die die Jägerprüfung bestanden haben, lag aber deutlich höher, nämlich durchschnittlich bei 7,6 Prozent.[1] Im Jahre 1994 waren in Baden-Württemberg 10,6 Prozent der Jungjäger weiblich, sodass die analog zu den traditionellen Landesjagdverbänden männerdominierte Jagdpresse übertreibend den Titel „Es drängen die Damen zur Jagd" herausstellte.[2]

Aufgrund dieser Umstände sind auch Hinweise auf Jägerinnen im älteren Jagdschrifttum selten oder überhaupt nicht anzutreffen. Eine immer wieder auftauchende Schablone ist das Feindbild der Frau als Bedrohung und Hindernis auf dem Weg zu ungehemmten Jagdfreuden der Männer, wie es der bekannte Spruch „Lieber Kampf mit wehrhafter Sau als daheim mit zänkischer Frau" andeutet. Die Kennzeichnung von jagdtreibenden Frauen als Flintenweiber charakterisiert ebenfalls die Angst der Männer vor einem Einbruch der Frauen in männliche Bastionen. Meist trat die Frau früher im jagdlichen Umfeld als des „Weidmanns Weib" auf, als Versorgungsperson und als Helferin bei der Zubereitung der von den Jägern aus der Wildnis heimgebrachten Beute. Weitere Tätigkeitsfelder der Jägersfrau waren das Säubern und Instandhalten der jagdlichen Ausrüstung, die Ausstattung des Forsthauses oder Jägerheims mit weidgerecht gestalteten Gebrauchsgegenständen sowie Dienstleistungen aller Art für Jagdhunde. Ferner war das Bild der Frau als zu erjagender Beute stark ausgeprägt; Bilder vom Mann als Schürzenjäger, der die Frau allein als erotisches Objekt sieht, waren gerade in der Jagdliteratur häufig vertreten.[3] In jüngster Zeit ist offensichtlich ein neues Bild der Frau im Umfeld der Jagd entstanden. „Frauen gelten als selbstbewusste Jägerinnen: Das vermeintlich schwache Geschlecht ist dem Jagdwesen nicht abhold" – so schrieb 2001 eine Zeitung, als sie den zunehmenden Anteil der Frauen bei den Jagdscheinbewerbern kommentierte.[4] Wenn jagende Frauen über ihre Jagdpassion sprechen, dann häufig sehr selbstbewusst, quer durch alle Altersschichten, aber besonders die Jüngeren. Sie schätzen die Bereicherung, die ihnen ihre Jagdleidenschaft bringt, und widerlegen mit ihrem detail-

Der Anteil der modernen Jägerinnen steigt immer weiter an.

lierten Wissen über Wald, Wild und Flur manches Vorurteil über Jägerinnen. Ihr wachsender Anteil unter den Jagdausübenden ist nicht zu übersehen, und sie sind in manchen Bereichen sogar gefragte Experten, etwa in der Hundeausbildung oder in der Falknerei. Hier stellt sich nun die Frage, welche Stellung die Frau im herrschaftlichen Jagdwesen des 16. bis 18. Jahrhunderts einnahm. War die Jagd damals eine rein männliche Angelegenheit?

Elisabeth Augusta von der Pfalz als Jägerin

Nicht nur die Fürsten der absolutistischen Zeit waren häufig leidenschaftliche Jäger, sondern auch einige ihrer Gemahlinnen. Als Beispiel soll im Folgenden das bewegte Leben der Kurfürstin Elisabeth Augusta von der Pfalz geschildert werden, die eine passionierte Jägerin war.[5] Im kurpfälzischen Schloss zu Schwetzingen hing im Audienzzimmer das Portrait Elisabeth Augustas (1721–1795) als Jagdgöttin Diana.[6] Dargestellt ist die junge Fürstin in Dreiviertelfigur und dem Betrachter zugewandt. Sie trägt ein blaues höfisches Kleid mit Halbärmeln und einer roten Manteldraperie; den Hintergrund bildet ein nur unscharf sichtbarer Laubwald.

In der Rangfolge der Vergnügungen der lebenslustigen Fürstin Elisabeth Augusta nahm die herrschaftliche Jagd zweifellos einen wichtigen Platz ein. Das Bejagen des Wildes in jeder Form betrachtete sie als ein mit Selbstverständlichkeit ihrem Rang angemessenes Privileg, zugleich aber auch als eine sportliche Herausforderung und persönliches Amüsement. Elisabeth Augusta erzählte noch als betagte Dame stolz von ihrer Strecke: Im November 1788 schrieb sie im Alter von 67 Jahren an Frau Albert von Oberndorff, dass sie kürzlich ein wahres Massaker unter den Hasen veranstaltet habe.[7]

Die Beschränkung auf kleine zersplitterte Territorien, wie sie im Bereich der Kurpfalz vorherrschten, machte ein überschaubares, mit Tüchern und Netzen abgestecktes Jagdterrain nötig. Gleichzeitig dienten solche flächenmäßig begrenzten Jagden der Demonstration herrscherlicher Macht und prunkvoller Repräsentation gegenüber Gästen und Zuschauern. Ein exzellentes Beispiel derartiger kurpfälzischer Selbstdarstellung findet sich in den von Kurfürst Carl Philipp, dem Großvater Elisabeth Augustas, veranstalteten eingestellten Jagden zwischen 1722 und 1741, deren Aufwand sich aus dem 16-teiligen Bildzyklus des Schwetzinger Schlosses erkennen lässt.[8]

Aufgewachsen mit der Praxis der eingestellten Jagden, führte Elisabeth Augusta diese Tradition auch als Kurfürstin während der Regierung ihres Gatten Carl Theodor bis etwa 1778 fort. Erhalten hat sich die Darstellung einer solchen Jagd auf Sauen und Füchse von der Hand eines unbekannten Malers.[9] Im Vordergrund dieses Bildes befindet sich in der Mitte eines halbkreisförmigen Holzgerüstes ein offener Jagdschirm; das Gerüst dient der Hofgesellschaft als Zuschauerraum und verbindet sich mit einer ebenso im Halbkreis angelegten, erhöhten Bühnenarchitektur aus gemalter Felsenlandschaft. Das auf diese Weise eingegrenzte Jagdgebiet wurde als formales Gartenparterre im französischen Stil gestaltet, in dem sich das aus der Bühnenarchitektur herausgetriebene Wild sammelt, um von der Gesellschaft des Schirmes erschossen zu werden.[10]

Die deutlich erkennbare Festlichkeit einer solchen Jagd entsprach vor allem dem ausgeprägten Repräsentationsbedürfnis der Kurfürstin und ihrem Drang nach gesteigerter Lebensfreude. Derartige Jagden garantierten Elisabeth Augusta vor den Augen des Hofes und des zuschauenden Volkes eine hohe Abschussquote in kürzester Zeit, wie dies bei den eingestellten Prunkjagden jener Zeit allgemein üblich war: ein Ergebnis, auf das die Kurfürstin offensichtlich großen Wert legte. Der sächsische Gesandte Riaucour berichtet aus dem Jahr 1756, dass bei einer eingestellten Jagd in Schwetzingen 286 Wildschweine, 40 Füchse und 7 Wölfe erlegt wurden, nachdem man sie maskiert auf eine Bühne gescheucht hatte.[11]

Für die jagdlichen Aktivitäten der Kurfürstin Elisabeth Augusta findet man zahlreiche weitere Hinweise in Briefen und Gesandtschaftsberichten. Die Häufigkeit dieser Betätigung rechtfertigte sie mit der gesundheitsfördernden Wirkung der Jagden, wie sie in Briefen schreibt. Dabei scheute sie auch bei schlechter Wetterlage nicht vor Jagdausflügen zurück. Regelmäßig im Frühjahr unternahm

Elisabeth Augusta eine zehntägige Jagdpartie nach Hördt, mehrmals im Jahr in die Rheinebene, in das Neustädter Tal und in den Odenwald.

Während Kurfürst Carl Theodor gegen Ende seines Lebens das Interesse an der Jagd auch aus gesundheitlichen Gründen verlor, blieb Elisabeth Augusta Zeit ihres Lebens eine eifrige und unerschrockene Jägerin. Ob die jagdliche Aktivität der Kurfürstin als Ausgleich für ihre wenig glückliche Ehe mit Carl Theodor diente und inwieweit ihre Jagdlust den Ehefrust des höfischen Alltags kompensieren musste, ist schwer zu beurteilen.[12]

Die Kurfürstin Elisabeth Augusta veranstaltete große Prunkjagden in Schwetzingen. Gemälde aus dem 18. Jahrhundert

Prunkjagden, Jagdfeste und höfische Frauenwelt

Die Kurfürstin Elisabeth Augusta von der Pfalz nahm mit ihrer Jagdpassion freilich keine Ausnahmestellung in der höfischen Welt des Absolutismus ein. In der Ahnengalerie der kurpfälzischen Fürstinnen und Prinzessinnen des 17. und 18. Jahrhunderts lassen sich noch weitere Frauen ausmachen, die sich mit Leidenschaft der Jagd hingaben. Die Pfälzer Kurprinzessin Elisabeth Charlotte, genannt „Lieselotte von der Pfalz“ (1652–1721), beteiligte sich am französischen Königshof mit großem Vergnügen an den Jagdpartien des Adels.[13] Am Hof des Sonnenkönigs Ludwigs XIV. wurde damals die Parforcejagd, auch „französische Jagd“ genannt, intensiv betrieben, wie Liselotte in ihren Briefen voll Begeisterung berichtete. Sie selbst, die von ihren pfalzgräflichen Vorfahren offenbar die adelige Jagdlust geerbt hatte, schrieb ihrer Tante, Herzogin Sophie, am 4. November 1677, einen Tag nach dem Festtag des Heiligen Hubertus, des Schutzpatrons der Jäger: „Ich gehe alle zwei Tage und sehr oft zwei oder drei Tage nacheinander mit dem Könige auf die Jagd, und wir jagen hier nicht weniger als zu Fontainebleau. Die Lust an der Hirschjagd ist unserem König jetzt ganz aufs neu angekommen, des bin ich recht froh und folge ihm, so oft es möglich ist, denn ich liebe die Jagd ebenso als I. M. und das ist ein rechter Lust vor ein Rauschenblattenknecht wie ich bin, denn man darf sich da nicht viel putzen noch Rot antun allwie bei den bals.“[14] Die Parforcejagd, die Lieselotte von der Pfalz hier schildert, erforderte vor allem eine große Zahl guter Hunde sowie schnelle und ausdauernde Pferde, mit denen nur ein einzelnes Stück Wild, in der Regel ein kapitaler Hirsch, verfolgt wurde. Lieselotte war offensichtlich sowohl eine gute Jägerin als auch eine geschickte Reiterin, die sich an den Parforcejagden mit großer Jagdleidenschaft beteiligte.

Eine passionierte Jägerin war zur damaligen Zeit auch die Ehefrau des Kurfürsten Johann Wilhelm von der Pfalz, Anna Maria Luisa de Medici, die in ihren Briefen an ihren Onkel fast täglich von Jagdausflügen berichtete.[15] Die Jagd auf Wildschweine in

Die Jagden am Schwetzinger Schloss wurden auf vielen Gemälden festgehalten. Hier von Jacobus Schlachter aus dem 18. Jahrhundert

den Wäldern von Bensberg, Jülich und Schwetzingen wird dabei am häufigsten erwähnt. Als am 10. Oktober 1699 sogar 19 Wildschweine im Schwetzinger Jagdbezirk erlegt worden waren, schrieb Anna Maria, dass man mit dieser beachtlichen Zahl vielleicht alle Wildschweine getötet habe. Die Briefe berichten auch von der Jagd auf Krammetsvögel, von denen es im Jahre 1704 offenbar ungewöhnlich viele gab, ferner von der Fasanen- und Reiherjagd. Im Hambacher Forst und in den benachbarten Wäldern der Pfalz wurden vor allem Hasen und Rehe, aber auch Wölfe gejagt. Gerade ihre Briefe aus der verwüsteten Pfalz nach dem Pfälzischen Erbfolgekrieg handeln in besonderem Maße von Wiederaufbaumaßnahmen, die im Kontext von Jagdunternehmungen genannt werden. So wurde der Ausbau von Schwetzingen nach dem Vorbild des Bensberger Schlosses am Niederrhein forciert, um einen angemessenen Jagdsitz in der Kurpfalz zu haben.[16] Von der Jagdleidenschaft der Kurfürstin, die sie mit ihrem Ehemann teilte, zeugen die gemalten Hirsche aus dem Geweihgang des Schwetzinger Schlosses. Es handelt sich dabei um gemalte ‚Portraits' von Hirschen mit einer Plakette, welche das genaue Abschussdatum angibt; die dazugehörigen originalen Geweihe sind heute aber verloren. Ein weiteres Dokument der Jagdleidenschaft der Kurfürstin und ihres Gemahls stellen die Jagdstillleben von Jan Weenix dar, die heute in der Alten Pinakothek in München aufbewahrt werden.[17] Kurfürst Johann Wilhelm, der ebenso wie Anna Maria ein passionierter Jäger war, erneuerte auf dem Höhepunkt seiner Macht den Hubertus-Ritterorden. Anlass dafür war die Übertragung der Würde des Erbtruchsessen und der noch vornehmeren bayerischen Kurwürde auf den pfälzischen Herrscher.[18]

Die Mitwirkung der adeligen Frauen an den herrschaftlichen Jagdpartien trat besonders bei den fürstlichen Prunkjagden und höfischen Jagdfesten in Erscheinung, die im 18. Jahrhundert an Zahl und Bedeutung zunahmen. Hier sind vor allem die eingestellten Jagden zu erwähnen, an denen die Frauen an der Seite ihrer fürstlichen Ehemänner und hochadeligen Verwandten beteiligt waren.[19] Der erste Schritt zur Durchführung einer größeren eingestellten Jagd war die Auswahl eines geeigneten Jagdplatzes. Nachdem dieser Platz mit Hilfe der erfahrenen Forstleute und Berufsjäger ausgewählt worden war, begannen die Vorbereitungen für das Zusammentreiben des Wildes, wozu umfangreiches Jagdzeug, viele Jäger und eine zahlreiche Treibermannschaft notwendig waren. Nach dem Zusammentreiben wurde das Wild dann auf einen relativ kleinen Raum konzentriert, der nahe dem Platz war, wo letztendlich der Jagdschirm mit den Abschussvorrichtungen der fürstlichen Jäger und ihrer Begleitung stand. Bei den eingestellten Jagden kam es neben der Sicherheit auch auf die Bequemlichkeit und Schönheit des Jagdschirmes an. Dieser sollte nicht nur gegen Wind und Kälte schützen, sondern der teilnehmenden Damenwelt auch höfischen Schmuck und bunte Farbenpracht bieten. Am Tage der Jagd begab sich der Fürst zusammen mit seiner Gemahlin in Jagdkleidung in den Jagdschirm, begleitet von Gästen, Damen und Hofleuten. Durch die anwesenden Berufsjäger mit den dazugehörigen Jagdhunden wurden nun unter Hörnerklang und Zeremoniell die Begrenzungstücher positioniert und das Wild vor den Jagdschirm getrieben, wo es von den fürstlichen Herren und Damen abgeschossen wurde. Durch die anwesenden Zuschauer bekam die aufwändige Veranstaltung einen feierlichen Rahmen, aber zunehmend auch einen spektakulären Charakter. Nach der Jagd, die mit der Präsentation des erlegten Wildes vor dem Jagdschirm endete, fand meist ein festliches Essen statt, bei dem die Damenwelt stark vertreten war.[20]

Bei den eingestellten Jagden, die der pfälzische Kurfürst während des 18. Jahrhunderts im beliebten Jagdrevier von Neckargemünd arrangierte, lässt sich die Mitwirkung der Frauen an der herrschaftlichen Jagd gut beobachten. Das Jagdgebiet bei Neckargemünd gehörte zu den traditionellen Jagdrevieren der Kurpfalz, wo die Pfalzgrafen schon seit längerer Zeit über das alleinige Jagdrecht und die Jagdfron der Bevölkerung verfügten. Geprägt von den Ansprüchen der höfischen Gesellschaft, wurden hier im 18. Jahrhundert die eingestellten Jagden der Pfalzgrafen prunkvoll inszeniert.[21] Kurfürst Carl Theodor und mehr noch seine Gemahlin Elisabeth Augusta konnten im Jagdrevier von Neckargemünd ihre Jagdambitionen nahezu ideal verwirklichen. Für die Neckargemünder Gegend sind vor allem eingestellte Jagden auf Rotwild nachgewiesen; die steilen

Neckarufer waren ein hervorragendes Gelände für Jagden, die im Stil höfischer Prunkjagden durchgeführt wurden. Modisch in Szene gesetzt, kam hier die beliebte Wasserjagd zur Geltung, der man durch aufwändige Bühnenkonstruktionen, prachtvoll geschmückte Schiffe, einen dekorativ gestalteten Jagdschirm und eine farbenfrohe Jagdgesellschaft huldigte. Das Jagdgebiet von Neckargemünd war demnach eine gute Basis für die Selbstdarstellung des Kurfürsten und der Kurfürstin gegenüber den Untertanen und der Öffentlichkeit.

Eingestellte Jagden waren gekennzeichnet durch lange Vorbereitungszeiten, die sich oft über einige Wochen hinzogen, um dem Spektakel die gewünschte Wirkung zu geben.[22] Der Aufwand an Jagd- und Hilfspersonal war gewaltig, und ebenso die Kosten für das Material der künstlerischen Ausstattung. Für das erfolgreiche Jagdergebnis sorgten vor allem die im Dienst des Kurfürsten stehenden Berufsjäger, zu deren Unterstützung zahlreiche frondienstpflichtige Bauern abgestellt wurden. Zu einer prunkvollen Jagd, die der pfälzische Kurfürst 1764 in Neckargemünd veranstaltete, waren z. B. drei Wochen lang 300 Bauern in mühevoller Arbeit damit beschäftigt, eine große Zahl von Hirschen aus den benachbarten Bergen in den für die Jagd bestimmten Zwinger zusammenzutreiben. Diese Jagd kostete die kurfürstliche Schatulle die nicht unbeträchtliche Summe von 20 000 Gulden.[23] Weitere eindrucksvolle Prunkjagden lassen sich auch zu anderen Terminen in Neckargemünd belegen. Bereits um 1719 hatte Kurfürst Carl Philipp dort zusammen

Frauen waren wichtiger Bestandteil der Festlichkeiten rund um die Hofjagd. Gemälde aus dem 18. Jahrhundert

Das „Dianenfest bei Bebenhausen“ war eine der letzten Prunkjagden des Absolutismus.

mit seiner Tochter, seinem Schwiegersohn und dem pfalzgräflichen Hof eine große Sautreibjagd veranstaltet, die von einer großen Menge von Zuschauern bewundert wurde.[24]

Die fürstlichen Prunkjagden, an denen die Frauen im Rahmen der höfischen Gesellschaft beteiligt waren, gingen um 1800 allmählich zurück. Das berühmte „Dianenfest bei Bebenhausen“, das 1812 vom württembergischen König Friedrich mit verschwenderischer Pracht veranstaltet wurde, war eine der letzten großen Prunkjagden der absolutistischen Epoche.[25] Unzählige Hirsche und Wildschweine wurden in eine Arena getrieben, und von den Tribünen schauten vornehme Damen und geladene Gäste zu, wie der König von einem Jagdschirm aus das herbeigetriebene Wild erlegte. Anschließend besichtigte man bei diesem spektakulären Schauspiel die geschossene Wildstrecke und speiste in einer höfischen Tischrunde in einem aufwändig errichteten Dianatempel zu Mittag. Als dann mit der Revolution von 1848/49 eine Beseitigung der Jagdprivilegien der Fürsten und des Adels erfolgt war, änderte sich auch die soziale Zusammensetzung der Jägerschaft.[26]

Die Epoche der herrschaftlichen Jagd, an der auch die Fürstinnen und adeligen Damen regen Anteil genommen hatten, war damit zu Ende gegangen. In der neuen Jagdordnung gaben neben den Vertretern des Adels Forstbeamte und Jäger aus bürgerlichen und bäuerlichen Kreisen den Ton an. Die Jagd war außerdem zu einer vorwiegend männlich geprägten Angelegenheit geworden, sodass Frauen in Jagdgesellschaften nur noch selten anzutreffen waren.

Kaiserin Elisabeth von Österreich – die habsburgische „Königin der Jagd“

Im Hochadel und im monarchischen Bereich hielten sich noch nach der Mitte des 19. Jahrhunderts Überreste alter Jagdformen, an denen auch jagdbegeisterte Frauen beteiligt werden konnten. Ein berühmtes Beispiel ist die Kaiserin Elisabeth von Österreich („Sissi“), die eine passionierte Jägerin war und die Jagdtradition ihrer fürstlichen Vorfahren, der pfälzischen und bayerischen Wittelsbacher, fortsetzte.[27] In der Eheverbindung dieser bayerischen Prinzessin mit dem österreichischen Kaiser Franz Josef I. begegneten sich die alten Jagdtraditionen der Wittelsbacher und der Habsburger in symbolträchtiger Form. Fast alle Habsburger Herrscher waren seit

Kaiserin Elisabeth und ihr Gemahl Franz teilten die Leidenschaft für die Jagd. Gemälde aus dem 19. Jahrhundert

dem Mittelalter als passionierte Jäger hervorgetreten und hatten dem Jagdwesen eine besondere Aufmerksamkeit geschenkt. Neben der herausragenden Jägergestalt Kaiser Maximilians I. gegen Ende des Mittelalters hatten auch die übrigen Habsburger Könige in der Regel ein enges Verhältnis zur Jagd, für die sich in der Umgebung von Wien hervorragende Möglichkeiten boten.

Das jagdliche Interesse der Habsburger richtete sich neben dem umfangreichen Jagdgebiet im Wienerwald vor allem auf das Wild in den Revieren der Donauauen. Kaiser Maximilian II. ließ im späten 16. Jahrhundert die Donauauen in der Nähe der Stadt Wien eingattern und das Jagdhaus im Prater bauen, um ein ungestörtes und leicht begehbares Jagdrevier in der Nähe seiner Residenz zu haben.[28] Er vergrößerte außerdem den Tierpark von Ebersdorf und ließ dort ab 1573 auch ein prächtiges Renaissanceschloss errichten. Dieses neue Jagdschloss war umgeben von einem Fasanengarten sowie von ausgedehnten Parkanlagen mit Wasserspielen und künstlichen Grotten.

Das Interesse an der Jagdausübung im Umland von Wien hielt auch bei seinen Nachfolgern auf dem kaiserlichen Thron an. Selbst der kunstbeflissene Kaiser Rudolf II., der seine Residenz nach Prag verlegte, wollte auf die Jagd in der Umgebung von Wien nicht verzichten.

Der Nachfolger Rudolfs, sein Bruder Kaiser Matthias, regierte zwar nur vier Jahre, aber dennoch verdankt man ihm und seiner Jagdleidenschaft zahlreiche Grünanlagen und Schlösser im Stadtbild von Wien. Die von seinem Vater ererbte Katterburg ließ er zu einem Jagdschlösschen ausbauen, das den Namen „Schönbrunn" erhielt. Kaiser Ferdinand II., sein Neffe und Nachfolger, war ein ehrgeiziger und leidenschaftlicher Jäger. Trotz der furchtbaren Wirren des Dreißigjährigen Krieges erweiterte er die kaiserlichen Jagdgebiete auf das gegenüberliegende Ufer des Hauptstromes der Donau sowie auch nach Süden bis Luxemburg, das er 1633 seiner Gemahlin schenkte. In Luxemburg wurde nun unter der Aufsicht der Kaiserin die Falkenjagd wiederbelebt und eifrig ausgeübt. Von Kaiser Ferdinand II. sind in

Leder gebundene „Schreibkalender" erhalten geblieben: Es sind peinlich genau geführte Jagdtagebücher aus verschiedenen Jahren, in die jeweils die Jagdergebnisse der einzelnen Tage durch des Kaisers eigene Hand eingetragen wurden. Aus diesen Aufzeichnungen ersieht man, dass allein im Jahr 1624 um Wien 16 936 Stück Wild durch den Kaiser und seine Jagddienerschaft erlegt wurden.[29]

Im Zuge der Ausbreitung der beim deutschen Adel beliebten neuen Jagdform, der eingestellten Jagd, änderte sich auch die Jagdkultur am Wiener Habsburger Hof. Anlässlich der Hochzeit von Kaiser Leopold I. mit Margaretha-Theresia von Spanien am 14. Dezember 1666 ist eine solche eingestellte Prunkjagd, an der auch die Damenwelt des Hofes regen Anteil nahm, im Wiener Prater abgehalten worden. Über 500 Stück Rot-, Schwarz- und Damwild sind den Majestäten und ihrer Begleitmannschaft zum Abschuss zugeführt worden.[30] Auch Kaiser Leopold I. und seine Gemahlin haben in ihrer Regierungszeit in der Wiener Jagdkultur deutliche Spuren hinterlassen. Auf die Einhaltung von Form und Etikette sowie auf die festliche Kleidung bei der Jagd legte Leopold I. einen hohen Wert. Seine Jagdleidenschaft war so ausgeprägt, dass er noch am Tage der Einschließung Wiens durch die Türken im Jahre 1683 im Wienerwald Wildschweine und Rothirsche jagte.[31] Kaum war die Gefahr vorbei, widmete sich der kaiserliche Hof erneut intensiv dem Jagdwesen: Die zerstörten Jagdschlösser wurden wiedererrichtet, Fasanerien angelegt und aufwändige Hofjagden durchgeführt.

Maria Theresia, die beliebteste Habsburger Königin des 18. Jahrhunderts, war zwar aufgrund ihrer Familienverpflichtungen nur gelegentlich als Jägerin aktiv, brachte aber viel Verständnis für die Jagd auf, da sie von ihrem Vater jagdfreundlich erzogen worden war.[32] Ihr Gemahl, Kaiser Franz I. Stephan von Lothringen, wegen seiner Jagdleidenschaft von seinem Schwiegervater Kaiser Karl VI. besonders geschätzt, verlegte sein jagdliches Interesse stark auf die Parforcejagden nach französischem Vorbild. Wegen der zunehmenden Wildschäden in den Weinbaugebieten erließ Maria Theresia

1770 ein Verbot, Schwarzwild in freier Wildbahn zu dulden. Im Jahre 1772 befahl sie, einen „Saugarten" für den kaiserlichen Hof einzufrieden, der schließlich als „Kaiserlicher Tiergarten bei Wien" bekannt wurde; erst nach dem Ersten Weltkrieg bezeichnete man dieses Hofjagdgebiet als „Lainzer Tiergarten".[33]

Die entscheidende Wende für die Jagd im Habsburger Reich und für die Jagdgebiete um Wien kam mit dem Revolutionsjahr 1848. Die Jagdprivilegien alter Art wurden beseitigt und die Jagd an den Grundbesitz gebunden; eine neue Jagdgesetzgebung schuf neue Jagdbedingungen und ungewohnte Rechtsansprüche. Mit der Aufhebung der Jagdprivilegien wurde die Jagdausübung auch in Österreich jedermann zugänglich gemacht. Infolge der Schenkung des Wienerwaldes an den österreichischen Staat, die unter Maria Theresia erfolgt war, ging jetzt das Jagdrecht des Kaisers im Wienerwald verloren; der Kaiser reservierte sich aber das alleinige Jagdrecht im kaiserlichen Tiergarten beim Auhof.[34] Die kaiserlichen Aureviere an der Donau unterstanden auch nach 1848 noch dem Oberstjägeramt und wurden später Kronprinz Rudolph als Jagdrevier zugesprochen. Unter diesen gewandelten Jagdverhältnissen kam die bayerische Herzogstochter Elisabeth, eine leidenschaftliche Jägerin und geschickte Reiterin, 1854 nach Wien, um Kaiser Franz Josef I., ebenfalls ein passionierter Jäger, zu ehelichen.

Kaiserin Elisabeth blieb infolge ihrer Abneigung gegen die höfische Etikette und Gebundenheit gewissermaßen eine Außenseiterin am Wiener Hof. Durch ausgedehnte Reisen und aufregende Jagdausflüge suchte sie immer wieder dem kaiserlichen Hofleben zu entkommen, soweit dies möglich war. Unter den verschiedenen Jagdformen bevorzugte sie vor allem die Parforcejagd, bei der zu ihrer Zeit das Wild durch eine Gruppe von Reitern hinter der Hundemeute gehetzt wurde.[35] Hirsch, Fuchs und Hase waren die am meisten gejagten Wildtiere, wobei höchste Anforderungen an Pferd und Reiter gestellt wurden. Warum bevorzugte die Kaiserin Elisabeth gerade diese Parforcejagd? Der Grund lag offenbar in ihrer psychischen Situation; ständig reflektierte sie ihr Schicksal, als Kaiserin in der Öffentlichkeit stehen und repräsentieren zu müssen. Ihre Verweigerung äußerte sich im Laufe ihres Lebens auf verschiedene Art und Weise, und zwischen 1872 und 1881 war die Parforcejagd das emotionale Ventil, um dem Zwang des Hoflebens zu entfliehen.[36]

Schon aus ihrem fürstlichen Elternhaus in Bayern brachte sie ein besonderes Verhältnis zu Pferden und zur Jagd mit. Die Reitjagd konnte ihr offenbar in mehrfacher Hinsicht eine große Befriedigung verschaffen. Das Reiten in freiem Gelände inmitten eines dahinrasenden Reiterpulks, die Konzentration auf Pferd und Jagdbeute, die bedingungslose Überwindung aller natürlichen Hindernisse und der Ehrgeiz, stets das hohe Tempo mitzuhalten und viel zu riskieren, gaben der Kaiserin während der Jagd keine Gelegenheit, sich mit ihren persönlichen Befindlichkeiten auseinander zu setzen. Die körperliche Anstrengung und die Konzentration auf die schnell wechselnden Situationen schlossen selbstquälerische Gedanken aus. Geist und Körper wurden bei der Parforcejagd extrem beansprucht, und am Ende stand ein Hochgefühl, das ihr sonst kaum gewährt wurde. Ihr Hang zu Schwermut und Trauer war dadurch zeitweise ausgeschaltet und ebenso ihre Menschenscheu.

Als Kaiserin Elisabeth sich intensiv der Reitjagd widmete, war sie bereits 35 Jahre alt; für damalige Begriffe befand sie sich damit in einem Alter, in dem man Frauen solche strapaziösen und gefährlichen Anstrengungen nicht mehr zutraute. Ihre ersten Parforcejagden erlebte die Kaiserin im ungarischen Jagdrevier von Gödöllö, wo sie unter den beteiligten österreichischen und ungarischen Adeligen bald gleich gesinnte Gefährten fand.[37] Diese vertraute Gruppe von Elitereitern begleitete sie auch zu den englischen und irischen Parforcejagden, die sie in den 1870er Jahren unternahm. Unter ihnen ragte Nikolaus Graf Esterhazy hervor, dessen Güter sich an Gödöllö anschlossen und der mit einer großen Hundemeute als Anführer bei den ungarischen Parforcejagden fungierte. Bei ihren Jagdgefährten war für die Kaiserin das sportliche Können entscheidend, der gesellschaftliche Rang dagegen von sekundärer Bedeutung. Jeder Reiter ihres Gefolges wusste aber, welche Verhaltensregeln er gegenüber der Kaiserin einzuhalten hatte.

Im Jahre 1876 fuhr Elisabeth das erste Mal nach England, in das klassische Land der Parforcejagd. Lord Spencer, einer ihrer Gastgeber, vermittelte der Kaiserin Captain William G. Middleton

Kaiserin Elisabeth bevorzugte vor allem die Parforcejagd. Holzstich aus dem 20. Jahrhundert

als Jagdpilot.[38] Er galt als bester Parforcejäger und Hindernisreiter Englands und blieb über Jahre ihr persönlicher Führer. Die damals in England im Exil lebende Königin Marie von Neapel, die jüngere Schwester Elisabeths, motivierte die Kaiserin in besonderem Maße, englische Parforcejagden mitzureiten. 1879 begab sich die Kaiserin dann erstmals nach Irland, um auch hier an Reitjagden teilzunehmen. Die irischen Parforcejagden zeichneten sich im Allgemeinen durch noch höhere Ansprüche an Pferd und Reiter aus; die Hindernisse waren schwieriger, die Stürze häufiger und gefährlicher. Die Kaiserin meisterte auch diese Anforderungen durch ihre geschickte Zügelführung und ihr instinktives Eingehen auf die Pferde, die sie ritt.

Die Kosten dieser Parforcejagden in England und Irland waren allerdings beträchtlich und belasteten die Finanzkasse des Wiener Hofes in starkem Maße. So kostete z. B. der Jagdaufenthalt der Kaiserin in Irland, der 1879 stattfand, die ungeheure Summe von 158 337 Gulden.[39]

Es gelang Elisabeth im Laufe der Zeit, das Interesse des Kaisers an der Parforcejagd zu wecken. Die gemeinsamen Jagderlebnisse während ihrer Aufenthalte im ungarischen Gödöllö waren während einiger Jahre offenbar ein starkes verbindendes Element zwischen dem kaiserlichen Ehepaar. Obwohl Kaiser Franz Josef I. den reiterischen Anforderungen durchaus gewachsen war, nahm er vor allem seiner Gemahlin zuliebe an den Parforcejagden teil. Sein wahres Jagdinteresse galt der Hochgebirgsjagd, die er Zeit seines Lebens ausübte[40] und auch weiter betrieb, nachdem die Kaiserin 1898 durch die Hand eines italienischen Anarchisten ermordet worden war. Elisabeth hatte überzeugend die alte Tradition jagdbegeisterter Frauen fortgeführt, welche die Fürstinnen des monarchischen Europas jahrhundertelang in ihrem adeligen Umfeld gepflegt hatten.

Wilderei war meist eine Folge der Benachteiligung der bäuerlichen Bevölkerung. Gemälde aus dem 19. Jahrhundert

JAGD UND WILDEREI

In vielen bayerischen Wildschützenliedern steht die heroische Gestalt des „Hiasl" im Mittelpunkt; er ist dort Symbolfigur der Bergwelt, der Wilderer und des Kampfes gegen die herrschaftlichen Jäger. In der ersten Strophe eines Liedes heißt es z. B.: „I bin da boarisch Hiasl, gar a lustiga Bua, steck i a paar Fedan aufi auf an grean Huat."[1] Wer war dieser „bayrische Hiasl"? Wann lebte er? Der bayerische Hiasl ist eine historische Figur, nämlich der Bauernknecht Matthäus Klostermaier, der am 6. September 1771 hingerichtet wurde. Um 1770 war er der Anführer einer Wildererbande, die sich vor allem aus der bäuerlichen Bevölkerung rekrutierte und in Oberbayern ihr Aktionsfeld hatte. Diese Bande unterschied sich von allen anderen Räuber- und Gaunerbanden jener Zeit, die insbesondere von verschiedenartigen Randgruppen gebildet wurden. Matthäus Klostermaier wurde 1736 als Sohn eines Tagelöhners in Kissing bei Augsburg geboren, arbeitete als Knecht sowie Jagd- und Waldaufseher, wurde aufgrund bestimmter Vorfälle entlassen, verdingte sich dann als Bauernknecht und begann leidenschaftlich zu wildern. Er wurde schließlich 1765 gefasst, verbüßte eine neunmonatige Zuchthausstrafe und organisierte nach seiner Entlassung eine straff gegliederte Wildererbande. Er war einer, der zu den Bauern gehörte und der ihre Anliegen verstand, das Jagdrecht als frei ansah und seine Tätigkeit nicht als Wilderei, sondern als notwendige Verminderung des Wildbestands ansah.[2]

Matthäus Klostermaier, meistens „Hiasl" genannt, war gewissermaßen ein bäuerlicher Rebell und Außenseiter, der von der Bevölkerung zum Helfer gegen Not, Willkür und Unterdrückung stilisiert wurde. Er verlor nie die Verbindung zu der bäuerlichen Bevölkerung seiner Heimat und machte es zu einem erklärten Ziel seiner Aktionen, die Belange der Bauern zu vertreten. Zeit seines Lebens blieb er nach Karsten Küther ein „integrierter Bestandteil" seiner bäuerlichen Gesellschaft. Sein Schlagwort, das Wild gehöre dem, der sich seiner bemächtige, stieß auf allgemeines Verständnis, besonders auch deswegen, weil überhandnehmendes Wild die Ernten zu beeinträchtigen schien. Im Unterschied zu den Bauern war er bereit, die Herrschenden mit derselben Gewalt, die sie anwandten, zu bekämpfen, ohne dabei jedoch eine grundsätzliche Änderung der bestehenden Ordnung anzustreben.[3] In seinem Kampf gewährten ihm die Bauern eine so entschiedene Unterstützung, dass er es selbst zur Zeit der intensivsten Verfolgung nicht nötig hatte, seine offene Lebensweise einzuschränken. Für die Bayern

Der „bayrische Hiasl" wurde als bäuerlicher Rebell zu einem Volkshelden. Radierung aus dem 19. Jahrhundert

und Österreicher wurde der Hiasl nach seinem Tod zum Volkshelden. Im Laufe des 19. Jahrhunderts verbreiteten sich unzählige Hiasl-Lieder über die verschiedenen Alpenregionen, wobei die in den Liedern angeführten Orte des Geschehens häufig gerade dorthin verlegt waren, wo die Lieder jeweils gesungen wurden.[4]

Idealisierte bäuerliche Rebellen wie der bayerische Hiasl finden sich in vielen vorindustriellen Agrargesellschaften Europas.[5] Räuber, Banditen, Schmuggler, Wilderer und die Führer der unterschiedlichsten Banden sind während des Mittelalters und der Frühen Neuzeit in vielen Ländern legendenbildend geworden: Robin Hood in England, Cartouche in Frankreich, Ioan des Serralonga in Spanien und Stenka Razin in Russland. Wilderer wie der bayerische Hiasl gehören demnach zur Gruppe der Sozialrebellen, wie Eric Hobsbawm sie beschrieben hat.[6] Jugendliche zwischen Pubertät und Ehe, desertierte Soldaten, Hirten, Feldaufseher und Schmuggler, aber auch Männer, die nicht gewillt waren, die unterwürfige Untertanenrolle des Bauern zu spielen, wurden zu Rebellen und Banditen. Sie konnten als Einzelgänger oder in Banden auftreten und begingen nicht nur Wildereien, sondern auch andere Straftaten Die Duldung und Deckung der Wilderer durch die Landbevölkerung war im Allgemeinen ein Charakteristikum der Wilderei.[7] Je stärker jedoch der Druck der verfolgenden Obrigkeit wurde, desto mehr brutalisierten sich oft die Handlungen der Banden. Die Wildererbande um Hiasl geriet daher in einen Teufelskreis von Gewalt und Gegengewalt. Als er 1771 zum Tode verurteilt und hingerichtet wurde, geschah dies weniger aus dem Tatbestand der Wilderei heraus, sondern wegen der Morde, die Hiasl und seine Bande verübt hatten.

Wildererbanden konnten sich besonders günstig in Gebieten entfalten, die territorial zersplittert und von vielen Grenzen durchzogen waren, sodass die Verfolgung erschwert wurde. Die Kleinstaaterei des Deutschen Reiches im 18. Jahrhundert war daher ein idealer Raum für Wilderer, und in den Wildereigesetzen wurde dementsprechend häufig beklagt, dass ganze Banden meist ausländischer Wildschützen den Ruin des Wildbestandes bewirkten. Die Landesherren versuchten daher, über die Grenzen hinweg gemeinsam gegen Wilderer vorzugehen. Der Schwäbische Reichskreis rief seine Stände mehrmals auf, zur Steuerung der Exzesse der Wilderei gemeinsam gegen die Wilderer vorzugehen und Wilderer nach ihrer Gefangennahme „ohne weitere Formalität eines Prozesses aufzuhängen".[8] Diese Maßnahmen und Drohungen konnten aber wenig bewirken, solange nicht die sozialen Ursachen der Wilderei erkannt und beseitigt wurden. Die Wilderei war mehr als eine individuelle Sucht, wie von der herrschaftlichen Seite immer wieder behauptet wurde, und sie ließ sich nicht durch Strafen aus der Welt schaffen. Die Ursachen der Wilderei und der Bandenkriminalität lagen tiefer: Wilderer und Banditen waren Symptome der Krisen und Spannungen der damaligen Gesellschaft, und ihre Handlungen sind auch als eine Form des sozialen Protestes zu verstehen.

Den Wilderern gehörte häufig die heimliche Sympathie der ländlichen Bevölkerung, denn wie man die Selbsthilfe gegen den Wildschaden nicht für kriminell hielt, so konnte man auch im Banditen, der wilderte, keinen Verbrecher sehen. Wenn die Bauern es im Allgemeinen auch nicht wagten, selbst zu wildern, so unterstützten sie doch gern Männer, die ihre Fluren vor dem verderblichen Fraß der Wildtiere schützten, und zeigten ihnen die Lagerstätten der Wildschweine und Hirsche. Sie sahen in den Wilderer-Banditen Nothelfer und Rächer, die den eigentlichen Feind, das gefräßige Wild, verfolgten und vernichteten. Die Sozialbanditen galten daher als ‚edle Räuber'[9] und infolgedessen hatten die Untertanen oft eine positive Einstellung zur Wilderei, wie es auch in der Trivialliteratur zum Ausdruck kommt. In den Wildererromanen wird der Wilderer daher nicht als Verbrecher, sondern als mutiger Held geschildert, der seine Wilddiebereien zum Schutz der bedrückten Bevölkerung begeht und sich gegen die herrschaftlichen Jäger behauptet.

Wilderei als Delikt

Der Wilderer ist gewissermaßen ein Jäger, dem das Jagen aus verschiedenen Gründen verboten wurde. Wilderei war demnach erst ein Straftatbestand, nachdem das allgemeine Jagdrecht eingeschränkt worden war und sich ein Kreis privilegierter Jäger herausgebildet hatte. Seit dem Spätmittelalter, als sich die landesherrliche Jagdhoheit allmählich durchsetzte, kann man daher mit Recht von „Wilddieberei“ und „Wildbretschützen“, wie es in den zeitgenössischen Quellen heißt, sprechen. Seit dem 15. Jahrhundert wird auch genau zwischen Wilderei und Jagdfrevel unterschieden. Unter Jagdfrevel verstand man das unberechtigte Jagen auf kleine Vögel und Niederwild, das Aneignen von verendetem Wild oder ähnliche Handlungen, die nur mit geringen Strafen geahndet wurden. Als Wilderei galt dagegen die unberechtigte Ausübung von Jagd mit Schusswaffen, Schlingen, Netzen, Fallen oder Selbstschussgeräten, was schwere Strafen zur Folge hatte.[10]

Der Sachsenspiegel, das wichtigste Rechtsbuch aus der ersten Hälfte des 13. Jahrhunderts, bringt bereits einige bedeutende Aussagen zu den Jagdverboten und Jagdstrafen. In den Bannwäldern ist die Jagd nur den jeweiligen Herren erlaubt, und Verstöße gegen dieses Jagdrecht werden mit einer Geldstrafe von 60 Schillingen geahndet. Mit Nachdruck wird aber darauf hingewiesen, dass niemand eines getöteten Tieres wegen sein Leben verwirken dürfe.[11] Im 14. und 15. Jahrhundert, als sich das Jagdrecht zu einem landesherrlichen Regal entwickelte, galt das Wild nun eindeutig nicht mehr als herrenlos und damit als allgemeine Sache, sondern als Eigentum des Herrschers. Jede Tat gegen das Wild wurde zunehmend als Verbrechen gegen den Eigentümer, den zuständigen Jagdherrn, gesehen. Gegen diese Entwicklung und gegen die hohen Strafen für Wilderei wandte man sich in den Bauernaufständen des Spätmittelalters und der Frühen Neuzeit. Im Bauernkrieg von 1525 werden im Kontext der Jagdbeschwerden auch direkt die hohen Strafen für Jagdvergehen angesprochen. Die Bauern im Umkreis der Reichsstadt Nürnberg erheben z. B. gegen ihre Jagdherren die Klage, dass schon unbedeutende Übergriffe gegen das Wild mit Blendung oder Verkrüppelung geahndet werden.[12]

Die Strafen für alle mit der Wilderei verbundenen Delikte steigerten sich dann in der frühen Neuzeit und waren außerordentlich hoch, wenn man sie mit den damaligen Strafen für andere Verbrechen vergleicht. Der Höhepunkt dieser Entwick-

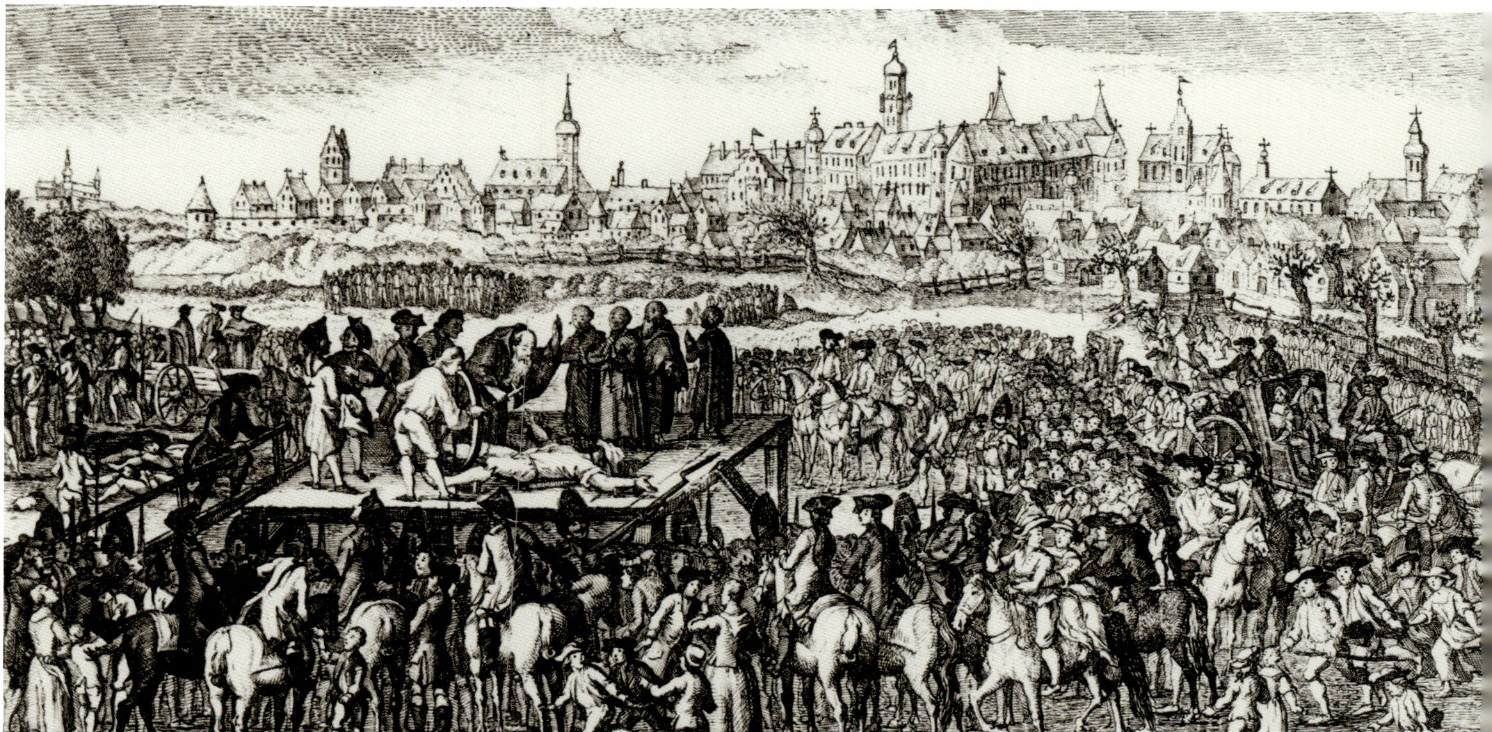

Der „bayrische Hiasl“ wurde als Wilderer verurteilt und spektakulär hingerichtet.

Wilderei wurde im Absolutismus mit der Todesstrafe geahndet.

lung wurde im Absolutismus erreicht, als Wilderei wie ein Majestätsverbrechen (crimen laesae maiestatis) geahndet wurde. Für schlimme Fälle war in den meisten Mandaten des 17. und 18. Jahrhunderts die Todesstrafe vorgesehen. Pfalzgraf Johann Wilhelm legte z. B. in einer „Anordnung wider das Wildprettschiessen" fest, dass Wilderer, die auf frischer Tat ertappt wurden, ohne „alles fernere Recht am Leben gestraffet werden".[13] In Preußen galt nach einem Edikt von 1723 der Grundsatz, dass „Wilddiebe, wenn sie mit Büchsen und Flinten in einem Gehege angetroffen werden, ohne große Untersuchung mit kurzem Prozess binnen 24 Stunden zu hängen" sind.[14] Neben der Todesstrafe gab es noch weitere schwere Strafen für Wilderei. Einige Landesherren entledigten sich der lästigen Wilddiebe durch den dauernden Landesverweis oder durch eine zeitlich begrenzte Bannung. Eine verschärfte Form war auch die Galeerenstrafe: Viele deutsche Fürsten unterhielten Verträge mit der Republik Venedig, an die sie die eigenen straffällig gewordenen Untertanen verkauften.[15] Beliebt waren bei Jagddelikten auch die verstümmelnden Strafen: Wilderern wurden Hände oder Füße abgehackt, oder sie wurden mit der Blendung des Augenlichts bestraft.

In den meisten Territorien machte man sich die Mühe, Tatbestände und Strafen für Jagddelikte detailliert zu beschreiben. Im Herzogtum Württemberg war schon das Tragen von Büchsen und Armbrüsten im 16. Jahrhundert unter schwere Strafe gestellt. Blieb es nicht beim Versuch, so galt im späten 16. Jahrhundert der Grundsatz, dass die Wilderei beim ersten Mal eine Geldstrafe von 20 Pfund Heller und vier Wochen Einsperrung im Gefängnis bei Wasser und Brot mit sich brachte. Beim zweiten Mal verdoppelte sich die Strafe, und es musste ein Eid geleistet werden, nicht rückfällig zu werden – was bei erneuter Wilderei dann zu einer drastischen Strafverschärfung führte. Der Wilderer sollte gefoltert, durch Abschlagen der rechten Hand verstümmelt, des Landes verwiesen oder auch hingerichtet werden.[16] Die württembergische Wildererordnung von 1718 verschärfte dann teilweise noch die früheren Strafbestimmungen. Wurde jemand zum ersten Mal als Wilderer gefasst, so musste er mit Geldstrafen von 20 bis 60 Pfund Heller, Freiheitsentzug von sechs bis zwölf Wochen und bei Tötung von mehr als 20 Wildtieren mit der Landesverweisung rechnen; die Todesstrafe sollte dann verhängt werden, wenn in Banden gewildert worden war, der Fürst sich in der Nähe des Tatortes aufgehalten hatte oder wenn bei der Verhaftung Widerstand geleistet worden war. Sollte der Wilderer beim ersten Mal mit dem Leben davongekommen sein, aber dann wieder rückfällig werden, erwartete ihn in jedem Fall die Todesstrafe.[17]

In der benachbarten Kurpfalz galten ähnliche Strafbestimmungen wie in Württemberg, sodass im 18. Jahrhundert ein Wilderer beim ersten Mal sechs Monate Zwangsarbeit zu leisten hatte. Beim zweiten Mal erwarteten ihn zwei bis zehn Jahre Galeerenstrafen sowie Landesverweisung und beim dritten Mal lebenslängliche Galeerenarbeit.[18] Geistliche Fürstentümer, die in der Regel von adeligen Bischöfen, Äbten und Pröpsten regiert wurden, verfuhren nicht weniger streng mit den Wilderern als weltliche Territorien. Das Hochstift Würzburg kannte ebenfalls Zwangsarbeit bis zu sechs Jahren, Prügelstrafe, Landesverweisung und Todesstrafe für Wilderer, je nachdem, ob es um erstmalige oder wiederholte Wilderei ging.[19] In den meisten geistlichen und weltlichen Territorien galten die Strafen für die Wilderer auch für ihre Helfer, Hehler und Mitwisser.

Seit der Mitte des 18. Jahrhunderts ging die Zahl der Todesstrafen sowie der verstümmelnden Strafen zurück, soweit man dies aus den Schriftquellen erkennen kann. Schrittweise wurde in den deutschen Territorialstaaten die Folter abgeschafft, die lange Zeit angewandt worden war, um Geständnisse zu erpressen. Von einer wirklichen Humanisierung der Wildereigesetzgebung kann jedoch auch damals noch nicht gesprochen werden, da noch immer genügend Möglichkeiten zur strengen Bestrafung vorhanden waren. Das Mandat des Pfalzgrafen Carl Philipp von 1732 ist kennzeichnend für die Entwicklung: Wegen des Delikts der Wilderei konnte man in besonders schweren Fällen, also bei zweimaligem Rückfall, zu lebenslanger Haft verurteilt werden.[20] Der Herrscher konnte in Sonderfällen aber auch eine Strafe aussprechen, die über diesen Rahmen hinausging, d. h. es bot sich noch immer die Möglichkeit zur Anwendung der Todesstrafe bei Wilderei. Eine weitere Form der Strafe war die Verurteilung zu Zwangsarbeit bzw. zu Schanzarbeit. Diese Freiheitsstrafen traten zunehmend an die Stelle der Todesstrafe, wobei die Schwere des Vollzugs sich der eingeschätzten Schwere der Tat anzunähern hatte und hinsichtlich der Dauer variieren ließ. Neben dem Freiheitsentzug gab es die Ehrenstrafen für die Wilderer. Eine Frühform davon war die öffentliche Demütigung mit der sogenannten Wildererkappe: Der Verurteilte wurde am Pranger aufgestellt und musste auf seinem Kopf eine Art Eisenring tragen, auf dem ein Hirschgeweih befestigt war.

Bei der Bekämpfung der Wilderei spielten aber weiterhin die Geldstrafen eine wichtige Rolle. Im Königreich Preußen war 1723 die Höhe des für

Die harten Strafen hielten die meisten Wilderer nicht davon ab, auf die Jagd zu gehen.

einen erlegten Hirsch zu zahlenden Bußgeldes auf 500 Thaler festgelegt worden,[21] und auch in anderen Territorien wurden hohe Summen angesetzt, die dem Landesherrn auf einträgliche Weise die Jagdhoheit bestätigten. Pfalzgraf Carl Philipp legte in dem eben erwähnten Mandat von 1732 einen geordneten Gerichtsgang in der Kurpfalz fest.[22] Auf das erste Vergehen standen zwei Jahre Schanzarbeit, auf das zweite ewiger Landesverweis und auf das dritte lebenslange Schanzarbeit, wobei das Urteil noch verschärft werden konnte. Im Gegensatz zu dieser klaren Anweisung für den Gerichtsablauf stand die Regelung für die Festnahme. Große Teile des Mandats handeln nämlich davon, wie sich Förster und Jäger in Notwehrsituationen oder beim Antreffen von verdächtigen Personen zu verhalten hatten: Wer sich nicht zu erkennen gab, durfte ohne Warnschuss angeschossen bzw. erschossen werden. Zweifellos hatte diese Vorsichtsmaßnahme auch mit der hohen Gewaltbereitschaft der Wildererbanden zu tun, die als Zusammenrottung krimineller Elemente eine Gefahr für die Bevölkerung darstellten. Andererseits war durch die schwere Strafandrohung jedem Einzelwilderer die Chance genommen, bei einem Zusammentreffen mit dem Jäger ohne Folgen davonzukommen. Wurde der Wilderer überführt, so drohten ihm Kerker, Gericht und Verurteilung. Um dies zu vermeiden, waren viele Wilderer bereit, den ersten Schuss abzugeben, was wiederum die Jäger in ständige Lebensgefahr brachte. In vielen Gegenden war es daher sowohl für den Jäger als auch für den Wildschützen ein enormes Risiko, den Wald bzw. Forst zu betreten.

Unter diesen Umständen erhielt das Jagd- und Forstpersonal in den meisten Territorien die Erlaubnis, auf fliehende, der Wilderei verdächtige Personen scharf und gezielt zu schießen. Das Risiko des Todes wurde dabei ohne weiteres in Kauf genommen: „lebendig oder tot" sollten Wilderer ergriffen werden. Diese Bestimmungen waren für die Wilderer, für die der Wilderei verdächtigen Personen und auch für jeden, der sich im Wald aufhielt, umso gefährlicher, als

Dem Forstpersonal war erlaubt, fliehende Wilderer zu erschießen.

das Forst- und Jagdpersonal damit die Möglichkeit hatte, sich lästige Mitwisser vom Hälse zu schaffen oder eigene Verbrechen einem Erschossenen anzulasten. Denn ein Teil des Personals missbrauchte erwiesenermaßen das Vertrauen des Landesherrn und schoss mit der eigenen Waffe heimlich Wild für die eigene Küche oder für den lukrativen Verkauf. Die Tatsache, dass in vielen Jagdordnungen strenge Strafen für die Delikte der landesherrlichen Berufsjäger angedroht werden,[23] spricht deutlich für sich. Die harten Strafandrohungen für Jagdvergehen wurden bis weit in das 19. Jahrhundert hinein kaum reduziert, allenfalls in ihrer Grausamkeit gemildert: An der drakonischen Strenge hielt man noch lange fest, obwohl die sozialen Ursachen der Wilderei sich inzwischen verändert hatten.

Der soziale Hintergrund der Wilderei

Trotz der strengen Strafen, die ausdrücklich der Abschreckung dienen sollten, und trotz immer neuer Gesetze und Jagdordnungen, die öffentlich verlesen und dauernd in Rats- und Wirtshäusern ausgehängt werden mussten, wurde im 18. Jahrhundert ständig über die Zunahme der Wilderei und des Wilderergesindels geklagt. Mag diese Zunahme der Wildereidelikte auch übertrieben worden sein, so wurde damit zugleich die Nutzlosigkeit der Verbote und Strafen dokumentiert. Der Grund dafür lag offenbar darin, dass es sich damals bei der Wilderei nicht um ein Verbrechen handelte, über dessen Schwere sich alle, Obrigkeit und Untertanen, einig waren, wie dies bei Mord oder Raub der Fall war. Vielmehr handelte es sich teilweise um ein von der Obrigkeit im Interesse der privilegierten Jagdinhaber erst geschaffenes Verbrechen. Es ging also um Handlungen, die die herrschende Führungsschicht als kriminell einstufte, sodass sich die Wilderei unter den damaligen Bedingungen im weitesten Sinne als politisches Verbrechen einschätzen lässt. In der Tat wurden die Wilderer von den Obrigkeiten der absolutistischen Staaten oft mit Ruhestörern und Aufrührern gleich gesetzt, wenn die von Gott verfügte Ordnung als durch sie gefährdet hingestellt wurde.[24] In der einschlägigen Literatur wurden die Härte der Jagdstrafen und insbesondere die Todesstrafe bei schweren Jagdvergehen ebenfalls damit begründet, dass die Bestrafung der Wilderer nicht so sehr wegen des abgeschossenen Wildes als vielmehr wegen des Ungehorsams gegen die Obrigkeit geschehe.[25] Bei dieser Betonung der politischen Momente im Umfeld der Wilderei und der Jagddelikte sollte aber keineswegs übersehen werden, dass bei den Wilderern auch Elemente von Jagdleidenschaft eine wichtige Rolle spielten.

Die Wilderei wurde von vielen Untertanen offenbar nicht als Verbrechen im herkömmlichen Sinne angesehen. Die Wildereigesetze fanden daher nur wenig Resonanz im Volk, und die Behörden konnten bei ihren Untersuchungen nur selten auf die Mithilfe der Untertanen rechnen. Dies beweisen vor allem die harten Strafen für jede Unterstützung der verfolgten Wilderer, sei es durch die Gewährung von Unterschlupf oder durch den Kauf von Jagdbeute, und die teilweise hohen Belohnungen, die Denunzianten in Aussicht gestellt wurden, aber meistens ungenutzt blieben. Selbst die unteren Instanzen der landesherrlichen Behörden scheinen nicht selten mit Wilderern sympathisiert zu haben: Häufig wurden die Verwaltungsbeamten nämlich ermahnt, bei der Verfolgung und Bestrafung keine Milde walten zu lassen. Im Jahre 1772 wurde dem Herzog von Württemberg sogar von einem Schultheißen seines Landes berichtet, der von einem Wildereivergehen gewusst, es aber nicht angezeigt hatte.[26]

Ein Hauptgrund für die starke Verbreitung der Wilddieberei trotz hoher Jagdstrafen war offenbar die Not und Armut der bäuerlichen Bevölkerung. Der Wildreichtum verlockte dazu, einen Hasen oder andere Wildtiere zu fangen, um die fleischarme Kost ein wenig zu bereichern oder sich einen kleinen Zusatzverdienst zu verschaffen, indem man ein Stück Wild erlegte. Durch den Anstieg der Fleischpreise seit dem 16. Jahrhundert und infolge der niedrigen Einkommen breiter Bevölkerungsgruppen waren die Fleischspeisen für viele Untertanen zu einer Luxuskost geworden.[27] Sebastian Münster hat daher 1588 in seiner berühmten Cosmographia die karge Nahrung der Bauern zutreffend so beschrieben: „Ihre Speiß ist schwarz Rockenbrot, Haberbrei oder gekocht Erbsen und Linsen. Wasser und Molken ist vast ihr Trank."[28] Bereits um 1520 hatte Johannes Boemus die gedrückte Lage des Bauernstandes mit

Die Not der bäuerlichen Bevölkerung trieb sie zur Wilderei. Gemälde aus dem 19. Jahrhundert

folgenden Worten geschildert: „Der letzte Stand ist derer, die auf dem Lande in Dörfern und Gehöften wohnen und dasselbe bebauen und deshalb Landleute genannt werden. Ihre Lage ist ziemlich bedauernswert und hart. Sie wohnen abgesondert voneinander, demütig mit ihren Angehörigen und ihrem Viehstand. Hütten aus Lehm und Holz, wenig über die Erde emporragend und mit Stroh gedeckt, sind ihre Häuser."[29] Von dieser armen bäuerlichen Bevölkerung hebt sich der exklusive Lebensstil der Adeligen ab, deren Alltag nach Sebastian Franck von üppigem Essen und Trinken, von Jagd und Turnier geprägt ist: „Sie treiben keine andere Hantierung als Jagen, Beizen, Saufen, Prassen, Spielen; sie leben von Renten, Zinsen und Gülten in Überfluss köstlich."[30]

Wolf von Hohberg, der sich 1682 in seinem aus der Sicht des Adels geschriebenen Jagdbuch in dem Kapitel „Von den Wildbretschützen" speziell mit der Problematik der Wilderei befasste,[31] sieht in seiner aufschlussreichen Analyse die Not der bäuerlichen Bevölkerung durchaus als relevantes Motiv für die starke Verbreitung der Wilderei: „arme, notdürftige, mit vielen Kindern belastete Leute" würden sich aus „Hungersnot" zu strafwürdigem Tun hinreißen lassen. Daneben gebe es aber viele „frevelhafte Wildbretschützen, die nicht aus Not, sondern aus bloßem Mutwillen" die Jagdgesetze der Obrigkeit missachteten. Deshalb sei es notwendig, das geltende Jagdrecht gegen die Wilderer zu schützen und die Gesetzesbrecher mit Gefängnis, Geldbußen und Körperverstümmelung hart zu bestrafen. Mit Härte und Konsequenz müsse man auch gegen die Mitwisser, Helfer und Hehler der Wilderer vorgehen, wenn sie die Wildbretschützen mit Jagdwerkzeugen und Hilfsmitteln unterstützt und begünstigt hätten. Obgleich die Hinrichtung als Strafmittel gegen hartnäckige Wilderer umstritten sei, so seien lange Gefängniszeiten, Zwangsarbeit, Blendung und hohe Geldstrafen doch notwendige Maßnahmen im Kampf gegen die Jagdvergehen.

Hohberg nennt in diesem Zusammenhang auch einige spektakuläre und besonders grausame Strafmaßnahmen von Fürsten gegen Wilderer: Der

Herzog von Mailand habe einen Bauern gezwungen, einen gewilderten Hasen mit Haut und Haaren roh aufzuessen, woran er dann gestorben sei; die englischen Könige Heinrich II. und Richard I. hätten Leute, die in königlichen Forsten gewildert hätten, mit Blendung und Kastration bestraft.[32] Nicht erwähnt wird von Hohberg in diesem Kontext der oft erzählte Vorfall im Fürstentum Salzburg, wo ein Erzbischof von Salzburg in der Mitte des 16. Jahrhunderts einen Bauern, der einen Hirsch verbotenerweise im erzbischöflichen Jagdrevier erlegt hatte, in eine Hirschhaut habe einnähen und von Jagdhunden zerreißen lassen; im Volksmund wurde diese besonders grausame Hinrichtung eines Wilderers aber durch eine lehrhafte Moral ergänzt: Der Erzbischof sei am Tag nach seiner sündhaften Tat bei der Jagd vom Pferd gestürzt, habe sich den Hals gebrochen und sei so von Gott bestraft worden.[33]

In welchem Ausmaße die Todesstrafe bei der Bekämpfung der Wilderei während der frühen Neuzeit tatsächlich angewandt wurde, ist in der Forschung umstritten.[34] Die bei einigen zeitgenössischen Schriftstellern und Rechtsgelehrten geführte Diskussion über die Bekämpfung der Jagdvergehen zeigt, dass die Todesstrafe im Kampf gegen die Wilderei durchaus als zulässiges Mittel anerkannt wurde. Der Hinweis einiger Autoren, dass die Strafe der Landesverweisung oder die Verstümmelung vielleicht angemessener sei, lässt darauf schließen, dass die Vollstreckung der Todesstrafe tatsächlich praktiziert wurde. Hinrichtungen sind bis zur Mitte des 18. Jahrhunderts auch bezeugt: 1757 wurde in Württemberg ein Wilderer, der laut Anklage 63 Stück Wild erlegt hatte, zum Tode durch den Strang verurteilt; dieser musste auf Anordnung des Herzogs zur allgemeinen Abschreckung auch exekutiert werden.[35] Wie lange die Todesstrafe und grausame Strafen der Verstümmelung in den einzelnen Territorien vollstreckt wurden, lässt sich schwer feststellen. Solange die Folter erlaubt und angewendet wurde, sind auch diese Strafen wahrscheinlich vollzogen worden, sodass die Abschaffung der Folter, die in Preußen 1756 erfolgte,[36] den spätesten Zeitpunkt markieren dürfte. Die hohen Zuchthausstrafen gegen die Wilderer dauerten aber bis weit in das 19. Jahrhundert hinein an.

Die Strafen von Fürsten gegen Wilderer waren besonders grausam.

Verschiedene Jagdvorfälle aus dem hessischen Raum während des 16. Jahrhunderts bezeugen das harte Vorgehen der Landesfürsten gegen die Wilderei. 1543 fand im Reinhardswald, einem bevorzugten Jagdrevier der Landgrafen von Hessen, ein schweres Gefecht zwischen Förstern und Wilderern statt, bei dem auf beiden Seiten mehrere Personen schwer verletzt oder sogar getötet wurden.[37] Schon 1550 starben wieder einige Förster im Reinhardswald durch Kugeln der Wilddiebe, woraufhin einer von ihnen nach seiner Ergreifung mit dem Tod am Galgen büßte. Dies schreckte offenbar wenig ab, und es herrschte eine Art gespannter Kriegszustand, in welchem man auf beiden Seiten stets gut gerüstet war. Bereits 1551 floss im Reinhardswald erneut Blut, als Engelhard von Wick zusammen mit mehreren Begleitern zu Pferd und zu Fuß gegen Wilddiebe vorging, die sie im Forst antrafen. Auf landesherrlicher Seite fielen zwei Jäger bei dem ausbrechenden Feuergefecht, während auf der anderen Seite drei Wilderer den Tod fanden. Einer dieser Wildschützen, der aus Minden kam, war ein ehemaliger Landsknecht und hatte sich bereits seit zehn Jahren von der Wilddieberei ernährt.[38]

Im Jahre 1552 sah sich der Landgraf genötigt, zum Schutz des Reinhardswaldes Spezialschützen in dem Wald zu verteilen, welche unter Führung der Förster die Wilddiebe aufspüren sollten.[39] Auch wurden alle Feuergewehre beschlagnahmt, die man bei Hausdurchsuchungen in den nahe beim Forst gelegenen Dörfern gefunden hatte. Hart ging man zehn Jahre später gegen einen auf dem Eichsfeld wohnenden Wilddieb vor, der drei Hirsche geschossen und den man bei deren Abhäutung ergriffen hatte. Ohne längeren Prozess wurde er an einer Eiche bei Bettenhausen sogleich aufgeknüpft.[40] Weniger hart ging der Landgraf gegen einen Wilderer aus Gottsbüren vor, der mehrere Hirsche abgeschos-

Die Wilderer wurden zur Abschreckung meist öffentlich hingerichtet.

sen und verkauft hatte. Aus Barmherzigkeit wurde er vom Scharfrichter nur gefoltert, ihm das rechte Auge ausgestochen und ein Hirschhorn als Kennzeichen auf die Stirn gebrannt. Er durfte in Gottsbüren weiter wohnen bleiben, aber den Tod am Galgen fürchten, falls er erneut beim Wildern ertappt würde.[41] Im Jahre 1582 hatte sich im Reinhardswald sogar eine förmliche Wildererbande gebildet, die unter der Führung eines Mannes stand, der gelernter Jäger war und lange Zeit im Dienst verschiedener Jagdherren gestanden hatte. Diese Bande wechselte dauernd ihren Aufenthalt und konnte erst nach mühevollen Verfolgungskampagnen gefasst werden, da sich der Anführer in allen Jagddingen und Waffengeschäften hervorragend auskannte.[42]

Wildererbanden und einzelne Wildschützen konnten sich oft deswegen für längere Zeit behaupten, weil sie von der bäuerlichen Bevölkerung heimlich oder offen unterstützt wurden. Die Sympathie vieler Bauern für Wilderer wurde vor allem durch den Wildschaden verstärkt, der durch die Überhege des herrschaftlichen Wildes entstand. Der Wildschaden war darüber hinaus auch ein eigenständiges Motiv zum bäuerlichen Wildern, da dadurch der Schutz der vom Wildfraß bedrohten Felder verbessert wurde. In einer Sitzung des württembergischen Landtags von 1593 wurde bereits dieser Aspekt der Selbsthilfe angesprochen: Wegen des hohen Wildschadens hätten einige Bauern, die das Wild von ihren Feldern vertreiben wollten, sich oft an den Tieren vergriffen und seien aus Furcht vor Strafe außer Landes gegangen.[43] Das Wild empfanden viele Bauern als Feind und Nahrungskonkurrenten, der in der Gunst der Mächtigen offenbar höher stand als sie selbst. Noch 1842 wurde in der badischen Abgeordnetenkammer von einer Gemeinde berichtet, die durch standesherrliche Wildhege und durch unzureichenden Wildschadensersatz schwer geschädigt worden war. Der Gemeinde sei deshalb kein anderes Mittel übrig geblieben, als das Wild auf dem Wege der Selbsthilfe zu reduzieren.[44] Aus solchen Vorfällen wird deutlich, dass die Wilderei partiell auch eine Art von Rebellion und Widerstand sein konnte, der sich gegen alle Formen und Folgen der herrschaftlichen Jagd richtete und sich dort konzentrierte, wo sie am verwundbarsten war.

Herkunft und Motivation der Wilderer

Aus welchen sozialen Gruppen und Berufen rekrutierten sich die Wilderer? Was weiß man über Motive, Alter und Herkunft der Wildbretschützen? Die Wilderer stammten im 18. Jahrhundert größtenteils aus den ländlichen Unterschichten und traten zumeist als Einzeltäter im näheren Umkreis ihrer Dörfer in Erscheinung. Manchmal gab es jedoch auch Wildererbanden, die nur von der Wilderei lebten und dabei größere Gebiete durchstreiften. Ein Beispiel für eine derartige Wildererbande ist in der Odenwaldregion die in der ersten Hälfte des 18. Jahrhunderts aktive Bande des „Hans Tausendteufel" (Johann Nikolai Philipp), die im Grenzgebiet zwischen Kurpfalz, Kurmainz und Erbach regelrechte Treibjagden durchführte.[45] Die Wilderer dieser Bande bezeichneten sich als „Partisanen"; in dieser Selbstcharakterisierung wird das Element der Auflehnung gegen die Obrigkeit und gegen das ihr allein zustehende Jagdrecht klar erkennbar. Immer wieder konnte Hans Tausendteufel seinen Häschern entkommen, wobei er die Grenzsituation ausnutzte; schließlich wurde er doch gestellt und zu 18 Jahren Zwangsarbeit auf der Mannheimer Schanze verurteilt. Nach Verbüßung dieser Strafe wurde er wieder rückfällig, wilderte erneut und wurde 1752 zum zweiten Mal festgenommen, wonach man ihn in das Gefängnis von Michelstadt brachte. In der Aktenüberlieferung des Streites um die Auslieferung des Hans Tausendteufel zwischen der Kurpfalz und Erbach-Fürstenau verliert sich die Spur vom weiteren Schicksal dieses Wilderers. Über die berühmteste Wildererfigur jener Zeit, nämlich den „bayrischen Hiasl", den Anführer einer Wildererbande in Oberbayern, wurde bereits oben ausführlich berichtet. Von seiner sozialen Herkunft her war der Hiasl Sohn eines Tagelöhners; er kam also aus der ländlichen Unterschicht und arbeitete lange Zeit als Bauernknecht.[46]

Obwohl die Lebenssituation der Masse der bäuerlichen Bevölkerung fortwährend schwierig war, wurde insbesondere in Kriegszeiten und bei Wirtschaftskrisen gewildert. Hierbei sind vor allem die Tagelöhner zu erwähnen, die aufgrund ihrer Notlage unter Duldung der Dorfgemeinschaft zur Wilderei tendierten. Auch die Bauern ergänzten

Die Dorfgemeinschaft deckte in der Regel die Wilderer, wie am Beispiel des „Hiesels“ zu sehen ist.

hin und wieder ihre Kost durch Wildfleisch, wobei sie häufig Rehe oder Hasen dann erlegten, wenn sie ihnen bei der Feldarbeit in die Quere kamen. Auch diese sporadischen bäuerlichen Wilderer genossen im Allgemeinen die Deckung der Dorfgemeinschaft. Ferner sind Personen zu nennen, die aufgrund ihrer beruflichen Tätigkeit mit dem Wild in Berührung kamen, wie Hirten, Schäfer, Köhler und Flurschützer sowie Personen, die von Berufs wegen viel unterwegs waren, wie Wanderarbeiter, Zimmerleute, Metzger, Müller und Schneider.[47] Man darf jedoch annehmen, dass dieser bunte Personenkreis nur zeitweise wilderte und vor allem günstige Gelegenheiten nutzte. Ihnen gegenüber stehen die gewerbsmäßigen Wilddiebe, die aus rein gewinnsüchtigen Motiven fremdes Jagdrecht verletzten. Diese andere Form der Wilderei, die sich am Rande der Dörfer herausbildete, scheint in ihren Motiven viel eindeutiger und juristisch klarer fassbar.[48] Dazu gehörten Personen, die nicht nur gelegentlich jagten, sondern professionell Wild schossen, ferner Gerber, die die Häute der Tiere verarbeiteten, und Gastwirte, die das Wildbret in ihren Gasthäusern zubereiteten. Dieser Kreis von professionellen Wilderern und Hehlern wurde von den Bauern in der Regel nicht gedeckt.

Was unterschied den gewerbsmäßigen Wilddiebstahl von den Wildereien eines Hiasl? Warum waren Bauern bei gewissen Wilderern bereit, mit der Justiz zusammenzuarbeiten? Da erwerbsmäßige Wilderer in vielen Fällen auch nicht davor zurückschreckten, den Bauern Vieh zu stehlen, hatten diese keine feste Rückendeckung bei den Bauern und genossen nicht die Sympathie der Dorfbevölkerung. Wenn insbesondere in der zweiten Hälfte des 19. Jahrhunderts auch einige Bauern unter den gewerbsmäßigen Wilderern auftauchten, so handelte es sich nicht um ehrbare Männer. Die meisten Bauern gehörten vielmehr selbst zu den Geschädigten, denn auch die Jagdbezirke der bäuerlichen Jagdpächter wurden von den gewerbsmäßigen Wilderern geplündert. Insbesondere erregten die Methoden dieser Wilderer Anstoß bei der Dorfbevölkerung, da man oft verendete und angefaulte Rehe in den Schlingen der profitgierigen Wilderer fand.[49] Das Schlingenlegen war bei den Bauern meist verpönt, da diese Art des Tierfangs nicht nur das Ehrgefühl der dörflichen Jäger verletzte, sondern auch die Beziehung, in welcher die Bauern zu den Tieren und zum Wild standen. Das Verenden von Rehen und Hirschen in den Schlingen der Wilderer wurde daher als erbarmungslose Tierquälerei verurteilt. Die Bauern, die immer wieder ihr jahrhundertealtes Recht auf die Jagd eingeklagt hatten, verbanden mit diesem Anspruch auch die Ethik des weidmännischen Jägers, der schießen konnte und Respekt vor dem Wild hatte.[50] Die erwerbsmäßig betriebene Wilderei verletzte dagegen die bäuerliche Ordnung nicht nur, weil sie gegen die Vorstellung eines arbeitsamen Lebens verstieß, sondern auch, weil sie die Ethik der bäuerlichen Jäger missachtete.

Eine andere Kategorie von Wilderern umfasste die jungen Burschen eines Dorfes, die das Wildern sowie die damit verknüpfte Auseinandersetzung mit den Förstern und Jägern als eine Art sportliche Konfrontation verstanden. Hier konnten sie ihren Mut, ihre Schießkünste und ihre Geschicklichkeit im Kreis der dörflichen Burschenschaft beweisen, sodass die Wilderei in diesem Kontext die Funktion einer Mannbarkeitsinitiation hatte.[51] Die Jugendlichen gingen nicht in größeren Gruppen zum Wildern, sondern in Kleingruppen von zwei oder drei jungen Burschen. Die Besitzhierarchie des Dorfes verwischte sich unter diesen Wildererpaaren, da Knechte nicht nur mit Knechten, sondern auch mit Bauernsöhnen, Müllerburschen, Hirten und Tagelöhnern wilderten. In vielen Fällen war es offenbar der gemeinsame Arbeitsplatz, der einen Knecht und einen Bauernsohn gemeinsam zum Wildern, zum Gasthausbesuch, zu Raufereien mit der Jugend des Nachbardorfes und schließlich auch zu den dörflichen Festen und zu den Kammerfenstern der Mädchen ziehen ließ. Im alpinen Raum wurde das erlegte Wild häufig in der engen Gemeinschaft der Hirten auf den Almen, weit weg von der Kontrolle der Jäger und Dorfpolizisten, gemeinsam zubereitet und verzehrt, wie Polizeiberichte aus dem späten 19. Jahrhundert erkennen lassen.[52]

Wie die Schlägereien in den bayerischen Wirtshäusern, so gehörte auch die Wilderei häufig zu den Mutproben der dörflichen Jugend. Der Pirschgang in den Wäldern war gefährlich, da die jungen Wilderer dabei die Dorfordnung verließen und den Innenräumen der Familien entflohen. Die

Jagd, das Ausschweifen in die Wälder und Berge führte sie immer auch in ein gefährliches Terrain, in dem die Grenzen zwischen dörflicher Zivilisation und freier Wildnis durchlässig wurden und wo sie selbst leicht zu Gejagten werden konnten. Sie waren Jäger und Jagdobjekte zugleich, sie gingen auf die Pirsch und mussten doch immer auch vor den sie verfolgenden herrschaftlichen Jägern auf der Hut sein und ihre erklärten Feinde überlisten. Dieser Aspekt der Wilderei verdeutlicht das Nebeneinander von Bedrohung und Faszination. Die Legenden, die die Jugendlichen aus ihren Jagderlebnissen webten, rühmten die Abenteuer und den Erfolg beim Pirschen und Jagen ebenso wie ihre handgreiflichen Siege im alltäglichen Kleinkrieg mit dem obrigkeitlichen Jagdpersonal und den Berufsjägern. Die Jagdleidenschaft und der Jagdtrieb, von dem man nicht lassen konnte, spielte bei vielen jugendlichen Wilderern offenbar eine wichtige Rolle. Die Faszination der Jagd und die Fantasie der Wilderer fanden ihren Ausdruck in den Wildschützenliedern, die im 19. Jahrhundert entstanden und zum Teil überliefert sind.[53] Sie setzen sich vor allem aus zwei Gruppen zusammen: erstens die Wildschützen- und Sennerinnenlieder, die zu den Liebesliedern der dörflichen Burschen gezählt werden können, und zweitens die Trauer- und Klagelieder auf die von den Jägern erschossenen Wilderer.[54] Die Wildschützenlieder sind demnach Liebeslieder und stimmen zugleich auch immer wieder das Thema der provozierten Jagdobrigkeit an, denn nur der Wildschütz, nicht der Jäger ist bei der Sennerin auf der Alm willkommen, und nach der Nacht bei der Sennerin schlägt der mutige Wildschütz die Jäger in die Flucht.

Wilderei im Fürstentum Salzburg als Fallbeispiel

Im ausgehenden 18. Jahrhundert spitzten sich die Auseinandersetzungen zwischen herrschaftlichen Jägern und aufsässigen Wilderern in einigen Territorien des Deutschen Reiches in einem starken Maße zu. Wie kam es zu dieser Eskalation der Jagdkonflikte in dieser Spätphase des Absolutismus? Am Beispiel des Fürstentums Salzburg sollen im Folgenden exemplarisch die Jagdverhältnisse und Jagdkonflikte verdeutlicht werden, die unter Hieronymus Graf Colloredo (1772–1803), dem letzten Fürsterzbischof von Salzburg, hervortraten. Der Salzburger Alpenstaat war während dieser Zeit in besonderem Maße von dem Phänomen der Wilderei betroffen, die in vielen Regionen des Landes stark verbreitet war und die von Norbert Schindler anhand der Wildererprozessakten detailliert untersucht wurde.[55]

Die Wildereigesetzgebung hatte sich in Salzburg wie in anderen Territorien im Zuge der absolutistischen Staatsbildung und der Prunkjagden zusehends verschärft.[56] Ihren Höhepunkt erreichte diese Entwicklung im Erzstift Salzburg ebenso wie im benachbarten Kurfürstentum Bayern in der Zeit nach dem Dreißigjährigen Krieg und im 18. Jahrhundert. Unter Erzbischof Guidobald von Thun wurde 1665 die Galeerenstrafe für notorische Wilddiebe eingeführt.[57] In der Kombination von Landesverweisung mit langsamer, aber nahezu sicherer Todesfolge stellte sie eine grausame Abschreckungsstrafe dar. Anfang 1705 wurde die Galeerenstrafe aber wieder abgeschafft und durch Festungshaft und Militärdienststrafen ersetzt; etwa gleichzeitig wurde auch bestimmt, dass Wilddiebe im Verhör nicht mehr gefoltert werden durften. Die kurz nach Erzbischof Colloredos Amtsantritt erlassene Oberjägermeisterei-Ordnung von 1772 brachte die bislang in der Praxis relativ undurchsichtige Wildereijustiz in ein geordnetes Regelstrafensystem.[58] Der neue Strafkatalog beruhte auf abgestuften Geldstrafen, die im Falle der Armut der Täter in befristete „Schanzbußen", d.h. Haftstrafen auf der Salzburger Festung mit schwerer körperlicher Strafarbeit, umgewandelt wurden. Die schichtenspezifischen Folgen dieser Generalregel waren offenkundig: Wer Geld hatte, konnte sich von seinem Delikt freikaufen, während die Armen den Weg in die Steinbrüche antreten mussten.

Schon wer sich mit schussbereitem Gewehr auch nur in die Nähe eines Jagdreviers begab, geriet in Gefahr: Erwischte ihn der Jäger dabei, drohten ihm beim ersten Mal 5 fl, beim zweiten Mal 10 fl und beim dritten Mal 15 fl Geldstrafe, ersatzweise 4, 8 oder 12 Wochen Schanzstrafe; wurde er auf der Wildbahn gestellt, so verdreifachten sich die Strafen. Für das erlegte Wild gab es eine exakte Hierarchie von Geldstrafen: Ein gewilderter Hirsch hatte eine hohe Geldbuße von 40 fl, eine Gämse von 30 fl und ein Reh von 20 fl zur Folge. Der gemeine Mann, der nicht zahlen konnte, musste stattdessen für die Erstlingstat einer gewilderten Gämse ein halbes Jahr brutaler Festungshaft erdulden. Die volle Härte des Gesetzes traf die Rückfalltäter: Beim ersten Rückfall traten zur üblichen Geldbuße bereits eine halbjährige Schanzarbeit sowie eine empfindliche Minderung der Geschäftsfähigkeit hinzu. Beim zweiten Rückfall verschärften sich dann die Strafen gravierend: Ewige Landesverweisung und Auslieferung an das kaiserliche Militär auf unbegrenzte Zeit oder sechs bis acht Jahre Festungshaft. Sollte ein Wilderer noch ein drittes Mal rückfällig werden, erwarteten ihn lebenslange Festungshaft und die vollständige gesellschaftliche Ächtung.

Das Verhältnis der Salzburger Fürstbischöfe zu ihren bäuerlichen Untertanen war schon seit den turbulenten Auseinandersetzungen im Bauernkrieg von 1525 niemals besonders gut,[59] und man kann die Lage während der gesamten frühen Neuzeit durchaus als angespannt charakterisieren. Vor allem blieben die Gebirgsregionen des Salzburger Territoriums für die Salzburger Zentralbehörden eine fremde und bedrohliche Welt. Die Beziehungen zwischen den Vertretern der Landesobrigkeit und den Bergbauern waren häufig von Übergriffen und Unverständnis geprägt. Auffällig waren vor allem die vielen kleinen Schikanen der subalternen Gerichtsbeamten, mit denen man die bäuerlichen Untertanen immer wieder demütigte und in ihrem Stolz verletzte. Man muss diese politischen und sozialen Hintergründe im Salzburger Territorium kennen, um die Härte und Verbitterung sowie den manchmal aufflackernden wilden Hass zu verstehen, mit dem die Wildereiauseinandersetzungen am Ende des Ancien Régime im späten 18. Jahrhundert ge-

In Bayern und Salzburg verschärften sich die Wildereigesetze immer stärker.

Trotz der Strafen wurde die Wilderei im 18. Jahrhundert überall massenhaft betrieben. Gemälde aus dem 19. Jahrhundert

führt wurden.[60] Für die Bauern war die Wilderei ein symbolträchtiges Instrument, um den Salzburger Bischofsstaat in die Schranken zu weisen und ihm die teilweise schmähliche Behandlung heimzuzahlen, die er seinen Untertanen manchmal hatte angedeihen lassen. Wenn man seine Freude daran hatte, den bischöflichen Jägern das ihnen exklusiv anvertraute Wild vor der Nase wegzuschießen, dann ging es in diesen Jahren stets um mehr als nur um ein paar Rehe und Gämsen, die in dem Kochtopf der Bauern landeten: Es ging dabei um die „Behauptung und den eigenen Stolz der bäuerlichen Kultur".[61]

Die Verwaltung der Salzburger Jagdreviere lag in der Hand der Hofkammer und der Oberjägermeisterei. Im Zuge der 1787 durchgeführten Trennung von Justiz und Administration wurden auch die Jagdbelange aus der allgemeinen Verwaltung ausgegliedert und einem separaten Regierungsgremium, den sogenannten Jagdsitzungen der Hofkammer, anvertraut.[62] Dieses etwa zwölfköpfige Kollegialorgan setzte sich aus dem Hofkammerdirektor, einigen hochadeligen Hofräten und weiteren Personen zusammen, die anstehende Jagdangelegenheiten berieten und entschieden. Die Jagdsitzungen befassten sich mit allem, was im weitesten Sinne zur landesherrlichen Jagd gehörte, also mit der Personalpolitik der Jägerschaft, mit der Renovierung der Jagdhäuser und nicht zuletzt mit der Bestrafung von Wildereidelikten, die im ausgehenden 18. Jahrhundert im Zuge einer gesteigerten Nachfrage nach Wild zugenommen hatten.

Wie sehr war nun die Wilderei im Fürstentum Salzburg im 18. Jahrhundert verbreitet? Eine Regionalstudie zur Wilderei im Salzburger Pfleggericht Golling hat ergeben, dass in diesem Landesteil im Zeitraum 1750–1799 insgesamt 91 Wildereifälle aktenkundig wurden und etwa 145 Personen darin verwickelt waren; zwei bis drei Wildererprozesse pro Jahr sind offenbar in den größeren Gebirgsgerichten die Regel gewesen.[63] Legte man diese Durchschnittszahlen mit gebotener Vorsicht auf die 32 Pfleggerichte des Landes um, so ergäben sich für das gesamte Salzburger Erzstift etwa 50–60 Wildererprozesse pro Jahr und insgesamt mehr als 2000 einschlägige Gerichtsverfahren in der zweiten Hälfte des 18. Jahrhunderts. Diese Zahlen machen deutlich, dass es sich bei der Wilderei um ein Massendelikt handelte und dass allein schon die relativ häufige gerichtsöffentliche Behandlung der Wildereidelikte ausreichte, um das Thema bei der Landbevölkerung immer wieder ins Gespräch zu bringen.

Aus welchen Schichten und Berufen kamen die Wildschützen im Salzburger Territorium? Was weiß man über Herkunft, Alter und Berufe der Wilderer und ihrer Helfer? Die Untersuchung der sozialen Zusammensetzung der Täter[64] ergab, dass die Wilderei ein eindeutig bäuerlich-ländliches Phänomen war; der Anteil der Wilderer aus den Kleinstädten des Pfleggerichts Golling lag nur bei etwa 20 Prozent. Unter ihnen spielte die Gruppe der Wirte, Wirtssöhne und Wirtsknechte verständlicherweise die größte Rolle: Sie traten nicht nur als Auftraggeber und Abnehmer der Jagdbeute in Erscheinung, sondern sie waren häufig auch in aktive Wildereien verwickelt. Die städtischen Handwerker bildeten eine ähnlich große Tätergruppe wie die Wirte; unter ihnen taten sich vor allem die Metzger hervor, bei denen das Verwertungsinteresse an Wildereiprodukten vorherrschte.

Die ganz überwiegende Mehrheit der Wilderer rekrutierte sich zu 80 Prozent aus dem ländlichen Raum; mehr als 60 Prozent dieses ländlichen Täterkreises entstammte dabei dem bäuerlichen Milieu im engeren Sinn. Betrachtet man das bäuerliche Wilderer-Spektrum genauer, so lassen sich vier Gruppen unterscheiden[65]: Erstens die Gruppe der hofbesitzenden Bauern, die mit 20 Prozent einen beachtlichen Teil der Wildschützen stellte. Diese Zahl lässt deutlich werden, über welch großen Rückhalt die Wilderer in den besitz-bäuerlichen Schichten verfügten; der Schwerpunkt lag hier allerdings bei den ärmeren Kleinbauern. Die zweite mit etwa 20 Prozent gleichstarke Gruppe stellten die Bauernsöhne, wobei die Zahl der künftigen Hoferben deutlich größer war als die der nachgeborenen Söhne. Die dritte Gruppe war die der Bauernknechte mit etwa 15 Prozent. Bauernsöhne und Bauernknechte stellten demnach den sozialen Kern der Wildschützenszene. Ihre illegalen Jagdaktivitäten waren prägend für die bäuerlichen Wilderergruppen und gaben den jungen Burschen Bewährungschancen für Abenteuer und Mutproben. Es waren diese unruhigen jüngeren Leute, die in den unaufhörlichen Auseinandersetzungen mit den herrschaftlichen Jägern zur Speerspitze der bäuerlichen Schichten wurden. Etwas weiter von dieser unmittelbaren bäuerlichen Gruppierung entfernt, aber ihr mit fließenden Übergängen verbunden, befand sich der vierte Täterkreis der besitzarmen ländlichen Unterschichten, die mit etwa 12 Prozent immerhin stark genug waren, um dem Bild von der Wilderei als einem Phänomen der Armut nahe zu kommen; in der Regel standen diese Kleinhäusler, Inwohner und Tagelöhner in Arbeitsabhängigkeit von den Besitzbauern und verfügten über ein zu geringes Einkommen, sodass sie auf Zuerwerb angewiesen waren.

Die Erwähnung der nächsten Wilderergruppe löst leicht ein Erstaunen aus, da man diesen Täterkreis im Kontext des Wildereiphänomens am wenigsten erwarten würde. Es handelt sich dabei um niemand anderen als um die Jäger selbst, die immerhin über 5 Prozent der Wilderer ausmachten.[66] Wildernde Jäger erscheinen uns auf den ersten Blick als eine paradoxe Erscheinung, wenn man vom Bild eines modernen, hinreichend besoldeten Staatsbeamten ausgeht. Unter den schwierigen Existenzbedingungen des späten 18. Jahrhunderts musste man dagegen ständig damit rechnen, dass junge Jägerknechte, die zumeist selbst aus Jägerfamilien stammten, die untergeordnete Stellung im Haushalt eines fremden Jägermeisters nicht mehr ertrugen und ihren kärglichen Lohn, der kaum mehr als ein Taschengeld war, dadurch aufzubessern suchten, dass sie auch die Gegenseite bedienten. Diese Doppelidentität der Jäger-Wilderer stellte ein zentrales Problem der auf klare Grenzziehungen bedachten Staatlichkeit des Salzburger Erzstifts dar, weil die Jägerknechte, wenn sie die Grenzen ihrer Amtspflicht erst einmal überschritten hatten, schon aufgrund ihrer Berufserfahrung die effektivsten Wilderer waren und deshalb von den Hehlerkreisen als zuverlässige Lieferanten geschätzt wurden. In den Prozessen gegen wildernde Jäger, die sich nur ein Zubrot verdienen wollten, taten sich daher Abgründe von Korruption auf, die für die Vertreter von Verwaltung und Justiz äußerst blamabel waren.

Überblickt man das Salzburger Wildererspektrum als Ganzes, so war die Wilderei fast ausschließlich ein ländlich-bäuerliches Phänomen. Die aktive Kerntruppe der Wilderer bildeten die unverheirateten Bauernsöhne und Hofknechte, die über ein Drittel der Delinquenten ausmachten und deren Treiben offenbar von einem Großteil der bäuerlichen Bevölkerung gutgeheißen oder gedeckt wurde. Die soziale Vernetzung dieses aktiven Kerns reichte sowohl in die bäuerliche Besitzschicht als auch weit in die besitzlosen Unterschichten und Randgruppen hinein. Inwieweit waren die Wildereidelikte dabei das Phänomen einer opponierenden Jugendkultur?[67] Hinsichtlich der Altersstruktur der Wilderer war das Durchschnittsalter der aktiven Wilderer im Gericht Golling etwa 30 Jahre; es lag knapp über dem durchschnittlichen männlichen Heiratsalter auf dem Salzburger Land und damit etwas zu hoch, um das Wildereiphänomen voreilig allein der

Jugendkultur zuschreiben zu können. Andererseits waren die aktiven Wilderer, unter denen sich viele junge Burschen befanden, verständlicherweise erheblich jünger als ihre Auftraggeber, die Hehler und Schieber im Hintergrund. Die Mehrzahl der Wildschützen war in Golling deutlich unter dreißig Jahre, sodass man die Wilderei durchaus als ein markantes Phänomen der Jüngeren charakterisieren kann, das mit steigendem Alter kontinuierlich abnahm. Der älteste Wilderer war ein 66-jähriger lediger Müllerssohn, der sich jahrelang im ländlichen Untergrund aufhielt und seinen dunklen Geschäften nachging.[68]

Den Wilderern standen bei den heftigen Jagdkonflikten des späten 18. Jahrhunderts die Berufsjäger als Widersacher gegenüber. Was kann man über die soziale Herkunft der Salzburger Jägerschaft sagen? Aus einer Liste des Salzburger Jagd- und Forstpersonals, die im März 1803 bei der Säkularisierung des Erzstifts angelegt wurde, erhält man Einblick in die Struktur der Salzburger Jägerschaft.[69] Ihr auffälligstes Merkmal ist eine hohe Selbstrekrutierungsquote von mehr als 70 Prozent: Von insgesamt 165 Jägern waren 121 Jägersöhne; sie hatten ihr jagdliches Handwerk vom praktischen Vorbild des Vaters gelernt. Der Rest rekrutierte sich aus nachgeborenen Bauernsöhnen (16 Personen), dem Handwerk und den ländlichen Unterschichten. Das zweite Kennzeichen der Jägerschaft war der hohe Ledigenanteil von fast 60 Prozent: 94 ledigen Jägern standen nur 66 verheiratete und fünf Witwer gegenüber. Schon aufgrund ihrer miserablen Besoldung mussten die Jägerknechte im Haushalt des Meisterjägers, der etwa das Zehnfache erhielt, wohnen und mitversorgt werden. An Heirat und Familiengründung war unter diesen Umständen kaum zu denken. Die Jäger heirateten, wenn überhaupt, oft erst im reifen Alter von 40 Jahren, wenn es ihnen gelungen war, eine der wenigen Meisterstellen zu bekommen.

Im späten 18. Jahrhundert machten den Wilderern Berufsjäger zusätzlich Konkurrenz.

Der Ledigenüberhang verlieh der Jägerschaft den Charakter eines gewissen Ungestüms und einer Unberechenbarkeit, der sich nicht nur auf ihr Sexualverhalten und die damit verbundenen unehelichen Eskapaden beschränkte. Die Jäger waren eigenartige und relativ gering verwurzelte Repräsentanten der staatlichen Gewalt, die von der lokalen Bevölkerung schon allein deshalb wenig akzeptiert wurden, weil sie aufgrund ihrer raschen Stellungswechsel nirgendwo recht Fuß fassten. Die Bevölkerung sollte sie auch nicht näher kennenlernen; die soziale Integration war gemäß dem Herrschaftskalkül des absolutistischen Staates offenbar nicht erwünscht. Dies hatte eine Menge aufgestauter Aggressionen, willkürlicher Übergriffe und krimineller Akte zur Folge, was sich vor allem bei dem Aufeinandertreffen von Jägern und Wilderern in der Eskalation von Gewaltaktionen zeigte.[70] Beständig hin- und herversetzt, damit sie mit der bäuerlichen Bevölkerung nicht gemeinsame Sache machen konnten, wechselten die Berufsjäger alle zwei oder drei Jahre das Revier. Dieses Versetzungskarussell war ein Wesensmerkmal der Jägerschaft und verursachte ihre soziale Ausgrenzung und ungeliebte Stellung in der Bevölkerung. Eine gewisse aggressive Grunddisposition der bewaffneten Jäger ergab sich also nicht nur aus der Berufspraxis der Jagd mit ihren hoheitlichen Kontrollfunktionen, sondern ebenso sehr aus der sozialen Randstellung extrem kurzgehaltener Männer, die meist nur über lose soziale Bindungen verfügten und mit der gesellschaftlichen Anerkennung ihrer Arbeit kaum rechnen konnten. Dies führte bei den Jägern zu Frustrationen und schuf schwierige Disziplinarprobleme.

Ziehen wir zum Schluss eine kurze Bilanz zur Wilderei im Fürstentum Salzburg gegen Ende des 18. Jahrhunderts, bevor mit der Säkularisierung des Bischofsstaates und den Veränderungen im Gefolge der Französischen Revolution eine neue Epoche auch im Jagdwesen einsetzte. Im Salzburger Territorium war die Wilderei im ausgehenden 18. Jahrhundert stark vertreten und bereitete der landesfürstlichen Gewalt große Schwierigkeiten. Die Wilderei war hier im ostalpinen Raum ein Phänomen, das in der bäuerlichen Gesellschaft tief verwurzelt war und der landesherrlichen Jagdhoheit hartnäckig Grenzen setzte. Die Handlungsmotive der opponierenden Bauern und der Wildschützen waren vielfältig und lassen sich nicht monokausal verengen.[71] Sie reichten von den wirtschaftlichen Beweggründen der Wildschadensabwehr, dem vermehrten Armutsdruck der Krisenperioden und dem bäuerlichen Gewohnheitsrecht, im Notfall zur Existenzsicherung auf die Ressourcen der Natur verstärkt zurückzugreifen, bis hin zum Anspruch der bäuerlichen Gelegenheitswilderer, die sich einfach das zu nehmen erlaubten, was ihnen andauernd vor der Haustür herumlief. Ferner sind die Abenteuer suchenden jungen Männer in Rechnung zu stellen, denen das verbotene Jagen ein wichtiges Forum war, auf dem man seine Männlichkeit unter Beweis stellen und eventuell die Bewunderung der Dorfbevölkerung auf sich ziehen konnte. Da es ein gefährliches Spiel war, gehorchte es einem Kodex ungeschriebener Regeln, die vor allem dann wirksam wurden, wenn sich Wildschützen und Jäger im Jagdrevier unerwartet gegenüberstanden und es zu einem Ausbruch der Gewalt kam. Die Gestalt des Wilderers erhielt besonders in der Endzeit der landesherrlichen Jagdhoheit ihren legendären Nimbus und wurde dann später zu einer beliebten Figur in Wildererromanen, Volksliedern und Heimatfilmen.

Die Figur des Wilderers wurde später in Romanen und Heimatfilmen romantisiert.

Mit der französischen Revolution endeten schließlich die Jagdprivilegien. Lithografie aus dem 19. Jahrhundert

DIE REVOLUTION VON 1848/49 UND DAS ENDE DER JAGDPRIVILEGIEN

Das Scheitern der Revolution von 1848/49 wird in vielen Geschichtswerken zu Recht konstatiert und dabei auf die misslungene Parlamentarisierung Deutschlands verwiesen. Im Bereich des Jagdwesens hat die damalige bürgerliche Revolution aber zu einer grundlegenden Veränderung geführt: Die Jagdprivilegien des Adels und der Fürsten, die jahrhundertelang bestanden hätten, wurden beseitigt, und neue Jagdgesetze traten in Kraft, die bis heute nachwirken. Die Revolution von 1848/49 schuf die Grundlagen des Revierjagdsystems, durch das die Anzahl der Jäger, das Jagdrecht, die Jagdtechnik, die Wilddichte, die Wildhegeformen und die jagdlichen Traditionen bis in unsere Zeit entscheidend geprägt wurden. Am 27. März 1849 beschloss die deutsche Nationalversammlung eine neue Reichsverfassung, in der die Jagdverhältnisse folgendermaßen geregelt wurden: „Die Jagdgerechtigkeit auf fremdem Grund und Boden, Jagddienst, Jagdfrohnden und andere Leistungen für Jagdzwecke sind ohne Entschädigung aufgehoben.“[1]

Die heftige Diskussion, die in den Sitzungen der Frankfurter Nationalversammlung über die Abschaffung der Jagdprivilegien geführt wurde, hatte der Öffentlichkeit gezeigt, welch hohen Stellenwert der Adel und die Fürsten der Jagd zumaßen. Zu den wenigen Resten seiner alten Herrschaftsrechte, die dem deutschen Adel nach den Umwälzungen der Zeit um 1800 noch verblieben waren, gehörte vor allem das Jagdrecht, sodass seine Infragestellung den Adel besonders reizte. Während die bürgerlichen Kritiker immer wieder darauf verwiesen, dass die Jagd nur ein Vergnügen weniger Privilegierter sei, den Bauern aber durch den Wildschaden hohe Verluste entständen, verteidigten die Adeligen und die Fürsten die Jagd als ihr historisches, seit Jahrhunderten bestehendes Recht. Nicht nur ihren aristokratischen Lebensstil sahen sie durch den Entzug der Jagdprivilegien bedroht, sondern auch ihre tragende Rolle in der Gesellschaft, die in der ersten Hälfte des 19. Jahrhunderts heftig diskutiert wurde, nachdem die Epoche des Absolutismus zu Ende gegangen war.

Wie kam es nun in der Frankfurter Nationalversammlung zu dieser grundlegenden Reform des Jagdrechts? Welche Faktoren und Umstände führten dazu, dass die Jagdfrage in der Vorgeschichte und in der Anfangsphase der Revolution von 1848/49 eine so erstaunliche Rolle spielte und in der Bevölkerung eine weit verbreitete Stimmung gegen die bestehenden Jagdverhältnisse vorherrschte? Das Jagdproblem war offensichtlich ein auslösendes Moment in der damaligen Revolutionsstimmung und verstärkte die revolutionären Antriebskräfte vor allem in der

Die deutsche Nationalversammlung fand 1849 in der Frankfurter Paulskirche statt.

ländlichen Bevölkerung. Zur Beantwortung dieser Fragen ist ein Blick auf die Jagdverhältnisse und die Diskussion über das Jagdwesen in den Jahrzehnten vor der Revolution notwendig, bevor die Ereignisse und Entscheidungen in den Revolutionsjahren selbst aufgezeigt werden. Die Grundrechtsdebatte der Paulskirche und das brisante Problem der Entschädigung für die Aufgabe von Jagdrechten sind nur verständlich, wenn man die Vorgeschichte und den Hintergrund dieser Ereignisse bedenkt.

Die Kritik an den Jagdprivilegien

Die Kritik an den Jagdprivilegien des Adels und an den Prunkjagden der Fürsten war in der Frühen Neuzeit dauernd vorhanden, hatte aber im späten 18. Jahrhundert und in der ersten Hälfte des 19. Jahrhunderts stark zugenommen. Bereits Martin Luther hatte die übertriebenen Jagdkampagnen der Fürsten, die Überhege des Wildes und den für die Bauern schmerzlichen Wildschaden hart getadelt: „Unsere Fürsten sündigen nicht allein damit, dass sie ihrem Amt nicht genug thun und sich der armen Unterthanen nicht annehmen, sondern sündigen ganz schwerlich, dass sie mit ihrem vielen Jagen die armen Leute beschweren, den armen Bauern und Ackerleuten die Früchte verderben, machen ihnen den Acker gar wüste.“[2] Ein scharfer Kritiker der Jagd war auch der Mansfelder Hofprediger Cyriacus Spangenberg, der 1560 ein Buch mit dem programmatischen Titel „Der Jagdteufel“ publizierte. Er schrieb dort zur Jagd: „Was Schaden, Leides und Jammer, Unterdrückung und Verderb der armen Unterthanen durch das verfluchte Jagen zugerichtet wird, ist nicht auszusagen. So ist auch gar keine Barmherzigkeit bei den Oberherren, dass sie es nicht glauben, noch sich’s annehmen. Das Wild zertremmet, frißet und macht ihnen ernstlich zu Schanden, was sie an Früchten gesäet und gepflanzt, ehe es recht hervorkommen kann, und weil es wächst und stehet, das müssen sie leiden und dürfen nicht wehren; so werden ihnen darnach beide von Wilde und auch von der Herren und Junkern Jagdhunden ihr Vieh, Kälber, Ziegen, Schaf, Gänse und Hühner, bisweilen auch ihre Haus- und Hofhunde, und oft dazu ihre Kinder und Gesinde zerrissen und beschädigt, davon wird ihnen nichts erstattet.“[3] Noch 1702 erschien eine letzte Auflage dieses viel gelesenen Buches, das verständlicherweise mehr Resonanz bei der allgemeinen Bevölkerung als bei den Jägern fand.

Der Adel und die Fürsten ließen sich von derartiger Kritik offenbar wenig beeinflussen. Wolf von Hohberg antwortete 1682 auf die Kritik mit der Bemerkung, dass man wegen der missbräuchlichen Jagdformen den guten Brauch der ehrlichen und löblichen Jagd nicht tadeln dürfe.[4] Einer der schärfsten Kritiker des fürstlichen Jagdwesens war im 18. Jahrhundert von höchster Stelle aus Friedrich der Große, der bekanntlich ein Musikliebhaber war und den Jagdbetrieb hasste. Noch als Kronprinz ging er in seiner Schrift „Antimachiavell“ hart mit der Jagdleidenschaft seiner fürstlichen Standeskollegen ins Gericht.[5] Er sprach der Jagd, so wie sie damals betrieben wurde, jeden Wert ab: „Gerad heraus, die Jagd ist von allen Vergnügungen die, so den Fürsten am allerwenigsten ansteht. Mögen sie Glanz und Pracht anderweitig zum Besten geben, so das Volk etwas davon hat.“ Weder zur Pflege der Gesundheit noch zur Kriegsertüchtigung tauge die Jagd, und nichts Nützliches werde durch sie bewirkt. Friedrich spricht die konkreten Lasten der Jagd für die Untertanen und die Schäden für die Landwirtschaft zwar nicht deutlicher an, doch bestätigen seine Ausführungen, dass die Jagd „fast beim ganzen Adel und Hochadel und bei den Königen Gegenstand leidenschaftlicher Beliebtheit“ war, sodass die Folgen für die Untertanen als bekannt vorausgesetzt werden konnten.

Die Kritik an den Exzessen fürstlicher Jagd nahm besonders bei den Vertretern der Aufklärung im späten 18. Jahrhundert massiv zu. Die maßlose Überbewertung des Jagdvergnügens, die Ausnutzung der Untertanen im Interesse der Jagd, die Diskrepanz zwischen Jagdlust und wirtschaftlicher Vernunft, zwischen fürstlichem Luxus und bäuerlicher Not boten den Schriftstellern und Philosophen der Aufklärung reichlich Stoff zu Angriffen. Die in den vorangehenden Jahrzehnten und Jahrhunderten bereits aufgetretene Kritik am fürstlichen Jagdwesen steigerte sich nun zur Flut. Der Ökonom Johann Georg Krünitz griff z. B. 1783 die herrschaftliche Jagd frontal an: „Vornehmlich schreckt die Parforce-Jagd, jenes unmenschliche und die Vernunft entehrende Vergnügen ... die Menschlichkeit.“[6] Adolf Freiherr von Knigge befasste sich in seinem berühmten Buch „Über den Umgang mit Menschen“ auch mit den schädlichen Auswirkungen des fürstlichen Jagdwesens auf die bäuerliche Bevölkerung. Ein Landes- oder Gutsherr dürfe nicht, um „das grausame Vergnügen einer Hirsch- und Schweine-Mezelei“ zu genießen, „den Bauer zu einer Zeit, wo seine Gegenwart zu Haus ihn und seine Familie gegen Mangel schützen muss, mehrere Tage hintereinander in strenger Kälte mit leerem Magen herumlaufen und Ohren und Nasen erfrieren lassen.“[7]

In Göttingen gehörte der Historiker August Ludwig Schlözer zu den entschiedenen Gegnern des fürstlichen Jagdwesens, die er regelmäßig in den von ihm herausgegebenen Zeitschriften zu Wort kommen ließ. Im Jahre 1782 erschien beispielsweise ein Artikel, der die „orientalischen Tyranneien“ des Herzogs Karl II. August von Pfalz-Zweibrücken heftig anprangerte. „Eine unserer Provinzen ist jetzt ganz und gar gleichsam ein Jagdrevier ... Der über diese Landschaft gesetzte Prinz hält ganze Regimenter Jagd-Hunde, die bei dem Landmanne einquartiert sind, und von diesem frei beköstigt werden müssen ... Ohnlängst reiste der Prinz ...: sein Gefolge war ein Heer von 600 Jagd-Hunden.“[8] Weitere Untaten des Fürsten seien die brutale Behandlung von Bediensteten und eine luxuriöse Mätressenwirtschaft. Im Jahre 1787 druckte Schlözer einen längeren Artikel mit dem Thema „Vom Missbrauch der Jagd“, der anonym unterzeichnet war.[9] Dieser Artikel erregte großes Aufsehen und wurde auch von anderen Zeitschriften übernommen. In dieser Publikation wurde argumentiert, dass viele Fürsten und Grafen zu große Wildbestände halten, Klagen der Bauern über Wildschaden von den adeligen Herren als übertrieben bezeichnet werden und die Ersatzleistung zu gering ausfällt. Die Feldfrüchte sind zur Ernährung der Menschen da, und es ist „Sünde gegen das ganze Menschengeschlecht“, sie den Hirschen und Schweinen preiszugeben. „Man kann sich über das seichte grundlose Denken mancher Fürsten nicht genug wundern. Hier hungert eine große Familie von Menschen; und dort mästen sich 20 Hirsche, um parforce gejagt zu werden.“[10] Nur asiatische Despoten betrachteten Land und Leute als ihr ausschließliches Eigentum, in Europa aber soll jeder Landesherr für sein Land Sorge tragen. Mit einer solchen Pflichtauffassung vertragen sich nach Meinung des Artikelschreibers weder ein ausschweifendes Jagdvergnügen noch harte Strafen für Wilderer, die meist nur auf den Wildschaden reagieren.

Der Mansfelder Hofprediger Cyriacus Spangenberg kritisierte die Jagd bereits im 16. Jahrhundert.

Das Jagdproblem wurde im 18. Jahrhundert auch vor allem von Zeitschriften aufgegriffen, die der Forstwissenschaft verpflichtet waren. Der bedenkliche Zustand vieler Wälder gab den Forstzeitschriften genügend Stoff an die Hand, sich kritisch mit der Jagd und den fatalen Folgen des fürstlichen Jagdwesens auseinanderzusetzen. Obwohl der Wald der wichtigste Energie- und Rohstofflieferant war, wurde er vorwiegend in den Dienst der Jagd gestellt, da Wild für den absolutistischen Herrscher wichtiger war als Holz. Jagdliche Pflichten verschlangen den größten Teil der Arbeitszeit des ohnehin forstwirtschaftlich schlecht ausgebildeten Jagd- und Forstpersonals, an dessen Spitze Adelige standen, die der Jagd eine Priorität einräumten.[11] Die Unterordnung des Forstwesens unter die Jagd trat auch in der Literatur hervor, die forstliche Themen zumeist in Schriften zum Jagdwesen am Rande abhandelte. Die Wildhege und die ungeregelte Waldwirtschaft mit ihrer landwirtschaftlichen Nebennutzung durch die Viehweide und die sorglose Holzausbeutung hatten die Wachstumskräfte des Waldes stark geschwächt, sodass das Holz, der wichtigste Werk- und Brennstoff des vorindustriellen Zeitalters, in vielen Gegenden knapp wurde. Der zu dichte Wildbestand, der von den Fürsten aus Jagdinteressen erstrebt wurde, trug zusätzlich zur Devastierung der Wälder bei und erschwerte eine nachhaltige Bewirtschaftung der Forste.[12]

Herzog von Zweibrücken Karl II. August wurde für seinen „Missbrauch der Jagd" angeprangert.

Wie reagierten nun die aufgeklärten Fürsten auf die Jagdkritik der Aufklärer? Eine relativ geringe Zahl aufgeklärter und auch im Jagdwesen reformbereiter Fürsten unterstützte die Intellektuellen und Wissenschaftler in ihren Ansichten. Ein Blick auf die konkreten Maßnahmen, die zur Milderung der Jagdprobleme eingeleitet wurden, lässt aber erkennen, dass die Taten der Fürsten nur zögernd und halbherzig erfolgten. Markgraf Karl-Friedrich von Baden-Durlach, der 1771 ganz Baden in seiner Hand vereinigte, widmete sich, erfüllt vom physiokratischen Gedankengut, in starkem Maße der Förderung der Landwirtschaft.[13] Bei seinen Bemühungen um eine Verbesserung der landwirtschaftlichen Betriebe wurde er immer wieder mit Klagen über den Wildschaden konfrontiert: Seine Vögte berichteten ihm über die starken Verluste der Betriebe durch Wildfraß und die Notwendigkeit von Regelungen gegen den Wildschaden.[14] Die vom Markgrafen eingeleiteten Maßnahmen zur Verringerung des Wildbestandes und die Aufstellung von Wildzäunen waren zwar bescheiden, doch führten sie zu gewissen Verbesserungen. Der Markgraf von Baden blieb aber trotz seiner aufgeklärten Haltung weitgehend in den Vorstellungen seiner eigenen Standeswelt gefangen, wenn er einerseits das alte Institut der Leibeigenschaft aufhob und andererseits seine fürstlichen Jagdprivilegien nur zögernd beschränkte.

Ein zweites Beispiel für einen aufgeklärten Monarchen mit Reformabsichten im Jagdwesen bot Kaiser Joseph II. Obwohl er selbst ein passionierter Jäger war, suchte er das Jagdwesen durch zahlreiche Dekrete und Erlasse zu reformieren. In der von ihm verkündeten Jagdordnung von 1786 wurde als Ziel angegeben, dem allgemeinen Ackerbau die Früchte seines Fleißes gegen die übertriebene Jagdlust zu sichern.[15] Zu diesem Zweck wurden alle älteren Jagdbestimmungen aufgehoben und unter anderem angeordnet, dass Schwarzwild nur noch in Tiergärten gehalten werden dürfe, dass in der freien Wildbahn nicht übermäßig gehegt werden solle, dass jedermann seine Felder durch Zäune in beliebiger Höhe

Der österreichische Kaiser Joseph II. pflügte selbst, um seine Wertschätzung der Bauern zu bezeugen.

schützen dürfe und dass der Wildschaden generell zu ersetzen sei. Bauern und Bürger blieben zwar weiterhin vom Jagdrecht ausgeschlossen, und auch die harten Wildereistrafen blieben weiter bestehen, doch wurde diese Jagdordnung im ganzen Reich als Beispiel für den Fortschritt im Jagdwesen begrüßt. Neben diesen österreichischen und badischen Jagdordnungen gab es auch weitere Verordnungen zur Jagdausübung in anderen Landesherrschaften, die vom Geist des aufgeklärten Absolutismus geprägt waren. Insgesamt muss aber festgestellt werden, dass es damals in den meisten Herrschaften nicht zu tiefgreifenden Jagdreformen kam, sodass die Kritik an den Missständen im fürstlichen Jagdwesen weiter anhielt und sich im Schatten der einsetzenden Französischen Revolution enorm steigerte.

Die Auswirkungen der Französischen Revolution auf das Jagdwesen

Starke Einflüsse auf die Jagdverhältnisse gingen zweifellos von der Französischen Revolution aus. Im Anschluss an die Verzichtserklärung ihrer privilegierten Mitglieder hob die französische Nationalversammlung einen Teil der feudalen Vorrechte und ausdrücklich auch das Jagdrecht auf fremdem Grund und Boden ohne Entschädigung auf und gestattete durch das Gesetz vom 11. August 1789 den Grundeigentümern das Jagdrecht auf ihren Grundstücken.[16] Damit war mit einem Schlag etwas eingetreten, was man einige Zeit zuvor kaum für möglich gehalten hatte: Das Jagdrecht in seiner bisherigen Form war radikal aufgehoben, das Jagdprivileg des Adels beseitigt worden. Diese revolutionären Veränderungen in Frankreich blieben in Deutschland und in den europäischen Nachbarländern nicht ohne Wirkung. Mit Hoffnungen und Furcht, oft aber mit gemischten Gefühlen blickte man auf die Geschehnisse in Frankreich und wartete auf Reformen im Jagdwesen.

Nachdem 1792 ein erster französischer Vorstoß in das Rheinland erfolgt war, schenkte Christoph Friedrich Cotta, ein führender Mainzer Revolutionär, in seiner Schrift „Wie gut es die Leute am Rhein und an der Mosel jetzt haben können" auch dem Jagdwesen seine Aufmerksamkeit.[17] In Frankreich seien die Jagdfronen unter der neuen Herrschaft völlig abgeschafft worden, sodass dem Jäger keiner bei der Jagdausübung helfen müsse. Gegen den Wildschaden dürfe sich jedermann durch Abschießen wehren, und wer Wild hegen wolle, trage die volle Verantwortung für die Unschädlichkeit der Wildtiere und müsse gegebenenfalls Schaden-

Die sächsische Bauernrevolution 1790 richtete sich vor allem gegen Jagdprivilegien.

ersatz leisten. Diese Ausführungen Cottas fielen in eine Zeit, in der die politischen Umwälzungen in Frankreich von Deutschland aus aufmerksam registriert wurden. Bereits kurz nach den antifeudalen Beschlüssen der Nationalversammlung kam es im Rheinland und in Südwestdeutschland stellenweise zu Unruhen, die in den folgenden Jahren anhielten und immer wieder aufflammten. Bei diesen Unruhen spielte die Erbitterung der ländlichen Bevölkerung über die fürstliche Jagdleidenschaft, die Jagdfronen und den Wildschaden eine entscheidende Rolle. Erwähnenswert ist in diesem Zusammenhang auch der Bauernaufstand in Kursachsen, der 1790 ausbrach. Die Hauptgründe dieser spektakulären Volksbewegung lagen in Jagdbeschwerden, und der offene Kampf gegen die Jagdprivilegien und besonders gegen den Wildschaden gehörte zu den wichtigsten Zielen dieser Erhebung, die als eine der größten Bauernrevolten im Reich seit dem Bauernkrieg ein flammendes Signal setzte. Spätestens jetzt merkten Adel und Fürsten, dass die ruhigen Zeiten ungestörten Jagdvergnügens vorüber waren und man nicht an Reformen vorbeikam. Aufgeschreckt durch diesen Volksaufstand mahnten aufgeklärte Intellektuelle ihre Herrscher, ernsthafte Reformen durchzuführen, wobei sie die Revolutionsfurcht durchaus als Motor für ihre Reformziele benutzten. In einigen publizistischen Äußerungen wurden die allgemeinen Staatsreformpläne auch speziell auf die Jagd bezogen, die in der breiten Öffentlichkeit ein Stein des Anstoßes war. Man empfahl Korrekturen am Jagdwesen, ohne aber das System selbst grundsätzlich in Frage zu stellen. Den Mahnungen ihrer Berater und dem Druck der Untertanen gehorchten teilweise die Fürsten. Der Aufstand in Sachsen wurde zwar mit Härte niedergeschlagen, doch versuchte man in den folgenden Jahren, den Wildbestand zu vermindern. Auch im Westen und Süden des Reiches wurden die Wildbestände in starkem Maße reduziert, Wildschadensersatz wurde großzügiger geleistet und die Jagdfronen verringert.

desfürst bereits 1781 mit den Gemeinden auf der Baar vereinbart, in ihrem Gebiet auf die Ausübung der hohen Jagd zu verzichten, stattdessen einen großen Tiergarten einzurichten und alles Hochwild außerhalb dieses Parks abschießen zu lassen. Dieses Abkommen wurde jetzt erneuert und mit weiteren Zugeständnissen an die Untertanen versehen. So behielt sich die Herrschaft zwar die niedere Jagd in der freien Wildbahn vor, verpflichtete sich aber, diese Jagd in einer für die Untertanen unschädlichen Art zu betreiben.[18] Ferner wurden großzügige Regelungen für jeden noch entstehenden Wildschaden in Aussicht gestellt, und auch alle für den Tiergarten zu leistenden Fronen wurden mit der jährlichen Zahlung einer Festsumme abgegolten. Diese systemkonformen Maßnahmen in Fürstenberg und in anderen Landesherrschaften brachten jedoch keine grundsätzlichen Veränderungen im Jagdwesen mit sich: Das Jagdrecht auf fremdem Grund und Boden blieb in Deutschland trotz der Einflüsse aus dem republikanischen Frankreich bestehen und damit auch die Belastung der bäuerlichen Bevölkerung mit Wild- und Jagdschäden.

In den seit etwa 1795 von Frankreich besetzten und 1801 an Frankreich abgetretenen Rheinlanden wurde das herrschaftliche Jagdrecht entschädigungslos aufgehoben. Die ehemals fürstlichen Wälder wurden als Nationalforste von der französischen Verwaltung übernommen, die dort das Jagdrecht ausübte und darüber hinaus auch die polizeiliche Aufsicht über die privaten und kommunalen Jagden wahrnahm.[19] Das Wild wurde überall stark vermindert, die Wildschadensklagen hörten auf, und die Landwirtschaft war von den Beeinträchti-

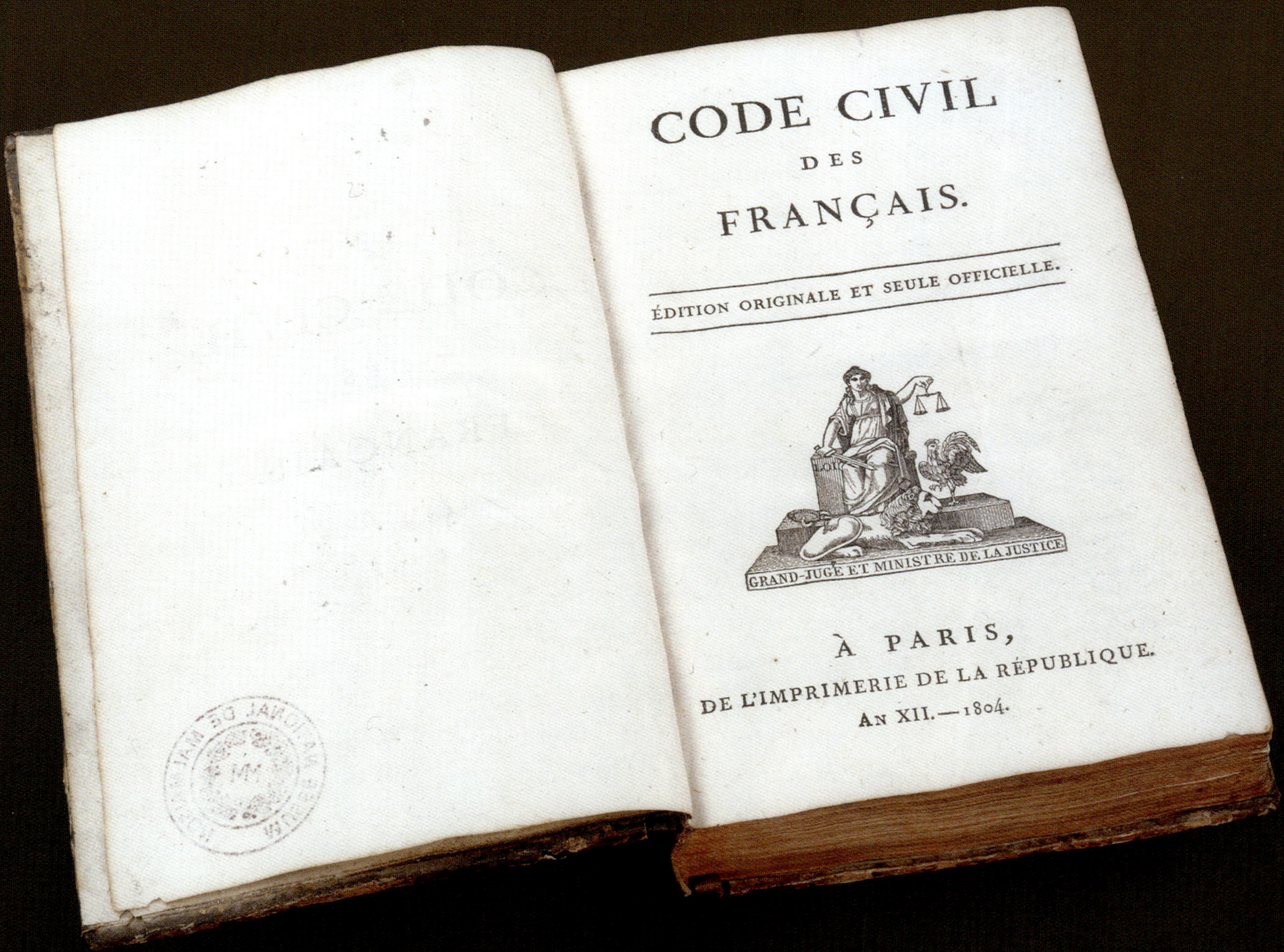

Im französischen Code Civil von 1804 wurden feudale Vorrechte wie das Jagdrecht aufgehoben.

gungen durch die Jagdausübung weitgehend befreit. Als die Rheinlande dann 1814/15 nach dem Sieg über Napoleon wieder unter die Souveränität deutscher Staaten (Preußen, Bayern, Hessen) gerieten, wurde der Bevölkerung offiziell die Erhaltung der guten Gesetze zugesichert, wozu auch das Jagdrecht gehörte. Nur in den rechtsrheinischen Gebieten, die nach französischem Recht, wie z. B. im ehemaligen Königreich Westfalen, gelebt hatten, wurde das alte Jagdrecht der vorrevolutionären Zeit wiederhergestellt.[20] In den linksrheinischen Gebieten ging man einen Mittelweg zwischen alter Jagdeinschränkung und neuer Jagdfreiheit, um beiden Jagdformen gerecht zu werden.

Dieser Kompromiss fiel so aus, dass das Jagdrecht des Grundbesitzers auf seinem Land grundsätzlich bestehen blieb, aber dadurch in der Praxis eingeschränkt war, dass alle Grundbesitzer einer Gemeinde ihr Jagdrecht gemeinsam und zu Nutzen der Gemeindekasse zu verpachten hatten.[21] Nur diejenigen, die wenigstens 50 Hektar besaßen, konnten in der Gemeinde die Mitjagd neben dem Pächter ausüben; auf vollständig eingezäunten Grundstücken wurde das Jagdrecht dagegen nicht verpachtet und blieb dem Grundbesitzer überlassen. Weshalb wurden derartige Einschränkungen vorgenommen? Man argumentierte, dass das Jagdrecht auf eigenem Grund und Boden zu einem Ruin der Jagden geführt habe und außerdem eine Gefährdung der öffentlichen Sicherheit und Ordnung bedeute. Beide Argumente sind aus obrigkeitlicher Sicht plausibel, da einerseits der geringe Wildbestand in den ‚befreiten' Gebieten von den neuen Beamten und ihren übergeordneten Landesherren nur als ein ‚Verfall der Jagden' gewertet werden konnte und andererseits das neue Jagdrecht jedes Grundbesitzers für die fürstlichen Landesherren mit dem Odium der Revolution behaftet war, sodass es unweigerlich zu Unordnung führen musste. Dass die vorrevolutionären Jagdverhältnisse im Rheinland nicht restauriert wurden, liegt allein in der Tatsache begründet, dass das liberale französische Rechtssystem im Bewusstsein der linksrheinischen Bevölkerung bereits so feste Wurzeln geschlagen hatte, dass an seine Beseitigung nicht zu denken war. Trotz der eingeführten Beschränkungen blieb das linksrheinische, entprivilegierte und im Code Civil verankerte Jagdrecht ein in das rechtsrheinische Deutschland ausstrahlendes Beispiel, das je nach dem Standpunkt des Beobachters als akzeptables Vorbild oder als abschreckende Mahnung gesehen wurde.[22] Dies muss man im Hinblick auf die heftigen Auseinandersetzungen um das Jagdrecht berücksichtigen, die im rechtsrheinischen Deutschland noch bis zur Revolution von 1848/49 andauerten.

Die Auseinandersetzungen um die Jagd im frühen 19. Jahrhundert

Der Sieg über die Truppen Napoleons und die Entscheidungen des Wiener Kongresses von 1815 führten dazu, dass im mitteleuropäischen Raum die vorrevolutionäre Ordnung im Wesentlichen wiederhergestellt wurde, wozu auch das privilegierte Jagdrecht in seiner revidierten Form gehörte. Um einen Einblick in die andauernden Auseinandersetzungen um die Jagd zu gewinnen, soll exemplarisch auf die Jagdverhältnisse und die Jagddiskussion in den beiden südwestdeutschen Staaten Württemberg und Baden zwischen 1815 und 1848 eingegangen werden.[23] In diesen beiden Staaten des neugebildeten Deutschen Bundes war wie auch anderswo im frühen 19. Jahrhundert die Agrarwirtschaft und die damit eng verbundene Forst- und Jagdpolitik die Basis der Gesamtwirtschaft, da damals noch vier Fünftel der Bevölkerung auf dem Lande lebten. Die Notwendigkeit zu tiefgreifenden Reformen im Agrarbereich stand damals allen Regierungen vor Augen, sodass die Bauernbefreiung und die Ablösung feudaler Lasten an Grund- und Zehntherren sich überall als Aufgaben stellten.[24] In diesem Kontext ist auch die heftige Diskussion um die Ablösung von Jagdfronen und den Ausgleich für Wildschaden einzuordnen.

König Wilhelm I. von Württemberg verstärkte sogleich nach seinem Regierungsantritt im Jahr 1816 die bereits von seinem Vorgänger eingeleiteten Maßnahmen zur Beschränkung von Wildbeständen und Jagd. 1817 wurde in zwei Verordnungen befohlen, Schwarzwild nur noch in Tiergärten zu halten, den Rotwildbestand in ein ausgeglichenes Verhältnis zur Waldfläche zu bringen und der Hasenplage durch eine höhere Abschussquote zu begegnen.[25] Um den Anordnungen Nachdruck zu verleihen, wur-

Anhänger der Revolution feierten die Reformen durch König Wilhelm I. von Württemberg.

den die Jagd- und Forstbediensteten zum Ersatz des Wildschadens verpflichtet, der durch ihre Schuld, nämlich durch Nichtbefolgen der königlichen Befehle, entstanden war; private Jagdherren hatten Ersatz zu leisten, wenn sie einen zu großen Rotwildbestand hegten. Weitere Maßnahmen bestanden in großzügigen Gnadenerweisen bei Wildereidelikten. Unter Wilhelms Herrschaft (1816–64) hätte sich die Bauernbefreiung und mit ihr ein allmählicher Abbau der Jagdprivilegien vermutlich ohne große Schwierigkeiten vollzogen, wenn das absolute Regierungssystem auch nach Ende des Wiener Kongresses (1815) fortbestanden hätte. Durch die Deutsche Bundesakte wurden die Rechte der fürstlichen Standesherren und ritterschaftlichen Grundherren, der Mediatisierten innerhalb des Königreiches Württemberg, aber erneut gestärkt, sodass die württembergische Regierung bei ihrer Jagdreformpolitik gezwungen war, auf die Rechte dieser Mediatisierten Rücksicht zu nehmen. Dies war sowohl für Württemberg als auch für Baden von großer Bedeutung, da ein Sechstel der Bevölkerung Württembergs und sogar ein Drittel der Einwohner Badens in ehemals reichsständischen oder reichsritterschaftlichen Gebieten lebte.[26]

Die adeligen Standesherren waren infolge ihrer bundesrechtlich abgesicherten Macht über Land und Leute ein entscheidender Faktor der Innenpolitik Württembergs und Badens geworden, was zur Folge hatte, dass die Bemühungen um die Bauernbefreiung und die Neuordnung des Jagdwesens verlangsamt oder gar blockiert wurden. Denn die Standesherren pochten auf ihre Rechte, wenn es um die Aufhebung des Obereigentums aller Grundherren und die Ablösung der Feudallasten ging. Obwohl die Regierungsseite eine Abschaffung der Jagdprivilegien anstrebte, wurden diese zunächst konserviert, da die Standesherren erfolgreich Einspruch erhoben. Als z. B. die ungemessenen Jagdfronen und die Hundsiege 1817 durch das erwähnte Edikt abgeschafft bzw. abgelöst werden sollten, wurde dies in den Gebieten der Standesherren und Ritter blockiert. Dies wurde dadurch ermöglicht, dass die Standesherren aufgrund der Verfassung ein

Der württembergische Abgeordnete Paul A. Pfizer setzte sich für die Bauernbefreiung ein.

Mitwirkungsrecht beim Zustandekommen der Gesetze besaßen und parlamentarische Auseinandersetzungen um Bauernbefreiung und Jagdprivilegien erzwingen konnten.[27]

Sowohl die badische Verfassung von 1818 als auch die württembergische von 1819 hatten eine Ständeversammlung bzw. einen Landtag mit zwei Kammern geschaffen: In der Ersten Kammer bildeten die Standesherren als erbliche Mitglieder die größte Gruppe, während zur Zweiten Kammer vor allem die nach einem Zensuswahlrecht gewählten Abgeordneten gehörten. Die Gesetzgebung vollzog sich nun in beiden Ländern, in Baden und in Württemberg, im Zusammenwirken von Monarch, Erster Kammer und Zweiter Kammer.[28] In wichtigen Fragen der Politik wie der Bauernbefreiung und der dazu notwendigen Agrargesetzgebung wirkte sich diese Verfassungskonstruktion äußerst schädlich aus, da die reformwilligen Regierungen häufig zwei Richtungen mit völlig verschiedenen Zielsetzungen zusammenbringen mussten. Auf der einen Seite standen die Standesherren, die sich gegen alles wehrten, was sie als Schmälerung ihrer Rechte ansahen, und auf der anderen Seite die liberalen Abgeordneten, die die Bauernbefreiung forderten und das Parlament als Plattform für ihren Kampf gegen alle feudalen Vorrechte und damit auch gegen die Jagdprivilegien benutzten. Für die Jahrzehnte bis 1848 lässt sich insgesamt feststellen, dass ein starkes liberales Element in den Zweiten Kammern zwar einen kräftigen Reformdruck auch in Bezug auf die Jagdprivilegien erzeugte, dieser Druck aber nur selten sein Ziel erreichte. Dies lag sowohl in dem mangelnden Reformwillen der Standesherren als auch in der Verfassungsstruktur begründet.

In den Debatten der Parlamente wiesen die adeligen Jagdherren immer wieder auf ihr historisches Recht auf die Jagdausübung hin: Die Jagd sei als wohlerworbenes Recht seit Jahrhunderten im Besitz des Adels und dürfe ihm nicht rechtswidrig genommen werden. Zu den wenigen geretteten Resten ihrer alten Herrschaftsstellung gehörte das Jagdrecht, sodass der drohende Verlust dieses Privilegs Standesherren und Ritter besonders reizte. Es verursache ein schmerzliches Gefühl, dass mit der Begrenzung des Jagdrechts „auch noch das Vergnügen als Opfer dem Adel abverlangt“ werde, wie 1838 der württembergische Standesherr Erbgraf von Waldburg-Zeil-Trauchburg voll Verzweiflung jammerte. Das Jagdrecht wurde jedoch nicht allein wegen des Vergnügens, sondern auch als Teil der allgemein privilegierten Position der Standesherren verteidigt. Nicht nur ihren Lebensstandard und ihren adeligen Lebensstil sahen sie durch den Entzug und die Begrenzung von Rechten gefährdet, sondern auch ihre tragende Rolle in Staat und Gesellschaft. Die liberalen Abgeordneten polemisierten in den Debatten häufig damit, dass das privilegierte Jagdrecht aus einer „Zeit der Barbarei“ stamme und es ein Überrest der „Anmaßung der Herren gegen die Schwachen“ sei. Der Freiherr von Hornstein sah in der württembergischen Zweiten Kammer hinsichtlich des Jagdrechts die Ehre seiner Vorfahren verletzt und beschwor die ruhmreiche Geschichte des Adels, der „jahrhundertelang unter dem Panier der Fürsten für die Rechte und die Freiheit Deutschlands sein edelstes Blut in Strömen dahingab", und sich auf diese opfervolle Aufgabe nicht zuletzt bei der Jagd vorbereitet habe.

Der langwierige und teilweise blockierte Gesetzgebungsprozess hatte zur Folge, dass die Reformierung des Jagdrechts, die Ablösung der Jagdfronen und Verminderung des Wildschadens in den Jahrzehnten vor 1848 nicht vorankam. Zwar waren die Jagdfronen in den südwestdeutschen Staaten teilweise abgelöst und die Wildereistrafen reduziert worden, doch gab es noch immer das Jagdrecht auf fremdem Grund und Boden und den Wildschaden. Die Jagdprivilegien bestanden auch in vielen anderen Staaten des Deutschen Bundes weiter fort und schufen Ärger und Empörung in der ländlichen Bevölkerung. Der Prozess der Reform des Jagdrechts war in eine Sackgasse geraten und bedurfte eines Anstoßes von außen, der dann 1848 auch tatsächlich kam und alle Jagdprivilegien im Sturm der Revolution hinwegfegte.

Die Revolution von 1848/49 und die Beseitigung der Jagdprivilegien

Die Aufstandsbereitschaft der Bevölkerung wurde am Vorabend der Revolution vor allem durch die ungelöste Jagdfrage angeheizt. Warum spielte aber gerade die Jagdfrage, die sicherlich nicht zu den Hauptproblemen der damaligen Gesellschaft gehörte, im Volk und in der publizistischen Öffentlichkeit eine so bedeutsame Rolle? Ein Hinweis auf das Gewicht der Jagdfrage ergibt sich aus der Anzahl der Petitionen, mit denen sich die Bürger zu Wort meldeten. In der am 22. Mai 1848 in Berlin zusammengetretenen Preußischen Nationalversammlung wurden bis Mitte 1848 etwa 6000 Petitionen eingereicht, von denen ungefähr 13 Prozent sich allein mit dem Jagdrecht befassten.[29] Auffällig ist auch die starke Emotionalität, mit der die Jagdprobleme diskutiert wurden, und die vielfältigen Animositäten, die hierbei zum Ausdruck kamen: In der Preußischen Nationalversammlung wurde etwa das alte Jagdrecht als „schreiendste Ungerechtigkeit" bezeichnet und in der Frankfurter Nationalversammlung sogar als „lästigste Last" charakterisiert. Seit den fürstlichen Prunkjagden im Zeitalter des Absolutismus hatte sich bei der ländlichen Bevölkerung, die vornehmlich die Last des adeligen Jagdvergnügens zu tragen hatte, allmählich ein explosiver Zündstoff angesammelt, denn die Bedrückung durch die Jagd wurde als sichtbares Symbol für die allgemeine Unterdrückung durch Adel und Fürstenmacht angesehen.

Das adelige Jagdvergnügen und die höfischen Prunkjagden benötigten auch in den Jahrzehnten vor 1848 eine große Dichte an Wild und eine sorgfältige Wildhege. Dass das künstlich vermehrte Rot- und Schwarzwild auf den Äckern und Wiesen großen Schaden anrichten und die hart erarbeiteten Feldfrüchte der Bauern schmälern, ihre Ernten stark vermindern und damit existenzbedrohende Armut auslösen konnte, verstärkte die Wut der bäuerlichen Bevölkerung gegen die bisweilen als zügellos erlebte Jagdlust des Adels. Die Missernten von 1845, 1846 und 1847 machten die Wildschäden noch besonders schlimm, da der geringe Ertrag der Felder in diesen Jahren offenbar durch Wildfraß zusätzlich stark verringert worden war.[30] Zu den verhassten Wildschäden kam die Empörung der Bauern darüber, dass sie in vielen Gegenden noch immer ohne Rücksicht auf dringende Arbeiten in Hof und Feld zu lästigen Hilfsdiensten bei den Jagden des Adels herangezogen wurden. Auch die drastischen Strafen für Wilderei, die in vielen Staaten des Deutschen Bundes fortbestanden, trugen zu einer verschärften Aversion der Bevölkerung gegen die privilegierte Jagd des Adels bei. Die adelsfeindliche Stimmung verstärkte sich auch allgemein deswegen, weil die Feudallasten weiter andauerten und von einer „Bauernbefreiung" im Sinne der Französischen Revolution wenig zu spüren war.

Die bäuerlichen Klagen über lästige Jagdfronen hatten dadurch an Berechtigung gewonnen, dass sich seit dem 18. Jahrhundert immer aufwändigere Methoden der fürstlichen Jagdausübung entwickelt hatten, die auch zusätzliche Belastungen der Untertanen mit sich brachten. Hinsichtlich der Wildbestände vermehrten sich die Petitionen der Bauern an die Landstände, in denen bitter über den übermäßigen Wildbestand und den unerträglichen Wildschaden geklagt wurde. So richteten z. B. einige nordbadische Gemeinden 1842 eine dringende Petition an die badische Ständeversammlung, in der über das rüde Verhalten der Jagdherren geklagt und um Schutz gegen die Verwüstung ihrer Felder durch das Wild gebeten wurde.[31] Die Jagdherren hätten das Wild in zu großer Zahl herangezogen, es dürfte ungestört ihre Felder verwüsten und auch der Waldkultur werde unermesslicher Schaden zugefügt. Um das Wild zu hegen, sei den Gemeinden oft monatelang der Zutritt zu den Wäldern verboten, sodass die Bauern nicht einmal Leseholz für ihre Familien sammeln könnten; die Verwüstung durch das Wild sei ein großes Übel und höchst nachteilig für Land- und Forstwirtschaft. Die Gemeinden baten daher um baldige Verringerung des Wildbestandes und um gerechten Ersatz für den eingetretenen Wildschaden.

Seit den ersten Tagen des März 1848 begann in vielen Regionen des Großherzogtums Baden eine Periode der Anarchie im Jagdwesen. Der von der badischen Regierung unternommene Versuch, den Aufruhr des Volkes durch neue Gesetze zu stoppen, kam offensichtlich zu spät und hatte vor allem auf jagdlichem Gebiet nicht den gewünschten Erfolg. Wie dramatisch sich die Jagdverhältnisse im Großherzogtum damals entwickelten, enthüllt ein „Jagdbericht vom Jahre 1848", der in der „Allgemeinen Forst- und Jagd-Zeitung" erschien und von den Ereignissen im März folgendes berichtet: „Als eine Folge der französischen Staatsumwälzung in den letzten Tagen des Februars hatte man diesseits das Ueberhandnehmen großartiger Jagdexcesse zu beklagen. Die genannten Feudalrechte wurden aufgehoben, und als zu solchen gehörend wurde die Jagd überall dem Volk von den Wühlern dargestellt. In den Gemarkungen, welche einen hohen Wildstand hatten, fingen nun die Gemeinden an, einen wahren Vertilgungskrieg gegen das Wild zu führen. Es wurden große Treibjagden auf Rehe und Hasen abgehalten, und was vor das Rohr kam, wurde niedergeschossen. In den Jagdgebieten bei Lahr und Kehl wurden so viele Rehe geschossen, dass das Pfund Rehwild am Ende um 3 bis 4 Kreuzer verkauft wurde. Nach und nach ergriff dieser Unfug beinahe das ganze Land und von Seiten der Staatsregierung geschah nichts zu dessen Abwehr."[32]

Um den Agrar- und Jagdunruhen den Wind aus den Segeln zu nehmen, legte die badische Regierung am 10. März 1848 der Zweiten Kammer einen Gesetzentwurf vor, der in lakonischer Kürze bestimmte, dass „sämtliche Feudalrechte" aufgehoben seien. Schon am 18. März billigte die Zweite Kammer den Entwurf, nachdem sie den Begriff „Feudalrechte" durch eine Aufzählung der einzelnen Gerechtsamen unter Einschluss des Jagdrechts präzisiert hatte.[33] Unter dem Eindruck der ausgebrochenen Volksunruhen billigte auch die Erste Kammer am 5. April den Gesetzentwurf. Welches Gewicht das privilegierte Jagdrecht für den Adel immer noch hatte, zeigte die Tatsache, dass bei der Beratung des Entwurfs ein Großteil der Debattenzeit auf das Jagdrecht verwendet wurde, also wesentlich mehr als auf die anderen Feudalrechte. Das am 10. April verkündete Gesetz hatte zwar dem Jagdrecht auf fremdem Grund und Boden ein Ende gesetzt, aber noch keine Regelung der zukünftigen Verhältnisse getroffen. Dies geschah durch das badische Jagdgesetz, das am 26. Juli nach langwierigen Beratungen verkündet wurde.[34] Damit war das Zeitalter der feudalen Jagdprivilegien im Großherzogtum Baden zu Ende gegangen, während die Jagdfrage in den meisten anderen Staaten des Deutschen Bundes erst später gelöst wurde. In Württemberg war eine rasche Lösung des Jagdproblems dadurch erschwert, dass der Landtag am 28. März aufgelöst wurde und bis zur Neuwahl im Mai nicht tätig werden konnte. Unter dem Druck der Unruhen in der ländlichen Bevölkerung verzichtete König Wilhelm auf den privilegierten Hofjagddistrikt und ließ ihn an die Gemeinden verpachten.[35] Die Kammer der Standesherren erklärte noch am Tage der Auflösung des Landtags offiziell, dass die Jagdberechtigten bis zum Zustandekommen eines Jagdgesetzes alles tun würden, um jeden Wildschaden zu verhindern. Der neue Landtag trat erst am 20. September 1848 zusammen, sodass Württemberg im Sommer des Revolutionsjahres ohne parlamentarische Vertretung war und die Jagdfrage offenblieb. Alle Aufmerksamkeit richtete sich in dieser Zeit auf die Nationalversammlung in Frankfurt, wo wichtige Entscheidungen für ganz Deutschland getroffen wurden.

Die am 18. Mai 1848 in der Frankfurter Paulskirche zusammengetretene Deutsche Nationalversammlung sah die Sicherung der Freiheit des Einzelnen und die Schaffung eines Grundrechtskatalogs als vordringliche Aufgaben.[36] Ihr Verfassungsausschuss beschloss am 26. Mai, mit der Aufstellung eines Grundrechtskatalogs unverzüglich zu beginnen, sodass bereits am 1. Juni ein Unterausschuss einen ersten Entwurf vorlegen konnte, in welchem in einem speziellen Punkt die Ablösbarkeit aller gutsherrlichen Grundlasten und des Jagdrechts auf eigenem Boden als Grundrechte genannt wurden. Die Zusammenfassung von Grundentlastung und Jagdrecht in einem gemeinsamen Punkt offenbart, wie sehr man die Aufhebung des privilegierten Jagdrechts als Bestandteil der Bauernbefreiung ansah. In seinen Sitzungen beschäftigte sich dann der Verfassungsausschuss ausführlich mit dem Jagdrecht.[37] Die Frage, wie die Grundbesitzer ihr Eigentum am besten vor dem fressenden Wild schützen könnten, wurde in dem Sinne beantwortet, dass sie selbst das Jagdrecht ausüben müssten; an komplizierte Wildschadensregelungen dachte offensichtlich niemand mehr. Das Hauptproblem war für die liberale Mehrheit des Ausschusses die Frage, ob das Jagdrecht auf fremdem Grund und Boden ohne Entschädigung aufgehoben werden sollte.

In Bezug auf die grundherrlichen Lasten hatte man sich auf die Ablösbarkeit, also die Entschädigung geeinigt. Umso radikaler war jetzt der Entwurf des Verfassungsausschusses für das Plenum der Nationalversammlung vom 19. Juni, der eine Aufhebung aller Jagdrechte auf fremdem Grund und Boden ohne Entschädigung vorsah. Vorschriften über die Ausübung dieses Grundrechtes durch die Grundeigentümer überließ man der Landesgesetzgebung, die die Jagdausübung besonders für Gegenden, in denen der Grundbesitz sehr zersplittert war, im Interesse der öffentlichen Sicherheit regeln sollte. Hier dachte man nach dem Vorbild der linksrheinischen Gebiete offensichtlich daran, nur auf größeren Besitzungen die Eigentümer, auf kleineren Grundstücken die Gemeinden das Jagdrecht ausüben zu lassen. Der Entwurf des Ausschusses wurde von einem Minoritätsgutachten begleitet, das Jagdrechte, die auf gewöhnlichem privatrechtlichem Wege entstanden seien, nur gegen Entschädigung aufheben wollte.[38]

Die Bauern klagten vor allem über den Wildschaden auf ihren Feldern und Wäldern.

In den Plenardebatten der Nationalversammlung über das Jagdproblem kamen die unterschiedlichen Auffassungen über diese Frage nochmals klar zum Ausdruck, wobei das Problem der Entschädigung die größte Rolle spielte.[39] Vertreter der liberalen Richtung monierten den schleppenden Gang der Reform des Jagdrechts in der einzelstaatlichen Gesetzgebung. Die Ursache dieses Vorgangs sah man in der Verzögerungstaktik der Adeligen, für die das Jagdrecht der letzte Rest aus der alten ritterlichen Zeit sei, an den man sich klammere. Die Folge dieses Beharrens sei die große Erbitterung, die in allen Teilen Deutschlands zwischen Jagdberechtigten und der betroffenen Bevölkerung herrsche, wovon die gegenwärtige Unruhe unter den Bauern zeuge. Die Konservativen wiesen in der parlamentarischen Auseinandersetzung vor allem auf die Rechtslage hin und argumentierten, dass die Aufhebung der Jagdprivilegien nur gegen Entschädigung erfolgen könne. Von dem Vertreter der Linken wurde im Zusammenhang mit dem Jagdrecht und den anderen Feudalrechten auch an den Bauernkrieg und an Bauernaufstände erinnert und auf drohende Anzeichen von Agrarrevolten hingewiesen.

Was war dran an diesen Hinweisen? Die Drohung mit Agrarunruhen hatte insofern einen wahren Kern, als die Frühjahrsunruhen und der andauernde Unmut über das Weiterbestehen des privilegierten Jagdrechts im Herbst neue Gewalttaten für den Fall vermuten ließen, dass die Jagdprivilegien doch nicht aufgehoben würden. Gegen die Stimmen der Konservativen beschloss dann das Plenum der Nationalversammlung am 20. Dezember 1848 die entschädigungslose Aufhebung des Jagdrechts auf fremdem Grund und Boden sowie der Jagddienste.[40] Mit großer Mehrheit wurde das Jagdrecht den Grundbesitzern zugesprochen und der Gesetzgebung der Einzelstaaten die Regelung der Jagdaus-

Württembergische Regierungstruppen schlugen die bäuerlichen Unruhen nieder.

übung vorbehalten. Wie wichtig der Nationalversammlung die Durchsetzung der Grundrechte und damit auch die Abschaffung der Jagdprivilegien war, zeigt ihr Beschluss, die Grundrechte schon vor der Fertigstellung der ganzen Reichsverfassung in Kraft zu setzen. Dies geschah durch ein besonderes Reichsgesetz vom 27. Dezember 1848, das die Grundrechte als verbindlich für alle Einzelstaaten erklärte, unter Einschluss der Bestimmungen über das Jagdwesen. Damit waren die Jagdprivilegien für den gesamten Bereich des Deutschen Bundes abgeschafft – eine radikale Entscheidung, die eine jahrhundertlange Epoche des fürstlichen Jagdrechts unerwartet schnell beendete. Die Paulskirche hatte sich zum Anwalt der Bauern gegen die fürstlichen und adeligen Jagdherren gemacht und den Weg zu neuen Formen der Jagdausübung freigegeben.

In den Jahren nach 1848 zeigte sich bei der politischen Gesamtentwicklung des Deutschen Bundes, dass die Revolution hinsichtlich der nationalen Einigung zwar gescheitert war, sie aber in den Ländern einige dauerhafte Änderungen bewirkt hatte, wozu nicht zuletzt das Jagdrecht gehörte. In 23 Staaten war das privilegierte Jagdrecht ohne Entschädigung aufgehoben und in acht Staaten mit der Zusicherung einer Entschädigung für privatrechtliche Eigentumstitel abgeschafft worden.[41] Im Verlauf der Reaktionszeit wurden dann in mehreren Staaten Änderungen und Einschränkungen im Jagdrecht vorgenommen, aber der Kerngehalt der durch die Revolution geschaffenen Gesetze blieb bestehen. Im Königreich Württemberg bemühten sich z. B. die adeligen Standesherren, einige Revisionen im Jagdrecht zu erreichen. Ein relativ bescheidener Erfolg dieser Vorstöße war das Gesetz vom 27. Oktober 1855, das neue Regelungen zur Jagdausübung schuf.[42] Es änderte das Jagdgesetz von 1849 dahingehend ab, dass der Grundeigentümer die Jagd allein und ausschließlich nur noch auf Flächen ab 50 Morgen und auf vollständig eingefriedeten Grundstücken ausüben durfte; auf allen anderen Flächen übte die Gemeinde die Jagd im Auftrag der Grundeigentümer durch Verpachtung aus.

Für ganz Deutschland wurden besonders die Jagdgesetze entscheidend, die Preußen, der größte Einzelstaat im norddeutschen Raum, in der Nachrevolutionszeit beschloss. Gemäß dem preußischen Jagdgesetz vom 7. März 1850 war der Grundeigentümer auf seinem Grund und Boden nur dann zur Ausübung des Jagdrechtes befugt, wenn er ein zusammenhängendes Grundstück von mindestens 300 Margen (75 ha) sein Eigen nannte. Damit war ein großer Teil der Bauern faktisch von der Jagdausübung ausgeschlossen: 96 Prozent aller Grundeigentümer im Königreich Preußen hatten kleineren Besitz und verloren damit ihr Jagdrecht auf eigenem Grund und Boden.[43] Zwar wurde es weiterhin als Bestandteil ihres Privateigentums geschützt, doch an die Stelle des fürstlichen Jagdregals trat das verselbstständigte Jagdausübungsrecht, das von den einzelnen Grundeigentümern nur schwer jagdrechtlich genutzt werden konnte. Das preußische Revierjagdprinzip wurde später maßgebend für das Deutsche Reich und behielt seine Gesetzeskraft auch in der Bundesrepublik Deutschland nach 1949. Im Un-

Wilhelm I. von Württemberg bemühte sich um Veränderungen der Jagdgesetze.

In der Septemberrevolution 1848 kam es vor der Paulskirche zu Angriffen der Republikaner auf das Parlament.

terschied zum geltenden Bundesjagdgesetz enthielt das preußische Jagdpolizeigesetz auch eine Vielzahl von Vorschriften, die dem jagdlich entmachteten Grundeigentümer die eigenhändige Schadensabwehr weiterhin erlaubten. So durfte er z. B. das Wild, namentlich das Rot- und Schwarzwild, durch Klappern und Zäune, ja sogar durch Einsatz kleiner Haushunde von seinen Besitzungen vertreiben.[44]

Im Zuge der Restauration alter Forst- und Jagdrechte in Preußen in den Jahren nach 1850 versuchte die Regierung, die bürgerliche und bäuerliche Jagdausübung wieder zurückzudrängen. Spöttisch äußerten sich die alten Jäger vor allem über das angeblich unweidmännische Jagen ziviler Jagdberechtigter. Es war die Geburtsstunde des sogenannten Sonntagsjägers, der von Spitzweg und anderen Künstlern nach 1848 karikiert wurde. Der Sonntagsjäger war ein Jäger bürgerlicher Herkunft, der wegen seiner bürgerlichen Berufstätigkeit nur sonntags jagen konnte; solchem materiellen Lebenserwerb hatten weder der grundbesitzende Adel noch sein Forstpersonal nachzugehen. Als Mittel gegen diese neuen Jagdkonkurrenten ersann man ein Verbot der Sonntagsjagd. Schon mit der Zirkularverfügung vom 12. Juli 1852 wurden die Behörden durch den preußischen Staat angewiesen, Störungen der Sonntagsfeier durch Treibjagden zu verhindern und während der Stunden des Gottesdienstes grundsätzlich alle Jagden zu untersagen.[45] Das 1871 erlassene Reichsstrafgesetzbuch stellte es generell unter Strafe, wenn den zum Schutz der Sonn- und Festtage erlassenen Anordnungen zuwidergehandelt wurde. Damit war die eher zwangsläufige Sonntagsjagd des nichtprofessionellen Jägers mit dem Mittel der Sonntagsheiligung zur Straftat geworden.

Wie wurde das Ende der adeligen Jagdprivilegien in der damaligen Öffentlichkeit bewertet? Eine Stimme aus Oberhessen kommentiert im Oktober 1848 die Veränderungen im Jagdwesen aus konservativer Sicht und beklagt erschüttert die neue Rohheit bei der Jagdausübung, wie sie sich im Gefolge der Revolution ausgebildet habe: „Das Jagdwesen ist seit der Revolution in ein Stadium eingetreten, welches nicht allein den Jagdfreund, sondern auch den Volksfreund, den Freund der Ordnung, den Freund der Natur, überhaupt jeden gebildeten Menschen mit Betrübniß und Besorgniß erfüllen muß. Wir reden nicht davon, dass die Ausrottung des Hochwildes gesetzlich angeordnet ist, wir finden dieses den Interessen der materiellen Cultur angemessen; wir reden auch davon nicht, dass das Jagdrecht an die Grundeigenthümer übergegangen und damit, im Großherzogthum Hessen wenigstens, auch die letzte der Feudallasten verschwunden ist: sondern wir reden von dem Vandalismus, der Rohheit, der Gefühllosigkeit, der Verhöhnung der heiligsten Gesetze der Natur und Gesittung, mit welcher seitdem die Jagd ausgeübt wurde ...“[46] Ganz anderer Meinung war Georg Landau, der 1849 den Jagdwandel aus liberaler Sicht folgendermaßen beurteilt: „Kaum hat jemals ein Vorrecht bestanden, das schrankenloser, man kann sagen, wahnsinniger missbraucht worden ist, welches mehr Leidenschaften heraufbeschworen und damit zu mehr Grausamkeiten geführt hat, das in seinen Wirkungen reicher an nachhaltigem Unheil gewesen, das überhaupt schwerer und niederdrückender auf dem Nacken des Volkes gelegen, und mehr Leiden und Thränen hervorgerufen hat, als das Vorrecht der Jagd ... Jene Zeiten, wo das Alles in vollem Umfange galt, sind freilich vorüber, obwohl auch in neuerer Zeit die Jagd noch auf mancher Gegend wie ein Alp gelegen, sodass erst jetzt, nachdem das Jahr 1848 endlich auch diese Fessel gelöst, der Landbebauer wieder frei aufathmen kann. Manches Jägerherz blutet zwar bei dem Untergang seiner Lust; aber die Lust des Einzelnen muss dem Wohl des Ganzen nachstehen.“[47]

Sonntagsjäger waren bürgerlicher Herkunft und durften nur sonntags jagen.

Das Jagdwesen spielte am Hof
Kaiser Wilhelms II. eine wichtige Rolle.

HÖFISCHE INSZENIERUNG UND JAGDWESEN UNTER WILHELM II.

Im Kontext der Zunahme kulturhistorischer Forschungen intensivieren sich seit einiger Zeit auch die Studien zu den kulturellen Aspekten der Königs- und Fürstenhöfe des 19. Jahrhunderts. Zu den wichtigsten Königs- und Fürstenhöfen dieser Epoche gehörte der Berliner Hof der Könige von Preußen, der seit dem Wiener Kongress zu einer mächtigen Stellung im norddeutschen Raum aufgestiegen war.[1] Zu den Kennzeichen des preußischen Hofes gehörte neben anderen Ausdrucksformen auch das Jagdwesen, das in Preußen ebenso wie in den benachbarten Fürstenhöfen eine wichtige Rolle spielte. Die Kulturelemente des Hofes zielten darauf ab, die Legitimation der monarchischen Herrschaft zu stärken und den Herrscher und seine Gefolgsleute nach außen wirkungsvoll zu repräsentieren. Mit dieser Repräsentation sind im Allgemeinen alle Formen des Handelns verknüpft, die vielfältig in Erscheinung traten. Die Repräsentation des Hofes hatte vor allem eine identitätsstiftende Funktion, da sie das Sozialgefüge im Umfeld des Fürsten stärkte und den an der Herrschaft partizipierenden Hofleuten und Adeligen soziale Aufstiegschancen und Karrieremöglichkeiten versprach. Im Kontext der neuen kultur- und hofgeschichtlichen Forschung kam es auch zu einer Neubewertung des wilhelminischen Hofes und seiner Hofgesellschaft, wobei auch das Jagdwesen eine wichtige Rolle spielte.[2]

Das Jagdwesen in Preußen

Zur höfischen Kultur des preußischen Hofs und des preußischen Adels gehörte unübersehbar auch das Jagdwesen. Aufwändige Jagdveranstaltungen dienten vor allem der Befriedigung des Repräsentationsbedürfnisses, wie es an den Fürstenhöfen des 18. und 19. Jahrhunderts allgemein üblich war. Prunkvolle Jagden und Jagdfeste waren auch in Preußen wichtige Bestandteile des höfischen Lebens und Gegenstand des öffentlichen Interesses. Die Jagd war in Preußen nicht nur ein wichtiger Bestandteil der höfischen Festkultur, sondern bildete auch ein wesentliches Element der adeligen Lebensform.[3] Eine Ausnahme war allerdings der Preußenkönig Friedrich der Große, der wenig an der Jagd interessiert war und stattdessen das Flötenspiel schätzte. In seiner Schrift „Antimachiavell" merkte er kritisch an, dass viele Könige und Fürsten seiner Epoche die meiste Zeit ihres Lebens auf der Jagd verbrächten.[4] Die Jagd war in der preußischen Adelsgesellschaft des 18. und 19. Jahrhunderts aber ein Teil der adeligen Lebensführung, sodass Jagderlebnisse bei Festen und Alltagsbegegnungen ein beliebter Gesprächsstoff waren. Häufig wurden tagebuchartige Aufzeichnungen über die erzielten Abschüsse von Wildtieren angefertigt. Diese Abschussregister und Aufzeichnungen beweisen, dass regelmäßig und in einem jahreszeitlichen Rhythmus gejagt wurde. Bei den fürstlichen Jagdveranstaltungen wurde weidmännische Arbeit von Jägern, Forstleuten und Bauern geleistet, wie es bei vielen Fürstenhöfen üblich war.

Wilhelm II. und die Jagd

Die enge Beziehung des preußischen Kronprinzen und seit 1888 deutschen Kaisers Wilhelm II. zur Jagd wird aus einer Stelle seiner Autobiographie deutlich, in der es heißt: „Gott weiß, mit welcher Lust ich dem edlen Waidwerk gehuldigt habe, und immer, wenn die Zeit kommt, da die Hirsche im Walde schreien, möchte ich zur geliebten Büchse greifen und auf die Pirsch gehen! Ich schoß mein erstes Wild im Jahre 1872, am Geburtstag meiner Großmutter, der Kaiserin Augusta; es war ein Fasan. Bald erlegte ich meinen ersten Hasen. Meinen ersten Hirsch schoß ich im Herbst 1876 im Wildpark".[5] Man kann also ohne Übertreibung sagen, dass den jungen Kaiser nichts mehr interessierte als die von Jugend an

Kaiser Wilhelm kreierte für sich und seine Forstbeamten eine eigene Forstuniform.

ausgeübte Jagd. In seinem Jagdtagebuch erzählt er daher mit Begeisterung von seinen Jagderlebnissen und sorgfältigen Vorbereitungen, die er bei seinen zahlreichen Jagden unternahm.[6] Um die Ansprüche des Kronprinzen bei seinen unzähligen Jagdeinladungen zu befriedigen, mussten ihm wegen seiner Armbehinderung und wegen seines Termindrucks die ausgewählten Stücke Wild häufig Tage vorher bereitgehalten werden. So auch bei seinem Besuch beim Fürstbischof Kopp in Schlesien, wo es heißt: „Der erste Schuß auf den Trollenden saß waidwund. Der zweite, als ich auf meinem Jäger aufgelegt hatte, war gut. Der Hirsch brach zusammen. Wir liefen eilig hin, und siehe da, es war ein kapitaler Vierzehnender. Das Geweih wog 18 Pfund... Im Triumph wurde er in das fürstbischöfliche Schloss Johannesberg gebracht“.[7] In seinen autobiographischen Aufzeichnungen schildert der Kaiser voll Enthusiasmus, wie er 1882 bei seinem Besuch in Russland zu einer Bärenjagd eingeladen wurde und eigenhändig einen Bären erlegte.[8]

Nach der Reichsgründung von 1871 war der Repräsentationsbedarf des deutschen Kaiserhofes erheblich gewachsen, sodass ein eigenes Hofjagdamt geschaffen und 1873 Hans Heinrich XI., Herzog von Pless, als Oberjägermeister von Preußen eingesetzt wurde.[9] Als Chef des Hofjagdamtes hatte Fürst Pless einen großen Einfluss auf den jagdbegeisterten Monarchen Wilhelm II. Dieser hielt sich nicht nur zu regelmäßigen Hirschjagden im Plesser Revier in Schlesien auf, sondern schoss dort auch seinen ersten zahmen Wisent. Ferner übernahm der Kaiser vom Plesser Fürsten verschiedene Jagdzeremonien, die später für das gesamte Kaiserreich vorbildhaften Charakter hatten.[10] Wilhelm II. übertrieb seine Jagdleidenschaft während der ersten Jahre seiner Regentschaft in maßloser Form. Er bewältigte riesige Strecken bei seinen sogenannten Kaiserjagden, für die er jährlich monatelang unterwegs war. Zu seinem Thronjubiläum im Jahr 1913 widmete ihm die „Deutsche Jagdzeitung“ sogar eine umfangreiche Festschrift. In ihr wurde dem Kaiser überschwänglich gedankt, dass er 25 000 Stück Wild in drei Jahrzehnten erlegt hatte.[11]

Die Hofjagdreviere

Zu den bevorzugten Jagdbezirken Kaiser Wilhelms gehörten die Hofjagdreviere Schorfheide und Rominten, die er planmäßig mit zahlreichen Hochsitzen, Pirschsteigen und Schirmen für die Jagd auf Schalenwild ausstatten ließ. Den Jagdbetrieb in Rominten beschrieb sein Hofmarschall mit folgenden Worten: „Ein Heer von Forstbeamten war zu Rad, zu Wagen, zu Pferd und zu Fuß so in Tätigkeit, dass tatsächlich jeder irgend des Beobachtens wertererscheinende Punkt unter schärfster Observanz lag und zu allen Zeiten des Tages die allergenauesten Nachrichten aus allen Teilen des Reviers eingehen konnten.“[12] Die Jagd vom Hochstand aus, bei der der Schütze wie ein Richter über die Beutetiere sitzt und über den Abschuss entscheidet, entsprach offenbar Wilhelms II. Vorstellung von einer weidmännischen Jagd. Die Forstbeamten der Schorfheide waren durch ihre Nähe zum preußischen Landesherrn offenbar etwas Besonderes im Kreis der allgemeinen Forstbeamten. Der Kaiser kreierte für sich und seine Forstbeamten sogar eine eigene Forstuniform mit graugrünem Rock und dunkelgrünem Kragen.

Besondere Rangabzeichen durften nur der Kaiser selbst und seine Forstbeamten tragen.

Die Rominter Heide in Ostpreußen war schon lange vor Wilhelm II. ein beliebtes Jagdgebiet der preußischen Herrscher. Über die Jahrhunderte hinweg galt das Jagdinteresse der preußischen Hohenzollern in besonderem Maße dem Rotwild.[13] Mitten in der Rominter Heide, bei dem 1897 in „Kaiserlich-Rominten" umbenannten Dorf Theerbude, stand das von Wilhelm II. im norwegischen Stil errichtete Jagdschloss mit benachbarter Hubertus-Kapelle. Das Jagdschloss in Rominten war bei der kaiserlichen Familie aufgrund seiner Ruhe und Abgeschiedenheit besonders beliebt und für längere Aufenthalte hervorragend eingerichtet. Ähnliches trifft auf das Hofjagdgebiet der Schorfheide in Brandenburg zu, das sich durch seine größere Nähe zu Berlin auszeichnete. Die Bezeichnung Schorfheide ist ein Sammelbegriff für ein ausgedehntes Waldgebiet, das in sich wieder kleinere Forst- und Waldareale enthält. Schon lange Zeit vor der Reichsgründung von 1871 diente die Schorfheide dem brandenburg-preußischen Landesherrn als Forst- und Jagdgebiet. Mitten im ausgedehnten Areal der Schorfheide errichteten die Hohenzollern das Jagdschloss Hubertusstock, das unter Wilhelm II. häufig als Standquartier für prunkvolle Hofjagden genutzt wurde.[14]

Die Prachtentfaltung des Berliner Kaiserhofes reiht sich ein in die lange Tradition der deutschen und europäischen Herrscherhöfe. Seit dem Mittelalter hatten sich die Königs- und Fürstenhöfe zu Zentren von Politik, Macht und Kultur entwickelt, doch um 1900 spielten die Höfe nicht mehr eine solche Rolle wie in früheren Zeiten. Die großen Fortschritte in Technik und Wirtschaft hatten in Deutschland eine moderne industriell geprägte Landschaft hervorgebracht, deren politische Tendenzen auf Parlamentarisierung und Demokratie ausgerichtet waren. In dieser Gesellschaft hatte auch das Jagdwesen eine veränderte Stellung und Bedeutung. Die Ausrufung der Republik am 9. November 1918 in Berlin und die Flucht Wilhelms II. ins Exil nach Holland beendete die Epoche der monarchischen Herrschaft in Deutschland.

Die Forstbeamten des Hofjagdreviers Schorfheide waren in engem Kontakt mit Kaiser Wilhelm.

DIE JAGD IM 20. UND 21. JAHR-HUNDERT

Die moderne Jagd befindet sich im Spannungsfeld gesellschaftlicher Interessen und Gegensätze.

Das Reichsjagdgesetz von Hermann Göring diente den späteren Jagdgesetzen als Vorlage.

JAGDVERHÄLTNISSE VON DER WEIMARER REPUBLIK BIS ZUR NACHKRIEGSZEIT

Seit dem Untergang des Kaiserreiches im Jahr 1918 und dem Beginn der Weimarer Republik war auch das Ende der kaiserlichen Hofjagden gekommen. Jagdreviere wie Rominten in Ostpreußen und die Schorfheide in Brandenburg verloren daher in der Zeit der Weimarer Republik ihre frühere Stellung und Bedeutung. Nach seiner Abdankung als Kaiser besuchte Wilhelm II. das Gebiet von Rominten nie wieder. Doch blieb sein Eigentum und Privatbesitz im nunmehr „Jagdhaus Rominten" genannten Ort bis nach dem Tod Wilhelms II. im niederländischen Exil 1941 im Besitz der Familie.[1] Erst bald darauf wurde es an den preußischen Staat verkauft. Die Rominter Heide wurde am 13. September 1930 zum Naturschutzgebiet erklärt, blieb jedoch auch Jagdgebiet, das in der Weimarer Republik aber wenig Aufmerksamkeit erfuhr. Es ist belegt, dass der preußische Ministerpräsident Otto Braun in Rominten manchmal zur Jagd ging, bis er schließlich sein Amt 1933 an Hermann Göring verlor. Bereits in den 1920er Jahren wurde die Region von Rominten für den Fremdenverkehr stark ausgebaut. Rominten, der zentrale Ort der Region, erhielt zahlreiche Einrichtungen für Gäste und nahm immer mehr den Charakter eines Kurortes an.[2]

In den einzelnen Ländern des Deutschen Reiches kam es zu verschiedenen neuen Gesetzen hinsichtlich der Jagdberechtigung. Die Erteilung eines Jagdscheins wurde jetzt teilweise vom Bestehen einer Jägerprüfung abhängig gemacht. Im Vereinswesen kam es zu einer Konzentration der Jagdverbände unter dem 1928 gegründeten Reichsjagdbund, der bis 1931 alle großen Jagdverbände im Reich zusammenführte. Die Anfänge der deutschen Jagdverbände gingen bekanntlich auf die Anfangsjahre des Reiches unter dem Reichskanzler Bismarck zurück: Adelige, Rittergutsbesitzer und Forstleute hatten 1875 den Allgemeinen Deutschen Jagdschutz Verein (A.D. J.V.) gegründet.[3] Dieser Verein blieb über Jahrzehnte hinweg ein relativ kleiner Verein von wenigen tausend Mitgliedern, vergrößerte sich aber zu Beginn des 20. Jahrhunderts. Während der Weimarer Republik kam es zu einer Konzentration der verschiedenen Jagdvereine im Gefüge des 1928 gegründeten Reichsjagdbundes. Der Anteil der in Jagdverbänden organisierten Jagdscheininhaber stieg bis 1933 in erheblichem Maße. Hauptziel des Reichsjagdbundes war die Vereinheitlichung des regional sehr unterschiedlich strukturierten Jagdrechts. Ein starker Verbündeter bei diesen Bestrebungen war der preußische Ministerpräsident Otto Braun, der 1931 den ersten Entwurf zu einem neuen preußischen Jagdgesetz vorlegte.

Seit seinem Amtsantritt als preußischer Ministerpräsident übernahm Hermann Göring, der sich später selber Reichsjägermeister nannte, die Schirmherrschaft über das neue preußische Jagdgesetz. Das fertiggestellte Gesetzeswerk, das in allen wesentlichen Punkten die inhaltlichen Vorstellungen des Reichsjagdbundes erfüllte, wurde 1934 erst als Preußisches Jagdgesetz verabschiedet und trat dann am 21. Januar 1934 in Kraft. Göring erläuterte vor der Presse die Grundsätze des neuen Reichsjagdgesetzes und wies außerdem auf geplante Staatsjagdreviere hin. Es handelte sich hierbei um die Schorfheide, den Darss, Rominten und das Elchgebiet am Kurischen Haff.[4] Neben den negativen Aspekten sind auch einige positive Wirkungen des Reichsjagdgesetzes hervorzuheben. Dieses Gesetz war in seinem materiellen Gehalt das Ergebnis eines langen Prozesses, der bis zum Anfang des 20. Jahrhunderts zurückreichte. Die politische Zerstrittenheit in der Weimarer Republik hatte aber verhindert, dass Deutschland damals ein einheitliches Jagdgesetz erhielt, das Bestand hatte und von der Jägerschaft akzeptiert wurde. Als nach dem Ende des NS-Regimes das Reichsjagdgesetz abgebaut und die Jagdhoheit den Ländern übertragen werden sollte, regte sich ein starker Widerstand. Die Protestäußerungen der Jägerschaft und der Jagdpresse führten dazu, dass die Jagdfrage neu debattiert

Hitler übergab Göring sämtliche jagdlichen Repräsentationsaufgaben.

wurde und die Jagdgesetzgebung zur Bundessache gemacht wurde. Das Reichsjagdgesetz diente daher dem ersten deutschen Jagdgesetz nach dem Krieg, demjenigen in Rheinland-Pfalz, ebenso als Vorlage wie später dem Bundesjagdgesetz. Im November 1952 wurde dieses Jagdgesetz als Rahmengesetz verabschiedet und am 1. April 1953 in Kraft gesetzt. Dieses Bundesjagdgesetz von 1953 übernahm also in wesentlichen Punkten die Kernelemente des alten Reichsjagdgesetzes, das nach jahrzehntelangen Ansätzen eine Einheitlichkeit des deutschen Jagdrechts geschaffen hatte.[5]

Hermann Göring und das Jagdrevier der Schorfheide

Mit dem preußischen Staatsrevier der Schorfheide verfolgte Hermann Göring schon seit der Übernahme des Amtes des preußischen Ministerpräsidenten seine eigenen Pläne. Bereits Ende der zwanziger Jahre hatte der preußische Ministerpräsident Otto Braun aus den Oberförstereien Grimnitz, Groß Schönebeck, Pechteich, Reinersdorf und Zehdenick im Rahmen der Naturschutzbestimmungen einen beachtlichen Landkomplex unter Schutz stellen lassen. Diese relativ lockeren Maßnahmen erhielten dann durch Görings Gesetz vom 25. Januar 1936 mit der Errichtung der „Stiftung Schorfheide“ eine straffere Form. In der Präambel zu diesem Gesetz heißt es, die Stiftung solle der Erholung der Bevölkerung dienen, die Naturverbundenheit fördern und den von der zunehmenden Landeskultur bedrohten Tier- und Pflanzenarten ein Schutzgebiet schaffen.[6] In einem Areal von etwa 60 ha Größe wurde vor allem eine kleine Herde von reinrassigen Wisenten gehalten, die im damaligen Europa vom Aussterben bedroht waren. Ferner wurden in der Schorfheide auch andere Wildarten betreut, die in ihrem Bestand gesichert werden sollten.

Die Stiftung Schorfheide umfasste 1937 acht Forstämter mit einer Waldfläche von 52 196 ha; ferner bildete sie einen selbständigen Forstverwaltungsbezirk. Dieses Amt war, wenngleich Eigentum des preußischen Staates, aus der allgemeinen Staatsforstverwaltung herausgelöst. Göring ging es mit der Stiftung Schorfheide allerdings nicht nur um die Förderung des Naturschutzes, sondern vor allem um persönliche Ziele. So begann er bereits im Jahre 1933 damit, sich an einer günstig gelegenen Stelle der Schorfheide ein großartiges Jagdhaus zu errichten, um hier in schöner Umgebung zu residieren und auf die Jagd zu gehen. Später entstand durch umfangreiche Erweiterungsbauten daraus der „Waldhof Carinhall“, der zum Zentrum der Jagd- und Repräsentationsambitionen Görings in der Schorfheide wurde.[7] Hier wurden in besonderem Maße hohe Staatsgäste und ausländische Diplomaten empfangen und zu aufwändigen Jagdunternehmungen eingeladen. Da Hitler selbst kein Jäger war und mit der Jagd wenig im Sinn hatte, übernahm Göring die jagdlichen Repräsentationsaufgaben der Reichsregierung gegenüber hohen Besuchern und ausländischen Staatsgästen. Neben der Schorfheide gab es aber auch weitere Staatsjagdreviere, die den früheren preußischen Hofjagdbezirken ähnelten, die bereits erwähnt wurden. Die Beamten der Staatsjagdreviere mussten neben den forstlichen Kenntnissen vor allem auch über eine gute Jagdkompetenz verfügen.

Im Kontext der NS-Jagdpolitik ist auch auf die Internationale Jagdausstellung hinzuweisen, die 1937 in Berlin stattfand. Dieses spektakuläre Ereignis verschaffte Göring und der Ausstellungsleitung im In- und Ausland eine starke Resonanz und wurde von vielen Besuchern bewundert. Nach einer relativ kurzen Vorbereitungszeit fand am 3. November 1937 die Eröffnung der Ausstellung statt, an der mehr als zwanzig Staaten offiziell beteiligt waren. Als Veranstalter trat der Reichsbund Deutscher Jägerschaft in Erscheinung, während Göring als Schirmherr der Ausstellung fungierte und in der Eröffnungsansprache die Bedeutung der Jagd für die Entwicklung von Kultur und Gesellschaft betonte.[8] Diese publikumswirksame Jagdausstellung von 1937 hatte insgesamt für das Ansehen sowohl Görings als auch des NS-Regimes eine große Bedeutung. Ähnlich wie die Berliner Olympiade von 1936 gab die ein Jahr nach der Olympiade inszenierte Internationale Jagdausstellung dem NS-Regime die Gelegenheit, sich dem internationalen Publikum als positive Kraft darzustellen.

Deutsche Jagdverhältnisse in der Nachkriegszeit

Nach dem Zusammenbruch des NS-Regimes verboten die Siegermächte 1945 allen Deutschen die Jagdausübung und ließen sämtliche Schusswaffen einziehen. Der Reichsbund der Jäger wurde im Oktober 1945 als nationalsozialistische Organisation durch eine Kontrollratsverfügung aufgelöst, während sich gleichzeitig wieder Jäger in lokalen Jagdverbänden zusammenfanden. In der Öffentlichkeit entwickelte sich 1948 eine heftige Diskussion über die Geltung des alten Reichsjagdgesetzes, wobei die Argumentation der Jagdverbände schließlich Erfolg hatte und die Rahmenkompetenz der späteren Bundesrepublik für die Jagd anerkannt wurde.[9]

Im Jahr 1953 wurde für das Gebiet der DDR die Bindung des Jagdrechts an Grund und Boden von der ostdeutschen Regierung aufgehoben und die sogenannte Volksjagd eingeführt.[10] Jagdareale wurden fortan vom Staat zur Verfügung gestellt, und geschossenes Wild musste als Staatseigentum bei den staatlichen Wildannahmestellen abgeliefert werden. Jagdwaffen konnten von den in Jagdgenossenschaften organisierten Jägern für die Dauer der Jagd entliehen werden. Die SED-Führungsriege sicherte sich bei der Ausübung der Jagd in Sonderjagdzonen wichtige Privilegien und Vorrechte. Dies geschah beispielsweise in der Schorfheide, wo bereits Kaiser Wilhelm II. und Hermann Göring gejagt hatten, wie schon dargelegt wurde. Das in der Schorfheide gelegene Jagdschloss Hubertusstock am Werbellinsee diente der SED-Führung als Gästehaus und Jagdzentrum.[11] Im Zuge der Wiedervereinigung wurden diese Privilegien und alten Jagdvorschriften aufgehoben und im Jagdrecht die Bestimmungen des westdeutschen Bundesjagdgesetzes übernommen, wie es im Einigungsvertrag von 1990 vereinbart war. Das Staatsjagdrevier der Schorfheide wurde noch auf Beschluss der letzten DDR-Regierung im September 1990 als „Biosphärenreservat Schorfheide – Chorin“ unter Schutz gestellt und als solches in seinem Bestand erhalten.[12]

In der DDR wurde die Volksjagd eingeführt und Jagdareale wurden öffentlich.

Die moderne Jagd wird heutzutage beeinflusst von Tier- und Umweltschutz.

DIE JAGD HEUTE

Mit dem Schicksal des alten Staatsjagdreviers der Schorfheide stellt sich die grundsätzliche Frage nach dem Verhältnis von Naturschutz und Jagdparks. Wildgehege und Tiergärten gab es während der Frühen Neuzeit in den meisten Fürstentümern und Territorien des Deutschen Reiches.[1] In den Gehegen wurde manchmal einheimisches Wild gleichsam auf Vorrat gehalten, um es bei besonderen Anlässen zum Abschuss freigeben zu können. Für die Landesfürsten wurde der Besitz von prunkvollen Jagdschlössern und den damit verbundenen Tiergärten und Jagdparks allmählich zu einer Prestigeangelegenheit. Sehr bekannt ist das Jagdschloss Karlsruhe, das Markgraf Karl Wilhelm von Baden-Durlach um 1715 bauen ließ.[2] Am Beispiel des Tierparks Sababurg lässt sich die historische Entwicklung und Problematik eines Tiergartens in der Hand eines Landesfürsten anschaulich verfolgen.[3] Der Tierpark Sababurg wurde um 1571 als Tiergarten des Landgrafen von Hessen-Kassel angelegt. Das seit 1973 als Tierpark erneuerte Wildgehege umfasst eine Fläche von etwa 130 ha und beherbergte neben einheimischen und exotischen Tieren im Freigehege auch einige ältere Tierarten, die vom Aussterben bedroht waren. Unterhalb der Burg entstanden in mehreren Jahrzehnten ausgedehnte Weideflächen, die vornehmlich von den Pferden des Gestüts genutzt wurden. Landgraf Wilhelm IV. ließ 1589 das Wildgehege mit einer Einfriedungsmauer umgeben und bereicherte den Tierbestand mit Auerochsen, Damwild und Gämsen. So entstand hier sukzessive neben der Koppel der Gestütspferde der für die Hofgesellschaft bestimmte Tiergarten. Unter dem Tierbestand des Wildparks sind besonders die Wisente hervorzuheben, die früher in vielen Regionen Europas vorkamen, zu Beginn des 20. Jahrhunderts aber weitgehend ausgestorben waren.

Die Forschungen zur historischen Entwicklung der Jagdparks und Tiergärten am Beispiel der Sababurg und in anderen Orten haben ergeben, dass Wildgehege und Tiergärten im mitteleuropäischen Raum bereits seit dem Mittelalter wesentliche Bestandteile vieler Königspfalzen und Fürstensitze waren. Die Wildparks ermöglichten es den Wildtieren in gewissem Umfang, ihr Leben in einer natürlichen Umwelt fortzuführen. Mit den Wildparks ist in der Regel auch die Vorstellung verbunden, dass in einem Wildgehege neben den üblichen einheimischen Tieren wie Hirsche und Wildschweine auch seltene exotische Tiere vorhanden sind. Auch im Spätmittelalter setzten viele Könige und Fürsten diese Einrichtungen im Nahbereich ihrer Herrschaftszentren fort. Im Zeitalter des Absolutismus war die Verknüpfung von Residenz und Wildparks ein Kennzeichen der europäischen Adelskultur und der zahlreichen Fürstenhöfe, bei denen die Jagd eine wichtige Betätigung der höfischen Gesellschaft darstellte. Der Stellenwert der alten Jagdparks und Tiergärten für den Naturschutz lässt sich am Tierpark der Sababurg und an anderen Orten exemplarisch aufzeigen.[4] Die Relevanz der ehemaligen Wildparks und Tiergärten für den Naturschutz und für die biologische Vielfalt von Pflanzen und Tieren bedarf aber noch der weiteren Erforschung und Analyse.[5]

Der Tierpark Sababurg zählt zu den größten und ältesten Wildparks in Europa.

Mit dem Ackerbau stieg der Einfluss der Menschen auf die Umwelt.

Umweltschutz und Ökologie

Seit einigen Jahrzehnten trat in Deutschland und seinen Nachbarländern die Umweltbewegung immer stärker hervor und beeinflusste auch das Jagdwesen. Die umweltgeschichtlichen Forschungen entstanden dabei aus aktuellen Fragestellungen heraus, die mit der Entwicklung von Umwelt, Gesellschaft und Klima zusammenhingen.[6] Helmut Jäger, der die Umweltgeschichte vor allem aus der Sicht der historischen Geographie behandelte, definierte die Umweltgeschichte als eine historische Teildisziplin, die grundlegende Einsichten zum Verständnis heutiger Umweltaspekte und Umweltprobleme beitrage.[7] Dabei spiele der Mensch als Hauptakteur der historischen Entwicklung in Wirtschaft und Gesellschaft eine wichtige Rolle. Trotz einiger Einschränkungen bleibt der Gegenstandsbereich der Umweltgeschichte und der ökologischen Forschung noch immer sehr umfangreich und weitläufig, sodass eine Konzentration auf wichtige Kernbereiche der Umweltforschung notwendig ist, um der Fülle der Probleme gerecht zu werden. Die Umweltgeschichte kann in der historischen Geographie bereits auf eine lange Tradition zurückblicken, ging es doch in der sogenannten Urlandschaftsforschung darum, eine Vorstellung zum Aussehen der Landschaft vor dem ersten Einwirken des Menschen zu gewinnen. Die Altlandschaftsforschung befasste sich dagegen mit früheren Naturlandschaften und ihrer anthropogenen Umgestaltung.

In dem jahrtausendealten Zeitalter der Jäger- und Sammlerkulturen waren die Einwirkungen des Menschen auf unsere mitteleuropäische Umwelt infolge der niedrigen Bevölkerungszahl lange Zeit gering geblieben. Erst mit dem Übergang zu Ackerbau und Viehzucht hat eine folgenreiche, sich bis zur Gegenwart fast ständig steigernde Umweltbeeinflussung durch den Menschen begonnen. Diese Wirtschaftsweise war reproduzierend und aneignend zugleich und hat dem Menschen im Verhältnis zu seiner Umwelt eine schöpferische und zugleich destruktive Kraft auf Natur und Umwelt verliehen. Die neue Wirtschaftsform führte zu starken Eingriffen in die Landesnatur, die mit dem Terminus der neolithischen Revolution charakterisiert wurde. In denjenigen Landschaften, die aus dem Blickwinkel bäuerlicher Wirtschaft benachteiligt waren, begann eine stärkere Veränderung der natürlichen Umwelt erst im Laufe der mittelalterlichen Siedlungsverdichtung. In den höheren Mittelgebirgen wie Harz und Schwarzwald erfolgte eine stärkere Besiedlung und Veränderung der natürlichen Umwelt daher erst im Laufe der Zeit.

Im Mittelalter und in der Neuzeit wandelte sich die Kulturlandschaft im mitteleuropäischen Raum aber in starkem Maße. Besonders im 19. und 20. Jahrhundert traten dann große Veränderungen in Erscheinung, als die Industrialisierung und die Mechanisierung der Landwirtschaft nachhaltig auf die Acker- und Waldzonen einwirkten. Vor allem seit den 1950er Jahren wurde die Landschaft Mitteleuropas in einem solchen Maße durch Maschinen und neue Agrartechniken verändert wie nie zuvor in ihrer Geschichte.[8]

Hauptansatz der Mechanisierung landwirtschaftlicher Arbeitsvorgänge war zunächst die Verwendung von Traktoren statt der Pferde. Es folgten dann Mähdrescher, die den Getreideanbau bedeutend erleichterten und die Schaffung von Großfeldern begünstigten. Auch die Ernte von vielerlei Feldfrüchten wie Zuckerrüben, Mais und Kartoffeln wurde zunehmend in Großfeldern durchgeführt, sodass der heimischen Wildtierwelt immer weniger Raum zum Überleben verblieb. Die Folge war eine weitgehende Ersetzung bäuerlicher Arbeitskraft und tierischer Zugleistung durch Maschinen, die nur auf großen Feldern rentabel wirtschaften konnten. Der Vorgang der Mechanisierung wurde dann eingebettet in den Prozess der Industrialisierung der Landwirtschaft.[9] Mit diesem Terminus wird eine Entwicklung charakterisiert, die durch das Vordringen industrieller Produktionsformen im Agrarsektor gekennzeichnet ist und deren Ergebnis die moderne Intensivlandwirtschaft darstellt. Die starke Nutzung von Mineraldünger, der Einsatz von chemischen Pflanzenschutzmitteln und die Anwendung gentechnischer Erkenntnisse in der Tier- und Pflanzenzucht markieren einige Hauptaspekte dieser Entwicklung. Dieser Prozess führte zu einer wirtschaftlichen Gefährdung der kleinen Bauernhöfe, sodass nur die größeren Betriebe eine Überlebenschance hatten. Die Aufgabe zahlreicher Bauernhöfe hatte aber erhebliche Auswirkungen auf die Struktur der Agrarlandschaft, die zunehmend von Großbetrieben geprägt war. Ferner müssen auch die ökologischen Folgen der industrialisierten Landwirtschaft bedacht werden, da sich durch die modernen Agrarbetriebe die Umweltprobleme dramatisch verschärfen.[10] Die moderne Landwirtschaft in den Ackerbauzonen beschert der Kulturlandschaft demnach viele Probleme. Der hohe Einsatz von Pestiziden zum Schutz der Monokulturen hat dazu geführt, dass die Intensivlandwirtschaft zu einem Hauptverursacher des Rückgangs vieler Tier- und Pflanzenarten wurde und selbst Hasen und Rebhühner in ihrem Bestand bedroht sind.

Die moderne Intensivlandwirtschaft hat starke Auswirkungen auf die Tier- und Pflanzenwelt.

Der Wandel der Vegetation und die Waldverbreitung

Nach dem allgemeinen Blick auf den Wandel der Kulturlandschaft sollen im Hinblick auf die Jagd vor allem zwei Bereiche detaillierter behandelt werden: die Veränderungen in der Vegetation und die Wandlungen in der Tierwelt. In Bezug auf die Vegetation hatte jahrhundertelang die unterschiedliche Waldverbreitung in den einzelnen Regionen und Ländern eine eminente Relevanz. Im Frühmittelalter waren Wälder vor allem in dem Bereich der Mittelgebirge und in den Alpen stark verbreitet. Durch Rodungen und den fortschreitenden Landesausbau wurden die Waldareale aber im Laufe des Frühmittelalters allmählich verkleinert. Im Zuge der Bevölkerungszunahme und der Erweiterung der Agrarwirtschaft wurde dann im Hochmittelalter die Landerschließung weiter vorangetrieben, sodass sich die Waldflächen in vielen Regionen des mitteleuropäischen Raumes zunehmend verringerten.[11] Dieser Prozess der Kolonisation erfasste im Hochmittelalter den gesamten mitteleuropäischen Raum, wobei sowohl in den Altsiedelräumen als auch in den Waldzonen der Mittelgebirge noch beträchtliche Waldareale bestehen blieben. Neue Siedlungen des Hochmittelalters sind vor allem anhand spezifischer Ortsnamen gut erkennbar.

In den Perioden der Bevölkerungsexpansion steigerten sich die Nutzungsansprüche der wachsenden Bevölkerung an den Wäldern und damit die direkte Einwirkung der bäuerlichen Bevölkerung auf die verbliebenen Waldareale. Katastrophen wie die Pest- und Seuchenzüge verminderten dagegen die Bevölkerungszahl beträchtlich[12] und bescherten den Wäldern eine Regenerationszeit, die zu einer Verdichtung der Bestände und oft zu einer Ausbreitung von Wald über verlassenes Siedlungsland führte. Auch die Bevölkerungskrise des Dreißigjährigen Krieges führte in manchen Regionen zu einem Vordringen des Waldes auf verlassenes Kulturland. Die Forst- und Waldordnungen der Frühen Neuzeit sind dagegen im Allgemeinen als Zeugnisse von knapper gewordenen Ressourcen an wertvollen Waldflächen zu werten, die von den Territorialherren gegen bäuerliche Übergriffe geschützt werden sollten.

Der Taunus ist eines der ältesten Mittelgebirge in Deutschland.

Der Bär wurde im Laufe der Neuzeit in vielen Regionen ausgerottet.

Der Wandel der Tierwelt

Welche Auswirkungen hatte die Veränderung der Vegetation und vor allem der Waldverbreitung auf die Tierwelt? Von den grundlegenden Veränderungen der Landschaft waren die einzelnen Tierarten in unterschiedlichem Maße betroffen. Zwischen der Bevölkerungsdichte und dem Umfang der vorhandenen Wildtiere gab es offensichtlich enge Wechselbeziehungen. Mit zunehmender Menschenzahl und einer Vielzahl von Siedlungen schrumpfte zweifellos die Zahl der Wildtiere. An der Verbreitung bestimmter Tierarten wie Rothirsch, Bär und Wolf lässt sich die Veränderung der Tierpopulation exemplarisch beobachten.[13]

Jahrhundertelang war der Rothirsch, der lichte Laub- und Mischwälder bevorzugte, ein weit verbreitetes Wildtier in den mitteleuropäischen Waldgebieten.[14] Seine Hauptnahrung bestand aus Gräsern und Kräutern, Laubblättern und jungen Baumzweigen. Natürliche Feinde der Hirsche waren in Mitteleuropa lange Zeit vor allem die Wölfe, bevor sie dort teilweise oder ganz ausgerottet wurden. Zahlenangaben zu Hirschbeständen setzen erst im 16. Jahrhundert mit aufkommenden Jagdstatistiken ein und stehen im Zusammenhang mit zahlreichen Maßnahmen der Fürsten zum Schutz der Wälder und ihrer Jagdtiere. Im Hochmittelalter war der Hirsch ein bevorzugtes Jagdobjekt der Ritter und Fürsten und spielte auch eine große Rolle in der höfischen Kultur.[15]

Die Jagd auf Bären war im Hochmittelalter durchaus noch möglich, da der Bär damals noch in vielen Landschaften anzutreffen war, bevor er dann im Laufe der Neuzeit in zahlreichen Regionen ausgerottet wurde. Weil er ein Tier großer Waldgebiete war, wurde sein Lebensraum durch die ausgedehnten Rodungen des Mittelalters immer mehr eingeengt. Hinzu kam die starke Verfolgung, sodass er in den Schriftquellen der europäischen Altsiedelgebiete immer weniger erwähnt wird. Noch im 15. Jahrhundert gab es jedoch in fast allen großen Waldgebieten Deutschlands viele Braunbären.[16] Selbst in einigen Rückzugsgebieten und besonders in Tälern der Alpen und Karpaten war der Bär sogar im 21. Jahrhundert stellenweise präsent und wurde, wenn er vereinzelt auftauchte, zum Problem einiger Touristikregionen. Singuläre Todesfälle durch aufgescheuchte Bären wurden spektakulär registriert, obwohl dies nur Einzelfälle waren. Die Bären leben anders als Wölfe in der Regel zurückgezogen inmitten der Waldgebiete als Einzelgänger, die nur während der Paarungszeit zusammenkommen. Während des Winters sind Bären in der Regel in Erd- und Felshöhlen verborgen und halten einen Winterschlaf.[17] Obwohl sie manchmal großen Schaden bei weidenden Haustieren anrichten können, besteht ihre Nahrung doch überwiegend aus pflanzlicher Kost. Wann der Bär in den verschiedenen Landschaften Mitteleuropas dezimiert und schließlich ausgerottet wurde, lässt sich wegen der spärlichen schriftlichen Zeugnisse nur schwer ermitteln.

Ähnlich wie der Bär gehörte der Wolf jahrhundertelang zu denjenigen Wildtieren, die von den Jägern und der allgemeinen Bevölkerung rücksichtslos bekämpft wurden, sodass der Wolf zu Anfang des 19. Jahrhunderts in den meisten Regionen Deutschlands nahezu ausgerottet war.[18] Der Wolf war aber noch im 15. Jahrhundert in vielen mitteleuropäischen Landschaften und Regionen stark verbreitet. Zu den ältesten schriftlichen Zeugnissen der Wolfsjagd zählt die im 9. Jahrhundert im Karolingerreich entstandene Güterverordnung (Capitulare de villis). Danach sollte jeder Amtmann dem Königshof regelmäßig melden, wie viele Wölfe er in seinem Bereich erlegt hatte und wie viele Wolfsfelle er als Beleg erfolgreicher Wolfsbekämpfung zugesandt hatte.[19] In dieser Verordnung werden auch Anleitungen über die Formen der Wolfsbekämpfung gegeben: Es sollten nämlich im Mai die jungen Wölfe aufgespürt und gefangen werden, ferner Gift, Wolfsangeln, Gruben und Hunde bei der Wolfsbekämpfung eingesetzt werden.

Mit der Verbesserung der Waffen und dem Ausbau des frühneuzeitlichen Territorialstaates wurden vor allem im 17. und 18.Jahrhundert immer wieder Treibjagden auf Wölfe organisiert. Voraussetzungen dafür waren funktionierende Forstorganisationen und die Verfügbarkeit über zahlreiche Treiber und Hundeführer. Neben den Förstern und Hundeführern wurden auch die Untertanen in großer Zahl aufgeboten. Die sächsischen Amtsbeschreibungen aus der Zeit nach dem Dreißigjährigen Krieg liefern eine Fülle von Informationen über Wolfsjagden und die damit verbundenen Umweltbedingungen im Gebiet des Thüringer Waldes.[20] Die starke Verbreitung der Wolfsrudel im 17. Jahrhundert ist auch im Zusammenhang mit dem Rückgang der Bevölkerung während des Dreißigjährigen Krieges und den intensiven Kriegshandlungen jener Zeit zu sehen, wodurch die Wälder und Flurwüstungen sich stark ausbreiteten und den vordringenden Wölfen größere Lebensräume verschafft wurden. In Ost- und Westpreußen hatten die Wolfsrudel zu Anfang des 18. Jahrhunderts so sehr zugenommen, dass der König von Preußen in einem Edikt von 1713 die Jagd auf Wölfe für jedermann freigab und die Prämie auf einen erlegten Wolf auf den hohen Betrag von ein bis vier Reichstaler festsetzte.[21] In den zeitgenössischen Berichten wird den zahlreichen wüst liegenden Hufen ausdrücklich eine Mitschuld bei der Zunahme der Wolfsplage gegeben.

Die Dezimierung der Wölfe war während des 17. und 18. Jahrhunderts lange Zeit ein allgemeines Ziel der landesherrlichen Jagdpolitik im Deutschen Reich. Die Bekämpfung der gefürchteten Wolfsrudel wurde immer wieder durch Erlasse der Obrigkeit zur Durchführung von Wolfsjagden oder durch Abschussprämien gefördert. Als gegen Ende des Dreißigjährigen Krieges im Winter 1647 die Wolfsplage im niedersächsischen Amt Lüneburg überhandnahm und die Wölfe in Rudeln durch die Dörfer zogen, sogar in Viehställe einbrachen, griffen die Lokalbeamten einzelner Amtsbezirke zur Selbsthilfe und führten Wolfsjagden durch, bei denen viele Wölfe erlegt und abgeschossen wurden.[22] Nach dem Ende des Krieges und mit dem Neubeginn einer funktionierenden Verwaltung verstärkte die Landesherrschaft vielerorts die Wolfsjagd und intensivierte die Bekämpfung der räuberischen Wolfsrudel. Der landesherrliche Jagdanspruch auf die Bekämpfung der Wölfe setzte dann seit der Mitte des 17. Jahrhunderts eine Reihe von Verwaltungsmaßnahmen und Abgabenforderungen in Gang, die den Anspruch der frühneuzeitlichen Territorialherrschaft ebenso deutlich werden ließ wie auch den zähen Widerstand der von diesen Regelungen betroffenen Bauern. Die überlieferten Abschusszahlen im Fürstentum Celle aus den Jahren 1642–1647 bei offiziellen, von der landesherrlichen Jägerschaft durchgeführten Treibjagden sprechen für sich.[23] Die direkte Bedrohung für das Leben der von Wölfen attackierten Menschen blieb zwar die Ausnahme, doch die Angst der Bauern vor Viehverlusten durch Wölfe war weit verbreitet. Steuernachlässe bei Viehschäden durch Wölfe waren lange Zeit selten, aber im 18. Jahrhundert wurden von staatlicher Seite Ausgleichszahlungen in geringer Höhe geleistet. Für Menschenverluste durch reißende Wölfe gibt es in dieser Zeit nur wenig Beispiele. In den welfischen Territorien wurden die Kosten der Wolfsjagden in der Regel von den Untertanen mitgetragen; diese hatten neben den Treibern auch Hand- und Spanndienste zu leisten und Pferdefuhrwerke zum Transport der Jagdgeräte zu stellen. Als Anreiz für die Erlegung von Wölfen wurden im Jahre 1660 vom welfischen Landesherrn für jeden getöteten Wolf sogar Geldprämien gezahlt.[24]

Diese konsequente Jagd auf Wölfe hatte schließlich Erfolg, sodass im 19. Jahrhundert schließlich nur noch vereinzelt Wölfe auftauchten. Das Ausrotten der Wölfe als Raubtiere war damit gelungen, bis dann im ausgehenden 20. Jahrhundert schließlich die inzwischen unter Naturschutz gestellten Wölfe sich erneut ausbreiteten und Probleme in einer veränderten intensiv genutzten Kulturlandschaft verursachten. Wölfe wurden in den frühen Jahrzehnten des 21. Jahrhunderts vor allem bei den großen Schafsherden zu einem Problem, als zunehmend Schafe durch aggressive Wölfe getötet wurden. Diese Zunahme der Verluste von Weidetieren durch angreifende Wölfe führte zu heftigen Reaktionen in einer sensiblen Öffentlichkeit, die einen Schutz gegen Wolfsangriffe forderte. In Regionen mit starken Wolfsbeständen und ausgeprägten Konflikten zwischen Agrarwirtschaft und Naturschutz

Wölfe sind heute nach einer jahrhundertelangen Ausrottung unter Naturschutz gestellt. Stahlstich aus dem 19. Jahrhundert

wurde darauf gedrungen, zielgerichtet auf eine Reduktion der Wolfspopulationen hinzuarbeiten, die sich vor allem in Norddeutschland ausgebreitet hatten. Auch die Brüsseler Europäische Union zeigte sich schließlich bereit, bei einer Absenkung des strengen Schutzstatus des Wolfes mitzuwirken und den Abschuss von Problemwölfen zu erleichtern.[25] Der „Bund für Umwelt und Naturschutz" bewertete dagegen den erleichterten Abschuss von Wölfen äußerst kritisch und befürwortete stattdessen einen größeren Schutz der Weidetiere durch bessere Weidezäune.

Die Geduld der ländlichen Bevölkerung bei Wolfsüberfällen ist aber offenbar stark gesunken, sodass Wolfsschäden von den Bauern und Viehzüchtern immer weniger toleriert werden. Die Wolfsfrage muss sich daher auf langfristige Ziele ausrichten, nämlich auf die Behandlung einer Raubtierart, die in eine stark veränderte Kulturlandschaft zurückgekehrt ist. Eine Regulierung des Wolfsbestandes scheint daher unausweichlich, wenn der Wolf in Mitteleuropa bleiben soll. Besondere Herausforderungen sind in diesem Zusammenhang die Almwirtschaft sowie die Deiche, die zu ihrer Standbefestigung von Schafen beweidet werden. Zur Weiterexistenz des Wolfes und damit allgemein zum Artenschutz in Europa müssen daher zukunftsfähige Lösungen gesucht werden, damit die Konflikte zwischen Mensch und Wolf verringert werden.

Das Verhältnis von Mensch und Tier

Das Verhältnis der Menschen zur Tierwelt ist in der modernen Gesellschaft von einer Ambivalenz geprägt.[26] Auf der einen Seite werden Tiere massenhaft zur Fleischerzeugung für eine wachsende Weltbevölkerung eingesetzt: Landwirte und Tierhalter widmen sich dabei intensiv der Aufzucht und Mast von Rindern, Schweinen und Geflügel. Auf der anderen Seite stehen viele Menschen, welche die Tiere als Gefährten schätzen und ihre Fähigkeiten freundschaftlich nutzen. Tiere nehmen dabei als Haustiere einen wichtigen Platz im Alltagsleben ein, auch wenn sich ihre Bedeutung in der industriellen Massengesellschaft erheblich gewandelt hat.[27] Die ambivalente Haltung der Menschen zur Tierwelt spiegelt sich in den Medien, wenn Tiere in der modernen Gesellschaft in Filmen und Fernsehsendungen, in Illustrierten und Magazinen äußerst präsent sind. Themen zur Tierwelt setzen große Emotionen frei und lassen die verschiedenen Interessen klar erkennen. Erregte öffentliche Diskussionen beschäftigen sich mit dem Recht der Tiere auf artgerechte Haltung, während Massentierhaltung und Tierversuche auf heftige Kritik stoßen.

Wie und seit wann kam es zu diesem ambivalenten Verhältnis der Menschen zu den Tieren? Die Mensch-Tier-Beziehung blickt auf eine jahrtausendalte Geschichte zurück und gehört zu jenen Kontakten, mit denen der Mensch seit frühester Zeit konfrontiert war. Man muss bedenken, dass die Menschen während der langen Zeit der Frühgeschichte mit den Tieren in ihrer Umwelt in einem engen Verhältnis standen. Viele Wissenschaftler haben zu wenig berücksichtigt, dass die Stammesgeschichte des Menschen im Rahmen der allgemeinen Naturgeschichte nur eine relativ kurze Zeit umfasst. Die frühesten Spuren einer geistigen Auseinandersetzung des Menschen mit seiner Umwelt, die Anfänge von Religion, Kunst und anderen Kulturformen sind relativ spät entstanden. Erst im Zuge der neolithischen Revolution, des Übergangs zu Ackerbau und Viehzucht, also vor etwa siebentausend Jahren, gelang den Menschen die Domestikation von Wildtieren zu Haustieren. Die weitaus größte Zeit seiner Geschichte hat der Mensch demnach als Wildbeuter, als Jäger und Sammler verbracht.[28]

Die Beschäftigung mit der Geschichte der Tiere ist ein wichtiges Forschungsgebiet. Robert Delors legte 1984 unter dem Titel „L'animaux ont une histoire" eine Geschichte der Tiere vor, die anschließend in deutscher Übersetzung erschien.[29] Da die Tiere früherer Jahrhunderte vom Menschen nicht mehr direkt untersucht werden können, muss die wissenschaftliche Erforschung historischer Tierwelten sich nach Delort moderner Hilfsmittel und Methoden bedienen. Die wissenschaftlichen Schlussfolgerungen aus den Forschungen besagen nach Delort, dass unsere Haustiere und auch unsere Wildtiere sehr verschieden von denjenigen sind, die früher gelebt haben. In der langen Epoche vor der neolithischen Revolution spielte die Jagd der Menschen auf wildlebende Tiere zweifellos eine wichtige

In den letzten Jahren hat sich die Beziehung zwischen Mensch und Tier verändert.

Rolle. Zusammen mit dem Sammeln von essbaren Pflanzen bildete sie lange Zeit die Basis der Ernährung, bevor man in der Jungsteinzeit zu Ackerbau und Viehzucht überging. Die Tierreste an den Fundstellen der Altsteinzeit zeigen, dass die Menschen damals vor allem Großwildjäger waren. Elefanten und Steppentiere, ferner Wildrinder, Wildpferde und Bären stellten den Hauptteil der Jagdbeute in den verschiedenen Epochen der Steinzeit. Neben der Jagd dienten auch Erträge des Fischfangs der menschlichen Ernährung. Das Jägertum der Jungsteinzeit unterschied sich vom Jagdwesen der Wildbeuter nicht nur durch neue Jagdwaffen und Jagdmethoden, sondern auch durch seine höheren kulturellen Leistungen.

Aus der Vielzahl von neueren Forschungen und Publikationen zu Jagd und Wildbiologie ragen einige Ergebnisse besonders hervor. Die Kommission für Ökologie bei der Bayerischen Akademie der Wissenschaften führte ein ergebnisreiches interdisziplinäres Rundgespräch durch, das sich mit der Jagd unter dem Thema „Kulturelle Aspekte und aktuelle Funktionen" befasste.[30] Dabei ging es vor allem darum, vor dem historischen Hintergrund und auf der Basis ökologischer Erkenntnisse das Spannungsfeld zwischen den verschiedenen Zweigen der Landnutzung und dem Naturschutz einerseits und der Jagd andererseits zu erörtern. An einzelnen Beispielen wurden auch Lösungsmöglichkeiten diskutiert, wie die Jagd unter den heutigen Bedingungen zu gestalten sei, damit sie sowohl ihren ökologischen Funktionen und den Anforderungen der Gesellschaft gerecht werde als auch die berechtigten Anliegen der Jäger befriedige. Sigrid Schwenk befasste sich in ihrem Beitrag besonders mit der historischen Entwicklung der Jagd in Mitteleuropa.[31] Die Jagd gewährte demnach dem Menschen lange Zeit all das, was er zum Überleben in seiner Umwelt dringend brauchte: Fleisch zur Nahrung, Knochen und Häute zur Herstellung von Kleidung, Handwerkszeug und Waffen. Gleichzeitig stand die Jagd an der Wiege der menschlichen

In den heutigen Jagdverbänden wird auch über Naturschutz diskutiert.

Kultur: Sozial- und Rechtsordnung, technischer Fortschritt und Handel haben ebenso wie Sprache, Kunst, Musik und Religion eine ihrer Wurzeln in der Jagd. Gedanken des Tierschutzes und eine veränderte Haltung der Gesellschaft zur Natur wirkten im 20. Jahrhundert auf die Jagd ein und forderten eine stärkere Verantwortung des Jägers und seinen Einsatz für die Lebensräume der Wildtiere. Josef H. Reichholf[32] beurteilt in seinem Beitrag dagegen mit Skepsis den Aspekt des Naturschutzes im Rahmen der Jagd: Aus Sicht des Naturschutzes ist nach seiner Meinung die Bejagung der meisten Tierarten unnötig und manchmal sogar abträglich. Die Zielsetzungen des Naturschutzes und der Jagd divergieren daher häufig, zumal wenn es um die Jagd in Naturschutzgebieten und Nationalparks geht. Die funktionale Trennung von Jagd- und Naturschutzgesetzen erweist sich daher aus ökologischer Sicht manchmal als Hemmnis.

Die Forschungen zur Wildbiologie und zum Mensch-Tier-Verhältnis werden seit einiger Zeit vor allem vom Göttinger Institut für Wildbiologie und Jagdkunde vorangetrieben. Die Gründung dieses Instituts erfolgte 1936 durch Hermann Göring und stand im Zusammenhang mit der Internationalen Jagdausstellung von 1937 in Berlin, deren Schirmherr Göring war.[33] Seit 1972 stand dieses Institut unter der Leitung von Antal Festetics, der bis 2005 grundlegende Forschungen auf dem Gebiet der Wildbiologie und zum Mensch-Tier-Verhältnis in Gang setzte. Dieser Paradigmenwechsel vollzog sich im Kontext mit dem neuen Umweltbewusstsein, das sich damals in Gesellschaft und Kultur allgemein verstärkte. Die Wildbiologie befasst sich mit den Wirbeltieren aus dem Blickwinkel der Mensch-Tier-Beziehungen im Allgemeinen.[34] Sie bedient sich der Methoden, die in den Wissensdisziplinen der Ökologie, Ethnologie, Morphologie, Veterinärmedizin und anderen Bereichen üblich sind. Die Nutzung, Steuerung und Erhaltung von Wildtierbeständen sind die drei wichtigsten Aspekte der Mensch-Tier-Beziehungen. Die Wildbiologie ist daher bemüht,

„wissenschaftliche Grundlagen für den Arten-, Biotop- und Prozessschutz zu erarbeiten, um Wildtiere als Wild im Wildzustand zu erhalten."[35] Für das Fach Jagdkunde musste daher eine neue Definition formuliert werden, denn die alte Definition bezog sich vor allem auf Forschungen für Jäger. Das Ziel dieser alten Jagdkunde war insbesondere auf große Strecken und starke Trophäen gerichtet. Dagegen untersucht die neue Jagdkunde „den jagenden Menschen, die Ursachen und Folgen seines Tuns aus ökologischer, ökonomischer und psychologischer Sicht."[36]

Die allgemeinen Forschungen zur Wildbiologie haben ergeben, dass die Beziehungen der Menschen zur Tierwelt im Laufe der Zeit vielfältige Wandlungen erfuhren. Die Geschichte der Einstellung der menschlichen Gesellschaft zur Tierwelt und allgemein zur Umwelt kann nur im Kontext aller Bereiche des Lebens betrachtet werden, in denen Tier und Mensch aufeinandertreffen, da allein schon die faktische Präsenz der einzelnen Tierarten in den jeweiligen Epochen und Umwelten völlig verschieden war. Die Nutzung der Tiere als Arbeitsinstrumente spielte vor allem im Rahmen der Agrargesellschaft bis zum ausgehenden 19. Jahrhundert eine wichtige Rolle, bevor die Mechanisierung der Landwirtschaft einsetzte. Die Erforschung des Verhältnisses des Menschen zur Tierwelt bedarf daher weiterer Studien, welche die vielfältige und komplexe Lage dieser Beziehung in einer sich wandelnden Umwelt analysieren. Die Bewältigung der ökologischen Folgen der Massentierhaltung und der Industrialisierung der Landwirtschaft im globalen Kontext erfordert auch die Berücksichtigung der ambivalenten Beziehung der Menschen zur Tierwelt in früheren Epochen, wozu die Wildtierforschung und die Jagdkunde hervorragende Beiträge leisten können.

Die Erkenntnisse der Wildtierforschung und die Anliegen der allgemeinen Umweltbewegung haben vor allem den jüngeren Jägern wichtige Anstöße zur Neubewertung der Jagd in ökologischer Hinsicht vermittelt.[37] Unter den jungen Jägern, die die Jägerprüfung ablegten, stieg seit einiger Zeit der Anteil der Frauen erstaunlich an. Die Begeisterung für Natur und Umwelt, das Interesse an der Tierwelt und an den Pirschgängen der Jäger hat seit einiger Zeit die Leidenschaft für das Jagdwesen verstärkt, sodass die Jägerschaft genügend Nachwuchs erhält. Gleichzeitig hat bei der jüngeren Generation der Jägerschaft eine Entrümpelung älterer Regeln und Vorschriften eingesetzt, die zu einer Abkehr vom alten Trophäenkult führte. Welche Grundsätze sollen bei der Ausübung einer Jagd unter modernen Gesichtspunkten beachtet werden? Die Jagd soll so ausgeübt werden, dass das Wild mit anerkannten Jagdmethoden ohne Verstöße gegen tierethische Grundsätze erlegt wird und die Hege des Wildbestandes[38] im Mittelpunkt steht, sodass das biologische Gleichgewicht gewährleistet wird und sich dadurch der Wildbestand artenreich entwickeln kann. Die Belange einer naturverträglichen Erholung in einer offenen Landschaft sollen dabei weitgehend gewahrt bleiben.

Die jüngeren Generationen verfolgen neue Grundsätze bei der Jagd.

ANHANG

Anmerkungen

Einleitung

1 J. Ortega y Gasset, Meditationen über die Jagd, Stuttgart[5] 1985. Der Titel der spanischen Originalausgabe lautet: Prologo a un tratado de monteria, Madrid 1944. **2** Ebd., S. 88. **3** Ebd., S. 16. **4** J. Williams, The Killing Game, Esquire Oktober 1990, S. 113–128. Hier zitiert nach M. Cartmill, Tod im Morgengrauen. Das Verhältnis des Menschen zu Jagd und Natur, Zürich 1993, S. 276. **5** Cartmill, ebd., S. 276f. **6** H. W. Eckardt, Herrschaftliche Jagd, bäuerliche Not und bürgerliche Kritik, Göttingen 1976. Dazu die kritische Rezension von K. Lindner, 350 Jahre höfische Jagd im südwestdeutschen Raum, in: Zeitschrift für Agrargeschichte und Agrarsoziologie 26 (1978) S. 77–89. **7** Eckardt, ebd., S. 268. **8** Ebd., S. 271f. **9** Ebd., S. 46. **10** W. Schlag/M. Thomas, Kommentar, in: Das Jagdbuch des Mittelalters, Darmstadt 1994, S. 15. **11** W. H. von Hohberg, Georgica curiosa, Nürnberg 1682, S. 688. **12** M. Kerner, Johannes von Salisbury und die logische Struktur seines Policraticus, Wiesbaden 1977, S. 165–170. **13** Jacob Wimpfeling, Adolescentia, hg. v. O. Herding, München 1965, S. 156f. **14** Vgl. S. Schwenk, Jagd: Überlebensstrategie - höfische Lustbarkeit - verantwortungsbewusste Gestaltung der Umwelt, in: Über die Jagd: Kulturelle Aspekte und aktuelle Funktionen, hg. v. d. Bayerischen Akademie der Wissenschaften (Rundgespräche der Kommission für Ökologie 25) München 2002, S. 15ff. **15** Ortega y Gasset, Meditationen, 1985. **16** Ebd., S. 33. **17** Ebd., S. 37ff. **18** Schwenk, Jagd (wie Anm. 14) S. 20. **19** Cartmill, Morgengrauen, S. 279ff. **20** J. Radkau, Natur und Macht. Eine Weltgeschichte der Umwelt, München 2000, S. 68. **21** Vgl. A. Schwappach, Handbuch der Forst- und Jagdgeschichte Deutschlands 1–2, Berlin 1886/88. **22** Eckardt, Herrschaftliche Jagd, S. 245ff. **23** K. Roth, Geschichte des Forst- und Jagdwesens in Deutschland, 1879; Schwappach, Handbuch (wie Anm. 21); F. Röhrig, Das Weidwerk, Potsdam 1933. **24** K. Lindner, Die Jagd der Vorzeit, Berlin 1937; Ders., Die Jagd im frühen Mittelalter, Berlin 1940. **25** R. Schröder, Lehrbuch der deutschen Rechtsgeschichte, [7]1932, S. 209f.; Lindner, Die Jagd im frühen Mittelalter, S. 102ff. **26** W. Rösener, Jagd, Rittertum und Fürstenhof im Hochmittelalter, in: Ders. (Hg.), Jagd und höfische Kultur im Mittelalter, Göttingen 1997, S. 128. **27** Vgl. W. Rösener, Der König als Jäger, in: W. Martini (Hg.), Die Jagd der Eliten in den Erinnerungskulturen von der Antike bis in die Frühe Neuzeit, Göttingen 2000, S. 15ff. **28** E. Kantorowicz, Kaiser Friedrich der Zweite, Stuttgart [5]1995, S. 331. **29** Vgl. J. Fleckenstein (Hg.), Curialitas. Studien zu Grundfragen der höfisch-ritterlichen Kultur, Göttingen 1990; W. Paravicini, Die ritterlich-höfische Kultur des Mittelalters, München 1994. **30** R. Kieß, Die Rolle der Forsten im Aufbau des württembergischen Territoriums bis ins 16. Jh., Stuttgart 1958. **31** Vgl. Eckardt, Herrschaftliche Jagd, S. 52ff.; J. C. G. Röhl, Hof und Hofgesellschaft unter Wilhelm II., in: K. F. Werner (Hg.), Hof, Kultur und Politik im 19. Jh., 1985, S. 237ff. **32** Vgl. W. Bode/E. Emmert, Jagdwende. Vom Edelhobby zum ökologischen Handwerk, München 1998, S. 134ff. **33** Röhrig, Weidwerk, S. 214f. **34** A. Gautschi, Der Reichsjägermeister. Fakten und Legenden um Hermann Göring, Hanstedt 2000. **35** Bode/Emmert, Jagdwende, S. 139f. **36** Ebd., S. 152. **37** Gautschi, Reichsjägermeister, S. 13; A. Festetics, Wildbiologie – neuer Hit oder alter Hut?, in: Allgemeine Forstzeitschrift 1982, Nr. 6, S. 147–152. **38** Gautschi, ebd., S. 11. **39** Bode/Emmert, Jagdwende, S. 12–25. **40** Cartmill, Morgengrauen, 1993. **41** Ebd., S. 275f. **42** Konstanzer Arbeitskreis für mittelalterliche Geschichte. Protokoll der Reichenau-Tagung vom 5.–8. Okt. 1994. **43** W. Rösener (Hg.), Jagd und höfische Kultur im Mittelalter, Göttingen 1997. **44** Die Jägerey im 18. Jahrhundert, Heidelberg 1991. **45** Über die Jagd: Kulturelle Aspekte und aktuelle Funktionen, hg. v. d. Bayerischen Akademie der Wissenschaften, München 2002. **46** La chasse au Moyen Age. Actes du Colloque de Nice (22–24 juin 1979) Nice 1980. **47** Le château, la chasse et la fôret. Les cahiers de Commarque, Commarque 1990. **48** Ph. Salvadori, La chasse sous l'Ancien Régime, Paris 1996. **49** La chasse au Moyen Age. Societe, traités, symboles. Textes réunis par A. Paravicini Bagliani et B. Van den Abeele, Turnhout 2000. Vgl. außerdem P. Galloni, Il cervo et il lupo. Caccia e cultura nobiliare nel Medioevo, Roma 1993; A. Samsonowicz, Łowiectwo w Polske Piastów i Jagiellonów, Wrocław u. a. 1991; F. Barlow, Hunting in the Middle Ages, in: Ders., The Norman Conquest and Beyond, London 1983, S. 11–21; J. M. Gilbert, Hunting and Hunting Reserves in Medieval Scotland, 1979; R. A. Manning, Hunters and Poachers. A Social and Cultural History of Unlawful Hunting in England 1485–1640, Oxford 1993. **50** Vgl. K. J. Narr, Das höhere Jägertum: Jüngere Jagd- und Sammelstufe, in: Historia Mundi 1, 1952, S. 502–522; Ders., Ursprung und Frühkulturen, in: Saeculum Weltgeschichte 1, 1965, S. 21–235. **51** Th. Veblen, The Theory of the Leisure Class, 1899; deutsch: Theorie der feinen Leute, 1986, hier S. 244f. **52** Ortega y Gasset, Meditationen, S. 74. **53** O. G. Oexle (Hg.), Memoria als Kultur, Göttingen 1995; W. Hardtwig/ H.-U. Wehler (Hg.), Kulturgeschichte heute, Göttingen 1996; W. Rösener, Adelsherrschaft als kulturhistorisches Phänomen, in: HZ 268 (1999) S. 1–33; U. Daniel, Kompendium Kulturgeschichte. Theorien, Praxis, Schlüsselwörter, Frankfurt/M. 2001; M. Dinges, Neue Kulturgeschichte, in: J. Eibach/G. Lottes (Hg.), Kompass der Geschichtswissenschaft, Göttingen 2002, S. 179-192. **54** R. Vierhaus, Die Rekonstruktion historischer Lebenswelten. Probleme moderner Kulturgeschichtsschreibung, in: H. Lehmann (Hg.), Wege zu einer neuen Kulturgeschichte, Göttingen 1995, S. 9. **55** Vgl. W. Rösener, Jagd und höfische Kultur als Gegenstand der Forschung, in: Ders. (Hg.), Jagd und höfische Kultur im Mittelalter, Göttingen 1997, S. 27; S. Schwenk, Jagd als kulturelles Phänomen, in: Zeitschrift für Jagdwissenschaft 37 (1991) S. 258–266.

DIE JAGD IN FRÜHGESCHICHTE UND ANTIKE

Die Jagd in der Frühgeschichte

1 Vgl. F. Schrenk, Die Frühzeit des Menschen. Der Weg zum Homo sapiens, München 2001; W. Henke/H. Rothe, Paläoanthropologie, Berlin u. a. 1954; K. J. Narr (Hg.), Handbuch der Urgeschichte 1–2, Bern u. a. 1966; B. Campbell, Ökologie des Menschen, Frankfurt/M. u. a. 1987. **2** Vgl. Schrenk, Frühzeit, S. 9ff.; K. J. Narr, Einleitung, in: Ders., Handbuch 1, S. 7ff.; B. Streit (Hg.), Evolution des Menschen, Heidelberg 1995. **3** Vgl. H. Küster, Geschichte der Landschaft in Mitteleuropa, München 1995, S. 35ff.; H. H. Lamb, Klima- und Kulturgeschichte, Hamburg 1994, S. 125ff.; H. Jäger, Einführung in die Umweltgeschichte, Darmstadt 1994, S. 24ff. **4** Schrenk, Frühzeit, S. 114. **5** Vgl. N. Benecke, Urgeschichte, in: Dinzelbacher, Mensch und Tier, 2000, S. 2ff.; Röhrig, Weidwerk, S. 2ff.; K. Lindner, Die Jagd der Vorzeit, Berlin 1937; K. Böhme, Vom Steinwurf des Vormenschen zum Waidwerk der Antike, Melsungen 1991, S. 11ff.; Schwenk, Jagd als kulturelles Phänomen, S. 260. **6** R. A. Darf, Australopithecus Africanus. The Man-Ape of South Africa, in: Nature 115 (1925) S. 195–199; Cartmill, Morgengrauen, S. 16. **7** Dart zitiert nach Cartmill, Morgengrauen, S. 18. **8** Dart zitiert nach Cartmill, Morgengrauen, S. 18. **9** Vgl. Cartmill, Morgengrauen, S. 19ff.; Bode/Emmert, Jagdwende, S. 88. **10** Vgl. J. H. Reichholf, Das Rätsel der Menschwerdung, München [3]1990, S. 131. **11** Vgl. Cartmill, Morgengrauen, S. 19 ff. **12** Etkin zitiert nach Cartmill, Morgengrauen, S. 19 ff.; W. Ethin, Social Behavior and the Evolution of Maris Mental Faculties, in: American Naturalist 88 (1954) S. 129–142. **13** Cartmill, ebd., S. 20. **14** Cartmill, ebd., S. 23; Bode/Emmert, Jagdwende, S. 88f.; E. Fromm, Anatomie der menschlichen Destruktivität, Stuttgart 1974, S. 115 ff. **15** Cartmill, Morgengrauen, S. 30ff.; Schrenk, Frühzeit, S. 52ff. **16** Cartmill, Morgengrauen, S. 33. **17** R. B. Lee, What Hunters do for a Living, or, How to Make out on Scorce Resources, in: R. B. Lee/J. DeVore (Hg.), Man the Hunter, Chicago, S. 30–48. **18** Vgl. Bode/Emmert, Jagdwende, S. 89; Reichholf, Menschwerdung, S. 131. **19** Schrenk, Frühzeit, S. 72f. **20** B. Klima, Die materielle Kultur des europäischen Jungpaläolithikums, in: Narr, Handbuch 1, S. 241; Schrenk, Frühzeit, S. 113. **21** Benecke, Urgeschichte (wie Anm. 5) S. 2. **22** Schrenk, Frühzeit, S. 86. **23** Ebd., S. 110 ff. **24** Benecke, Urgeschichte (wie Anm. 5) S. 2f.; Röhrig, Weidwerk, S. 10ff. **25** Schrenk, Frühzeit, S. 114ff.; G. Kurth, Die Neanthropinen des Endpleistozäns, in: Narr, Handbuch 1, S. 423ff. **26** Benecke, Urgeschichte (wie Anm. 5) S. 4ff.; Röhrig, Weidwerk, S. 10ff. **27** Vgl. Küster, Landschaft, S. 49ff. **28** L. Fenske, Jagd und Jäger, in: Rösener, Jagd, 1997, S. 34. **29** G.-C. Weniger, Magdalenian Settlement and subsistence in south-west Germany, in: Proceedings of the Prehistoric Society 53 (1987) S. 293ff. **30** Vgl. Fenske, Jagd und Jäger, S. 34; Narr, Handbuch 1, S. 225ff.; Schwenk, Jagd als kulturelles Phänomen, S. 260. **31** Vgl. Böhme, Steinwurf, S. 54; Benecke, Urgeschichte (wie Anm. 5) S. 6; G. Bosinski, Die Kunst der Eiszeit in Deutschland und in der Schweiz, Bonn 1982. **32** Böhme, Steinwurf, S. 54ff.; M. Almagro, Die bildende Kunst der jüngeren Altsteinzeit, in: Narr, Handbuch 1, S. 269–297. **33** Vgl. K. J. Narr, Religion und Magie in der jüngeren Altsteinzeit, in: Ders., Handbuch 1, S. 298ff.; J. Haekel, Die bildende Kunst jägerisch-sammlerischer Völker, in: ebd., S. 419f. **34** Narr, Religion und Magie (wie Anm. 33) S. 306ff. **35** Fenske, Jagd und Jäger, S. 32; H; Müller-Karpe, Handbuch der Vorgeschichte 1, 1966, S. 188ff. 36 Benecke, Urgeschichte (wie Anm. 5) S. 6; Böhme, Steinwurf, S. 59f. **37** Fenske, Jagd und Jäger, S. 31; Narr, Religion und Magie (wie Anm. 33) S. 298 ff. **38** R. Schott, Lebensweise, Wirtschaft und Gesellschaft einfacher Wildbeuter, in: Narr, Handbuch 1, S. 174ff.; M. Gusinde, Die Twiden: Pygmäen und Pygmoide im tropischen Afrika, 1956. **39** Schott, Lebensweise (wie Anm. 38) S. 187ff.; K. Birkett-Smith, Die Eskimo, 1948. **40** Vgl. J. Haekel, Die differenzierten Jäger und Sammler, in: Narr, Handbuch 1, S. 407–418, hier S. 408. **41** R. Romano/Ä. Tenenti, Die Grundlegung der modernen Welt (Weltbild Weltgeschichte 12) Augsburg 1998, S. 199 ff.; Böhme, Steinwurf, S. 79 ff. **42** L. Séjourné, Altamerikanische Kulturen (Weltbild Weltgeschichte 21) Augsburg 1998, S. 19ff., 100ff. **43** Haekel, Jäger und Sammler (wie Anm. 40) S. 407. **44** Vgl. W. Lindig, Die Kulturen der Eskimos und Indianer Nordamerikas (Handbuch der Kulturgeschichte 2) 1972. **45** Vgl. Fenske, Jagd und Jäger, S. 31; Haekel, Jäger und Sammler (wie Anm. 40) S. 411ff. **46** Haekel, Jäger und Sammler (wie Anm. 40) S. 413. **47** K. J. Narr Die Anfänge von Bodenbau und Viehzucht, in: Ders., Handbuch 2, S. 65–93; Benecke, Urgeschichte (wie Anm. 5) S. 12ff. **48** K. Jaritz, Neolithikum und Chalkolithikum des Vorderen Orients, in: Narr, Handbuch 2, S. 121ff. **49** Vgl. Küster, Landschaft, S. 59ff.; Lamb, Klima (wie Anm. 3) S. 128ff. **50** Benecke, Urgeschichte (wie Anm. 5) S. 8. **51** H.-G. Bandi, Die mittlere Steinzeit Europas, in: Narr, Handbuch 1, S. 321ff. **52** Benecke, Urgeschichte (wie Anm. 5) S. 13; K. J. Narr, Einleitung, in: Ders., Handbuch 2, S. 7ff. **53** N. Benecke, Der Mensch und seine Haustiere, Stuttgart 1994, S. 11f., 59ff. **54** Vgl. K. J. Narr, Die Anfänge von Bodenbau und Viehzucht, in: Ders., Handbuch 2, S. 65ff. **55** Benecke, Urgeschichte (wie Anm. 5) S. 15; Röhrig, Weidwerk, S. 19ff.

Das Jagdwesen in den frühen Hochkulturen und in der Antike

1 Vgl. Th. Szabó, Die Kritik der Jagd – Von der Antike zum Mittelalter, in: Rösener, Jagd, 1997, S. 170ff. **2** Genesis 10, 8–10 (Text nach der Übersetzung von Martin Luther). **3** Genesis 25, 27–28. **4** Richter 14,6. **5** Samuel 16ff. **6** Levitikus 11,1–47. **7** Könige 5, 2–3. **8** E. Cassin u. a. (Hg.), Die Altorientalischen Reiche 1 (Weltbild Weltgeschichte 2) Augsburg 1998, S. 13ff. **9** Zur Jagd im alten Ägypten: H. Altenmüller, Darstellungen der Jagd im alten Ägypten, Hamburg 1967; W. Ereszinski, Löwenjagden im alten Ägypten, 1932; E. Hornung, Die Bedeutung des Tieres im alten Ägypten, in: Studium Generale 20 (1967) S. 69–84; W. Rösener, Der König als Jäger. Antike Einflüsse auf die herrschaftliche Jagd im Mittelalter, in: Martini, Jagd der Eliten, 2000, S. 18f. **10** Böhme, Steinwurf, S. 152. **11** Ebd., S. 153: Abbildung. **12** E. Hobusch, Von der edlen Kunst des Jagens, Leipzig 1978, S. 39, Abb. 18. **13** Zur Jagd in Mesopotamien: Hobusch, Kunst des Jagens, S. 34ff.; B. Meissner, Der Alte Orient. Assyrische Jagden, Leipzig 1911; Böhme, Steinwurf, S. 155f. **14** Hobusch, Kunst des Jagens, S. 37f., Abb. Nr. 40. **15** Vgl. Hobusch, ebd., S. 34. **16** Ebd., S. 35. **17** Ebd., S. 40, Abb. Nr. 22. **18** Böhme, Steinwurf, S. 157f. **19** E. Cassin u. a. (Hg.), Die Altorientalischen Reiche 2 (Weltbild Weltgeschichte 3) Augsburg 1998, S. 25ff. **20** Ebd., S. 59ff.; Böhme, Steinwurf, S. 59ff. **21** Zur Jagd in Griechenland: Hobusch, Kunst des Jagens, S. 5f.; Böhme, Steinwurf, S. 79–186; W. Martini, Griechische Antike, in: Dinzelbacher, Mensch und Tier, 2000, S. 29ff. **22** Vgl. Lexikon der Alten Welt, Zürich 1965, Sp. 3290–3294; Xenophon: Scripta minora, hg. v. E. C. Marchant 1,1–2, S. 366ff. **23** Vgl. J. K. Anderson, Hunting in the Ancient World, Berkeley 1985, S. 17ff. **24** Vgl. Böhme, Steinwurf, S. 183. **25** H. Brackert/Cora van Kleffens, Von Hunden und Menschen, München 1989, S. 26. **26** Lexikon der Alten Welt, Sp. 336–338 (Art. Artemis); Martini, Griechische Antike (wie Anm. 21) S. 30; Cartmill, Morgengrauen, S. 51. **27** Martini, Griechische Antike (wie Anm. 21) S. 31. **28** E. Simon, Die Götter der Griechen, München 1985, S. 147ff.; E. Peterich, Götter und Helden der Griechen, Frankfurt/M. 1964, S. 24ff.; R. von Ranke-Graves, Griechische Mythologie 1, Hamburg 1965, S. 71ff. **29** Martini, Griechische Antike (wie Anm. 21) S. 32. **30** Homer, Odyssee XIX, 428ff. **31** Peterich, Götter (wie Anm. 28) S. 97f. **32** Ebd., S. 21 f. **33** Ebd., S. 127; Lexikon der Alten Welt, Sp. 2171f. **34** Vgl. Böhme, Steinwurf, S. 194. **35** Peterich, Götter (wie Anm. 28) S. 73. **36** Zu Herakles: Peterich, ebd., S. 89–97; Ranke-Graves, Mythologie (wie Anm. 28) S. 80–198. **37** Peterich, ebd., S. 92f.; Ranke-Graves, ebd., S. 98–151. **38** Lexikon der Alten Welt, Sp. 726. **39** Jacob Grimm, Deutsche Mythologie 1, Berlin [4]1875, Nd. Wiesbaden 1992, S. 109ff. **40** Lexikon der Alten Welt, Sp. 1351. **41** Vgl. Böhme, Steinwurf, S. 196. **42** Vgl. H. Bengtson (Hg.), Griechen und Perser (Weltbild Weltgeschichte 5) Augsburg 1998, S. 262ff. **43** T. Hölscher, Griechische Historienbilder des 5. und 4. Jahrhunderts v. Chr., Würzburg 1973, S. 180. **44** Zitiert nach Böhme, Steinwurf, S. 185; Herodot, Historien 2 (Buch VII, 125). **45** Böhme, Steinwurf, S. 185f. **46** Vgl. Bengtson, Griechen und Perser (wie Anm. 42) S. 283ff. **47** Vgl. Hobusch, Kunst des Jagens, S. 70; Böhme, Steinwurf, S. 186. **48** Hölscher, Historienbilder (wie Anm. 43) S. 181. **49** Martini, Griechische Antike (wie Anm. 29) S. 35. **50** Vgl. Hölscher, Historienbilder (wie Anm. 43) S. 131. **51** Ebd., S. 181ff. **52** Martini, Griechische Antike (wie Anm. 21) S. 35. **53** Ebd., S. 35. **54** Allgemein zum römischen Jagdwesen: Anderson, Hunting (wie Anm. 23) S. 83; Hobusch, Kunst des Jagens, S. 67 ff.; F. Lauchert, Das Weidwerk der Römer, Rottweil 1848; J. Aymard, Essai sur les chasses romaines des origines à la fin du siècle des Antonins, Paris 1951; W. Martini, Römische Antike, in: Dinzelbacher, Mensch und Tier, 2000, S. 87ff. **55** Vergil, Georgicon I-IV: P. Vergili Maronis Opera, hg. v. F. A. Hirtzel, Oxford 1963. **56** Martini, Römische Antike (wie Anm. 54) S. 89. **57** Vergil, Aeneidos, Buch IV **58** Böhme, Steinwurf, S. 187f. **59** Szabó, Kritik der Jagd, S. 169. **60** Martini, Römische Antike (wie Anm. 54) S. 91. **61** Szabó, Kritik der Jagd, S. 169. **62** Dazu W. Raeck, Modernisierte Mythen: Zum Umgang der Spätantike mit klassischen Bildthemen, Stuttgart 1992, S. 92ff.; Böhme, Steinwurf, S.210ff. **63** Livius, Römische Geschichte 29, 22, 1–2. **64** Sueton, Julius Caesar 10, 1. **65** Cicero, Briefe an seine Freunde 7, 13. **66** Böhme, Steinwurf, S. 212. **67** Szabó, Kritik der Jagd, S. 173. **68** Vgl. Böhme, Steinwurf, S. 197f. **69** A. Gutsfeld, Hadrian als Jäger. Jagd als Mittel kaiserlicher Selbstdarstellung, in: Martini, Jagd der Eliten, 2000, S. 79. **70** J. Maull, Hadrians Jagddenkmal, in: Jahreshefte der Österreich.-Archäologischen Institutes in Wien 42 (1955) S. 54f.: Abbildungen der acht hadrianischen Tondi des Konstantinsbogen. Zu Kaiser Hadrian: Lexikon der Alten Welt, Sp. 1181 f.; B. W. Henderson, The Life and Principate of the Emperor Hadrian, London 1923. **71** Vgl. Rösener, König als Jäger, S. 24f.; W. Martini/E. Schernig, Das Jagdmotiv in der imperialen Kunst hadrianischer Zeit, in: Martini, Jagd der Eliten, 2000, S. 101 ff. **72** Gutsfeld, Hadrian (wie Anm. 69) S. 81f. **73** Maull, Hadrians Jagddenkmal (wie Anm. 70) S. 57. **74** Ebd., S. 59. **75** Gutsfeld, Hadrian (wie Anm. 69) S. 88f. **76** Rösener, König als Jäger, S. 26; B. Andreae, Die antiken Sarkophagreliefs. Zweiter Teil: Die römischen Jagdsarkophage, Berlin 1980. **77** Vgl. R. Warland, Status und Formular in der Repräsentation der spätantiken Führungsschicht, in: Mitteilungen des Deutschen Archäologischen Instituts, Römische Abteilung 101 (1994) S. 176, 192ff.; J. Daltrop, Die Jagdmosaiken der römischen Villa bei Piazza Armerina, Hamburg 1969.

DIE JAGD IM MITTELALTER

Die Jagdverhältnisse im frühen Mittelalter

1 Vgl. Rösener, Jagd im Hochmittelalter, S. 128; Eckardt, Herrschaftliche Jagd S. 23; Bergemann, Jagdhoheit, S. 145ff. **2** H. Brunner, Grundzüge der deutschen Rechtsgeschichte, [7]1919, S. 205; Landau, Jagd, S. 28 ff.; Ch. L. Stieglitz, Geschichtliche Darstellung der Eigentumsverhältnisse an Wald und Jagd in Deutschland von den ältesten Zeiten bis zur Ausbildung der Landeshoheit, Leipzig 1832. **3** Vgl. G. L. von Maurer, Einleitung zur Geschichte der Mark-, Hof-, Dorf- und Stadtverfassung und der öffentlichen Gewalt, 1854. Nd. Aalen 1966. **4** R. Schröder, Lehrbuch der deutschen Rechtsgeschichte, [7]1932, S. 209f. **5** Lindner, Mittelalter, S. 109. **6** Vgl. B. Maier, Germanisch-keltisches Altertum, in: Dinzelbacher, Mensch und Tier, 2000, S. 145ff.; M. Teichert/H. Grünert, Viehwirtschaft, Jagd und Fischfang, in: Die Germanen 1, Berlin 1976, S. 436–452. **7** P. C. Tacitus, Die historischen Versuche: Agricola, Germania, Dialogus. Hg. v. K. Büchner, Stuttgart [2]1963, S. 158. **8** Ebd., S. 163. **9** G. J. Caesar, Der Gallische Krieg, Stuttgart 1963, S. 87. **10** Vgl. A. A. Lund, Zum Germanenbild der Römer, Heidelberg 1990. **11** Caesar, Der Gallische Krieg (wie Anm. 9) S. 163. **12** J. Biel, Der Keltenfürst von Hochdorf, Stuttgart 1985. **13** Vgl. Teichert/Grünert, Viehwirtschaft (wie Anm. 6) S. 121. **14** Lexikon der Alten Welt, Sp. 321f. **15** Maier, Altertum (wie Anm. 6) S. 152. **16** Vgl. Böhme, Steinwurf, S. 197ff. **17** Ebd., S. 198. **18** Vgl. Martini, Griechische Antike (wie Anm. 18) S. 34. **19** Maier, Altertum (wie Anm. 6) S. 147. **20** Vgl. C. Schott, Zum Stand der Legesforschung, in: Frühmittelalterliche Studien 13 (1979) S. 29–55; Germanenrechte, hg. v. K. A. Eckardt, Alte Folge: 16 Bände, 1943ff.; Neue Folge: 9 Bände, 1953ff. **21** Lindner, Mittelalter, S. 116–152. **22** Ebd., S. 116. **23** Ebd., S. 118ff., 129ff. **24** Germanenrechte 3: Die Gesetze der Langobarden, hg. v. F. Beyerle, Weimar 1947, S. 127 (Kap. 320). **25** Germanenrechte 2: Die Gesetze des Karolingerreiches 714–911, hg. v. K. A. Eckhardt, II: Alemannen und Bayern, Weimar 1934, S. 179 (Kap. 22). **26** Vgl. Bergemann, Jagdhoheit, S 150; Chr. Hafke, Jagd- und Fischereirecht, in: HRG2, 1978, Sp. 282. **27** Lindner, Mittelalter, S. 152. **28** Zum Forstbegriff. E. Schubert, Forst, in: LexMA 4, 1989, Sp. 658–661; Hasel, Forstgeschichte, S. 59 ff.; Thimme, Forestis, 1909. **29** Vgl. Eckardt, Herrschaftliche Jagd, S. 25; Kaspers, Comitatus nemoris, S. 19 ff.; Th. Zotz, Beobachtungen zu Königtum und Forst im frühen Mittelalter, in: Rösener, Jagd, 1997, S. 96f. **30** Lindner, Mittelalter, S. 211. **31** Vgl. Thimme, Forestis, S. 101ff.; Hasel, Forstgeschichte, S. 61. **32** Bergemann, Jagdhoheit, S. 158 f., Lindner, Mittelalter, S. 169. **33** Vgl. Eckardt, Herrschaftliche Jagd, S. 27; Bergemann, Jagdhoheit, S. 164. **34** C. Brühl/A. Verhulst, Capitulare de villis, in: LexMA 2, 1983, Sp. 1482f.; W. Metz, Zur Erforschung des karolingischen Reichsgutes, Darmstadt, 1971, S. 8–21; W. Rösener, Einführung in die Agrargeschichte, Darmstadt 1997, S. 37f. **35** G. Franz (Hg.), Quellen zur Geschichte des deutschen Bauernstandes im Mittelalter, Darmstadt ²1974, S. 48f. **36** Ebd., S. 50f. (cap. 45). **37** Ebd., S. 54f. (cap. 62). **38** MGH Capit. 1, S. 98 (cap. 39). **39** MGH Capit. 1, S. 172 (cap. 18). **40** Franz, Quellen Mittelalter (wie Anm. 35) S. 54f. (cap. 58). **41** Lindner, Mittelalter, S. 446. **42** Franz, Quellen Mittelalter (wie Anm. 35) S. 52f. **43** Vgl. Bergemann, Jagdhoheit, S. 164 f.; Eckardt, Herrschaftliche Jagd, S. 27. **44** Vgl. J. Miedel, Der Hochstift-Augsburgische Wildbann in Oberschwaben und die Schenkungsurkunde von 1059, in: Archiv für die Geschichte des Hochstifts Augsburg 4 (1912) S. 83–128. **45** Zotz, Beobachtungen zu Königtum, S. 112f. **46** K. Glöckner, Bedeutung und Entstehung des Forstbegriffs, in: VSWG 17 (1924) S. 16f. **47** Kieß, Rolle der Forsten, S. 8. **48** C. Dasler, Forst und Wildbann im frühen deutschen Reich, Köln u. a. 2001, S. 257. **49** MGH DD 01 Nr. 302. **50** MGH DD OI Nr. 178. **51** MGH DD KII Nr. 107. **52** Kieß, Rolle der Forsten, S. 8; K. Bosl, Forsthoheit als Grundlage der Landeshoheit in Bayern, in: Ders., Zur Geschichte der Bayern, Darmstadt 1965, S. 443–509. **53** K. Militzer, Jagd und Deutscher Orden, in: Rösener, Jagd, 1997, S. 325ff. **54** Vgl. Eckardt, Herrschaftliche Jagd, S. 9; K.-H. Spieß, Herrschaftliche Jagd und bäuerliche Bevölkerung im Mittelalter, in: Rösener, Jagd, 1997, S. 231ff.

Der König als Jäger: Ritual oder Jagdleidenschaft?

1 E. Dümmler, Ermoldus Nigellus: In honorem Hludowici (MGH Poetae Latini aevi Carolini 2) Berlin 1884, Nd. 1965, S. 5–79; T. G. Pfund, Ermoldus Nigellus. Lobgedicht auf Kaiser Ludwig und Elegien an König Pippin, Leipzig ²1888. **2** Vgl. Hauck, Tiergärten im Pfalzbereich, S. 43; Fenske, Jagd und Jäger, S. 58; Rösener, König als Jäger, S. 15. **3** F. Brunhölzl, Karolus Magnus et Leo papa. Text und Übersetzung, in: Karolus Magnus et Leo papa. Ein Paderborner Epos vom Jahre 799, Paderborn 1966, S. 55–97; H. Beumann, Das Paderborner Epos und die Kaiseridee Karls des Großen, in: Ebd., S. 3–54. **4** Brunhölzl, Karolus Magnus (wie Anm. 3) S. 70f. **5** Ebd., S. 72–78. **6** Ebd., S. 78–83. **7** Ebd., S. 80. **8** J. L. Nelson, The Lord's anointed and the people's choice: Carolingian royal ritual, in: D. Cannadine/S. Price (Hg.), Rituals and Royalty. Power and Ceremonial in Traditional Societies, Cambridge 1987, S. 169. **9** Jarnut, Die frühmittelalterliche Jagd, S. 774. **10** E. Faral, Emold Le Noir. Poème sur Louis Le Pieux et érpitres au roi Pepin, Paris 1932, S. 80ff.; Hauck, Tiergärten im Pfalzbereich, S. 43. **11** Faral, ebd., S. 184. **12** Faral, ebd., S. 186. **13** O. Holder-Egger, Einhardi vita Karoli Magni (MGH SS rer. Germ. 25) 1911, S. 27 (cap. 22). **14** Ebd., S. 23 (cap. 23). **15** Ebd., S. 34f. (cap. 30). **16** Vgl. H. Müller-Kehlen, Die Ardennen im Frühmittelalter, Göttingen 1973, S. 39ff. **17** F. Kurze, Annales regni Francorum (MGH rer. Germ. 6) 1895, S. 119. **18** R. Rau (Hg.), Quellen zur karolingischen Reichsgeschichte 3, Darmstadt 1966, S. 388f. **19** Ebd., S. 388f. **20** Ebd., S. 416ff. **21** Ebd., S. 419. **22** Vgl. Anm. 1. **23** Kurze, Annales (wie Anm. 17) S. 119. **24** G. H. Pertz, Vita Hludowici imperatoris (MGH SS 2) 1829, S. 595. **25** Kurze, Annales (wie Anm. 17) S. 152. 26 Ebd., S. 167. **27** R. Rau (Hg.), Quellen zur karolingischen Reichsgeschichte 1, Darmstadt 1968, S. 338f. **28** Vgl. Lindner, Mittelalter, S. 400f. Zu Ludwig: E. Boshof, Ludwig der Fromme, Darmstadt 1996. **29** R. Rau (Hg.), Quellen zur karolingischen Reichsgeschichte 2, Darmstadt 1966, S. 350f. **30** G. Waitz, Annales Bertiniani (MGH SS rer. Germ. 5) 1883, S. 73. **31** Ebd., S. 121. **32** Ebd., S. 401f. **33** E. Dümmler, Geschichte des ostfränkischen Reiches 3, Leipzig 1888, S. 232. **34** Ebd., S. 432. **35** Th. Gross/R. Schieffer (Hg.), Hinkmar von Reims: De ordine palatii (MGH Fontes iuris 3), Hannover 1980. **36** Ebd., S. 72–76; W. Rösener, Hofämter an mittelalterlichen Fürstenhöfen, in: Deutsches Archiv 45 (1989) S. 499ff. **37** Franz, Quellen Mittelalter, S. 42f. (cap. 16). **38** Gross/Schieffer, Hinkmar (wie Anm. 35) S. 66. **39** Franz, Quellen Mittelalter, S. 58f. **40** Lindner, Mittelalter, S. 448 Anm. 2. **41** Vgl. Lindner, Mittelalter, S. 449. **42** Ebd., S. 439. **43** A. Bauer/R. Rau (Hg.), Quellen zur Geschichte der sächsischen Kaiserzeit, Darmstadt 1971, S. 78. **44** Lindner, Mittelalter, S. 403. **45** P. Höfer, Der Königshof Bodfeld, in: Zeitschrift des Harzvereins für Geschichte und Altertumskunde 29/30 (1896/97). **46** MGH DD OI Nr. 1. **47** Lindner, Mittelalter, S. 403. **48** Ebd., S. 404. **49** Ebd., S. 404. **50** Ebd., S. 404. **51** Ebd., S. 404. **52** A. Schmidt/W. D. Fritz, Lampert von Hersfeld: Annalen, Darmstadt ³1985, S. 58f. **53** Ebd., S. 85 f. **54** H. Begiebing, Die Jagd im Leben der salischen Kaiser, Bonn 1905. **55** Lindner, Mittelalter, S. 405. **56** Begiebing, Jagd (wie Anm. 54) S. 90–111; Zotz, Beobachtungen zu Königtum, S. 114. **57** Vgl. Th. Mayer, Das deutsche Königtum und sein Wirkungsbereich, in: Ders., Mittelalterliche Studien, Sigmaringen 1959, S. 33, und Königsitinerar zu Konrad II. im Anhang. **58** Begiebing, Jagd (wie Anm. 54) S. 54ff. **59** Vgl. Lindner, Mittelalter, S. 406. **60** Vgl. W. Petke, Die reichsrechtliche Stellung des Pfalzortes Goslar vom 10 bis zum 13. Jahrhundert, in: Führer zu vor- und frühgeschichtlichen Denkmälern 35, 1978, S. 1ff.; Th. Zotz, Die Goslarer Pfalz im Umfeld der königlichen Herrschaftssitze in Sachsen, in: L. Fenske (Hg.), Deutsche Königspfalzen 4, Göttingen 1996, S. 264ff. **61** Rösener, König als Jäger, S. 28; Jarnut, Die frühmittelalterliche Jagd, S. 765 ff. **62** Vgl. Rösener, König als Jäger, S. 26f.; H. Wolter-von dem Knesebeck, Aspekte der höfischen Jagd und ihrer Kritik in Bildzeugnissen des Hochmittelalters, in: Rösener, Jagd, 1997, S. 496f. **63** O. Treitinger. Die oströmische Kaiser- und Reichsidee nach ihrer Gestaltung im höfischen Zeremoniell. Vom oströmischen Staats- und Reichsgedanken, Darmstadt ²1956, S. 183. **64** Ebd., S. 185. **65** Vgl. Fenske, Jagd und Jäger, S. 44.

Kirche, Jagd und Jagdheilige

1 Zur Geschichte des Turniers: R. Barber/J. Barker, Die Geschichte des Turniers, Düsseldorf u. a. 2001; J. Fleckenstein (Hg.), Das ritterliche Turnier im Mittelalter. Beiträge zu einer vergleichenden Formen- und Verhaltensgeschichte des Rittertums, Göttingen 1985; A. Ranft, Die Turniere der vier Lande, in: ZGO 142 (1994) S. 83–102. **2** Vgl. S. Krüger, Das kirchliche Turnierverbot im Mittelalter, in: Fleckenstein, Das ritterliche Turnier, 1985, S. 401–422. **3** J. Le Goff, Réalités sociales et codes idéologiques au début du XIIIe siècle: un exemplum de Jacques de Vitry sur les tournois, in: Europäische Sachkultur des Mittelalters (Veröffentlichungen des Instituts für mittelalterliche Realienkunde Österreichs 4) Wien 1980, S. Ulf.; Krüger, Turnierverbot (wie Anm. 2) S. 408. **4** Vgl. Szabó, Kritik der Jagd, S. 172f.; H. J. Oesterle, Augustinus, in: LexMA 1, 1980, Sp. 1223–27. **5** Szabó, Kritik der Jagd, S. 174f. **6** Ebd., S. 189. 7 H. H. Anton, Jonas von Orleans, in: LexMA 5,1991, Sp. 625. **8** Szabó, Kritik der Jagd, S. 190f. **9** Lindner, Mittelalter, S. 415. **10** Ebd., S. 420. **11** MGH Capit. 1 Nr. 22 (c. 81). **12** MGH Conc. III Nr. 11 S. 26. **13** Lindner, Mittelalter, S. 412; Szabó, Kritik der Jagd, S. 177ff. **14** K. J. von Hefele, Conciliengeschichte 2, Freiburg/Br. 1875, S. 658. **15** Ebd., S. 68. **16** Szabó, Kritik der Jagd, S. 178. **17** K. J. von Hefele, Conciliengeschichte 3, Freiburg/Br. 1877, S. 499; R. Rau (Hg.), Briefe des Bonifatius. Willibalds Leben des Bonifatius, Darmstadt ²1988, S. 144f. **18** MGH Conc. II, 1, c. 2; Lindner, Mittelalter, S. 413f. **19** MGH Capit. 1 Nr. 19 (c. 3). **20** MGH Capit. 1 Nr. 23 (c. 31); Nr. 33 (c. 19). **21** K. J. von Hefele, Conciliengeschichte 4, Freiburg/Br. 1879, S. 48. **22** Ebd., S. 180. **23** E. Dümmler, Geschichte des ostfränkischen Reiches 1, Leipzig 1887, S. 362f.; Szabó, Kritik der Jagd, S. 181. **24** Lindner, Mittelalter, S. 415. **25** Zitiert nach Lindner, ebd., S. 416. **26** Hefele, Conciliengeschichte 4 (wie Anm. 21) S. 602. **27** Ebd., S. 735. **28** A. Bauer/R. Rau (Hg.), Quellen zur Geschichte der sächsischen Kaiserzeit, Darmstadt 1971, S. 508, 514. **29** Szabó, Kritik der Jagd, S. 184. **30** Ebd. 186. **31** A. Angenendt, Geschichte der Religiosität im Mittelalter, Darmstadt 1997, S. 303ff.; D. von der Nahmer, Die lateinische Heiligenvita, Darmstadt 1994, S. 46 ff. **32** Vgl. Lindner, Mittelalter, S. 426 f.; G. Schwedler, Biblische Jäger und christliche Schutzpatrone, in: Die Jagd: Vergnügen und Verderben, 1999, S. 171–177. **33** O. Engels, Eustachius, in: LexMA4, 1989, Sp. 110; Lindner, Mittelalter, S. 427f.; Schwedler, Biblische Jäger (wie Anm. 32) S. 172. **34** Lindner, Mittelalter, S. 427. **35** M. van Uytfanghe, Hubertus, in: LexMA 5,1991, Sp. 149f.; Lindner, Mittelalter, S. 428ff.; N. Kühn, Die historische Gestalt des heiligen Hubertus und die fränkisch-karolingische Reichsaristokratie, in: Le culte de saint Hubert en Rhénanie – Die Verehrung des heiligen Hubertus im Rheinland. Hg. v. K. Freckmann u. N. Kühn, Brüssel 1995, S. 9ff. **36** G. Despy, Saint-Hubert, in: LexMA 7, 1995, Sp. 1167. **37** Lindner, Mittelalter, S. 429. **38** Vgl. Schwedler, Biblische Jäger (wie Anm. 32) S. 174; Lindner, Mittelalter, S. 430. **39** G. Schlieker, Das Tollwut- und Jagdpatronat des heiligen Hubertus, in: Le culte (wie Anm. 35) S. 39–71. **40** Lindner, Mittelalter, S. 431ff.; Cartmill, Morgengrauen, S. 73ff. **41** Lindner, Mittelalter, S. 431. **42** M. Heinzelmann, Germanus, in: LexMA 4, 1989, Sp. 1345f.; Schwedler, Biblische Jäger (wie Anm. 32) S. 173. **43** G. Schwedler, Der Orden des heiligen Hubertus, in: Die Jagd: Vergnügen und Verderben, 1999, S. 179–181.

Die Entstehung der ritterlich-höfischen Jagd

1 Gottfried von Straßburg: Tristan und Isold. Hg. v. F. Ranke, 1930. Vgl. J. S. Anson, The Hunt of Love: Gottfried von Strassburg's Tristem as Tragedy, in: Speculum 45 (1970) S. 594–607; Ch. Huber, Gottfried von Straßburg: „Tristan und Isolde". Eine Einführung, München 1986. **2** Gottfried von Strassburg: Tristan und Isolde (wie Anm. 1) Nr. 2814–2969. **3** Vgl. Dalby, Lexicon, S. XIII. **4** Gottfried von Strassburg: Tristan und Isolde (wie Anm. 1) Vs 3052–3249. **5** Lamberti Ardensis historia comitum Ghisnensium, hg. v. J. Heller (MGH SS 24) 1879, S. 550–642; G. Duby, Ritter, Frau und Priester, Frankfurt/M. 1985. **6** Lambert Ardensis historia (wie Anm.

5) S. 603. **7** De rebus Alsaticis ineuntis saeculi XIII (MGH SS 17) 1861, S. 236. **8** Descripitio Alsatiae (MGH SS 17) 1861, S. 238. **9** Allgemein zum Rittertum: A. Borst (Hg.), Das Rittertum im Mittelalter, Darmstadt 1976; J. M. van Winter, Rittertum. Ideal und Wirklichkeit, München 1969; M. Keen, Das Rittertum, München 1987; J. Fleckenstein, Vom Rittertum im Mittelalter. Perspektiven und Probleme, Goldbach 1997; Ders., Rittertum und ritterliche Welt, Berlin 2002. **10** O. Gamber, Die Bewaffnung der Stauferzeit, in: Die Zeit der Staufer. Katalog der Ausstellung 3, Stuttgart 1977, S. 113ff **11** Vgl. J. Fleckenstein, Die Entstehung des niederen Adels und das Rittertum, in: Ders. (Hg.), Herrschaft und Stand. Untersuchungen zur Sozialgeschichte im 13. Jh., Göttingen 1977, S. 17ff.; W. Rösener, Ministerialität, Vasallität und niederadelige Ritterschaft im Herrschaftsgebiet der Markgrafen von Baden vom 11. bis zum 14. Jh., in: ebd., S. 40ff. **12** H. F. Haefele (Hg.), Ekkehardi IV. Casus sancti Galli, Darmstadt 1980, S. 108ff.; W. Rösener, Grundherrschaft im Wandel. Untersuchungen zur Entwicklung geistlicher Grundherrschaften im südwestdeutschen Raum vom 9. bis 14. Jh., Göttingen 1991, S. 400. **13** Vgl. F. L. Ganshof, Was ist das Lehnswesen? Darmstadt 1967, S. 145f.; W. Rösener, Rittertum und höfische Kultur zur Zeit Heinrichs des Löwen, in: Heinrich der Löwe und seine Zeit. Herrschaft und Repräsentation der Welfen 1125–1235. Katalog der Ausstellung Braunschweig 1995. Hg. v. J. Luckhardt u. F. Niehoff. Bd. 2: Essays, München 1995, S. 504. **14** Rösener, Hofämter, S. 514ff. **15** Vgl. W. Rösener, Hof, in: LexMA 5, 1991, Sp. 66f.; W. Paravicini, Die ritterlich-höfische Kultur des Mittelalters, München 1994; G. Kaiser/J.-D. Müller (Hg.), Höfische Literatur, Hofgesellschaft, höfische Lebensformen um 1200, Düsseldorf 1986. **16** J. Fleckenstein, Curialitas. Studien zu Grundfragen der höfisch-ritterlichen Kultur, Göttingen 1990; Paravicini, Die ritterlich-höfische Kultur, S. 7. **17** J. Fleckenstein (Hg.), Das ritterliche Turnier im Mittelalter, Göttingen 1985; Barber/Barker, Geschichte des des Turniers **18** W. Rösener, Ritterliche Wirtschaftsverhältnisse und Turnier im sozialen Wandel des Hochmittelalters, in: Fleckenstein, Turnier (wie Anm. 17) S. 317. **19** Vgl. J. Fleckenstein, Rittertum und höfische Kultur. Entstehung – Bedeutung – Nachwirkung, in: Ders., Ordnungen und formende Kräfte des Mittelalters, Göttingen 1989, S. 432f. **20** Liber ad milites Templi de laude novae militiae, ed. J. Leclercq u. H. M. Rochais, in: Sancti Bernardi opera 3, 1963, S. 213ff.; J. Fleckenstein, Die Rechtfertigung der geistlichen Ritterorden nach der Schrift „De laude novae militiae" Bernhards von Clairvaux, in: Ders., Ordnungen (wie Anm. 19) S. 377ff. **21** Rösener, Jagd im Hochmittelalter, S. 132ff.; Paravicini, Die ritterlich-höfische Kultur, S. 6ff. **22** Rösener, Jagd im Hochmittelalter, S. 132. **23** La Chronique de Gislebert de Mons, ed. L. Vanderkindere, Brüssel 1904, S. 312; Rösener, Jagd im Hochmittelalter, S. 133. **24** Vgl. G. Bradler, Studien zur Geschichte der Ministerialität im Allgäu und Oberschwaben, Göppingen 1973, S. 76ff. **25** E. König (Hg.), Historia Welforum, Stuttgart 1938, S. 4. **26** Ebd., S. 68. **27** W. Rösener, Codex Falkensteinensis, Zur Erinnerungskultur eines Adelsgeschlechts im Hochmittelalter, in: Ders. (Hg.), Adelige und bürgerliche Erinnerungskulturen des Spätmittelalters und der Frühen Neuzeit, Göttingen 2000, S. 35ff. **28** E. Noichl (Hg.), Codex Falkensteinensis. Die Rechtsaufzeichnungen der Grafen von Falkenstein, München 1978, S. 68. **29** H. Büttner, Friedrich Barbarossa und Burgund, in: Probleme des 12. Jahrhunderts, Sigmaringen 1968, S. 79ff.; J. Bumke, Mäzene im Mittelalter, München 1979, S. 148. **30** F.-J. Schmale (Hg.), Ottonis episcopi Frisingensis et Rahewini Gesta Frederici seu rectius Cronica, Darmstadt 1974, S. 710f. **31** Hauck, Tiergärten im Pfalzbereich, S. 59; K. Bosl, Die Reichsministerialität der Salier und Staufer 1, Stuttgart 1950, S. 240ff. **32** Schmale, Gesta Frederici (wie Anm. 30) S. 712ff. **33** Vgl. Anm. 243. **34** Fenske, Jagd und Jäger, S. 56. **35** Hauck, Tiergärten im Pfalzbereich, S. 30–74. **36** Fenske, Jagd und Jäger, S. 57 u. S. 66. **37** J. Fleckenstein, Friedrich Barbarossa und das Rittertum. Zur Bedeutung der großen Mainzer Hoftage von 1184 und 1188, in: Borst, Rittertum (wie Anm. 9) S. 392ff. **38** Vgl. Anm. 1. **39** Röhrig, Weidwerk, S. 61. **40** Ebd., S. 62. **41** K. Lindner (Hg.), De arte bersandi, Berlin 1954. **42** Ebd., S. 13f. **43** Ebd., S. 20. **44** Vgl. Röhrig, Weidwerk, S. 57. **45** U. Schulze, Hadamar von Laber, in: LexMA 4,1989, Sp. 1817. **46** Vgl. Röhrig, Weidwerk, S. 57f. **47** Vgl. K. Lindner (Hg.), Die Lehre von den Zeichen des Hirsches, Berlin 1956. **48** Röhrig, Weidwerk, S. 59. **49** Ebd., S. 60. **50** Zur Beizjagd: S. Schwenk, Beizjagd, in: LexMA 1, 1980, Sp. 1825f.; B. Van den Abeele, La fauconnerie au Moyen Age, 1994. **51** MGH DD FI 774 S. 329. **52** K. A. Eckhardt (Hg.), Sachsenspiegel Landrecht (MGH Front iur. Germ, ant. NS I,1) Göttingen [3]1973, S. 150. **53** Ebd., S. 150. **54** Vgl. N. Orme, From Childhood to Chivalry. The Education of the English Kings and Aristocracy 1066–1530, London 1984, S. 191ff.; Rösener, Jagd im Hochmittelalter, S. 144. **55** Die Jagd in Graubünden, S. 26. **56** Vgl. H. Sproemberg, Die feudale Kriegskunst, in: Ders., Beiträge zur belgisch-niederländischen Geschichte, 1959, S. 30ff.; Ph. Contamine, La guerre au Moyen Age, Paris 1980. **57** J. Heinzle, Das Nibelungenlied, München 1987; Das Nibelungenlied, hg. v. Helmut de Boor, Wiesbaden [21]1979. **58** Rösener, König als Jäger, S. 16f. **59** Vgl. S. Schwenk, Die Jagd auf das Wildschwein, in: Die Jagd: Vergnügen und Verderben, 1999, S. 119–133; M. Pastoureau, La chasse au sanglier, in: La chasse, 2000, S. 7–23. **60** Dalby, Lexicon, S. 47. **61** Cartmill, Morgengrauen, S. 89. **62** Ebd., S. 90f.; Dalby, Lexicon, S. XXIIIff. **63** M. Thiebaux, The Stag of Love: The Chase in Medieval Literatur, Ithaca 1974, S. 145–153. **64** Gottfried von Straßburg: Tristan und Isold (wie Anm. 1). **65** Vgl. Cartmill, Morgengrauen, S. 93; A. Frese, Die Jagd im Bild, in: Die Jagd: Vergnügen und Verderben, 1999, S. 147ff.; B. Van den Abeele, Le faucon sur la main. Un parcours iconographique médiéval, in: La chasse, 2000, S. 87–109.

Kaiser Friedrich II. und die Beizjagd

1 Zitiert nach D. Walz, Das Falkenbuch Friedrichs II., in: Micrologus 2 (1994) S. 164, Anm. 1. **2** Allgemein zu Friedrich II.: E. Kantorowicz, Kaiser Friedrich der Zweite, Stuttgart [5]1995; D. Abulafia, Herrscher zwischen den Kulturen: Friedrich II. von Hohenstaufen, Berlin 1991; K. van Eickels/T. Brüsch, Kaiser Friedrich II. Leben und Persönlichkeit in Quellen des Mittelalters, Darmstadt 2000; W. Stümer, Friedrich II., 2 Teile, Darmstadt 1992/ 2000. **3** Angaben der Chronisten bei K. J. Heinisch, Kaiser Friedrich II. in Briefen und Berichten seiner Zeit, Darmstadt [6]1968, S. 255. **4** S. Schwenk, Beizjagd, in: LexMA 1, 1980, Sp. 1825f.; B. Van den Abeele, La fauconnerie au Moyen Age, 1994; Rösener, Jagd im Hochmittelalter, S. 141. **5** Schwenk, Beizjagd (wie Anm. 418) Sp. 1826. **6** Böhme, Steinwurf, S. 161. **7** Ebd., S. 193. **8** Lindner, Mittelalter, S. 412. **9** Vgl. Röhrig, Weidwerk, S. 33. **10** Lindner, Mittelalter, S. 94. **11** Ebd., S. 391. **12** Gross/Schieffer, Hinkmar von Reims, S. 64. **13** Franz, Quellen im Mittelalter, S. 48 f. **14** W. Trillmich (Hg.), Thietmar von Merseburg: Chronik, Darmstadt [6]1957, S. 344f. **15** A. A. Fourlas, Beizjagd (Byzanz), in: LexMA 1, 1980, Sp. 1826f. **16** F. Vire, Beizjagd (Islamische Welt), in: LexMA 1, 1980, Sp. 1827. **17** Zum Falkenbuch Friedrichs II.: C. A. Willemsen (Hg.), Friderici Romanorum Imperatoris Secundi: De arte venandi cum avibus, Leipzig 1942; Ders. (Hg.), Kaiser Friedrich der Zweite: Über die Kunst, mit Vögeln zu jagen, 1–3, Frankfurt 1964/70; J. Fried, Kaiser Friedrich II. als Jäger, in: Rösener, Jagd, 1997, S. 149–166; Walz, Falkenbuch (wie Anm. 1) S. 161–184. **18** Vgl. Walz, Falkenbuch, S. 162. **19** Willemsen, De arte venandi, S. 5. **20** H. Niese, Zur Geschichte des geistigen Lebens am Hofe Kaiser Friedrichs II., in: HZ 108 (1912) S. 473–540; H. M. Schaller, Kultur im Umkreis Friedrichs II., in: LexMA 4, 1989, Sp. 938f.; W. Stürner, Friedrich II. Teil 2, Darmstadt 2000, S. 342 ff. **21** Willemsen, De arte venandi, S. 1. **22** Vgl. Stürner, Friedrich II. (wie Anm. 20) S. 433; Walz, Falkenbuch, S. 175f. **23** Stürner, ebd., S. 434; Walz, ebd., S. 172. **24** G. Tilander (Hg.), Dancus Rex, Guilelmus Falconarius, Gerardus Falconarius, 1963. **25** K. Lindner (Hg.), De arte bersandi, 1954. **26** Vgl. Walz, Falkenbuch, S. 167f. **27** Fried, Kaiser Friedrich II., S. 151. **28** Willemsen, De arte venandi, S. 6. **29** Walz, Falkenbuch, S. 183. **30** Konrad Lorenz, Das Jahr der Graugans, München 1982. **31** Albertus Magnus, De animalibus, ed. H. Stadler, Münster 1916–1920. **32** Stürner, Friedrich II. (wie Anm. 20) S. 430. **33** D. Leistikow, Burgen und Schlösser in der Capitanata im 13. Jh., in: Bonner Jahrbücher 171 (1971) S. 416–441; C. A. Willemsen, Die Bauten Kaiser Friedrichs II. in Süditalien, in: Die Zeit der Staufer 3, Stuttgart 1977, S. 143–163. **34** Vgl. Anm. 1. **35** Fried, Kaiser Friedrich II., S. 153. **36** Walz, Falkenbuch, S. 163. **37** Rösener, Jagd im Hochmittelalter, S. 142. **38** Röhrig, Weidwerk, S. 67. **39** Stürner, Friedrich II. (wie Anm. 20) S. 432. **40** Dalby, Lexicon, S. X–XVIII. **41** J. Riedmann, Adelige Sachkultur Tirols in der Zeit von 1290 bis 1330, in: Adelige Sachkultur des Spätmittelalters (Veröff. des Instituts für mittelalterliche Realienkunde Österreichs 5) Wien 1982, S. 125; H. Wolter-von dem Knesebeck, Aspekte der höfischen Jagd und ihrer Kritik in Bildzeugnissen des Hochmittelalters, in: Rösener, Jagd, 1997, S. 502. **42** Rösener, Jagd und höfische Kultur, S. 545 Abb. 5. **43** I. Walther (Hg.), Sämtliche Miniaturen der Manesse-Liederhandschrift, Aachen 1985. **44** H. Valentinitsch, Die Aussage des spätmittelalterlichen Grabmals für die adelige Sachkultur, in: Adelige Sachkultur (wie Anm. 41) S. 273ff. **45** Röhrig, Weidwerk, S. 63. **46** W. P. Blockmans, Maria von Burgund, in: LexMA 6, 1993, Sp. 279. **47** Stürner, Friedrich II. (wie Anm. 20) S. 430.

Die Könige von England: Jagdpassion und Jagdkritik

1 Richard von Ely, Schatzmeister Heinrichs II.: Dialog über das Schatzamt, hg. v. M. Siegrist, Zürich 1963, S. 131. **2** Ebd., S. 131. **3** H. M. Jewell, Forst, in: LexMA 4, 1989, Sp. 661f.; C. R. Young, The royal forests of medieval England, Leicester 1979, S. 19ff.; Barlow, Hunting, S. 11–21. **4** J. Semmler, Der Forst des Königs, in:

Ders. (Hg.), Der Wald in Mittelalter und Renaissance, Düsseldorf 1991, S. 131. **5** Vgl. K.-F. Krieger, Geschichte Englands von den Anfängen bis zum 15. Jh., München 1990, S. 126ff.; J. Chritchley, Heinrich II., in: LexMA 4, 1989, Sp. 2050f. **6** K. Schnith, Thomas Becket, in: LexMA 8, 1997, Sp. 702ff. **7** Peter von Blois, Epistolae 14, in: Migne PL 207, S. 48f. **8** Vgl. Krieger, Geschichte Englands (wie Anm. 5) S. 84ff. **9** Anglo-Saxon Chronicle ad annum 1087, ed. D. Whitelock, London [2]1965, S. 164f. **10** Semmler, Forst (wie Anm. 4) S. 138f. **11** Wilhelm von Jumieges: Gesta Normannorum ducum, ed. J. Marx, Rouen/Paris 1914, S. 73f. **12** Semmler, Forst (wie Anm. 4) S. 139. **13** Lindner, Mittelalter, S. 223. **14** Ebd., S. 223. **15** Ebd., S. 224. **16** Vgl. Semmler, Forst (wie Anm. 4) S. 140f. **17** E. Schubert, Forst, in: LexMA4, 1989, Sp. 658–661. **18** Lindner, Mittelalter, S. 224. **19** Ebd., S. 225. **20** Krieger, Geschichte Englands (wie Anm. 5) S. 87; M. T. Clanchy, England and his Rulers 1066–1272, London [4]1989, S. 43ff. **21** Clanchy, England (wie Anm. 20) S. 66ff. **22** Lindner, Mittelalter, S. 226. **23** Semmler, Forst (wie Anm. 4) S. 134. **24** Barlow, Hunting, S. 11. **25** Lindner, Mittelalter, S. 226. **26** Semmler, Forst (wie Anm. 4) S. 135. **27** Lindner, Mittelalter, S. 226. **28** Carta forestarum (1217), ed. W. Stubbs, Selected Charters, Oxford [9]1913, S. 347. **29** Lindner, Mittelalter, S. 227. **30** Semmler, Forst (wie Anm. 4) S. 135. **31** Jewell, Forst (wie Anm. 3) Sp. 661; Krieger, Geschichte Englands (wie Anm. 5) S. 126 ff. **32** Vgl. Szabó, Kritik der Jagd, S. 198ff. **33** Ebd., S. 198; H.-W. Goetz, Johannes von Salisbury, in: LexMA 5, 1991, Sp. 599f.; M. Kerner, Johannes von Salisbury und die logische Struktur seines Policraticus, Wiesbaden 1977. **34** Joannes Saresberiensis, Policraticus, ed. K. S. B. Keats-Rohan, Turnhout 1992. **35** Vgl. Szabó, Kritik der Jagd, S. 200. **36** K. Schreiner, ‚Hof' (curia) und ‚höfische Lebensfiihrung' (vita curialis) als Herausforderung an die christliche Theologie und Frömmigkeit, in: G. Kaiser/J.-D. Müller, Höfische Literatur, Hofgesellschaft, höfische Lebensformen um 1200, Düsseldorf 1986, S. 100. **37** Ebd., S. 101. **38** Vgl. Szabó, Kritik der Jagd, S. 203. **39** Lindner, Mittelalter, S. 412ff. **40** Szabó, Kritik der Jagd, S. 205. **41** Radulfus Niger. De re militari et triplici via peregrinationis lierosolimitanae, hg. v. L. Schmugge, Berlin 1977, S. 219ff. **42** Szabó, Kritik der Jagd, S. 206. **43** Peter von Blois (wie Anm. 7) Epistolae 61, Sp. 181–184; Schreiner, Hof (wie Anm. 36) S. 101. **44** Vgl. Anm. 1. **45** Schreiner, Hof (wie Anm. 36) S. 102. **46** Jacob Wimpfeling: Adolescentia, hg. v. O. Herding, München 1965, S. 156ff. **47** Schreiner, Hof (wie Anm. 36) S. 102.

Frauen und Jagd im Mittelalter

1 Vgl. Bumke, Höfische Kultur 2, S. 451f.; H. Naumann, Deutsche Kultur im Zeitalter des Rittertums, Potsdam 1938; W. Rösener, Die höfische Frau im Hochmittelalter, in: Fleckenstein, Curialitas, 1990, S. 171ff. **2** Bumke, Höfische Kultur 2, S. 453. **3** Ebd., S. 503. **4** Zitiert nach Bumke, ebd., S. 467. **5** Rösener, Die höfische Frau (wie Anm. 1) S. 225. **6** Wolter-von dem Knesebeck, Aspekte der höfischen Jagd, S. 501. **7** Bumke, Höfische Kultur 2, S. 466f. **8** Vgl. Bode/Emmert, Jagdwende, S. 52ff. **9** Rösener, Jagd im Hochmittelalter, S. 145; Röhrig, Weidwerk, S. 62ff. **10** K. Fietze, Frauen und Jagdsport im Mittelalter (1200–1500), Habilitationsschrift Hamburg 2002, S. 24ff. **11** J. Harthan, Books of hours and their owners, Mailand 1977; W. Hansen, Kalenderminiaturen der Stundenbücher, München 1984; E. Geck, Grundzüge der Geschichte der Buchillustration, Darmstadt 1982, S. 7ff. **12** Walz, Falkenbuch, S. 166; Das Falkenbuch Kaiser Friedrichs II. Nach der Prachthandschrift in der Vatikanischen Bibliothek, Dortmund [7]1991. **13** K. Lindner, Queen Mary's Psalter, Hamburg u. a. 1966. **14** I. F. Walther (Hg.), Sämtliche Miniaturen der Manesse-Liederhandschrift, Aalen 1985; Wolter-von dem Knesebeck, Aspekte der höfischen Jagd, S. 503f.; G. Siebert-Hotz, Das Bild des Minnesängers. Motivgeschichtliche Untersuchungen zur Dichterdarstellung in den Miniaturen der Großen Heidelberger Liederhandschrift, 1964. **15** Fietze, Frauen und Jagdsport, S. 87. **16** Wolter-von dem Knesebeck, Aspekte der höfischen Jagd, S. 507. **17** G. Soldi Rindinini, Bianca Maria Sforza, in: LexMA 2,1983, Sp. 37. **18** Fietze, Frauen und Jagdsport, S. 88. **19** Ebd., S. 93 f., 179 (Abb. 7 u. 8). **20** Walther, Miniaturen (wie Anm. 14) Text zu Tafel 80. **21** Ebd. Tafel 29; Fietze, Frauen und Jagdsport, S. 101f. **22** Die Très Riehes Heures des Jean Duc de Berry im Musée Condé Chantilly, München 1989, Tafel 9; Fietze, Frauen und Jagdsport, S. 105. **23** Fietze, Frauen und Jagdsport, S. 112. **24** Vgl. Fietze, ebd., S. 114f.; M. Buxton, Ladies of the Chase, London 1987, S. 15ff. **25** Fietze, Frauen und Jagdsport, S. 129f.; 188 (Abb. 17 u. 18). **26** Ebd., S. 131ff.; H. Y. Thompson, A lecture on some English illuminated manuscripts, London 1902, S. 22. **27** Fietze, Frauen und Jagdsport, S. 137f. **28** Ebd., S. 144ff. **29** Ebd., S. 155. **30** K. E. Demandt, Geschichte des Landes Hessen, Kassel 1980, S. 213. **31** Ebd., S. 214. **32** Demandt, Falknerei und Jagd, S. 146. **33** Ebd., S. 146. **34** Demandt, Hessen (wie Anm. 30) S. 215. **35** R. Scheurer, Anna von Beaujeu, in: LexMA 1, 1980, sp. 657. **36** Buxton, Ladies (wie Anm. 24) S. 22ff. **37** Fietze, Frauen und Jagdsport, S. 114. **38** Ebd., S. 115f. **39** Buxton, Ladies (wie Anm. 24) S. 19.

Jagdbücher und Jagdliteratur im Spätmittelalter

1 Ulrich von Etzenbach, Alexander, hg. v. W. Toischer, 1888, V. 3393ff. **2** Vgl. Brackert, Höfische Jagddarstellungen, S. 365. **3** Bumke, Höfische Kultur 1, S. 20. **4** Brackert, Höfische Jagddarstellungen, S. 369f. **5** Ebd., S. 366f. **6** Ebd., S. 372. **7** Heinrich von Veldeke, Eneasroman, hg. v. D. Kartschoke, 1986, V. 131, 9ff. **8** Brackert, Höfische Jagddarstellungen, S. 373. **9** Heinrich von Veldecke (wie Anm. 7) V. 58, 33ff. **10** S. Schwenk, Jagdtraktate, in: LexMA 4, 1989, Sp. 272–274; Fietze, Frauen und Jagdsport, S. 67ff.; Rösener, Jagd und höfische Kultur, S. 13f. **11** G. Bernt, Falkentraktate, in: LexMA 4, 1989, Sp. 241. **12** K. Lindner (Hg.), De arte bersandi, 1954. **13** Alfonso El Sabio, El Libro de la Montería 1–2, ed. J. Gutérrez de la Vega, 1877. **14** G. Tilander (Hg.), Les Livres du roy Modus et la royne Ratio 1–2, 1932; Das Jagdbuch des Roy Modus, nach der Handschrift Fr. 12399 der Bibliothèque Nationale in Paris vom Jahr 1379, übersetzt von M. Haehn, 1975. **15** G. Tilander (Hg.), Gaston Phébus: Livre de Chasse, 1971. **16** K. Lindner (Hg.), Die Lehre von den Zeichen des Hirsches, 1956; Ders. (Hg.), Die deutsche Habichtslehre, 1955. **17** K. Lindner (Hg.), Das Jagdbuch des Petrus de Crescentiis in deutschen Übersetzungen des 14. und 15. Jh., 1957. **18** Fietze, Frauen und Jagdsport, S. 73. **19** A. Rooney, Hunting in the Middle English Literature, Cambridge 1993, S. 7f. **20** Ebd., S. 9. **21** Willemsen, De arte venandi, 1942. **22** Vgl. Fietze, Frauen und Jagdsport, S. 68f.; Rösener, Jagd und höfische Kultur, S. 13f. **23** H. Werth, Altfranzösische Jagdlehrbücher nebst Handschriftenbibliographie der abendländischen Jagdliteratur überhaupt, in: Zeitschrift für romanische Philologie 12 (1888) S. 146–191, 381–415; 13 (1889) S. 1–34. **24** Tilander, Les Livres de roy Modus (wie Anm. 14); Übersetzung: Haehn, Das Jagdbuch des Roy Modus (wie Anm. 14); S. Schwenk, Die Jagd im Spiegel mittelalterlicher Literatur und Jagdbücher, in: Rösener, Jagd und höfische Kultur, 1997, S. 417ff. **25** G. Tilander, Über die Bücher des Königs Modus und der Königin Ratio, in: Haehn, Jagdbuch (wie Anm.14) S. 134f. **26** Ebd., S. 142. **27** Haehn, Jagdbuch (wie Anm. 14) S. 13; Schwenk, Jagd im Spiegel, S. 418f. **28** Haehn, Jagdbuch (wie Anm. 14) S. 13. **29** Ebd., S. 13f. **30** Ebd., S. 14. **31** Vgl. Schwenk, Jagd im Spiegel, S. 463. **32** Ebd., S. 464. **33** Tilander, Gaston Phébus (wie Anm. 15); P. Tucco-Chala, Gaston Phébus, un grand prince d'Occident au XIV siècle, Pau 1976; M. Thomas, Das höfische Jagdbuch des Gaston Phébus, Graz 1979; Das Jagdbuch des Mittelalters, Darmstadt 1994. **34** W. Schlag/M. Thomas, Kommentar, in: Jagdbuch (wie Anm. 33) S. 3ff. **35** Vgl. B. Töpfer, Philipp VI. (1328–1380), in: J. Ehlers u. a. (Hg.), Die französischen Könige des Mittelalters, München 1996, S. 251ff. **36** Schlag/Thomas, Kommentar (wie Anm. 34) S. 4. **37** C. Pailhes, Gaston Fébus, in: LexMA 4, 1989, Sp. 1137. **38** D. Hoeges, Jean Froissart, in: LexMA 4, 1989, Sp. 984. **39** Schlag/Thomas, Kommentar (wie Anm. 34) S. 5f. **40** Ebd., S. 6. **41** Jagdbuch (wie Anm. 33) fol. 13 r; Schlag/Thomas, ebd., S. 15f. **42** Schlag/Thomas, ebd., S. 6f. **43** Ebd., S. 8; Fietze, Frauen und Jagdsport, S. 73. **44** Werth, Jagdlehrbücher (wie Anm. 23) S. 401ff. **45** E. Hobusch, In alten Jagdchroniken geblättert, Leipzig 1990, S. 16ff.; K. Lindner, Bibliographie der deutschen und niederländischen Jagdliteratur von 1480 bis 1850, Berlin 1976.

Jagdrecht, Wildbann und Landesherrschaft

1 Vgl. Chr. Hafke, Jagdrecht, in: HRG 2, 1978, Sp. 281ff.; E. Schubert, Fürstliche Herrschaft und Territorium im späten Mittelalter, München 1996, S. 80ff. **2** Kieß, Rolle der Forsten, S. 133ff.; Eckardt, Herrschaftliche Jagd, S. 28. **3** Kieß, ebd., S. 135. **4** H. Conrad, Deutsche Rechtsgeschichte 1, Karlsruhe 1962, S. 201. **5** Stürmer, Hofjagd der Könige, S. 305ff.; F.-W. Gülsdorff, Die Entwicklung des bayerischen Jagdrechts bis 1850 unter besonderer Beachtung der Diskussion um die Regalität, Diss. Würzburg 1975. **6** Eckardt, Herrschaftliche Jagd, S. 41. **7** Schwappach, Handbuch 1, S. 70, 217. **8** Vgl. K. Militzer, Jagd und Deutscher Orden, in: Rösener, Jagd, 1997, S. 336. **9** H. Boockmann, Der Deutsche Orden, München [2]1982, S. 87ff. **10** Militzer, Jagd (wie Anm. 8) S. 337. **11** Schwappach, Handbuch 1, S. 216f. **12** Vgl. Röhrig, Weidwerk, S. 147. **13** Zitiert nach Röhrig, ebd., S. 147. **14** Röhrig, Weidwerk, S. 147. **15** Ebd., S. 148. **16** Bergemann, Jagdhoheit, S. 193–275. **17** Ebd., S. 214 ff. **18** Vgl. Schwappach, Handbuch 1, S. 282. **19** J. A. Kraus, Zu den zollerischen Landesordnungen, in: Hohenzollerische Jahreshefte 6 (1939) S. 1ff. **20** J. A. Kraus, Forstordnung der gefürsteten Grafschaft Zollern um 1623, in: Hohenzollerische Jahreshefte 12 (1952) S. 163–176; Bergemann, Jagdhoheit, S. 224ff. **21**

Bergemann, Jagdhoheit, S. 226. **22** Ebd., S. 227. **23** Ebd., S. 227ff. **24** Ebd., S. 267. **25** K. E. Demandt, Falknerei und Jagd der letzten Katzenelnbogener Grafen, in: Nassauische Annalen 57 (1937) S. 131–155. **26** Vgl. K. E. Demandt, Geschichte des Landes Hessen, Kassel 1980, S. 207–216. **27** Demandt, Falknerei und Jagd, S. 132. **28** Ebd., S. 133. **29** Vgl. Röhrig, Weidwerk, S. 62ff. **30** Demandt, Falknerei und Jagd, S. 135. **31** Ebd., S. 138ff. **32** Demandt, Geschichte (wie Anm. 26) S. 215. **33** Röhrig, Weidwerk, S. 149. **34** Vgl. K.-H. Spieß, Herrschaftliche Jagd und bäuerliche Bevölkerung im Mittelalter, in: Rösener, Jagd, 1997, S. 237. **35** MGH DD F I Nr. 25 (Art. 14). **36** Spieß, Herrschaftliche Jagd, S. 238f. **37** MGH Const. II Nr. 427 S. 575. **38** H. Beyer u. a. (Hg.), Urkundenbuch zur Geschichte der mittelrheinischen Territorien 2, 1865, Anhang Nr. 15, S. 402. **39** Spieß, Herrschaftliche Jagd, S. 239. **40** Gülsdorff, Die Entwicklung, S. 16. **41** Franz, Quellen in der Neuzeit, S. 17 (Bauernkriegsartikel). **42** Lindner, Mittelalter, S. 447; Spieß, Herrschaftliche Jagd, S. 240f. **43** Spieß, Herrschaftliche Jagd, S. 240. **44** Vgl. Eckardt, Herrschaftliche Jagd, S. 117. **45** Spieß, Herrschaftliche Jagd, S. 243; Franz, Quellen in der Neuzeit, S. 17. **46** Eckardt, Herrschaftliche Jagd, S. 76ff. **47** R. Kieß, Zur Frage der Freien Pürsch, in: ZWLG 22 (1963) S. 57–90; Bergemann, Jagdhoheit, S. 245ff.

Kaiser Maximilian I.: Des Reiches Erzjägermeister

1 Paravicini, Die ritterlich-höfische Kultur, S. 44. **2** Ebd., S. 109. **3** H. Wiesflecker, Maximilian I. (1486–1519), in: H. Beumann (Hg.), Kaisergestalten des Mittelalters, München [3]1991, S. 332–357; Ders., Kaiser Maximilian I. Das Reich, Österreich und Europa an der Wende zur Neuzeit, 5 Bde., Wien 1971–1986; G. Schmidt-von Rhein (Hg.), Kaiser Maximilian I., Ramstein 2002. **4** Vgl. W. Blockmans, Maximilian und die burgundischen Niederlande, in: Schmidt-von Rhein, Maximilian I. (wie Anm. 1) S. 51ff.; Paravicini, Die ritterlich-höfische Kultur, S. 109; Rösener, Adel und Jagd, S. 145. **5** J.-D. Müller, Gedechtnus. Literatur und Hofgesellschaft um Maximilian I., München 1982; Ders., Literatur und Kunst unter Maximilian I., in: Schmidt-von Rhein, Maximilian I. (wie Anm. 1) S. 141ff. **6** H. Unger (Hg.), Kaiser Maximilian I. Theuerdank, München 1968. **7** Der Weißkunig. Eine Erzehlung von den Thaten Kaiser Maximilians des Ersten. Von Marx Treitzsauerwein auf dessen Angaben zusammengetragen, Wien 1775. **8** Ebd., S. 88. **9** Ebd., S. 90. **10** Vgl. Jagdzeit. Österreichs Jagdgeschichte – Eine Pirsch, Wien 1996, S. 32. **11** Niccolo Machiavelli: Der Fürst, hg. v. E. Merian-Genast, Stuttgart 1961, S. 92f. **12** Zitiert nach F. Niederwolfsgruber (Hg.), Kaiser Maximilians I. Jagd- und Fischereibücher. Jagd und Fischerei in den Alpenländern im 16. Jh., Innsbruck 1965, S. 5. **13** Ebd., S. 6. **14** Ebd., S. 6. **15** Ebd., S. 74. **16** Niederwolfsgruber, Maximilian I. (wie Anm. 12) S. 14. **17** Ebd., S. 14. **18** Ebd., S. 16. **19** Ebd., S. 16. **20** Ebd., S. 16. **21** Ebd., S. 22. **22** Ebd., S. 35. **23** Ebd., S. 35. **24** Ebd., S. 36. **25** Niederwolfsgruber, Maximilian I. (wie Anm. 12) Abb. S. 29: Hirschjagd auf der langen Wiese bei Innsbruck. **26** Ebd., S. 28. **27** Ebd., S. 38. **28** Ebd., S. 38. **29** Weißkunig (wie Anm. 7) S. 88. **30** Niederwolfsgruber, Maximilian I. (wie Anm. 12) S. 43. **31** Vgl. H. Oberrauch, Tirols Wald und Waidwerk. Ein Beitrag zur Forst- und Jagdgeschichte, Innsbruck 1952; K. Äußerer, Ein Tiroler Jagdbuch Kaiser Maximilians L, in: MIÖG 56 (1948) S. 385–417; M. Mayr, Das Jagdbuch Kaiser Maximilians I., Innsbruck 1901. **32** Niederwolfsgruber, Maximilian I. (wie Anm. 12) S. 44. **33** Ebd., S. 46. **34** Ebd., S. 48. Vgl. auch H. H. Geringer, Kaiser Maximilian I. als Jäger und die Jagd seiner Zeit, Diss. Graz 1970. **35** Jagdzeit (wie Anm. 10) S. 41. **36** Ebd., S. 41. **37** F. Kürschner, Die Urkunden Herzog Rudolphs TV. (1358–1365), in: Archiv für Österreichische Geschichte 49 (1872) S. 1–88. **38** Jagdzeit (wie Anm. 10) S. 41. **39** Vgl. D. Heil, Maximilian I. und das Reich, in: Schmidt-von Rhein, Maximilian I. (wie Anm. 1) S. 83ff. **40** Jagdzeit (wie Anm. 10) S. 42. **41** Vgl. Paravicini, Die ritterlich-höfische Kultur. S. 108f. **42** Müller, Gedechtnus (wie Anm. 5). **43** V. Schmidtchen, Maximilian und das Kriegswesen, in: Schmidt-von Rhein, Maximilian I. (wie Anm. 1) S. 117ff. **44** Wiesflecker, Maximilian I., in: Beumann, Kaisergestalten (wie Anm. 1) S. 357.

DIE JAGD IN DER NEUZEIT

Herrschaftliche Jagd und bäuerliche Last: Jagdkonflikte in der Frühen Neuzeit

1 G. Franz, Quellen zur Geschichte des Bauernkrieges, Darmstadt 1963, S. 174–179. **2** Ebd., S. 17. **3** H. Barge (Hg.), Der deutsche Bauernkrieg in zeitgenössischen Quellenerzeugnissen 1, 1913, S. 21. **4** A. Rosenkranz, Der Bundschuh 2, 1927, S. 91; Franz, Quellen (wie Anm. 1) S. 76. **5** G. Franz, Der deutsche Bauernkrieg, Darmstadt [12]1984, S. 19ff. **6** Franz, Quellen (wie Anm. 1) S. 49. **7** Franz, Bauernkrieg (wie Anm. 5) S. 92ff; P. Blickle, Die Revolution von 1525, München [3]1993, S. 23ff.; Eckardt, Herrschaftliche Jagd, S. 33ff. **8** Franz, Quellen (wie Anm. 1) S. 318f. **9** Ebd., S. 96. **10** Ebd., S. 96. **11** Ebd., S. 117, 318. **12** Vgl. Blickle, Revolution (wie Anm. 7) S. 32ff. **13** Franz, Quellen (wie Anm. 1) S. 566. **14** Ebd., S. 172. **15** Ebd., S. 267. **16** Dazu Röhrig, Weidwerk, S. 146ff.; Landau, Jagd, S. 558ff.; Eckardt, Herrschaftliche Jagd, S. 37ff. **17** Hasel, Forstgeschichte, S. 109; H. Mitteis/H. Lieberich, Deutsche Rechtsgeschichte, München [15]1978, S. 125. **18** Eckardt, Herrschaftliche Jagd, S. 38. **19** K. Weller/A. Weller, Württembergische Geschichte im südwestdeutschen Raum, Stuttgart [6]1971, S. 95; W. Rösener, Landesherrliche Integration und innere Konsolidierung im württembergischen Territorialstaat des ausgehenden Mittelalters, in: F. Seibt/W. Eberhard (Hg.), Europa 1500, Stuttgart 1987, S. 164. **20** D. Hellstern, Der Ritterkanton Neckar-Schwarzwald 1560–1805, Tübingen 1971, S. 40, 55. **21** Eckardt, Herrschaftliche Jagd, S. 39. **22** Landau, Jagd, S. 110ff.; Eckardt, Herrschaftliche Jagd, S. 40; Wagner, Jagdwesen, S. 13f. **23** J. Köstler, Die Geschichte des Waldes in Altbayern, Diss. München 1934, S. 79. **24** Eckardt, Herrschaftliche Jagd, S. 42. **25** R. Kieß, Zur Frage der Freien Pürsch, in: ZWLG 22 (1963) S. 57–90. **26** Vgl. Bergemann, Jagdhoheit, S. 117ff. **27** Dazu Kieß, Zur Frage (wie Anm. 25) S. 57ff.; Wagner, Jagdwesen, S. 49ff. **28** Wagner, Jagdwesen, S. 52–66. **29** Vgl. Rösener, Adel und Jagd, S. 129–150. **30** Wolf Helmhard von Hohberg, Georgica curiosa. Das ist: Umständlicher Bericht und klarer Unterricht von dem adelichen Land- und Feldleben, 2 Teile, Nürnberg 1682. **31** Vgl. O. Brunner, Adeliges Landleben und europäischer Geist. Leben und Werk Wolf Helmhards von Hohberg 1612–1688, Salzburg 1949. **32** Zum Lebensweg und zum Werk Wolf von Hohbergs: O. Brunner, Neue Deutsche Biographie 9, 1972, S. 476f. **33** Hohberg, Georgica, S. 683–853. **34** Ebd., S. 684. **35** Vgl. G. Eifler (Hg.), Ritterliches Tugendsystem, Darmstadt 1970; J. Fleckenstein, Rittertum und ritterliche Welt, Berlin 2002, S. 139ff. **36** A. Wang, Der Miles Christianus im 16. und 17. Jahrhundert und seine mittelalterliche Tradition, Bern u. a. 1975; G. Duby, Die Ursprünge des Rittertums, in: A. Borst (Hg.), Das Rittertum im Mittelalter, Darmstadt 1976, S. 349–369. **37** Vgl. N. Orme, From Childhood to Chivalry. The education of the English kings and aristocracy 1066–1530, London 1984, S. 191ff. **38** Niccolo Machiavelli: Der Fürst. Hg. v. E. Merian-Genast, Stuttgart 1962, S. 92. **39** Hohberg, Georgica, S. 684. **40** Ebd., S. 685. **41** Vgl. W. Schulze, Bäuerlicher Widerstand und feudale Herrschaft in der frühen Neuzeit, Stuttgart 1980, S. 49ff. **42** Hohberg, Georgica, S. 685. **43** Ebd., S. 686. **44** Ebd., S. 685. **45** Vgl. K. Lindner, Waidgerecht. Herkunft, Geschichte und Inhalt, Bonn 1979. **46** Hohberg, Georgica, S. 683f. **47** Ebd., S. 684. **48** Ebd., S. 688. **49** Ebd., S. 684. **50** Eckardt, Herrschaftliche Jagd, S. 48. **51** M. Strasser, Ain Puech von allerlai Jägerei und Waidmannschafften. Das Jagdbuch des Martin Strasser von Kollnitz, hg. v. K. Lindner, Klagenfurt 1976; Lindner, Waidgerecht (wie Anm. 45) S. 44f. **52** Willemsen, De arte venandi, S. 2. **53** Vgl. W. Rösener, Einleitung, in: Ders., Adelige und bürgerliche Erinnerungskulturen, Göttingen 2000, S. 9ff. **54** A. Christ, Das Familienbuch der Herren von Eptingen. Kommentar und Transkription, Basel 1992. **55** Ebd.S. 321–330. **56** H. Decker-Hauff (Hg.), Die Chronik der Grafen von Zimmern 1–3, Darmstadt 1964–72; Matthäus von Pappenheim, Chronik der Truchsessen von Waldburg, von ihrem Ursprung bis auf die Zeiten Kaiser Maximilians II., Memmingen 1777. **57** Zu den Jagdfronen: Landau, Jagd, S. 166ff. **58** Wagner, Jagdwesen, S. 38f. **59** Eckardt, Herrschaftliche Jagd, S. 113. **60** Ebd., S. 114. **61** Ebd., S. 114. **62** Ebd., S. 114. **63** Vgl. Landau, Jagd, S. 166ff.; Wagner, Jagdwesen, S. 23ff. **64** Eckardt, Herrschaftliche Jagd, S. 117. **65** Ebd., S. 118. **66** Ebd., S. 78. **67** Ebd., S. 79. **68** Vgl. Landau, Jagd, S. 140. **69** Eckardt, Herrschaftliche Jagd, S. 80. **70** Vgl. Hasel, Forstgeschichte, S. 52. **71** Landau, Jagd, S. 142ff. **72** Ebd., S. 148f.

Die Jagd als fürstliches Spektakel im Zeitalter des Absolutismus

1 Zitiert nach U. Pirl, „Jagddivertissements" in Schwetzingen, in: Die Lust am Jagen. Jagdsitten und Jagdfeste am kurpfälzischen Hof im 18. Jahrhundert, 1999, S. 11. **2** F. von Matthisson, Das Dianenfest bei Bebenhausen, Zürich 1813. **3** Vgl. Eckardt, Herrschaftliche Jagd, S. 56. **4** Vgl. U. Pirl, Von mancherley Arten der Lust-Jagten und Jagd-Divertissements, in: Die Lust am Jagen, S. 33–42; S. Schwenk, Von der hohen Kunst zu jagen. Jagdmethoden im 18. Jahrhundert, in: Die Jägerey im 18. Jahrhundert, 1991, S. 39–47. **5** H. F. von Flemming, Der vollkommene teutsche Jäger, Leipzig 1719, S. 304. **6** Vgl. Wagner, Jagdwesen, S. 343ff. **7** Zum Wandel des Kriegswesens: R. Pröve (Hg.), Klio in Uniform? Probleme und Perspektiven einer modernen Militärgeschichte der Frühen Neuzeit, Köln 1997. **8** Hohberg, Georgica, S. 688. **9** V. L. von Seckendorff, Deutscher Fürstenstaat, Jena 1737, Nd. 1972, S. 437–459. **10** Vgl. Röhrig, Weidwerk, S. 99ff.; J. K. W. Willers, Die Jagdwaffe im 18. Jh., in: Die Jägerey im 18. Jh., S. 91–100. **11** Röhrig, Weidwerk, S. 101. **12** Vgl. Willers, Jagdwaffe (wie Anm. 9) S. 93. **13** Röhrig, Weidwerk, S. 130ff. **14** Vgl. Fleming, Jäger (wie Anm. 5) S. 271f.; Schwenk, Jagdmethoden (wie Anm. 4) S. 41f. **15** Röhrig, Weidwerk, S. 130. **16** J. H. Zedier, Großes Vollständiges Universallexikon 14, Leipzig 1735, Sp. 155. **17** Fleming, Jäger (wie Anm. 5) S. 294ff.; Schwenk, Jagdmethoden (wie Anm. 4) S. 42f. **18** Röhrig, Weidwerk, S. 140. **19** Friedrich II. von Preußen: Der Antimachiavell, 1740, S. 55. **20** A. Friese, Die Schieß-Register und Tierbilder des Grafen Heinrich Friedrich zu Löwenstein-Wertheim-Virneburg, in: Wertheimer Jahrbuch 1955, S. 30–38; K. Stephani, Geschichte der Jagd in den schwäbischen Gebieten der fürstenbergischen Standesherrschaft, Donaueschingen 1938, S. 113–143. **21** Hohberg, Georgica, S. 684. **22** Pirl, Schwetzingen, S. 7.**23** Eckardt, Herrschaftliche Jagd, S. 58. **24** W. List, Franz, regierender Graf zu Erbach, 1903, S. 13. **25** Bode/Emmert, Jagdwende, S. 127f. **26** Vgl. Die Lust am Jagen, 1999; F. Hepp, „Der Fürsten Jagd-Lust". Zur kurpfälzischen Jagd, in: Lebenslust und Frömmigkeit. Kurfürst Carl Theodor (1724–1799) zwischen Barock und Aufklärung. Handbuch, Regensburg 1999, S. 141–150; Ders., „Gar lustig ist die Jägerei!". Die Kurpfälzer Jagd im 17. und 18. Jh., in: Die Jagd: Vergnügen und Verderben, 1999, S. 63–84. **27** Zitiert nach Pirl, Schwetzingen, S. 33. **28** Vgl. Hepp, Die Kurpfälzerjagd (wie Anm. 26) S. 64ff. **29** F. Bezold, Briefe des Pfalzgrafen Johann Casimir mit verwandten Schriftstücken, 3 Bde., München 1882–1903; G. Heinemann, Pfalzgraf Johann Casimir, München 1975, S. 18f. **30** Hepp, Kurpfälzer Jagd (wie Anm. 26) S. 65. **31** J. Wille, Das Tagebuch und Ausgabenbuch des Churfürsten Friedrich IV von der Pfalz, in: ZGO 33 (1880) S. 201–295. **32** Vgl. F. Hepp, Religion und Herrschaft in der Kurpfalz um 1600. Aus der Sicht des Heidelberger Kirchenrats Dr. Marcus zum Lamm (1544–1606), Heidelberg 1993, S. 242ff. **33** Vgl. U. Pirl, Von mancherley Arten (wie Anm. 4) S. 33 ff.; Hepp, Zur kurpfälzischen Jagd (wie Anm. 28) S. 141ff. **34** Pirl, Schwetzingen, S. 7. **35** S. Richter, Ein Zyklus und seine Pendants – die Schwetzinger Jagdbilder, in: Die Lust am Jagen, 1999, S. 77–94. **36** Zu Carl Theodor: Lebenslust und Frömmigkeit. Kurfürst Carl Theodor (1724–1799) zwischen Barock und Aufklärung. Handbuch und Ausstellungskatalog, Regensburg 1999. **37** St. Mörz, Haupt- und Residenzstadt. Carl Theodor, sein Hof und Mannheim, Mannheim 1998, S. 82f. **38** A. Roth/W. Schröck-Schmidt, Beschreibung der eingestellten, kurfürstlichen Jagden zu Neckargemünd, in: Die Lust am Jagen, 1999, S. 55–64. **39** S. Richter, Die churpfälzische Jaegerey, in: Die Lust am Jagen, 1999, S. 65–76. **40** Mörz, Haupt- und Residenzstadt (wie Anm. 37) S. 53ff. **41** Roth/Schröck-Schmidt, Beschreibung (wie Anm. 38) S. 55ff. **42** St. Mörz, Aufgeklärter Absolutismus in der Kurpfalz während der Mannheimer Regierungszeit des Kurfürsten Karl Theodor (1742–1777), Stuttgart 1991, S. 54. **43** Vgl. Hepp, Die Kurpfälzerjagd (wie Anm. 26) S. 81. **44** Vgl. H. R. Jarck, Repräsentation – sportliches Vergnügen – bäuerliche Last. Die Jagd des Bischofs Clemens August (1700–1761) im Hümmling, in: Die Jägerey im 18. Jh., 1991, S. 69ff. **45** G. Haselier, Karlsruhe, in: Handbuch der historischen Stätten Deutschlands 6: Baden-Württemberg, 1965, S. 328. **46** Eckardt, Herrschaftliche Jagd, S. 59; Wagner, Jagdwesen, S. 272. **47** Pirl, Schwetzingen, S. 7ff. **48** S. Richter, Ein Zyklus und seine Pendants – die Schwetzinger Jagdbilder, in: Die Lust am Jagen, 1999, S. 77ff. **49** A. Ruppersberg, Geschichte des Saargebietes, 1923, S. 561. **50** Hohberg, Georgica, S. 688. **51** Eckardt, Herrschaftliche Jagd, S. 60–76. **52** Ebd., S.62. **53** Wagner, Jagdwesen, S. 430ff. **54** Eckardt, Herrschaftliche Jagd, S. 68. **55** Ebd., S. 71. **56** Ebd., S. 72. **57** F. Machtwart, Die Jagd und das Jagdrecht im ehemaligen Markgrafentum Ansbach, Diss. Erlangen 1914, S. 56f. **58** Eckardt, Herrschaftliche Jagd, S. 73.

Frauen und Jagd im Wandel der Neuzeit

1 Bode/Emmert, Jagdwende, S. 53. **2** E. O. Engelhardt, Es drängen die Frauen zur Jagd, in: Wild und Hund 17 (1994) S. 46. **3** Vgl. Bode/Emmert, Jagdwende, S. 55. **4** „Gießener Allgemeine" vom 12.05.2001. **5** Vgl. S. Richter, Elisabeth Augusta als Jägerin. Skizze einer Leidenschaft, in: Lust am Jagen, 1999, S. 27–32; St. Mörz, Keine ideale Ehe – Carl Theodor und Elisabeth Auguste, in: Lebenslust und Frömmigkeit, S. 23–28; F. Hepp, Die Kurpfälzerjagd, S. 76ff. **6** Abgebildet in: Die Lust am Jagen, 1999, S. 26. **7** Richter, Elisabeth Augusta (wie Anm. 5) S. 28. **8** Richter, Ein Zyklus, S. 77–93. **9** Abgebildet in: Lust am Jagen, 1999, S. 29. **10** Richter, Elisabeth Augusta (wie Anm. 5) S. 29. **11** Ebd., S. 30. **12** Mörz, Ehe (wie Anm. 5) S. 23ff. **13** Hepp, Die Kurpfälzerjagd, S. 73. 14 Zitiert nach Hepp, ebd., S. 73. **15** R. R. Wagner, Kurfürst Carl Theodor – ein Jäger aus Kurpfalz?, in: Lust am Jagen, S. 23. **16** Pirl, Schwetzingen, S. 7. **17** Wagner, Carl Theodor (wie Anm. 15) S. 23. **18** Ebd., S. 23. **19** Röhrig, Weidwerk, S. 128ff.; Hepp, Die Kurpfälzer Jagd, S. 71f. **20** Pirl, Von mancherley Arten, S. 35. **21** Roth/Schröck-Schmidt, Beschreibung, S. 55–64. **22** Vgl. Röhrig, Weidwerk, S. 130ff. **23** Roth/Schröck-Schmidt, Beschreibung, S. 56. **24** Ebd., S. 57. **25** Vgl. Eckardt, Herrschaftliche Jagd, S. 56. **26** Vgl. Röhrig, Weidwerk, S. 202ff. **27** R. Kassal-Mikula, „Denn reiten muss, wer folgen will – der Königin der Jagd", in: Jagdzeit, 1996, S. 224f.; B. Hamann, Elisabeth – Kaiserin wider Willen, Wien 1982, S. 326–372. **28** H. Prossinagg, Wien und die Jagd, in: Jagdzeit, 1996, S. 117. **29** Ebd., S. 118. **30** Ebd., S. 119. **31** H. Siegelt, Hausbuch der Österreichischen Geschichte, Wien 1957, S. 140. **32** Prossinagg, Wien (wie Anm. 28) S. 122. **33** Th. Gergely/H. Prossinagg, Vom Saugarten des Kaisers zum Tiergarten der Wiener, Wien 1995, S. 25ff. **34** Prossinagg, Wien (wie Anm. 28) S. 123. **35** Kassal-Mikula (wie Anm. 27) S. 224. **36** Hamann, Elisabeth (wie Anm. 27) S. 326ff. **37** Jagdzeit, 1996, S. 226–229. **38** Kassal-Mikula (wie Anm. 27) S. 224. **39** Ebd., S. 39. **40** H. Prossinagg, „Im Weidwerk habe ich Frieden, Erholung, Stärke und Freude gefunden", in: Jagdzeit, S. 272f., und ebd., S. 274–305: Kaiser Franz Josef I. – „Der weidgerechte Jäger".

Jagd und Wilderei

1 K. Pauli (Hg.), Alte Oberbayerische Volkslieder, München [6]1980, S. 102. **2** K. Küther, Räuber und Gauner in Deutschland. Das organisierte Bandenwesen im 18. und frühen 19. Jh., Göttingen 1976, S. 52f.; R. Schulte, Das Dorf im Verhör. Brandstifter, Kindsmörderinnen und Wilderer vor den Schranken des bürgerlichen Gerichts Oberbayern 1848–1910, Hamburg 1989, S. 252f. Zur Hiasl-Biographie: P. E. Rattelmüller, Matthäus Klostermaier, vulgo Der Bayerische Hiasl, München 1971. **3** Küther, Räuber (wie Anm. 2) S. 115f. **4** V Zack/V von Geramb, Die Lieder vom boarischen Hiasl in Deutschösterreich, in: Bayerische Hefte für Volkskunde 6 (1919) S. 1–33, Anhang S. 15–32. **5** P. Burke, Helden, Schurken und Narren, Stuttgart 1981, S. 178ff. **6** E. J. Hobsbawm, Sozialrebellen. Archaische Sozialbewegungen im 19. und 20. Jh., Neuwied 1971. **7** Zu den Wildererbanden und zur Wilderei: W. Schild, Wilderei, in: HRG 5, 1998, Sp. 1419ff.; I. Blank/G. Schwedler, „Ich bin ein freier Wildbretschütz und hab ein weit Revier". Jagd und Wilderei, in: Die Jagd: Vergnügen und Verderben, 1999, S. 135–145; G. Huth, Die Sache mit der Wilderei. Ursachen, Methoden, Jagdschutz, München 1983. **8** Eckardt, Herrschaftliche Jagd, S. 140 Anm. 94. **9** Hobsbawm, Sozialrebellen (wie Anm. 6) S. 10f. **10** Schild, Wilderei (wie Anm. 7) Sp. 1419ff.; Blank/Schwedler, Jagd und Wilderei (wie Anm. 7) S. 135 ff. **11** C. Schott (Hg.), Eike von Repgow: Der Sachsenspiegel, Zürich 1991, S. 148–150. **12** G. Franz (Hg.), Quellen zur Geschichte des Bauernkrieges, 1963, S. 318. **13** Blank/Schwedler, Jagd und Wilderei (wie Anm. 7) S. 135. **14** Wendt, Kultur und Jagd, S. 219. **15** Blank/Schwedler, Jagd und Wilderei (wie Anm. 7) S. 135f. **16** Eckardt, Herrschaftliche Jagd, S. 128. **17** Ebd., S. 128; Wagner, Jagdwesen, S. 467ff. **18** Blank/Schwedler, Jagd und Wilderei (wie Anm. 7) S. 136. **19** P. Craemer, Die Jagd im Spessart in Sage und Geschichte, 1892, S. 77ff. **20** Blank/Schwedler, Jagd und Wilderei (wie Anm. 7) S. 136. **21** Ebd., S. 136. **22** Ebd., S. 136. **23** Eckardt, Herrschaftliche Jagd, S. 131. **24** So auch bei Hohberg, Georgica, S. 684. **25** Eckardt, Herrschaftliche Jagd, S. 135. **26** Ebd., S. 136 Anm. 69. **27** Vgl. W. Abel, Massenarmut und Hungerkrisen im vorindustriellen Europa, Hamburg u. a. 1974, S. 17ff. **28** S. Münster, Cosmographia, Basel 1588, fol. 479; Franz, Quellen in der Neuzeit, S. 87. **29** Franz, Quellen in der Neuzeit, S. 2f. **30** Zitiert nach R. Endres, Adelige Lebensformen in Franken im Spätmittelalter, in: Adelige Sachkultur des Spätmittelalters, Wien 1982, S. 73. **31** Hohberg, Georgica, S. 687. **32** Ebd., S. 687. **33** Eckardt, Herrschaftliche Jagd, S. 133. **34** Ebd., S. 132. **35** Ebd., S. 134 Anm. 46. **36** H. Conrad, Deutsche Rechtsgeschichte 2, 1966, S. 428. **37** Landau, Jagd, S. 185. **38** Ebd., S. 185. **39** Ebd., S. 187. **40** Ebd., S. 188. **41** Ebd., S. 190. **42** Ebd., S. 190. **43** Eckardt, Herrschaftliche Jagd, S. 138, Anm. 80. **44** Ebd., S. 139. **45** Blank/Schwedler, Jagd und Wilderei (wie Anm. 7) S. 139. **46** Schulte, Dorf (wie Anm. 1) S. 252. **47** Blank/Schwedler, Jagd und Wilderei (wie Anm. 7) S. 139. **48** Schulte, Dorf (wie Anm. 1) S. 188ff. **49** Ebd., S. 190. **50** Vgl. Lindner, Weidgerecht, 1979. **51** Vgl. Schulte, Dorf (wie Anm. 1) S. 210ff. **52** Ebd., S. 211. **53** Ebd., S. 227ff.; Pauli, Volkslieder (wie Anm. 1). **54** Schulte, Dorf (wie Anm. 1) S. 229. **55** Dazu grundlegend: N. Schindler, Wilderer im Zeitalter der Französischen Revolution. Ein Kapitel alpiner Sozialgeschichte, München 2001. **56** Zur Entwicklung des Salzburger Fürstenstaates: H. Dopsch u. a. (Hg.), 1200 Jahre Erzbistum Salzburg. Die älteste Metropole im deutschen Sprachraum, Salzburg 1999. **57** R. von Im-Hof, Beiträge zur Geschichte des salzburgischen Jagdwesens aus archivalischen Quellen gesammelt, in: Mitteilungen der Gesellschaft für Salzburger Landeskunde 27 (1887) S. 3–219, 409–517. **58** Judas Thaddäus Zauner (Hg.), Auszug der wichtigsten hochfürstlichen Salzburgischen Landesgesetze 1, Salzburg 1785. **59** G. Franz, Der deutsche Bauernkrieg, Darmstadt [12]1894, S. 164ff. **60** Vgl. Schindler, Wilderer, S. 26. **61** Ebd., S. 27. **62** Ebd., S. 31. **63** Ebd., S. 53 und S. 409–420 (Liste der Gollinger Wilderer). **64** Ebd., S. 57–83. **65** Ebd., S. 58f. **66** Ebd., S. 60 f. **67** Vgl. M.

Mitterauer, Sozialgeschichte der Jugend, Frankfurt/M. 1986, S. 164–192. **68** Schindler, Wilderer, S. 62. **69** Ebd., S. 119–121. **70** Vgl. dazu die Situation in der Kurpfalz: Blank/Schwedler, Jagd und Wilderei (wie Anm. 7) S. 140. **71** Schindler, Wilderer, S. 326.

Die Revolution von 1848/49 und das Ende der Jagdprivilegien

1 E. R. Huber (Hg.), Dokumente zur deutschen Verfassungsgeschichte 1, Stuttgart 1961, Nr. 102, S. 321. **2** Martin Luther, zitiert nach Landau, Jagd, S. 12. **3** Zitiert nach Landau, ebd., S. 13. **4** Hohberg, Georgica, S. 685. **5** Friedrich II. von Preußen: Der Antimachiävell, 1740, S. 55 ff. **6** J. G. Krünitz, Oekonomische Encyklopädie, oder allgemeines System der Staats-, Stadt-, Haus- und Landwirthschaft, T. 28, Berlin 1783, S. 172f. **7** Franz, Quellen in der Neuzeit, S. 311. **8** Zitiert nach Eckardt, Herrschaftliche Jagd, S. 155. **9** Ebd., S. 155. **10** Ebd., S. 156. **11** Hasel, Forstgeschichte, S. 137f.; Röhrig, Weidwerk, S. 151ff. **12** Vgl. Küster, Geschichte des Waldes, S. 143ff.; Radkau, Natur und Macht, S. 168f. **13** Vgl. O. Moericke, Die Agrarpolitik des Markgrafen Karl Friedrich von Baden, 1905; Th. Ludwig, Der badische Bauer im 18. Jahrhundert, Straßburg 1896. **14** Moericke, Agrarpolitik (wie Anm. 13) S. 58. **15** Eckardt, Herrschaftliche Jagd, S. 165; E. Benedikt, Kaiser Joseph II. 1741–1790, Wien 1936. **16** Ph. Salvadori, La chasse sous l'Ancien Régime, Paris 1996, S. 10; L. Bergeron u. a. (Hg.), Das Zeitalter der europäischen Revolution 1780–1848 (Weltbild Weltgeschichte 26) Augsburg 1998, S. 36ff. **17** Ch. F. Cotta, Wie gut es die Leute am Rhein und an der Mosel jetzt haben können, in: C. Träger, Mainz zwischen Rot und Schwarz, Berlin 1965, S. 301ff. **18** Stephani, Jagd, S. 150ff. **19** Eckardt, Herrschaftliche Jagd, S. 185. **20** L. von Rönne, Das Domänen-, Forst- und Jagdwesen des Preußischen Staates, Berlin 1854, S. 896. **21** Eckardt, Herrschaftliche Jagd, S. 186. **22** Vgl. H. Berding/H.-P. Ullmann (Hg.), Deutschland zwischen Revolution und Restauration, Königstein 1981. **23** Vgl. Eckardt, Herrschaftliche Jagd, S. 195–232. **24** Vgl. W. Rösener, Die Bauern in der europäischen Geschichte, München 1993, S. 221ff.; Ch. Dipper, Die Bauernbefreiung in Deutschland, 1790–1850, Stuttgart 1980, S. 50ff. **25** Eckardt, Herrschaftliche Jagd, S. 196. **26** Ebd., S. 197. **27** H. Gollwitzer, Die Standesherren. Die politische und gesellschaftliche Stellung der Mediatisierten 1815-1918, Göttingen [2]1964, S. 87 f. **28** Vgl. K. Weller/A. Weller, Württembergische Geschichte im südwestdeutschen Raum, Stuttgart [6]1971, S. 218ff., 223ff.; Gollwitzer, Standesherren (wie Anm. 27) S. 351ff. **29** S. Schwenk, Die Revolution von 1848/49. Geschichtliche Voraussetzungen und ihre Folgen für die Jagd, in: Die Jagd: Vergnügen und Verderben, 1999, S. 87. **30** Vgl. Abel, Massenarmut, S. 359ff. **31** Schwenk, Revolution (wie Anm. 29) S. 92. **32** Ebd., S. 99. **33** Eckardt, Herrschaftliche Jagd, S. 238. **34** Ebd., S. 242f.; Stephani, Jagd, S. 111f. **35** Eckardt, Herrschaftliche Jagd, S. 244. **36** Vgl. Th. Nipperdey, Deutsche Geschichte 1800–866, München 1983, S. 606ff.; H. Lutz, Zwischen Habsburg und Preußen. Deutschland 1815–1866, Berlin 1994, S. 246ff. **37** Eckardt, Herrschaftliche Jagd, S. 246. **38** Ebd., S. 247. **39** Vgl. L. Oelsner, Die wirtschafts- und sozialpolitischen Verhandlungen des Frankfurter Parlaments, in: Preußische Jahrbücher 87 (1897) S. 90ff. **40** Schwenk, Revolution (wie Anm. 29) S. 86. **41** Eckardt, Herrschaftliche Jagd, S. 264. **42** Ebd., S. 265. **43** Bode/Emmert, Jagdwende, S. 118. **44** Ebd., S. 119. **45** Ebd., S. 120; J. Bauer, Die Jagdgesetze Preußens,[3] 1904. **46** Schwenk, Revolution (wie Anm. 29) S. 107. **47** Landau, Jagd, S. 3.

Höfische Inszenierung und Jagdwesen unter Wilhelm II.

1 Vgl. J. Kloosterhuis u. a. (Hg.), Schloss: Macht und Kultur. Entwicklung und Funktion Brandenburg-Preußischer Residenzen, Berlin 2012. 2 Vgl. W. Rösener, Höfische Inszenierung, Hofhaltung und Jagdwesen unter Kaiser Wilhelm II., in: Kloosterhuis, Schloss, S. 165-175; J. G. Röhl, Hof und Hofgesellschaft unter Kaiser Wilhelm II., München 1987. 3 Vgl. Rösener, Höfische Inszenierung, S. 173. 4 Ebd. S. 173. 5 Kaiser Wilhelm II. Aus meinem Leben, Leipzig 1927, S. 36 f. 6 Vgl. W. Bode, E. Emmert, Jagdwende, München 1998, S. 125. 7 Wilhelm II. Aus meinem Jagdtagebuch, Stuttgart-Berlin 1912, S. 61 f. 8 Wilhelm II., Aus meinem Leben, S.312. 9 Rösener, Höfische Inszenierung, S. 174. 10 Vgl. Bode/ Emmert, Jagdwende, S. 127. 11 Ebd., S. 128. 12 Ebd., S. 131. 13 Rösener, Höfische Inszenierung, S. 174. 14 Vgl. E. Nippert, Die Schorfheide. Zur Geschichte einer deutschen Landschaft, 2. Aufl. Berlin 1995.

DIE JAGD IM 20. UND 21. JAHRHUNDERT

Jagdverhältnisse von der Weimarer Republik bis zur Nachkriegszeit

1 Dazu Ch. Hinkelsmann, Entwicklung und Niedergang eines ehemaligen Staatsjagdreviers am Beispiel der Rominter Heide in Ostpreußen, in: Jagdlandschaften in Mitteleuropa. Siedlungsforschung 32 (2015), S. 387-398, hier S. 390. 2 Vgl. ebd., S. 394. 3 Bode/ Emmert, Jagdwende, S. 134. 4 Vgl. A. Gautschi, Der Reichsjägermeister. Fakten und Legenden um Hermann Göring, Hanstedt 2000, S. 32 ff. 5 Vgl. Bode/Emmert, Jagdwende, S. 152. 6 Gautschi, Reichsjägermeister, S. 69. 7 Ebd., S. 93 ff. 8 Vgl. Gautschi, Reichsjägermeister, S. 83 ff.; Bode/ Emmert, Jagdwende, S. 151. 9 Bode/ Emmert, Jagdwende, S. 158 f. 10 Vgl. Wikipedia, Art. Jagd in der DDR. Zugriff am 17. September 2023. 11 Vgl. J. Haseder/G. Stinglwagner, Knauers Großes Jagdlexikon, Augsburg 1999, S. 715. 12 Ebd., S. 715.

Die Jagd heute

1 Vgl. Jagdparks und Tiergärten. Naturschutzbedeutung historisch genutzter Wälder, Bonn 2012. **2** Vgl. H. W. Eckhardt, Herrschaftliche Jagd, bäuerliche Not und bürgerliche Kritik, Göttingen 1976, S. 173. **3** Vgl. W. Rösener, Zur Geschichte der Jagdparks und Tiergärten, in: Jagdparks und Tiergärten, S. 7-14. **4** Rösener, ebd., S. 14. **5** Vgl. J. H. Reichholf, Jagd und Naturschutz, in: Rundgespräche der Kommission für Ökologie: Über die Jagd. Kulturelle Aspekte und aktuelle Funktionen, München 2002, S. 81-92. **6** Vgl. H. Düselder u. a. (Hg.), Umweltgeschichte. Forschung und Vermittlung in Universität, Museum und Schule, Köln u. a. 2014; G. Preuschen, Kleine ökologische Weltgeschichte, Bad Dürkheim 1996. **7** H. Jäger, Einführung in die Umweltgeschichte, Darmstadt 1994, S. 4. **8** Vgl. W. Rösener, Der Wandel der Kulturlandschaft aus der Perspektive der Agrargeschichte, in: Düselder, Umweltgeschichte, S. 79 ff. **9** Vgl. W. Rösener, Die Bauern in der europäischen Geschichte, München 1993, S. 242 ff. **10** Ebd., S. 275. **11** Vgl. H. Küster, Geschichte des Waldes. Von der Urzeit bis zur Gegenwart, München 1998, S. 101 ff.; Ders., Geschichte der Landschaft in Mitteleuropa, München 1995, S. 446 ff. **12** Vgl. W. Rösener, Bauern im Mittelalter, München 1985, S. 255 ff. **13** Vgl. Jäger, Umweltgeschichte, S. 131 ff. **14** Jäger, Umweltgeschichte, S. 160-166. **15** Vgl. W. Rösener (Hg.), Jagd und höfische Kultur im Mittelalter, Göttingen 1997. **16** Jäger, Umweltgeschichte, S. 148. **17** Vgl. W. Ott, Die besiegte Wildnis. Wie Bär, Wolf, Luchs und Steinadler aus unserer Heimat verschwanden, Leinfelden-Echterdingen 2004, S. 66 ff. **18** Vgl. Jäger, Umweltgeschichte, S. 131-137. **19** G. Franz (Hg.), Quellen zur Geschichte des deutschen Bauernstandes im Mittelalter, Darmstadt 1974, S. 58. **20** Jäger, Umweltgeschichte, S. 140. **21** Vgl. F. Mager, Wildbahn und Jagd Altpreußens im Wandel der geschichtlichen Jahrhunderte, Neudamm 1941, S. 248 ff. **22** Vgl. Gerd van den Heuvel, die Ausrottung eines „gefährlichen Untiers". Wolfsjagden in Niedersachsen vom 16. bis zum 19. Jahrhundert., in: Niedersächs. Jb. für Landesgeschichte 76 (2004), S. 72-102. **23** Ebd., S. 83. **24** Ebd., S. 87. **25** Vgl. Frankfurter Allgemeine Zeitung vom 25. 9. 2023, S. 1. **26** Vgl. P. Münch, Tiere und Menschen, in: Ders., (Hg.), Tiere und Menschen. Geschichte und Aktualität eines prekären Verhältnisses, Paderborn u. a. 1998, S. 9-34. **27** Ebd., S. 9. **28** Vgl. S. Schwenk, Jagd als kulturelles Phänomen, in: Zeitschrift für Jagdwissenschaft 37 (1991), S. 258-265. **29** R. Delort, Der Elefant, die Biene und der heilige Wolf. Die wahre Geschichte der Tiere, München 1987. **30** Über die Jagd. Kulturelle Aspekte und aktuelle Funktionen. Hg. von der Bayerischen Akademie der Wissenschaften. Kommission für Ökologie, 25, München 2002. **31** S. Schwenk, Jagd, in: Über die Jagd, S. 15-21. **32** J. H. Reichholf, Jagd und Naturschutz, in: Über die Jagd, S. 81-92. **33** A. Festetics, Leben erforschen und erhalten. Rückblick auf drei Jahrzehnte Wildbiologie in Göttingen, in: Antal-Festetics-Festschrift, Melsungen 2010, S. 135-216, S. 135 f. **34** Ebd., S. 137. **35** Ebd., S. 137. **36** Ebd., S. 137. **37** Vgl. W. Bode/ E. Emmert, Jagdwende, München 1998, S. 274 f. **38** Ebd., S. 274 f.

Begriffserklärungen

AASJÄGEREI: Jagdart, bei welcher das verwundete Wild nicht weidmännisch behandelt wird, sondern irgendwo verendet.

ÄSEN: Die Aufnahme pflanzlicher Nahrung durch Rotwild.

ARTENSCHUTZ: Die Bemühungen um Schutz und Erhaltung aller Tier- und Pflanzenarten.

ATZUNG: Pflicht der Untertanen, die herrschaftlichen Jäger zu beherbergen und zu unterhalten.

AUFFORSTUNG: Künstliche Neuanlage von Waldflächen zur nachhaltigen Erhaltung oder Ausbreitung von Wald.

AUSWEIDEN: Das Herausnehmen der Eingeweide beim erlegten Wild.

BAST: Das Abstreifen der Haut („aus der Decke schlagen") und das Zerschneiden des Wildkörpers.

BEIZJAGD: Der gesamte Jagdbetrieb mit Beizvögeln (Falken, Habichte, Sperber).

CURIE: Das Herauslösen bestimmter Teile der Eingeweide erlegter Hirsche, die den Jagdhunden zum Fraß vorgelegt werden.

EINGESTELLTES JAGEN: Beliebte Art der höfischen Jagd in Deutschland vom 16. bis 18. Jahrhundert („deutsches Jagen"). Das Jagdgebiet wurde mit Tüchern (Lappen) und Netzen umstellt, das darin befindliche Wild eingesperrt und zum Abschussplatz getrieben.

FEDERSPIEL: Attrappe aus Leder oder Stoff mit beidseitig aufgenähten Vogelflügeln; dient als Hilfsmittel bei der Beizjagd, um den Falken anzulocken.

FEDERWILD: Sammelbegriff für alle Vogelarten, die dem Jagdrecht unterliegen.

FURKIE: Das Herauslösen einiger ausgesuchter Stücke (Leber, Nieren usw.) aus dem Körper des erlegten Hirsches für den Jäger.

GEHEGE: Eingezäunter Waldbezirk, der nicht betreten werden soll.

HIRSCHFÄNGER: Blanke Waffe mit einer langen Klinge; dient dazu, einen gestellten Hirsch zu erstechen.

HUNDELEGE: Pflicht der Untertanen, die herrschaftlichen Jagdhunde aufzuziehen und zu ernähren.

JAGDFOLGE: Das Verfolgen des verwundeten Wildes über die Grenzen des eigenen Jagdreviers hinaus.

JAGDSCHIRM: Einrichtung, durch welche der Jäger beim Abschuss vor dem Angriff des Wildes geschützt wird.

LEITHUND: Hund, der den Jäger auf der Spur des Wildes leitet und dabei an der Leine geführt wird.

LOSUNG: Exkremente des Haarwildes.

PARFORCEJAGD: Französische Bezeichnung der in Frankreich beliebten Hetzjagd, auf welcher „par force des chiens" gejagt wurde.

PIRSCHJAGD: Einzeljagd im Unterschied zur Gesellschaftsjagd (Hetzjagd, Parforcejagd usw.).

ROTWILD: Hirsche (Hirsch, Hindin).

SAUFEDER: Jägerspieß mit Querriegel, der ein zu tiefes Eindringen in den Wildkörper (Wildschwein) verhindert.

SCHALENWILD: Die wildlebenden Paarhufer, insbesondere Hirsche, Gamswild und Wildschweine.

SCHWARZWILD: Wildschweine (Keiler, Bache).

SCHWEISSHUND: Hund, der die Blutspur eines Wild tieres verfolgt.

STRECKE: Reihe des nebeneinander gelegten erbeuteten Wildes. Überlandjagen: Alter Ausdruck für Hetzjagd (Parforcejagd).

VORSUCHE: Teil der Hetzjagd, durch welchen der Aufenthaltsort und die Beschaffenheit des Wildes festgestellt wird.

WECHSEL: Pfade, auf denen das Wild gewohnheitsmäßig hin und herzieht, vor allem zwischen Feldflur und Wald.

ZERWIRKEN: Das Zerschneiden des erlegten Wildes.

Abkürzungen

HRG	Handwörterbuch zur deutschen Rechtsgeschichte
HZ	Historische Zeitschrift
LexMA	Lexikon des Mittelalters
MGH SS	Monumenta Germaniae Historica, Scriptores
MIÖG	Mitteilungen des Instituts für österreichische Geschichtsforschung
Nd.	Nachdruck
VSWG	Vierteljahrschrift für Sozial- und Wirtschaftsgeschichte
ZBLG	Zeitschrift für bayerische Landesgeschichte
ZGO	Zeitschrift für die Geschichte des Oberrheins
ZWLG	Zeitschrift für württembergische Landesgeschichte

Personen- und Ortsregister

Quellen und Literatur (Auswahl)

Abeele, B. V d.: La fauconnerie au moyen âge. onnaissance, affaitage et medecine des oiseaux de classe d'après les traites latins, Éditions Klincksieck 1994.

Ders.: La literature cynégétique, Turnhout 1996.

Anderson, J. K.: Hunting in the Ancient World, Berkeley 1985.

Barlow, E: Hunting in the Middle Ages, in: Ders., The Norman Conquest and Beyond, London 1983, S. 11–21.

Benecke, N.: Der Mensch und seine Haustiere, Stuttgart 1994.

Bergemann, U.: Die Geschichte der landesherrlichen Jagdhoheit in der Grafschaft Zollern, in: Hohenzollerische Jahreshefte 24 (1964) S. 134–296.

Blickle, P.: Die Revolution von 1525, München [3]1993.

Bode, W./Emmert, E.; Jagdwende. Vom Edelhobby zum ökologischen Handwerk, München 1998.

Böhme, K.: Vom Steinwurf des Vormenschen zum Waidwerk der Antike, Melsungen 1991.

Bosl, K.: Pfalzen und Forsten, in: Deutsche Königspfalzen 1, Göttingen 1963, S. 1–29.

Brackert, H./Kleffens, C. v.: Von Hunden und Menschen. Geschichte einer Lebensgemeinschaft, München 1989.

Ders.: „deist rehtin jegerie." Höfische Jagddarstellungen in der deutschen Epik des Hochmittelalters, in: Rösener, Jagd, 1997, S. 365–406.

Brunner, O.: Adeliges Landleben und europäischer Geist. Leben und Werk Wolf Helmhards von Hohberg, Salzburg 1949.

Bumke, J.: Höfische Kultur. Literatur und Gesellschaft im hohen Mittelalter 1–2, München 1986.

Buxton, M.: Ladies of the chase. Foreword by the Lord Paget of Northampton, London 1987.

Carter, J. M.: Medieval Games. Sports and Recreations in Feudal Society, New York 1992.

Cartmill, M.: A View to a Death in the Morning. Hunting and Nature through History, Cambridge, Mass./London 1993. Deutsch: Tod im Morgengrauen. Das Verhältnis des Menschen zu Natur und Jagd, Zürich 1993.

Cummins, J.: The Hound and the Hawk. The Art of Medieval Hunting, London 2001.

La chasse au Moyen Age. Actes du Colloque de Nice (22–24 juin 1979), Nice 1980.

La chasse au Moyen Age. Société, traités, symboles. Textes réunis par A. Paravicini Bagliani et B. Van den Abeele, Turnhout 2000.

Dalby, D.: Lexicon of Mediaeval German Hunt. A Lexicon of Middle High German terms (1050–1500), associated with the Chase, Hunting with Bows, Falconary, Trapping and Fowling, Berlin 1965.

Demandt, K. E.: Falknerei und Jagd der letzten Katzenelnbogener Grafen, in: Nassauische Annalen 57 (1937) S. 131–155.

Dinzelbacher, P. (Hg.): Mensch und Tier in der Geschichte Europas, Stuttgart 2000.

Duchartre, P. L.: Histoire des armes de chasse et leurs emplois, Paris 1955.

Eckardt, H. W.: Herrschaftliche Jagd, bäuerliche Not und bürgerliche Kritik. Zur Geschichte der fürstlichen und adligen Jagdprivilegien vornehmlich im südwestdeutschen Raum, Göttingen 1976.

Elias, N.: Die höfische Gesellschaft. Untersuchungen zur Soziologie des Königtums und der höfischen Aristokratie, Frankfurt a. M. 1983.

Ergert, B.: Die Jagd in Bayern, Rosenheim 1984.

Fenske, L.: Jagd und Jäger im früheren Mittelalter. Aspekte ihres Verhältnisses, in: Rösener, Jagd, 1997, S. 29–93.

Fietze, K.: Frauen und Jagdsport im Mittelalter (1200–1500), Habüitationsschrift Hamburg 2002.

Fietze, K.: Im Gefolge Dianas. Frauen und höfische Jagd im Mittelalter (1200 - 1500), Köln u. a. 2005.

Fleckenstein, J.: Das ritterliche Turnier im Mittelalter. Beiträge zu einer vergleichenden Formen- und Verhaltensgeschichte des Rittertums, Göttingen 1985.

Ders.: Curialitas. Studien zu Grundfragen der höfisch-ritterlichen Kultur, Göttingen 1990.

Franz, G. (Hg.): Quellen zur Geschichte des Bauernkrieges, Darmstadt 1963.

Ders. (Hg.): Quellen zur Geschichte des deutschen Bauernstandes in der Neuzeit, Darmstadt [2]1963.

Ders. (Hg.): Quellen zur Geschichte des deutschen Bauernstandes im Mittelalter, Darmstadt [2]1974.

Frevert, W.: Das jagdliche Brauchtum, Hamburg u. a.[11] 1981.

Frevert, W.: Jagdliches Brauchtum und Jägersprache, Stuttgart 2015.

Fried, J.: Kaiser Friedrich II. als lager, in: Rösener, lagd, 1997, S. 149–166. Fromm, E.: Anatomie der menschlichen Destruktivität, Stuttgart 1974. Galier, W.: Jagd in der Volkskunst, in: Jagd einst und jetzt, 1978, S. 85–90. Galloni, P.: II cervo e il lupo. Caccia e cultura nobiliare nel Medioevo, Roma 1993.

Gamber, O.: Die Jagdwaffe vom Mittelalter bis zum Biedermeier, in: Jagd einst und jetzt, 1978, S. 21–25.

Gautschi, A.: Der Reichsjägermeister. Fakten und Legenden um Hermann Göring, Hanstedt 2000.

Guerreau, A.: Les structures de base de la chasse médiévale, in: La chasse, 2000, S. 25–32.

Hagen, H.: Wie edel ist das Waidwerk?, Berlin 1984.

Haseder, I./Stingelwagner, G.: Knaurs großes Jagdlexikon, Augsburg 1999.

Hasel, K.: Forstgeschichte. Ein Grundriß für Studium und Praxis, Hamburg u. a. 1985.

Hauck, K.: Tiergärten im Pfalzbereich, in: Deutsche Königspfalzen 1, Göttingen 1963, S. 30–74.

Hiller, H.: Untertanen und obrigkeitliche Jagd. Zu einem konfliktträchtigen Verhältnis in Schleswig-Holstein zwischen 1600 und 1848, Neumünster 1992.

Hohberg, W. H. v.: Georgica curiosa. Das ist: Umständlicher Bericht und klarer Unterricht von dem adelichen Land- und Feldleben, Nürnberg 1682.

Hobusch, E.: Von der edlen Kunst des Jagens. Eine Kulturgeschichte der Jagd und der Hege der Tierwelt, Leipzig 1978.

Ders.: In alten Jagdchroniken geblättert, Leipzig 1990.

Die Jägerey im 18. Jahrhundert. Colloquium der Arbeitsstelle 18. Jahrhundert. Bergische Universität, Gesamthochschule Wuppertal. Pommersfelden vom 29. Mai bis 1. Juni 1988, Heidelberg 1991.

Jagd einst und jetzt. Niederösterreichische Landesausstellung. Schloß Marchegg 29. April bis 15. November 1978, Marchegg 1978.

Die Jagd in Graubünden vom Mittelalter bis 1913, Chur 1989.

„... sonst wird dich der Jäger holen!“ Die Jagd: Vergnügen und Verderben, Heidelberg 1999.

Über die Jagd: Kulturelle Aspekte und aktuelle Funktionen. Hg. von der Bayerischen Akademie der Wissenschaften, München 2002.

Das Jagdbuch des Mittelalters. Ms.fr.616 der Bibliotheque nationale in Paris, Darmstadt 1994.

Jagdzeit. Österreichs Jagdgeschichte – Eine Pirsch, Wien 1996.

Jagdlandschaften in Mitteleuropa. Arbeitskreis für historische Kulturlandschaftsforschung in Mitteleuropa. Siedlungsforschung 32. Bonn 2015.

Jagd in der Lüneburger Heide. Beiträge zur Jagdgeschichte, Celle 2006.

Jagdparks in der Lüneburger Heide. Beiträge zur Jagdgeschichte, Celle 2006.

Jagdparks und Tiergärten. Naturschutzbedeutung historische genutzter Wälder, Bonn 2012.

Jarnut, J.: Die frühmittelalterliche Jagd unter rechts- und sozialgeschichtlichen Aspekten, in: L'uomo di fronte al mondo animale nell' alto medioevo, Spoleto 1985, S. 765–798.

Kaspers, H.: Comitatus nemoris. Die Waldgrafschaft zwischen Maas und Rhein, Düren u. a. 1957.

Kieß, R.: Die Rolle der Forsten im Aufbau des württembergischen Territoriums bis ins 16. Jahrhundert, Stuttgart 1958.

Krethlow, A.: Hofjagd, Weidwerk, Wilderei. Kulturgeschichte der Jagd im 19. Jahrhundert, Paderborn 2015.

Kühnle, G. R.: Die Jagd zwischen Leidenschaft und Vernunft, München u. a. 1993.

Küster, H.: Geschichte der Landschaft in Mitteleuropa. Von der Eiszeit bis zur Gegenwart, München 1995.

Ders.: Geschichte des Waldes. Von der Urzeit bis zur Gegenwart, München 1998.

Landau, G.: Die Geschichte der Jagd und der Falknerei in beiden Hessen, Kassel 1849, Nd. Kassel 1971.

Lexikon der Alten Welt, Zürich u. a. 1965.
Lexikon des Mittelalters, 9 Bände, München u. a. 1977–99.
Lindner, K.: Die Jagd der Vorzeit, Berlin 1937.
Ders.: Die Jagd im frühen Mittelalter, Berlin 1940.
Ders. (Hg.): De arte bersandi. Ein Traktat des 13. Jahrhunderts über die Jagd auf Rotwild, Berlin 1954.
Ders. (Hg.): Die deutsche Habichtslehre. Das Beizbüchlein und seine Quellen, Berlin 1955.
Ders. (Hg.): Die Lehre von den Zeichen des Hirsches, Berlin 1956.
Ders.: Bibliographie der deutschen und niederländischen Jagdliteratur von 1480 bis 1850, Berlin 1976.
Ders.: Waidgerecht. Herkunft, Geschichte und Inhalt, Bonn 1979.
Die Lust am Jagen. Jagdsitten und Jagdfeste am kurpfälzischen Hof im 18. Jahrhundert. Hg. Staatliche Schlösser und Gärten Baden-Württemberg, Ubstadt-Weiher 1999.
Manning, R. B.: Hunters and Poachers. A Cultural and Social History of Unlawful Hunting in England 1485–1640, Oxford 1993.
Martini, W. (Hg.): Die Jagd der Eliten in den Erinnerungskulturen von der Antike bis in die Frühe Neuzeit, Göttingen 2000.
Mayr, M.: Das Jagdbuch Kaiser Maximilians I., Innsbruck 1901.
Meyer, W.: Jagd und Fischfang aus der Sicht der Burgenarchäologie, in: Rösener, Jagd, 1997, S. 465–491.
Militzer, K.: Jagd und Deutscher Orden, in: Rösener, Jagd, 1997, S. 325–363.
Morsel, J.: Jagd und Raum. Überlegungen über den sozialen Sinn der Jagdpraxis am Beispiel der spätmittelalterlichen Franken, in: Rösener, Jagd, 1997, S. 255–287.
Narr, K. J. (Hg.): Handbuch der Urgeschichte 1–2, Bern u. a. 1966/75.
Niedermann, C.: Das Jagdwesen am Hofe Herzogs Philipps des Guten von Burgund, Bruxelles 1995.
Ders.: „Je ne fois que chassier." La chasse à la cour de Philippe le Bon, duc de Bourgogne, in: La chasse, 2000, S. 175–185.
Nieß, W.: Die Forst- und Jagdgeschichte der Grafschaft Ysenburg und Büdingen vom ausgehenden Mittelalter bis zur Neuzeit, Büdingen 1974.
Oberrauch, H.: Tirols Wald und Waidwerk. Ein Beitrag zur Forst- und Jagdgeschichte, Innsbruck 1952.
Ortega y Gasset, J.: Meditationen über die Jagd, Stuttgart [5]1985.
Ott, W.: Die besiegte Wildnis. Wie Bär, Luchs und Steinadler aus unserer Heimat verschwanden, Leinfelden-Echterdingen 2004.
Paravicini, W.: Die ritterlich-höfische Kultur des Mittelalters, München 1994.
Pastoureau, M.: La chasse au sanglier: histoire d'une devalorisation (IVe-XIVe siècle), in: La chasse, 2000, S. 7–23.
Paul, E.: Jagd und Musik, in: Jagd einst und jetzt, 1978, S. 71–84.
Radkau, J.: Natur und Macht. Eine Weltgeschichte der Umwelt, München 2000.
Ranzi, F.: Königsgut und Königsforst im Zeitalter der Karolinger und Ludolfinger und ihre Bedeutung für den Landesausbau, Halle 1939.
Reichholf, J. H.: Das Rätsel der Menschwerdung. Die Entstehung des Menschen im Wechselspiel mit der Natur, München 1990.
Ders.: Jagd und Naturschutz, in: Über die Jagd, 2002, S. 81–94.
Röhrig, F.: Das Weidwerk, Potsdam 1933.
Rösener, W. (Hg.): Jagd und höfische Kultur im Mittelalter, Göttingen 1997.
Ders.: Jagd und höfische Kultur als Gegenstand der Forschung, in: Ders., Jagd, 1997, S. 11–28.
Ders.: Jagd, Rittertum und Fürstenhof im Hochmittelalter, in: Ders., Jagd, 1997, S. 123–147.
Ders.: Der König als Jäger. Antike Einflüsse auf die herrschaftliche Jagd im Mittelalter, in: Martini, Jagd der Eliten, 2000, S. 15–37.
Ders.: Adel und Jagd. Die Bedeutung der Jagd im Kontext der adeligen Mentalität, in: La chasse, 2000, S. 129–150.
Ders.: Höfische Inszenierung, Hofhaltung und Jagdwesen unter Kaiser Wilhelm II., in: J. Klosterhuis u. a. (Hg.), Schloss: Macht und Kultur. Entwicklung und Funktion Brandenburg-Preußischer Residenzen, Berlin 2012, S. 165-175.

Roosen, R.: Jagdsprachlicher Sachwortschatz in gedruckten Landes-, Polizei-, Jagd- und Forstverordnungen des 15. und 16. Jahrhunderts – eine bibliographische, philologische und jagdhistorische Studie, Frankfurt/M. u. a. 1995.
Rubner, H.: Untersuchungen zur Forstverfassung des mittelalterlichen Frankreich, Wiesbaden 1965.
Rundgespräche der Kommission für Ökologie: Über die Jagd. Kulturelle Aspekte und aktuelle Funktionen, München 2002.
Salvadori, Ph.: La chasse sous l'Ancien Régime, Paris 1996.
Schindler, N.: Wilderer im Zeitalter der Französischen Revolution. Ein Kapitel alpiner Sozialgeschichte, München 2001.
Schmidt – von Rhein, G. (Hg.): Kaiser Maximilian I. – Bewahrer und Reformer, Ramstein 2002.
Schrenk, F.: Die Frühzeit des Menschen. Der Weg zum Homo sapiens, München 1997.
Schubert, E.: Fürstliche Herrschaft und Territorium im späten Mittelalter, München 1996.
Schwappach, A.: Handbuch der Forst- und Jagdgeschichte Deutschlands 1–2, Berlin 1886/88.
Schwenk, S. (Hg.): Et multum et multa. Beiträge zur Literatur, Geschichte und Kultur der Jagd. Festgabe für Kurt Lindner, Berlin 1971.
Dies.: Jagd als kulturelles Phänomen, in: Zeitschrift für Jagdwissenschaft 37 (1991) S. 258–266.
Dies.: Jagd im Spiegel mittelalterlicher Literatur und Jagdbücher, in: Rösener, Jagd, 1997, S. 407–464.
Dies.: Jagd: Überlebensstrategie – höfische Lustbarkeit – verantwortungs-bewusste Gestaltung der Umwelt, in: Über die Jagd, 2002, S. 15–22.
Seilmeier, G. (Hg.): Jagdlexikon, München [5]1990.
Semmler, J. (Hg.): Der Wald in Mittelalter und Renaissance, Düsseldorf 1991.
Spieß, K-H.: Herrschaftliche Jagd und bäuerliche Bevölkerung im Mittelalter, in: Rösener, Jagd, 1997, S. 231–254.
Stahl, D.: Zur Entwicklung der Schonzeitbestimmungen in der jagdlichen Gesetzgebung des deutschen Rechtskreises, Diss. Göttingen 1967.
Ders.: Wild. Lebendige Umwelt. Probleme von Jagd, Tierschutz und Ökologie geschichtlich dargestellt und dokumentiert, Freiburg u. a. 1979.
Stephani, K.: Geschichte der Jagd in den Gebieten der fürstenbergischen Standesherrschaft, Donaueschingen 1938.
Störmer, W.: Hofjagd der Könige und der Herzöge im mittelalterlichen Bayern, in: Rösener, Jagd, 1997, S. 289–224.
Szabó, Th.: Die Kritik der Jagd – Von der Antike zum Mittelalter, in: Rösener, Jagd, 1997, S. 167–229.
Thomas, M.: Das höfische Jagdbuch des Gaston Phébus, Graz 1979. Thiebaux, M.: The medieval Chase, in: Speculum 42 (1967) S. 260–274. Ders.: The Stag of Love: The Chase In Medieval Literature, Ithaca 1974.
Thimme, H.: Forestis. Königsgut und Königsrecht nach den Forsturkunden vom 6. bis 12. Jahrhundert, in: Archiv für Urkundenforschung 2 (1909) S. 101–154.
Tilander, G. (Hg.): Les Livres du roy Modus et la royne Ratio 1–2,1932.
Ders. (Hg.): Gaston Phébus: Livre de Chasse, 1971.
Tucoo-Chala, P.: Gaston Phébus, un grand prince d'Occident au XIV siècle, Pau 1976.
Wagner, R. v.: Das Jagdwesen in Württemberg unter den Herzogen. Ein Beitrag zur deutschen Kultur- und Rechtsgeschichte, Tübingen 1876.
Walz, D.: Das Falkenbuch Friedrichs II., in: Micrologus 2 (1994) S. 161–184.
Wendt, U.: Kultur und Jagd. Ein Birschgang durch die Geschichte 1–2, Berlin 1907/8.
Willemsen, C. A. (Hg.): Friderici Romanorum Imperatoris Secundi: De arte venandi cum avibus, Leipzig 1942.
Wikipedia, Art. Geschichte der Jagd in Deutschland. Zugriff am 20. April 2024.
Wolter – von dem Knesebeck, H.: Aspekte der höfischen Jagd und ihrer Kritik in Bildzeugnissen des Hochmittelalters, in: Rösener, Jagd, 1997, S. 493–572.
Young, C. R.: The Royal Forests of Medieval England, Leicester 1979.
Zotz, Th.: Beobachtungen zu Königtum und Forst im früheren Mittelalter, in: Rösener, Jagd, 1997, S. 95–122.

Bildnachweis

Adobe Stock: S. 70, 168, 280/281; bpk / adoc-photos: S. 75; bpk / GrandPalaisRmn / Jean-Marc Manaï: S. 210; bpk / Deutsches Historisches Museum / Indra Desnica: S. 230; Gemeinfrei: S. 137, 190/191, 219, 229, 264, 262; Mauritius images: S. 74, 89, 100, 147, 160, 250; picture alliance / dpa / Holger Hollemann: S. 29; picture alliance / imageBROKER / Ian Murray: S. 30; picture alliance / SZ Photo: S. 66; picture alliance / Florian Monheim: S. 97; picture alliance / Artcolor: S. 102; picture alliance / Westend61 / Harald Nachtmann: S. 106; picture alliance / SZ Photo / Blanc Kunstverlag: S. 213; picture alliance / imageBROKER / KFS: S. 223; picture alliance / imageBROKER / Sylvio Dittrich: S. 224; picture alliance/dpa / Boris Roessler: S. 227; picture alliance / Artcolor: S. 233; picture alliance / ullstein bild / Archiv Gerstenberg: S. 239; picture alliance / imageBROKER / BAO: S. 243; picture alliance/ dpa / Frank Leonhardt: S. 286; picture alliance / SVEN SIMON / Frank Hoermann: S. 289; picture alliance / Jan Eifert: S. 290; picture alliance / imageBROKER / Hans Kuczka: S. 291; picture alliance / ANE / Eurokinissi: S. 295; picture alliance/dpa / Daniel Vogl: S. 296

Alle übrigen Bilder: akg-images

Autor

Werner Rösener, Jahrgang 1944, war Professor für Mittlere und Neuere Geschichte an der Universität Gießen. Er befasst sich schwerpunktmäßig mit Themen der Agrar- und Kulturgeschichte des Mittelalters.

FSC
www.fsc.org
MIX
Papier aus verantwortungsvollen Quellen
FSC® C014138

Bibliografische Information der Deutschen Nationalbibliothek
Die Deutsche Nationalbibliothek verzeichnet diese Publikation in der Deutschen Nationalbibliografie; detaillierte bibliografische Daten sind im Internet über http://dnb.d-nb.de abrufbar.

Asternplatz 3, 12203 Berlin
post@bebraverlag.de
Lektorat: Feline Achilles, Berlin
Gesamtgestaltung: Goscha Nowak
Schriften: Dashiell Bright, Montserrat, Superior Title, Trade Gothic Next
Druck und Bindung: Finidr, Český Těšín
ISBN 978-3-89809-245-6

www.bebraverlag.de